JN081257

大全

全125種!

sharks of the world

サメ愛好家が
全身全霊を
ささげて描いた
サメ図鑑

めかぶ●著・イラスト　田中 彰●監修

はじめに

こんにちは。
著者のめかぶです。

めかぶは「こんぶ」の仲間ですが、私はサメが好きで、サメに擬態したメガネをかけている人間です。

安心してください。この本は、こんぶじゃなく、ちゃんとサメの本です。

私は小さいころから水族館が大好きでした。海の生き物が好きだったのですが、いきなりその中の「サメ」を好きになってしまったのです。
当時はサメのことを何も知らないような状態だったのに……。本当に一瞬の出来事でした。

いきなりサメの「沼」に落ちました。

このとき、サメの知識がまったくなかった私は、

「とりあえずサメの絵を描こう」
「描いてサメのことを覚えよう」

と思いました。

それが、すべての始まりでした。

世界には、600種類前後のサメが存在していて、今でも新種のサメが発見されています。
こうして「はじめに」の文章を書いている間にも、新しいサメが発見されているかもしれません。
これって、めっちゃ神秘的だと思いませんか？
これだけでも「サメに惚れてまうやろー」ってなります。

自分がいろいろなサメの知識を身につけていくうちに、もっとたくさんの人に「こんなサメがいるんだよっ」と知ってもらいたくなり、描いたサメをSNSに掲載していきました。

そうしたら、うれしいことに、さまざまな人に私のサメの絵を見ていただくことができました。
そして、この書籍を出すことにもなったのです。これも、皆さんのおかげです。ありがとうございます！

この本は、少しでも多くの人に、

「サメの魅力を知ってほしい」
「サメを好きになっていただけたらいいな」

という、私の思いを込めた一冊です。
それでは、SHARKなWORLDへ!!

2022年4月　めかぶ

CONTENTS

第1章
サメってどんな魚？

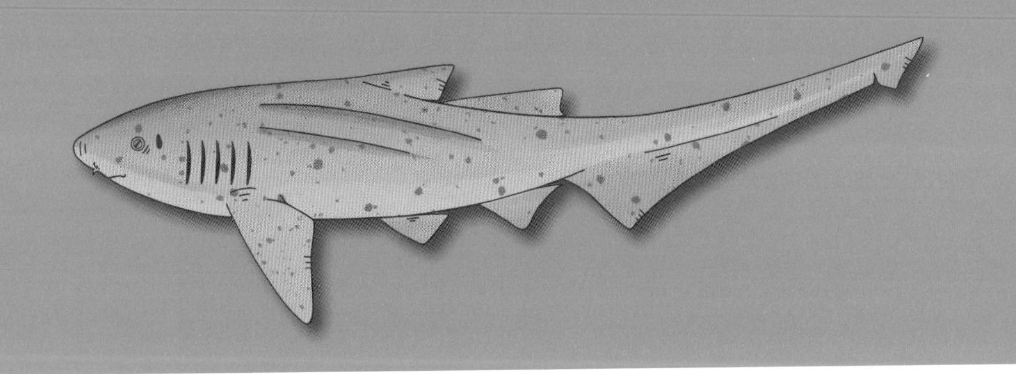

サメとサメではない魚の違い

サメやエイなどは、骨がやわらかい骨でできた「軟骨魚類」というグループに属している。それに対し、一般の魚類は、骨が硬い骨でできた「硬骨魚類」というグループだ。

サメは、約4億年以上も前から存在しており、現在までに600種前後が確認されていて、その特徴ごとに「9目37科106属」に分けられている。

現在でも1年に5〜10種ほどの新種のサメが確認されており、その種類は、どんどん増えている。

まれに「サメ」という名前がついているのに「サメではない」魚がいる。例えば、以下のような魚だ。

●サカタザメ　●ギンザメ　●コバンザメ　●チョウザメ

サカタザメは、エイの仲間に分類される。エイとサメは、エラ孔(あな)の位置で見分けることができる。サメは体の側面にエラ孔があり、エイは腹面にエラ孔がある。

ギンザメは、サメやエイと同じく軟骨魚類に分類されるが、サメとエイは「板鰓類(ばんさいるい)」に分類されている。一方、ギンザメは「全頭類」に分類されている。

コバンザメはスズキの仲間であり、軟骨魚類ではなく、硬骨魚類に分類される。

チョウザメは、その卵がキャビアとして有名だ。キャビアは「サメの卵」ともいわれるが、チョウザメもコバンザメと同様に硬骨魚類に分類されるので、サメの仲間ではない。チョウザメは、体の形状がサメに似ているのでサメと名づけられたが、古代魚の一種である。

これらの魚は、サメという言葉が名前に入っているが、サメではない。

サメのグループ分け

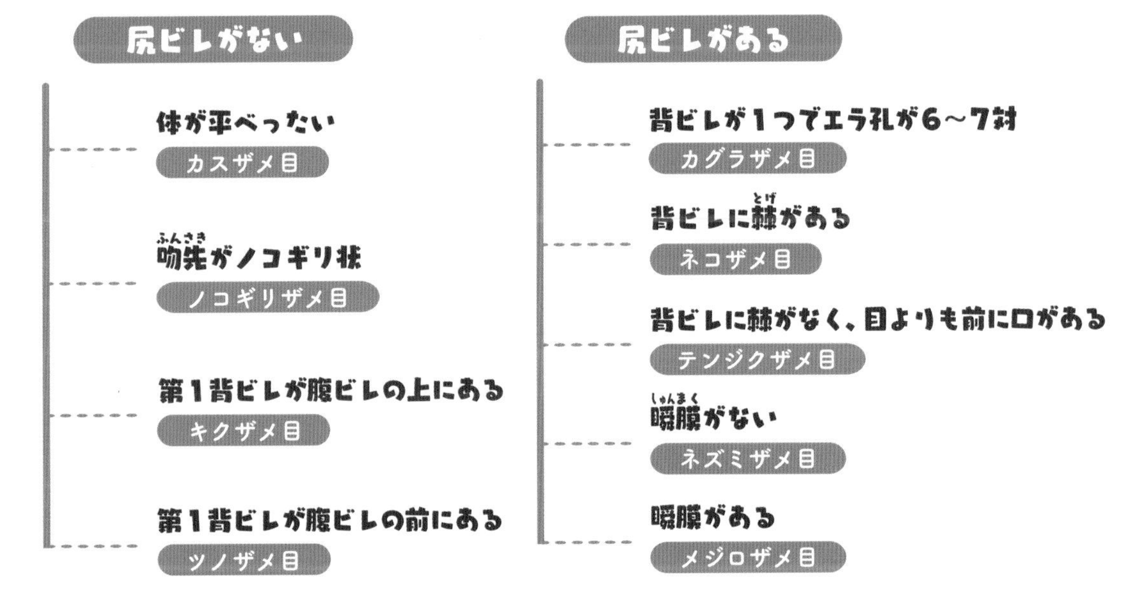

サメの体の構造や仕組み

サメは魚類の一種であるが、多くの魚類は石灰質を多く含む硬い骨を持つ硬骨魚類であるのに対し、サメはすべての骨がやわらかい軟骨でできた軟骨魚類である。

また、一般的な魚とは体の構造や仕組みが少し異なる。サメの体の構造は、大きく分けて、

①頭部　②胴部　③尾部、からなり、各部位には名称がついている。

- 吻(ふん)：頭部にある、口や目よりも前に突き出た部位。
- 目：サメは基本的に目を閉じることができない。しかし、瞬膜(しゅんまく)を持った種は、目を膜で覆うことで保護することができる。眼球を裏返して保護する種もいる。
- エラ孔：サメはエラで水中の酸素を取り込み、体内の二酸化炭素を排出するエラ呼吸を行っている。体の両側面にはエラ孔と呼ばれる5～7対の穴が開いている。口から取り込んだ水は、このエラ孔を通して排出する。
- 噴水孔(ふんすいこう)：目の後ろに開いた穴。底生性のサメなどが呼吸するとき、水を取り込むために必要としている。一方、必要としていない種に、噴水孔はない。
- 鼻孔(びこう)：鼻の穴。鼻の中を通る水に混ざったにおいを察知する。
- 背ビレ：背には、頭側と尾ビレ側に2つのヒレを持つ。背ビレを1つしか持たない種もいる。第1背ビレは体を安定させるために使われ、第2背ビレは、体を前に進める力を発生させるために使われる。
- 総排出腔(そうはいしゅつこう)：うんちやおしっこを排出する穴。交尾や出産なども、すべてこの穴で行う。腹ビレの間にある。
- 交尾器(こうびき)：「クラスパー」と呼ばれる、サメのおちんちん。腹ビレが変形して分かれ、左右に2本ついている。

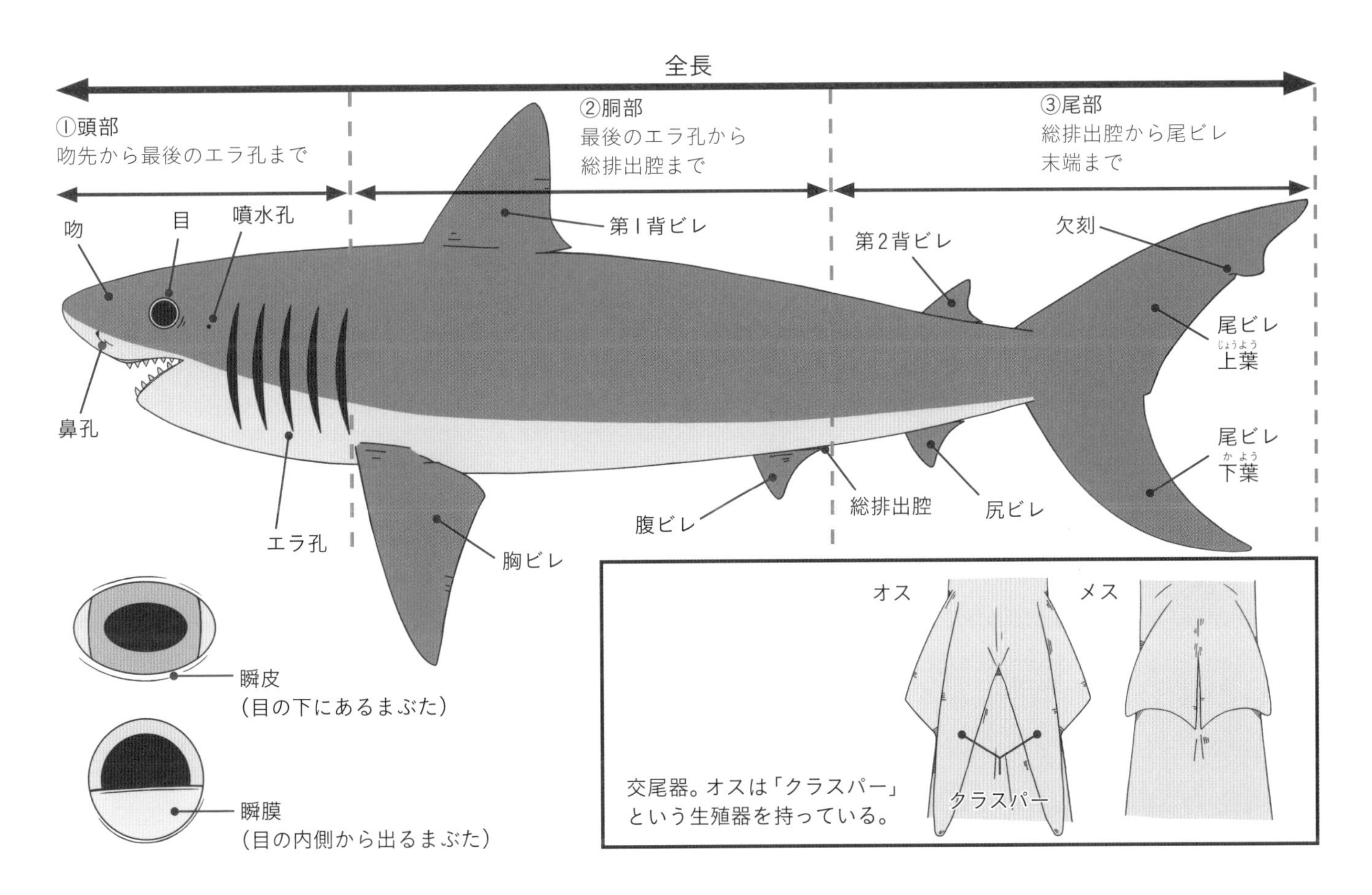
全長
①頭部
吻先から最後のエラ孔まで
②胴部
最後のエラ孔から
総排出腔まで
③尾部
総排出腔から尾ビレ
末端まで
吻
目
噴水孔
第1背ビレ
第2背ビレ
欠刻
尾ビレ
上葉
尾ビレ
下葉
鼻孔
エラ孔
胸ビレ
腹ビレ
総排出腔
尻ビレ
瞬皮
（目の下にあるまぶた）
瞬膜
（目の内側から出るまぶた）
オス
メス
クラスパー
交尾器。オスは「クラスパー」
という生殖器を持っている。

サメの体内

魚類は前述の通り、大きく硬骨魚類と軟骨魚類の2つに分けられる。サメは軟骨魚類で、頭蓋から尾の先までやわらかい軟骨を持つ。軟骨魚類のサメは、硬骨魚類と異なり、内臓を覆って守る肋骨は発達せず、小さいままである。半面、体が重くならないので、余分なエネルギーを使わずに浮き上がることができる。

しかし、サメには浮き袋がないので、海水より軽い油を巨大な肝臓に蓄えて浮力を得ている。この油が、よくいわれる肝油(かんゆ)である。なお浮き袋があると、深い場所に潜ったとき、水圧に耐えられずにつぶれて死んでしまう。

肝油の他、サメが体内の浸透圧を調整するために使っている尿素も浮力に寄与している。なお、この尿素が、死んだときのアンモニア臭の原因となる。

サメは、肝臓の他にも人と同じような臓器を持っており、その臓器や、動脈と静脈からなる奇網(きもう)と呼ばれる器官をうまく利用して、広い海で生きている。

サメ類の脳は、哺乳類より小さいが、硬骨魚類より大きく、鳥類に近い知能があるとされている。脳の構造は複雑で、脊髄につながっている。サメの中で、最も大きく複雑な脳を持っているのはシュモクザメの仲間である。

取り込んだ水は、エラを通過したあと体外に排出される。このとき、酸素をうまく血液中に取り入れ、二酸化炭素を吐き出している。サメは泳ぎながら水を口からエラへ送り込んで呼吸しているので、一生泳ぎ続けなければ窒息してしまう。

しかしサメの中には、泳ぐ必要がなく、海底で動かない種もいる。これらのサメは、噴水孔と呼ばれる小さな呼吸穴を持ち、筋肉の力で海水を体内に取り込み、呼吸している。

サメの体内

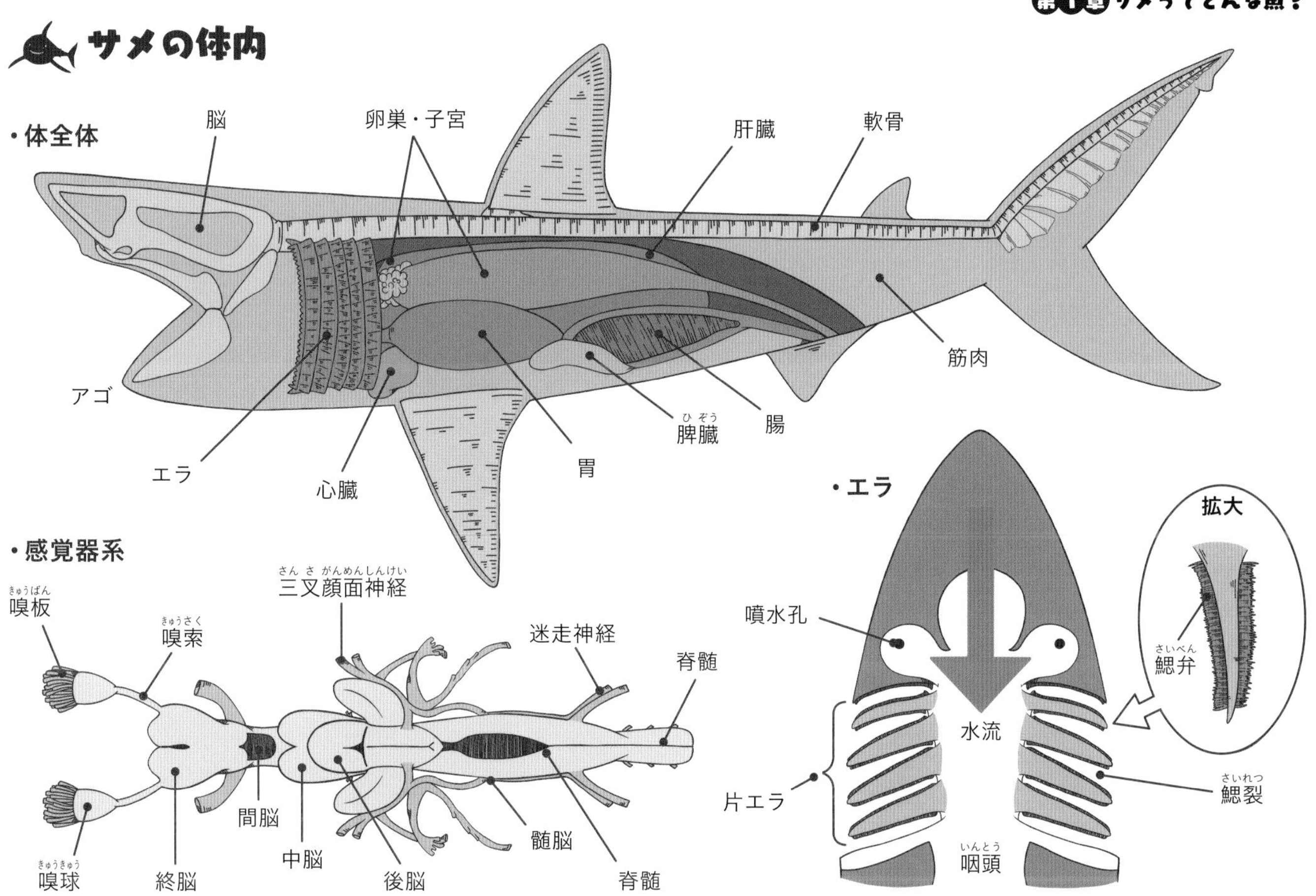

・体全体
脳
卵巣・子宮
肝臓
軟骨
筋肉
アゴ
エラ
心臓
胃
脾臓
腸
・感覚器系
嗅板
嗅索
三叉顔面神経
迷走神経
脊髄
間脳
中脳
後脳
髄脳
脊髄
嗅球
終脳
・エラ
拡大
噴水孔
鰓弁
水流
片エラ
鰓裂
咽頭

サメのウロコと歯の仕組み

●サメのウロコ

サメは楯鱗(じゅんりん)または皮歯(ひし)と呼ばれる独自のウロコを持っている。ウロコはザラザラしており「サメ肌」と呼ばれ、「おろし金」としても用いられる。歯と楯鱗は同じ性質で、外側から、

- **エナメル質**
- **象牙質(ぞうげしつ)**
- **歯髄腔(しずいくう)**

の3層になっている。ちなみに、人間の歯も同じ構造である。つまり、サメは「体中に歯をまとっている」といっても過言ではない。

楯鱗の形はサメの種によって異なる。楯鱗は2つの役目を持っている。1つは、堅く頑丈な楯鱗で体を守る「鎧(よろい)の役割」である。もう1つは、泳ぐときに「水の抵抗を減らす役割」であり、表面の筋で水流の乱れを防ぐことにより、すばやく静かに泳ぐことができる。

●サメの歯

人とは異なり、サメの歯はいくらでも生(は)え変わる。人の歯は、歯根によって支えられているが、サメの歯には歯根がなく、歯茎に埋まっているだけだ。つまり、歯は骨の表面に載っているだけなので、ベルトコンベア式に内側から外側に向かって、生えては抜けるを繰り返す。

生えるスピードや本数は、サメの種によって違うが、一生に約3万本は生え変わる。これは1週間に1度、早い種では2～3日に1度という頻度だ。

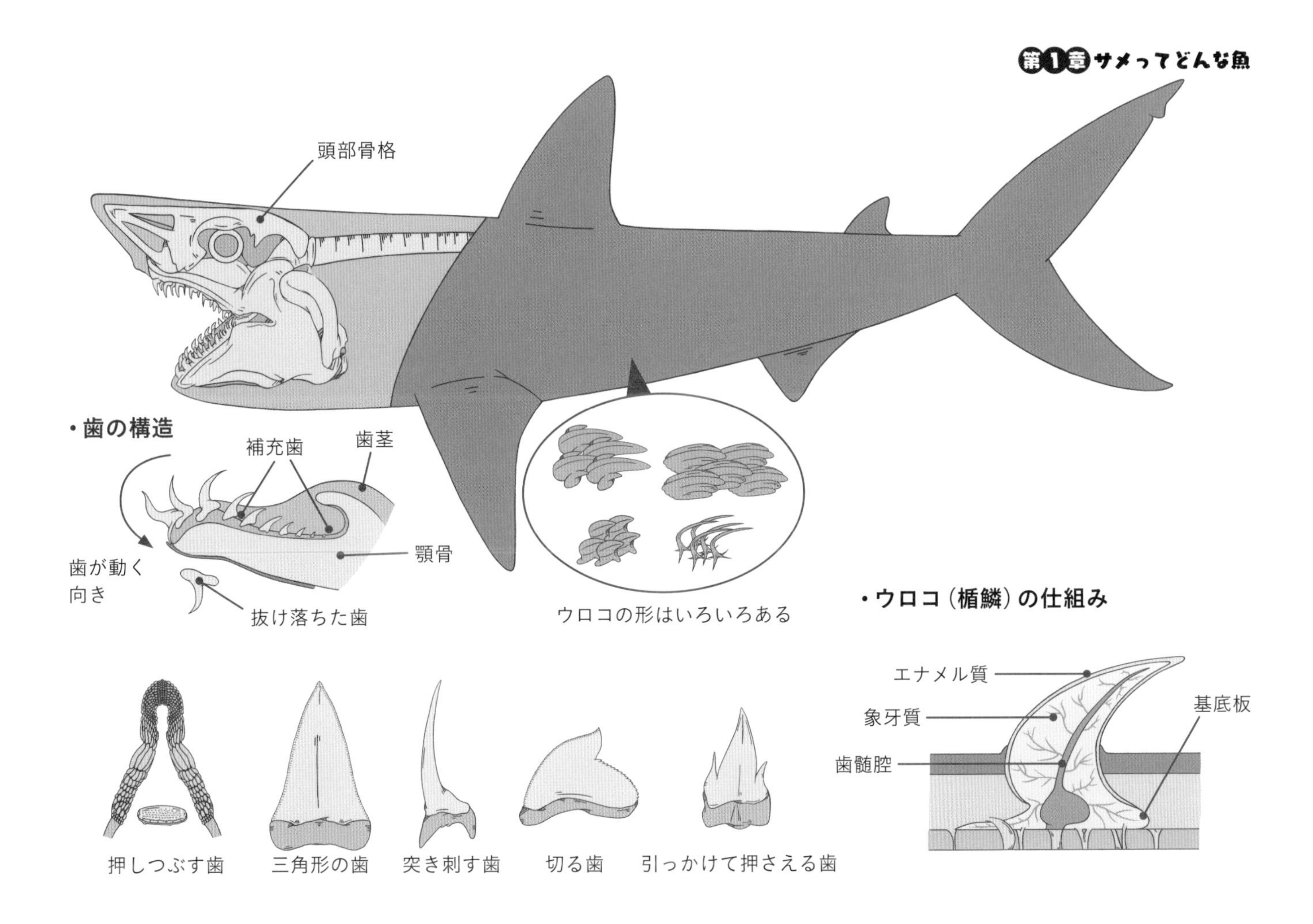
頭部骨格
・歯の構造
補充歯
歯茎
顎骨
歯が動く
向き
抜け落ちた歯
ウロコの形はいろいろある
・ウロコ（楯鱗）の仕組み
エナメル質
象牙質
歯髄腔
基底板
押しつぶす歯
三角形の歯
突き刺す歯
切る歯
引っかけて押さえる歯

・歯の形

ホホジロザメが口を開いたときに見える、三角形で鋭い歯のイメージが強いが、歯の形は、それぞれの種が食べる餌(えさ)によって変わってくる。

・押しつぶす歯

ネコザメなどが持つ、平らで薄い歯。ウニやカニ、貝などを前歯で押さえ、後歯の平たい歯で押し、すりつぶす。

・三角形の歯

ホホジロザメなどが持つ、ふちがギザギザしたナイフのような歯。噛みついた獲物の肉に歯を食い込ませ、頭を左右に振ることで切り裂く。

・突き刺す歯

ミツクリザメやアオザメなどが持つ、「太い針」のような細くて長い歯。動きがすばやい獲物をこの歯で串刺しにして捕獲する。

・切る歯

イタチザメなどが持つ、ノコギリの刃がついた「缶切り」のような歯。ウミガメの硬い甲羅なども砕き、頭を左右に振ることで切り裂く。

・引っかけて押さえる歯

ネコザメやホシザメなどの前歯。ウニやカニ、貝などを押さえつけて捕獲する。

サメのヒレの仕組み

サメの骨は軟骨なので、体に柔軟性がある。曲げたりねじったりすることが可能で、泳ぐときもうまく筋肉を縮めたりして調節し、体をS字状に曲げながら泳ぐ。このときにヒレも動かすことで体のバランスをとり、泳ぐ力を生み出している。すべてのヒレには、それぞれの役割がある。

・第1背ビレ：体の横揺れを防ぎ、体を安定させる役割。
・第2背ビレ：必ず腹ビレよりも後ろに位置しており、バランスをとり、推進力を手助けする役割。
・胸ビレ：左右に1つずつあり、上下の動きを安定させる役割。
・腹ビレ：左右に1つずつあり、左右の動きを安定させる役割。オスには「クラスパー」が付いている。
・尻ビレ：尾ビレの近くに位置し、推進力を生み出す役割を担っている。
・尾ビレ：種によっていろいろな形をしており、多くのサメは上半分（上葉）が長く、下半分（下葉）が短い。尾ビレを左右に振ることで推進力を生み出す。

これらすべてのヒレをうまく使い分けることで、すばやく泳ぐことを可能にしている。なお、尻ビレがない種や、第2背ビレがない種もいる。

サメの感覚器

サメには、聴覚、嗅覚、触覚、視覚、味覚の五感に加え、電磁気感覚という第六感がある。吻先にロレンチーニ瓶（びん）という器官を持っており、これで電気と磁力を感じることができるのだ。

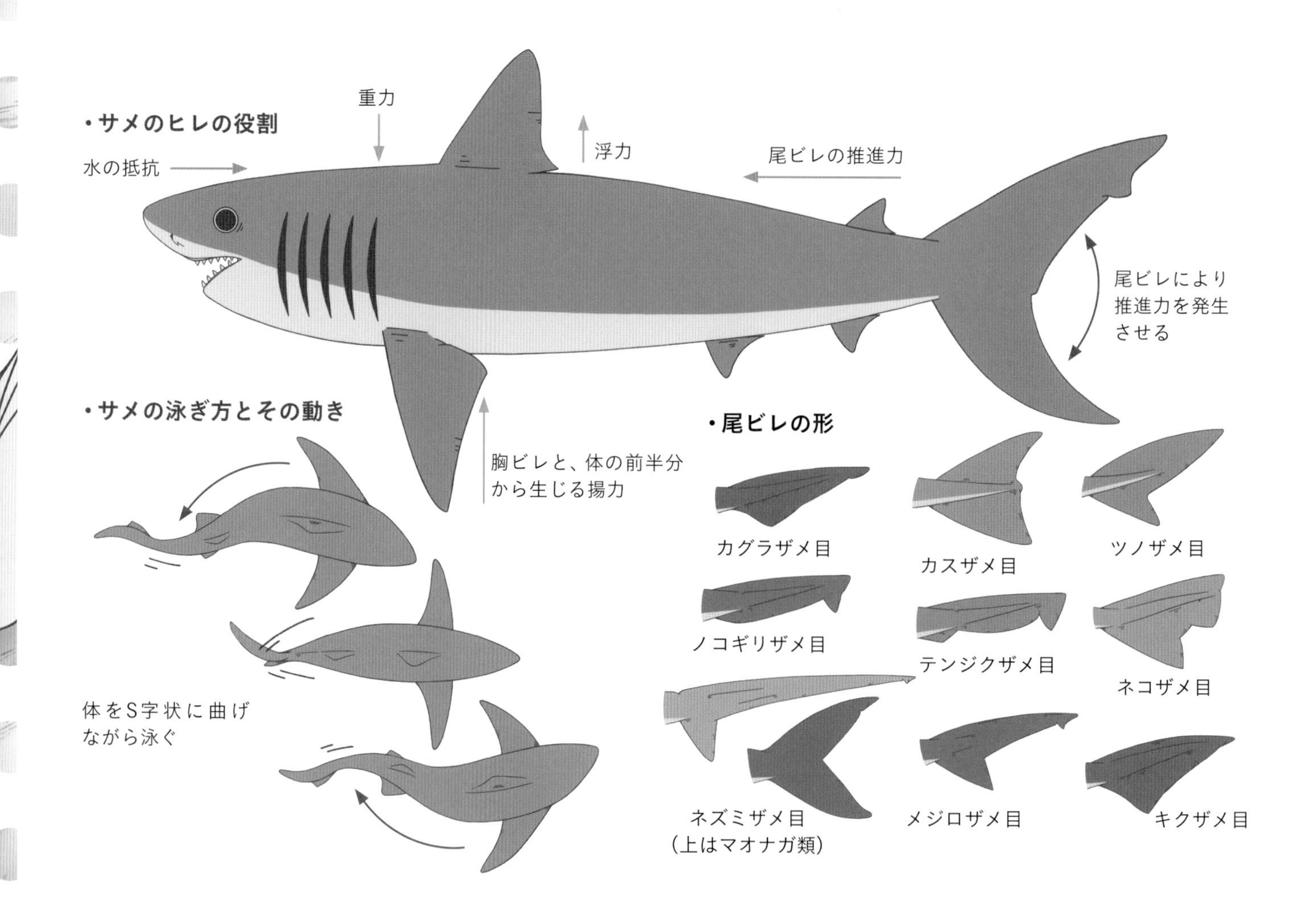
・サメのヒレの役割
重力
水の抵抗
浮力
尾ビレの推進力
尾ビレにより
推進力を発生
させる
胸ビレと、体の前半分
から生じる揚力
・サメの泳ぎ方とその動き
体をS字状に曲げ
ながら泳ぐ
・尾ビレの形
カグラザメ目
カスザメ目
ツノザメ目
ノコギリザメ目
テンジクザメ目
ネコザメ目
ネズミザメ目
（上はマオナガ類）
メジロザメ目
キクザメ目

●聴覚（耳）

サメの頭の上にある小さな穴には、音波を察知するための内耳がある。獲物が出した音を聞き、位置を探る。獲物がもがけばもがくほど、鋭く反応する。

●嗅覚（鼻）

鼻孔の内側には嗅板と呼ばれる襞があり、血のにおいなどを感知できる。その実力は、プールに数滴の血を垂らしただけでも嗅ぎ分けてしまうほどである。

●触覚（肌）

サメの体の側面には、振動と音を察知できる側線という感覚器官がある。側線により、獲物の振動や圧力の変化を、敏感に察知することができる。

●視覚（目）

サメの目の構造や視力は、人と似ている。しかし、サメにとって視力はそれほど重要ではない。目の奥にはタペータムという反射板があり、暗い水中でもわずかな光を感知できるとされている。

●味覚（口）

口と食道には、味を感じる味蕾という器官がある。口の中に入れたあとで、食べられるか、食べられないかを判断する。

●第六感（ロレンチーニ瓶）

サメの吻先に開いた小さな無数の穴にある、粘液に満たされた器官のこと。生き物が発した微弱な電気を感知できる。濁った海水や岩場、砂の中に隠れた獲物の位置を感知するのにも役立つ。

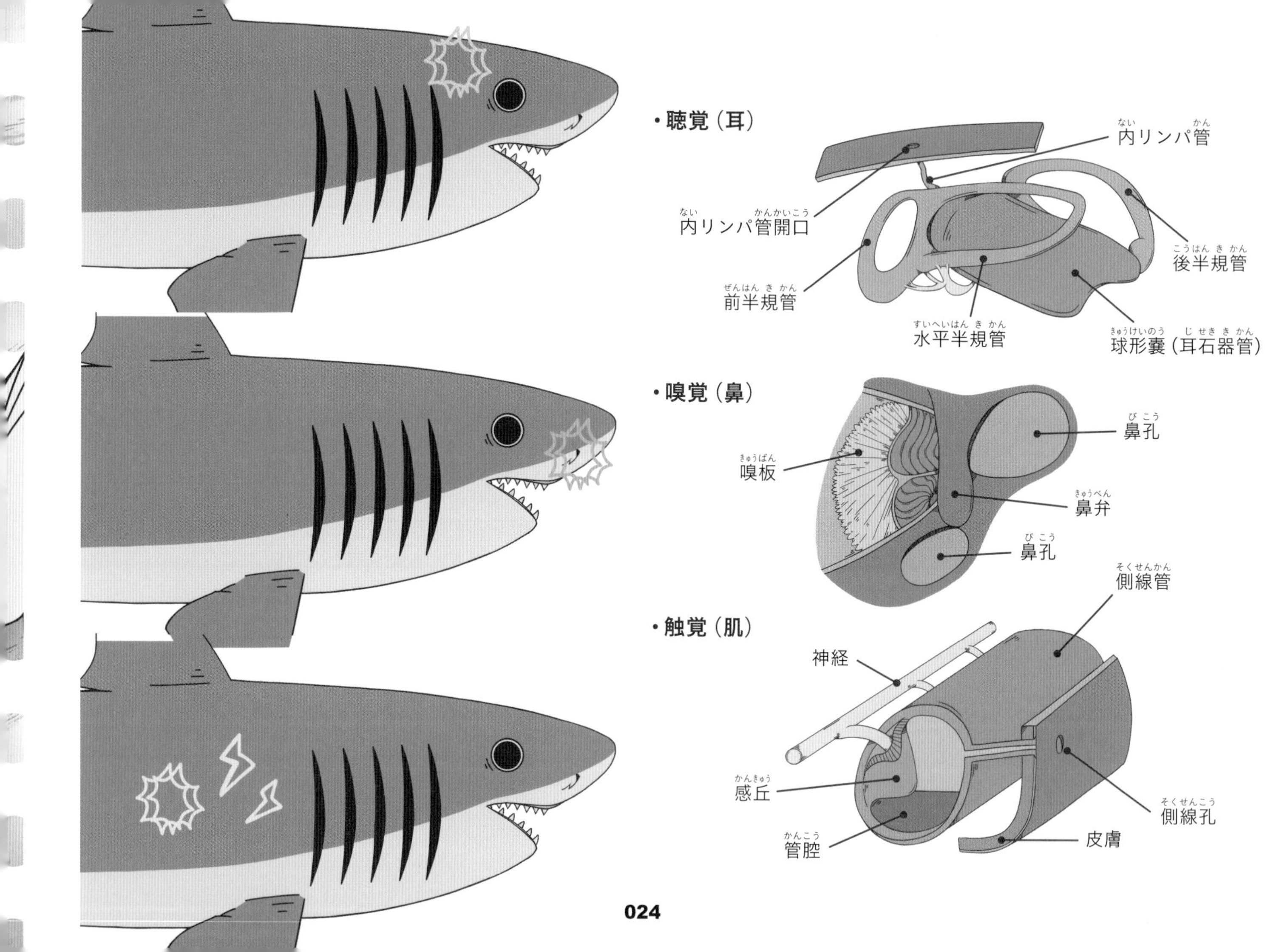

・聴覚（耳）
内リンパ管
内リンパ管開口
後半規管
前半規管
水平半規管
球形嚢（耳石器管）
・嗅覚（鼻）
鼻孔
嗅板
鼻弁
鼻孔
・触覚（肌）
側線管
神経
感丘
側線孔
管腔
皮膚

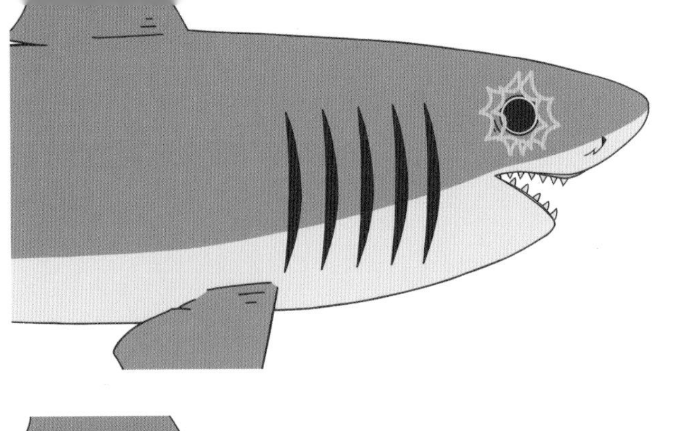

・視覚（目）

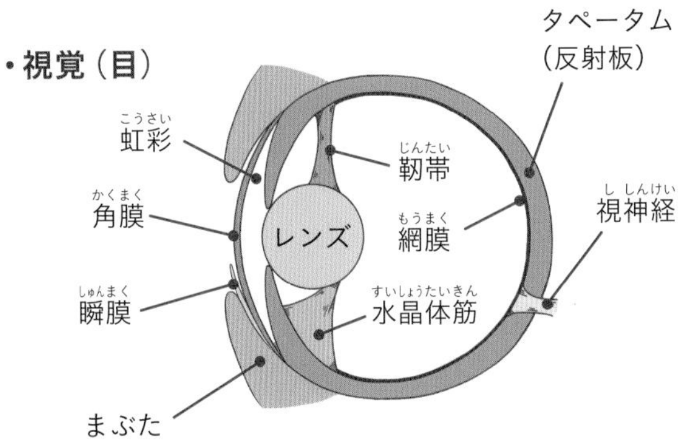

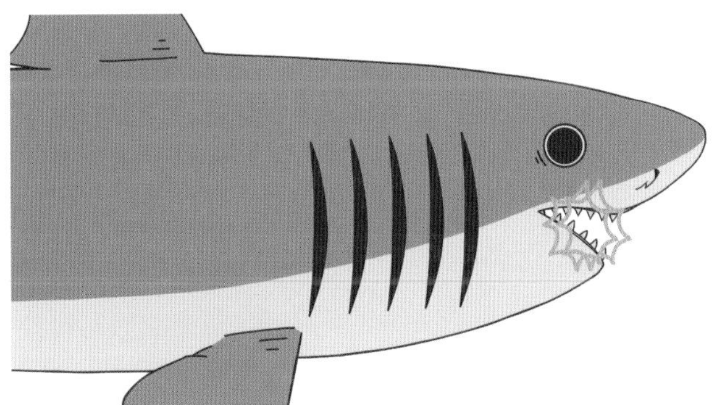

・味覚（口）

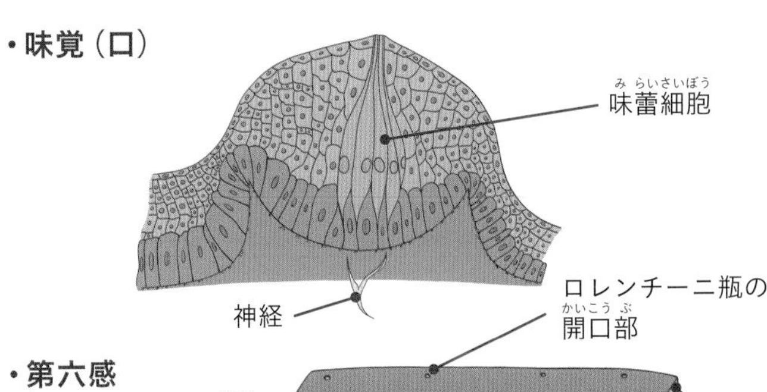

・第六感
（ロレンチーニ瓶）

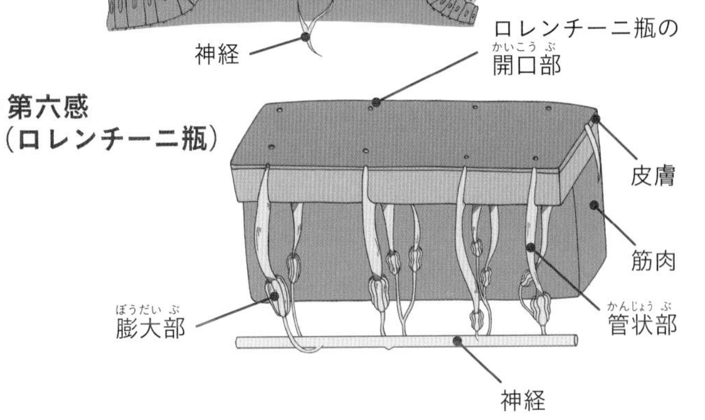

第2章

全115種！世界のサメ図鑑

第2章の使い方

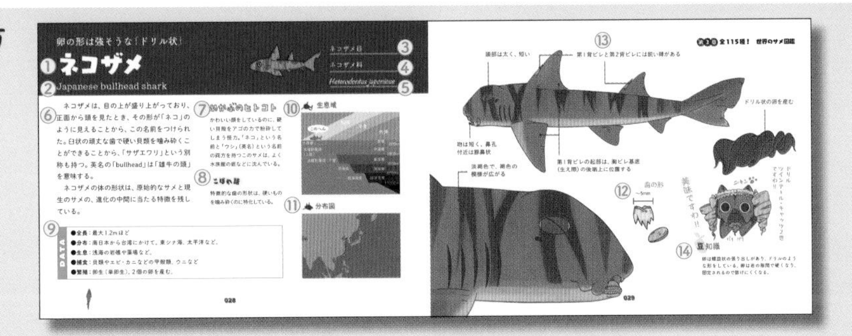

卵の形は強そうな「ドリル状」

①ネコザメ

②Japanese bullhead shark

ネコザメ目 ③

ネコザメ科 ④

Heterodontus japonicus ⑤

⑥ネコザメは、目の上が盛り上がっており、正面から頭を見たとき、その形が「ネコ」のように見えることから、この名前をつけられた。臼状の頑丈な歯で硬い貝類を噛み砕くことができることから、「サザエワリ」という別称も持つ。英名の「bullhead」は「雄牛の頭」を意味する。

ネコザメの体の形状は、原始的なサメと現生のサメの、進化の中間に当たる特徴を残している。

⑦めかぶのヒトコト

かわいい顔をしているのに、硬い貝殻をアゴの力で粉砕してしまう怪力。「ネコ」という名前と「ウシ」(英名)という名前の両方を持つこのサメは、よく水族館の底などに沈んでいる。

⑧こぼれ話

特徴的な歯の形状は、硬いものを噛み砕くのに特化している。

⑨DATA

- ●全長：最大1.2mほど
- ●分布：南日本から台湾にかけて、東シナ海、太平洋など。
- ●生息：浅海の岩礁や藻場など。
- ●捕食：貝類やエビ・カニなどの甲殻類、ウニなど
- ●繁殖：卵生（単卵生）。2個の卵を産む。

⑩生息域

⑪分布図

028

第2章 全115種！ 世界のサメ図鑑

⑬

頭部は太く、短い

第1背ビレと第2背ビレには鋭い棘がある

ドリル状の卵を産む

吻は短く、鼻孔付近は豚鼻状

第1背ビレの起部は、胸ビレ基底（生え際）の後端上に位置する

淡褐色で、褐色の模様が広がる

⑫歯の形

～5mm

美味ですわ!!

ドリルツインテール・キャッツ2世ですわ!!

⑭豆知識

029

①そのサメの和名

②そのサメの英名

③目名

④科名

⑤学名

⑥そのサメのプロフィール

サメの生態の解説や雑学など。

⑦めかぶのヒトコト

著者のめかぶが、各サメにコメント。

⑧こぼれ話

知っているとちょっと楽しい知識。

⑨DATA

そのサメの全長、分布、生息場所、食べ物、生殖方法を掲載。

⑩生息域

おおまかな生息域を図で掲載。図内で沿岸の上のほうにいるほど、沿岸近くや河川近くに生息しているサメということ。

⑪分布図

そのサメが世界のどの地域に分布しているかを図解。

⑫歯の形

サメごとに大きな特徴があるそのサメの歯を図解。

⑬サメのイラスト

イラストと引き出し線でそのサメの特徴をわかりやすく解説。

⑭豆知識

知っているようで意外に知らないそのサメの小ネタ。

ネコザメ目

卵の形は強そうな「ドリル状」

ネコザメ

Japanese bullhead shark

ネコザメ目

ネコザメ科

Heterodontus japonicus

ネコザメは、目の上が盛り上がっており、正面から頭を見たとき、その形が「ネコ」のように見えることから、この名前をつけられた。臼状の頑丈な歯で硬い貝類を噛み砕くことができることから、「サザエワリ」という別称も持つ。英名の「bullhead」は「雄牛の頭」を意味する。

ネコザメの体の形状は、原始的なサメと現生のサメの、進化の中間に当たる特徴を残している。

めかぶのヒトコト

かわいい顔をしているのに、硬い貝殻をアゴの力で粉砕してしまう怪力。「ネコ」という名前と「ウシ」（英名）という名前の両方を持つこのサメは、よく水族館の底などに沈んでいる。

こぼれ話

特徴的な歯の形状は、硬いものを噛み砕くのに特化している。

DATA	
●全長	最大1.2mほど
●分布	南日本から台湾にかけて。東シナ海、太平洋など
●生息	浅海の岩礁や藻場など
●捕食	貝類やエビ・カニなどの甲殻類、ウニなど
●繁殖	卵生（単卵生）。2個の卵を産む

生息域

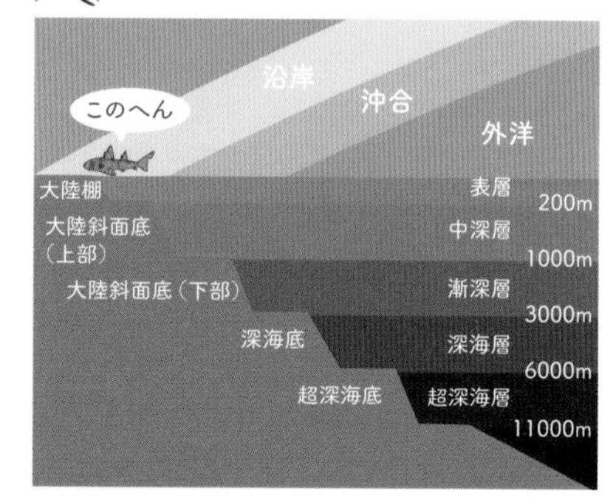

分布図

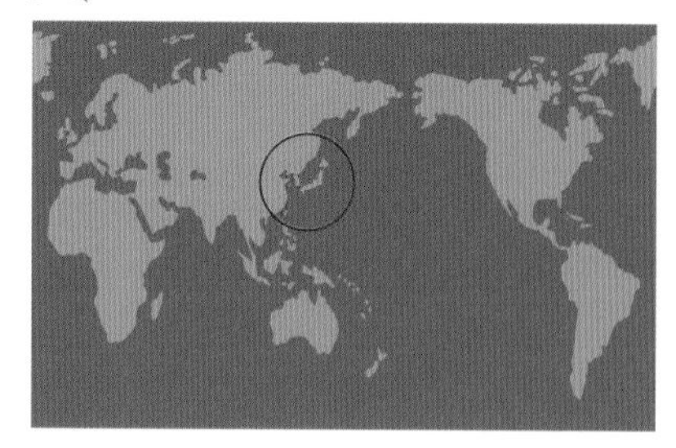

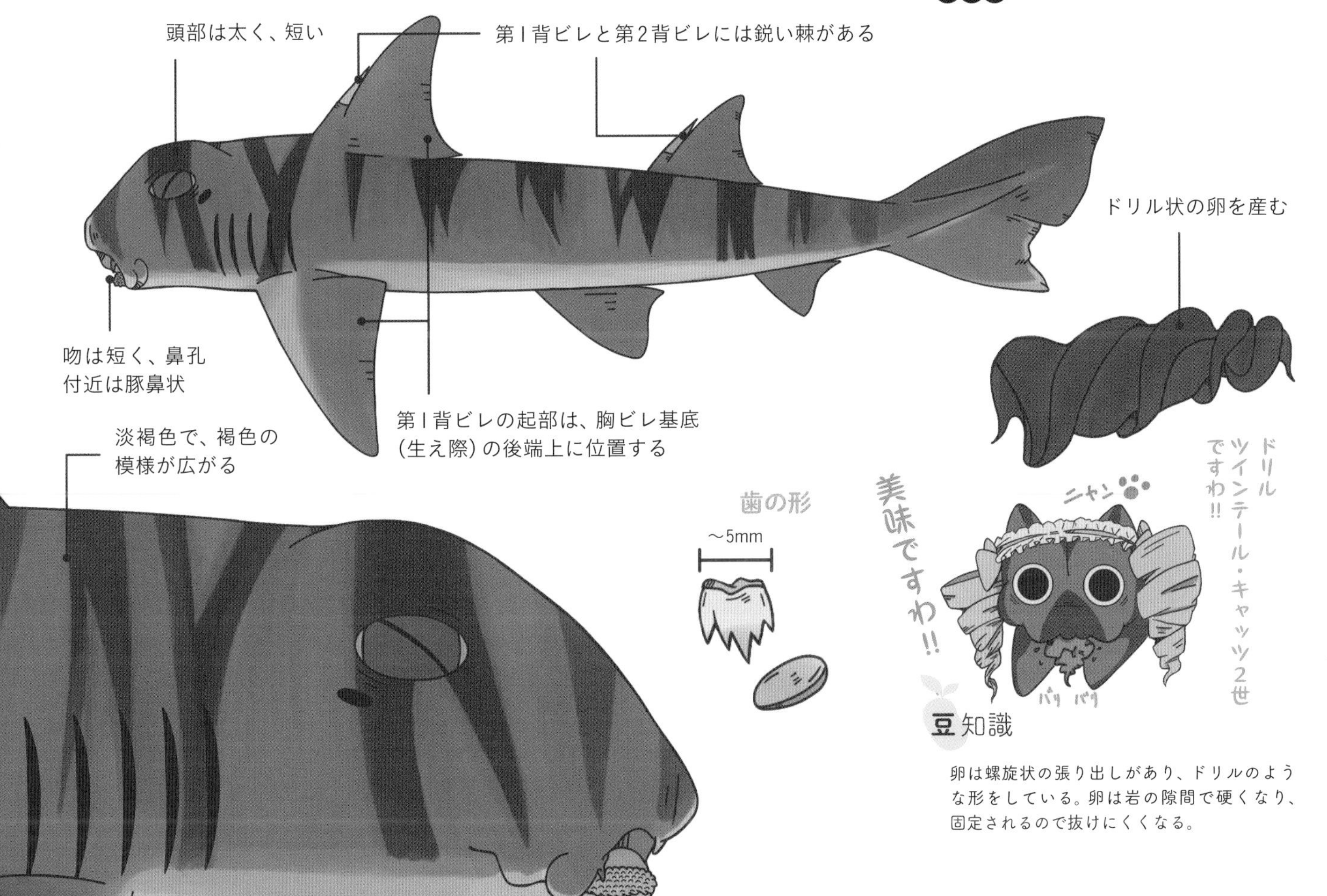

豆知識

卵は螺旋状の張り出しがあり、ドリルのような形をしている。卵は岩の隙間で硬くなり、固定されるので抜けにくくなる。

鋭いおでこの出っ張りは「特別」の証し！

オデコネコザメ

Crested bullhead shark

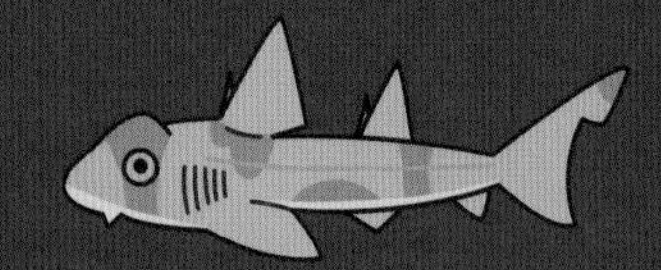

ネコザメ目

ネコザメ科

Heterodontus galeatus

オデコネコザメは、他の種のネコザメよりも眼窩（がんか）上部の突起が大きく、出っ張っていることが特徴だ。

出っ張りは幼魚のときのほうが際立っていて、より大きく見えるといわれている。オデコネコザメという名前も、この突起の特徴からつけられた。

ネコザメ（p.28）と比べて、不規則な柄があり、目の上の突起部分は、特に濃い色をしている。

めかぶのヒトコト

飛び出たおでこがかわいいオデコネコザメ。その飛び出した突起1つでかわいさがアップする、ズルいやつ。

こぼれ話

ウニを食べすぎて、歯が紫に染まってしまったとされる個体が確認されたことがある。

DATA

●**全長**：最大1.3mほど
●**分布**：オーストラリア東岸など
●**生息**：浅海の岩礁や藻場、水深100mほどの海底など
●**捕食**：貝類やエビ・カニなどの甲殻類、ウニなど
●**繁殖**：卵生（単卵生）

生息域

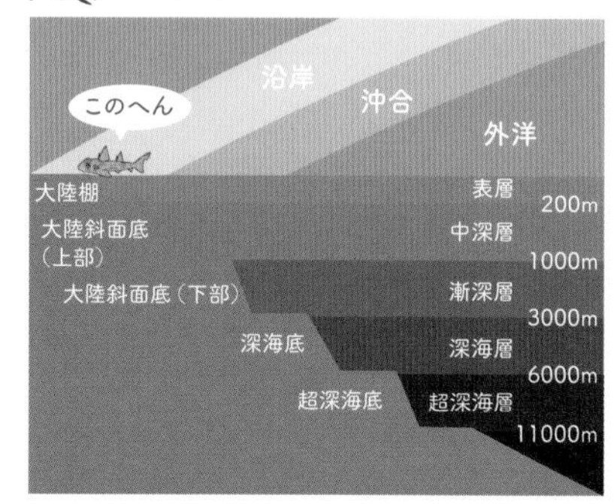

分布図

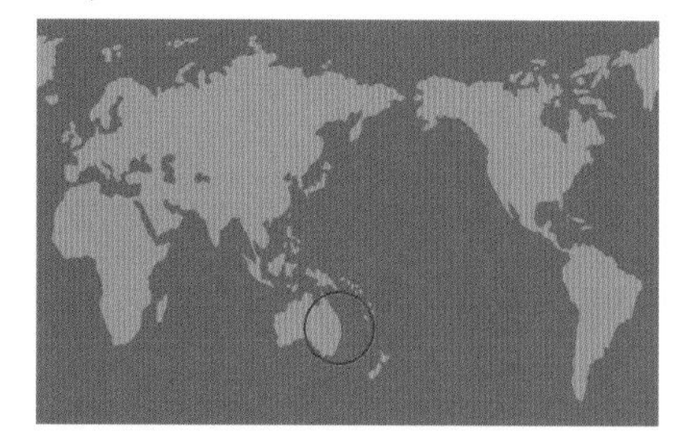

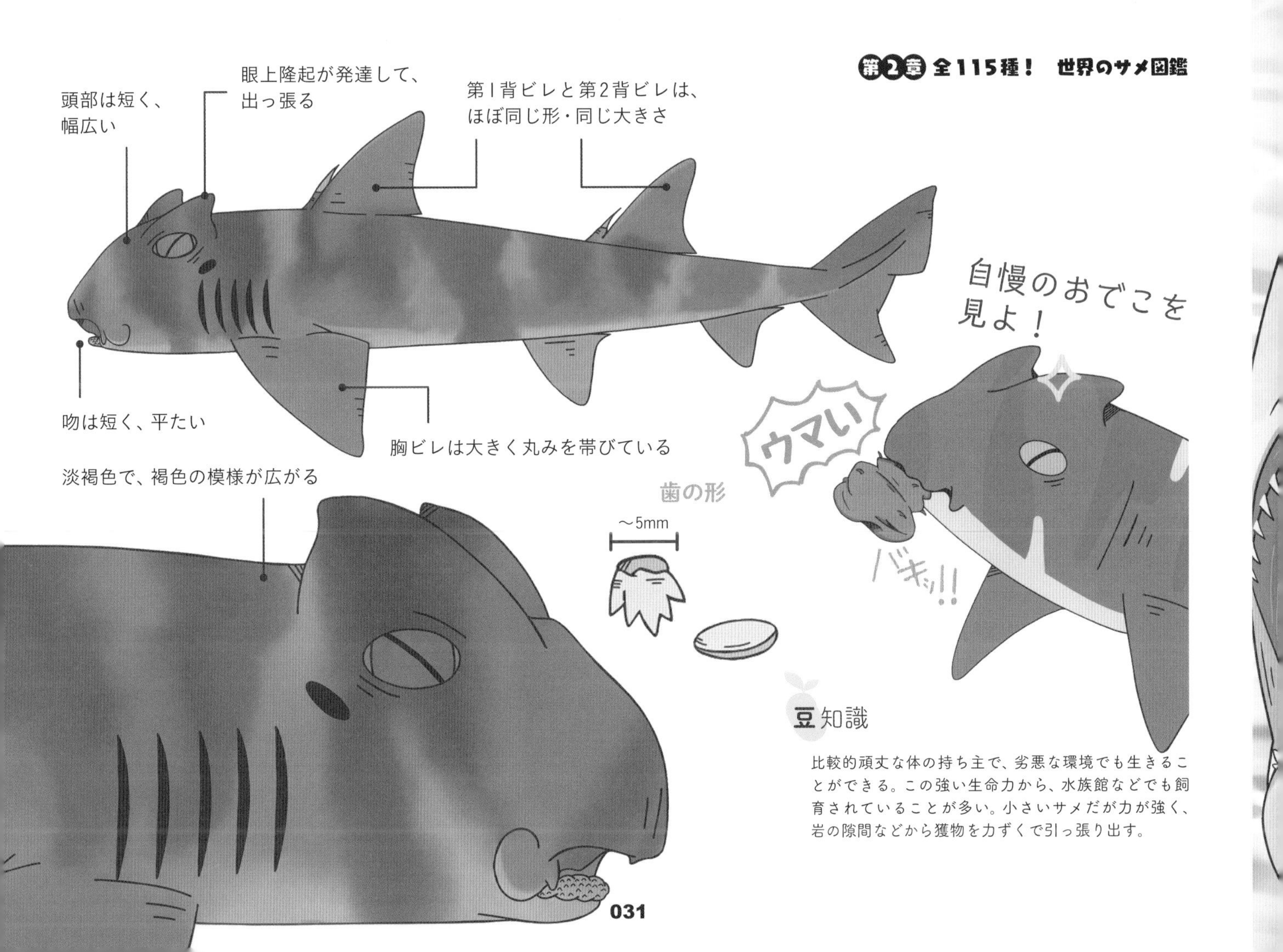

豆知識

比較的頑丈な体の持ち主で、劣悪な環境でも生きることができる。この強い生命力から、水族館などでも飼育されていることが多い。小さいサメだが力が強く、岩の隙間などから獲物を力ずくで引っ張り出す。

うまい呼吸の仕方を教えましょう

ポートジャクソンネコザメ

Port jackson bullhead shark

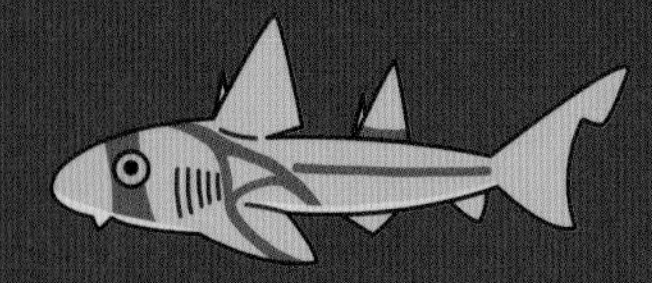

ネコザメ目

ネコザメ科

Heterodontus portusjacksoni

ポートジャクソンネコザメの体の表面は比較的明るく、体の側面には、特徴的な「鞍」状の模様がある。夜行性なので、基本的に昼間はあまり活発的には動かず、岩の隙間などに身を潜めて休んでいることが多い。

通常のサメは口から水を吸い込み、エラ孔(あな)から水を吐き出して呼吸するが、ポートジャクソンネコザメは、5つあるエラ孔のうち、いちばん前のエラ孔のみで水を取り込み、残りの4つのエラ孔から水を出して呼吸する。

めかぶのヒトコト

スポーツメーカーのマークのような模様がかっこいい。街でランバードマークを見ると、私はポートジャクソンネコザメを思い出してしまう。

こぼれ話

ポートジャクソンネコザメという名前は、ポート・ジャクソン湾（オーストラリア）で多く見られることからつけられた。

DATA	
●**全長**：最大1.7mほど	
●**分布**：北部を除くオーストラリア沿岸海域とニュージーランド周辺の海域など	
●**生息**：沿岸の岩礁地帯や砂泥底など	
●**捕食**：貝類やエビ・カニなどの甲殻類、ウニなど	
●**繁殖**：卵生（単卵生）	

生息域

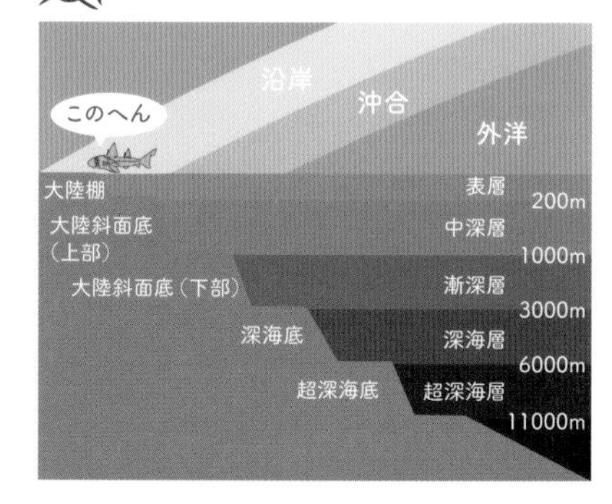

分布図

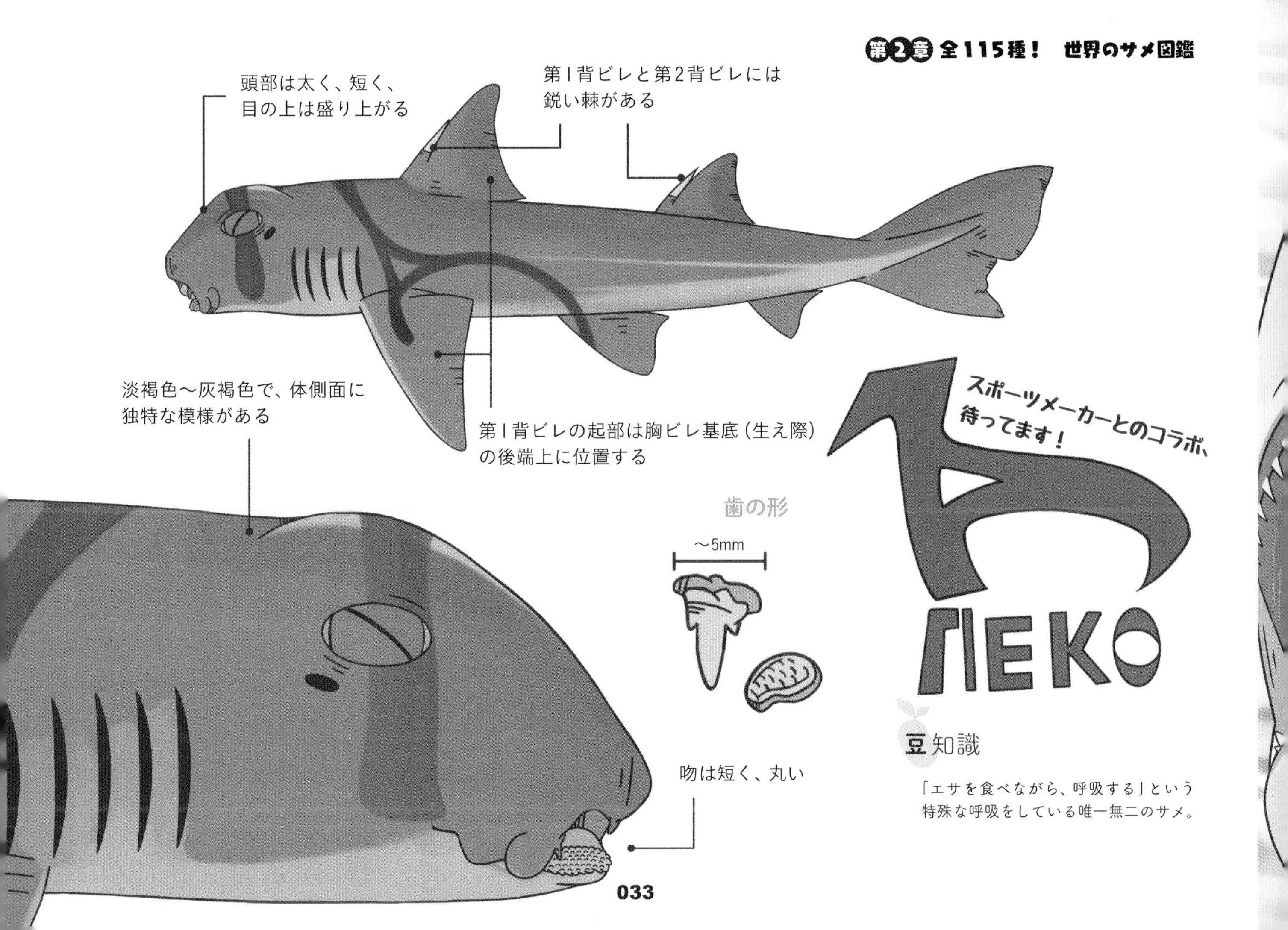

豆知識

「エサを食べながら、呼吸する」という特殊な呼吸をしている唯一無二のサメ。

妄想

SAMEOS
SM ch TV
ネコ特集
ネコブーム
SHARK
へぇー、
地上のネコか…
これ、うまいな…
サメ
ネコ
めっちゃ
人気
ピコン
バーン
No.1
ネコ
きゃーステキ！
カワイイ！
SAMEOS
SM ch TV
あざとカワイイ
ネコ
ニャー
SHARK
自分でいうなっ！
ネコザメも
有名になって、人気者に
なっちゃうなー！
バリバリ

テンジクザメ目

最大型魚類！　心優しい海の巨魚！

ジンベエザメ

Whale shark

テンジクザメ目

ジンベエザメ科

Rhincodon typus

　ジンベエザメは、魚類として最大の大きさを誇る。水族館やダイビングでも大人気。大きさは約8～10mほどだが、18mを超える個体がいたとの報告もあり、その実態は不明である。体重は13tを超える。

　大型の魚類だが、口や体の大きさに比べて食道は数cmほどと極端に狭く、主にプランクトンや小型のエビなどを吸引濾過して捕食している。

めかぶのヒトコト

誰もが一度は「一緒に泳いでみたい！」と思ったことがあるのではないだろうか？　私は一緒に泳ぎたい。

こぼれ話

サンゴ礁や魚類の卵なども時期に合わせて来遊し、食べにくる。日本では水族館で飼育されているが、海外ではとても珍しいこと。

生息域

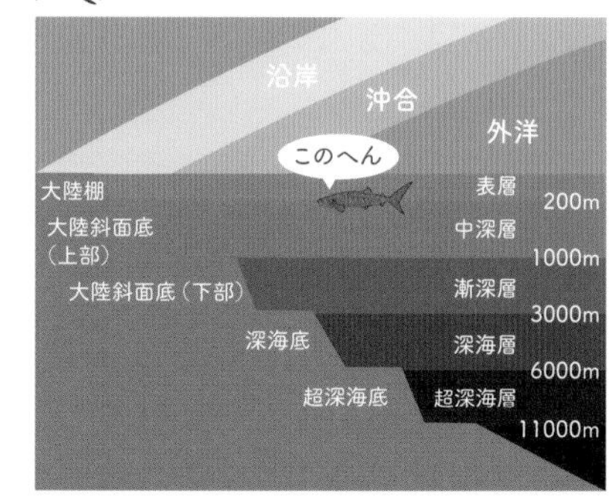

分布図

DATA

- **全長**：8～10m（最大18m以上の報告がある）
- **分布**：太平洋、インド洋、大西洋の熱帯から亜熱帯海域。日本では青森県以南の太平洋、日本海
- **生息**：沿岸から外洋の表層。深海1900mほどまで潜行する
- **捕食**：プランクトンやカイアシ類、小魚類、魚卵など
- **繁殖**：卵黄依存型の胎生（生殖方法、出産場所、妊娠期間は不明）。300匹ほどの仔を産む

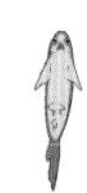

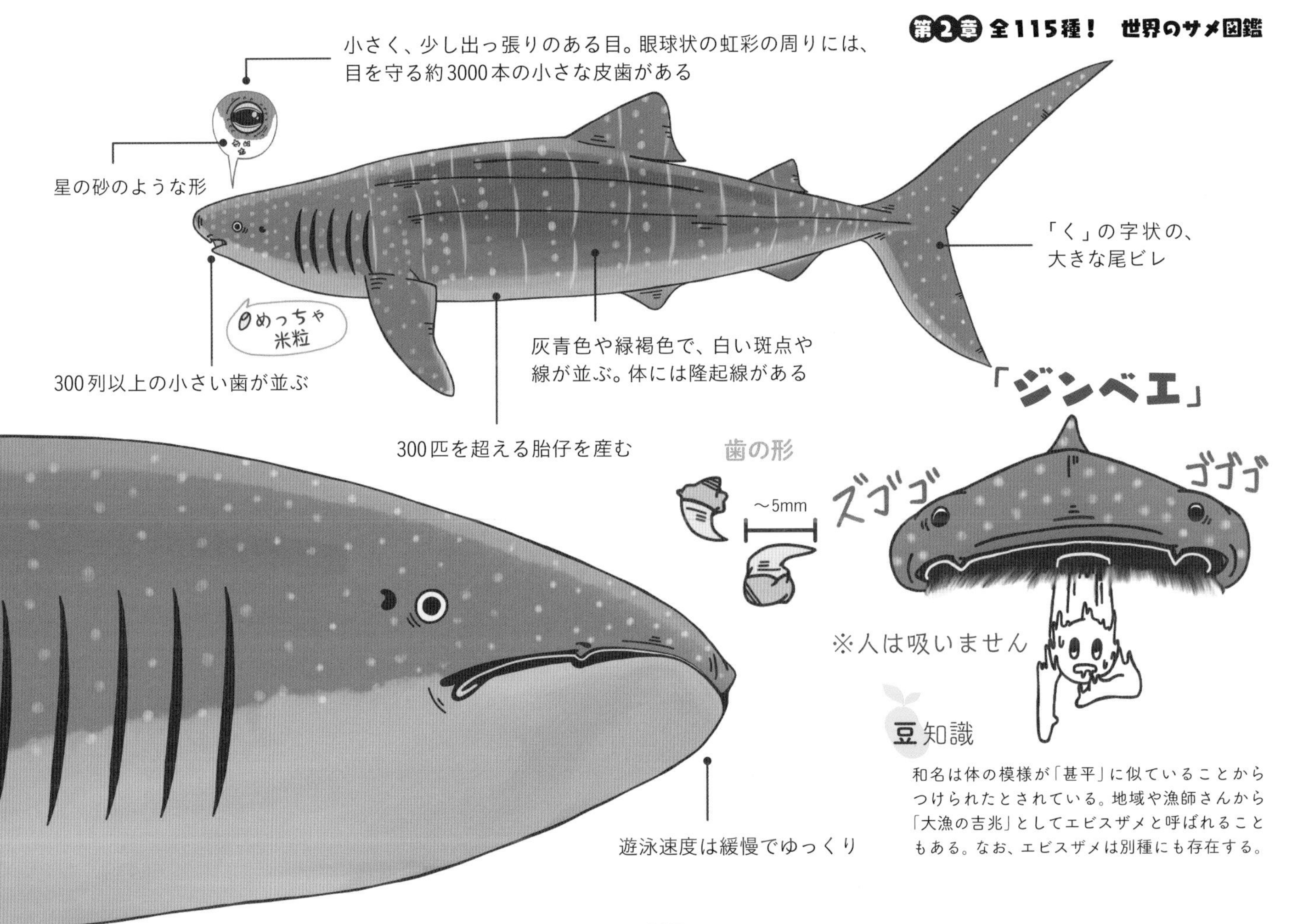

豆知識

和名は体の模様が「甚平」に似ていることからつけられたとされている。地域や漁師さんから「大漁の吉兆」としてエビスザメと呼ばれることもある。なお、エビスザメは別種にも存在する。

有名掃除機もびっくりな驚きの吸引力

オオテンジクザメ

Tawny nurse shark

テンジクザメ目

コモリザメ科

Nebrius ferrugineus

オオテンジクザメは、基本的におとなしく、穏やかな大型のサメ。夜行性なので日中はあまり活動せず、夜になると狩りを始める。狩りは、感覚器官のあるヒゲで獲物を探し、捕食する。主食はタコだが、硬骨魚類や甲殻類もエサとし、「掃除機」のように獲物を勢いよく吸い上げ、丸呑みにする。行動範囲は狭く、決まったお気に入りの場所に戻る習性がある。テンジクザメ目のなかでは唯一の卵食性。

めかぶのヒトコト

大きめの水族館ではわりと出会えるサメ。水槽の底に何匹も重なってじっとしている姿は、とても愛らしいので、ぜひ探してほしい。

こぼれ話

第2背ビレがない個体も目撃されている。原因は不明。

生息域

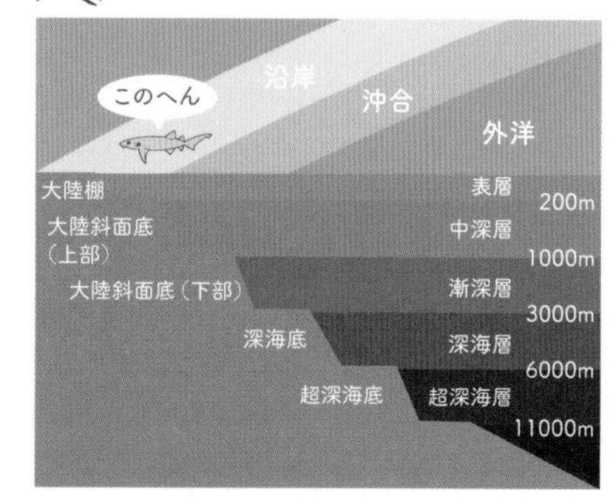

分布図

DATA

- **全長**：3～3.2mほど
- **分布**：西部太平洋、インド洋の熱帯から亜熱帯海域など。日本では南西諸島にのみ分布
- **生息**：水深5～70mほどのサンゴ礁、岩場、砂泥地など
- **捕食**：タコ、ウニ、甲殻類、硬骨魚類など
- **繁殖**：母体依存型の卵食タイプの胎生。1～4匹ほどの仔を産む

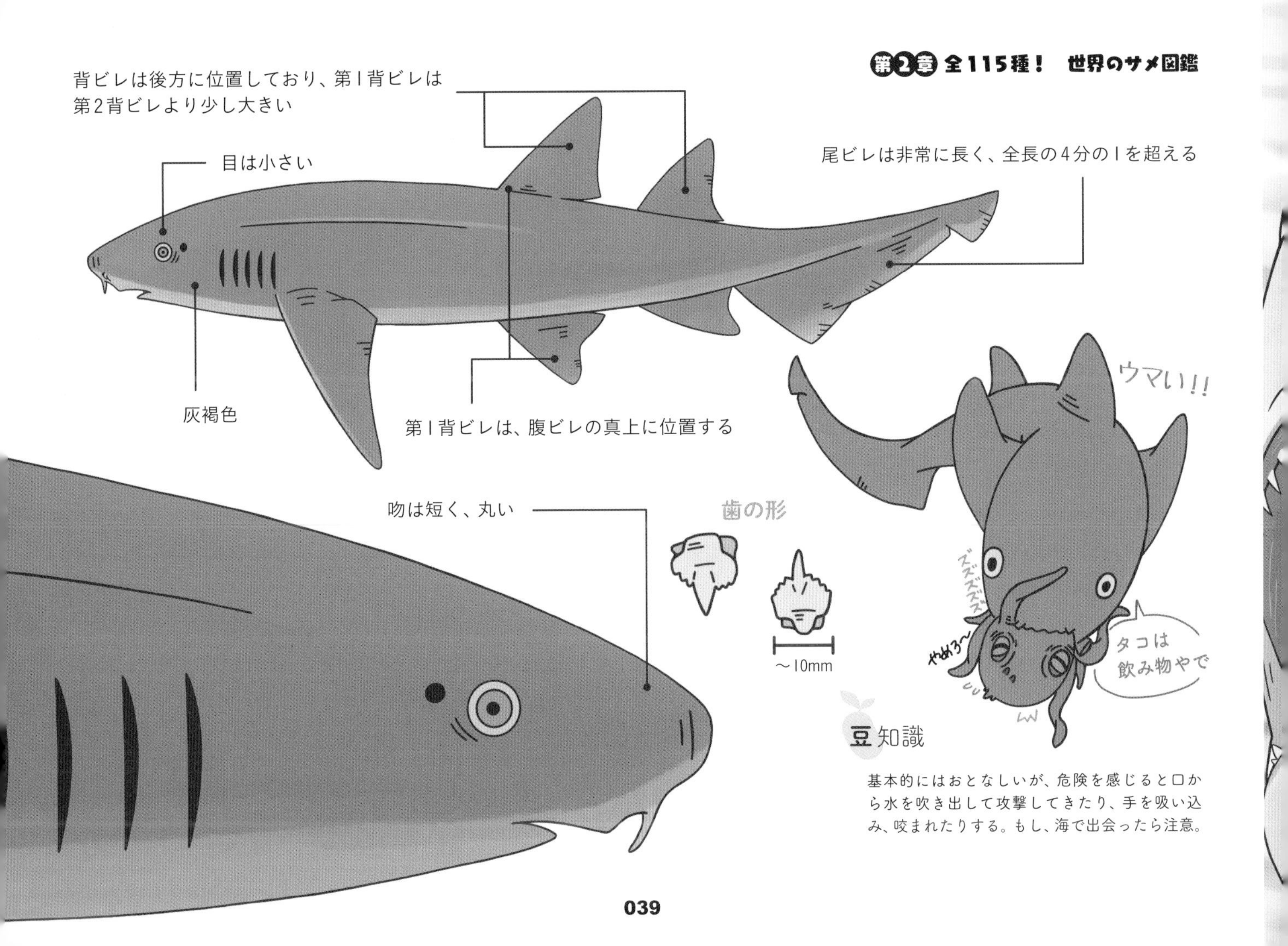

豆知識

基本的にはおとなしいが、危険を感じると口から水を吹き出して攻撃してきたり、手を吸い込み、咬まれたりする。もし、海で出会ったら注意。

子守りで甘やかさない！　子どもは自力で育ちなさい！

コモリザメ

Nurse shark

テンジクザメ目

コモリザメ科

Ginglymostoma cirratum

コモリザメの吻下(ふんか)には、感覚器官のある長いヒゲがある。頭部は丸く扁平で、同種のオオテンジクザメと似ているが、色はコモリザメのほうが濃く、ヒレの先端が丸みを帯びているので見分けることができる。

夜行性なので日中はあまり活動せず、夜になると活発になる。休憩するときは、お気に入りの場所に戻ってくる。コモリザメは、英名で「ナースシャーク（世話をするサメ）」だが、子守りやお世話をするわけではない。

めかぶのヒトコト

オオテンジクザメと同じく、大きめの水族館ではよく出会う。オオテンジクザメとコモリザメが一緒の水槽にいたら、どっちがどっちだか当ててみよう！

こぼれ話

獲物を吸い込むときは、おもしろい音が出る。

生息域

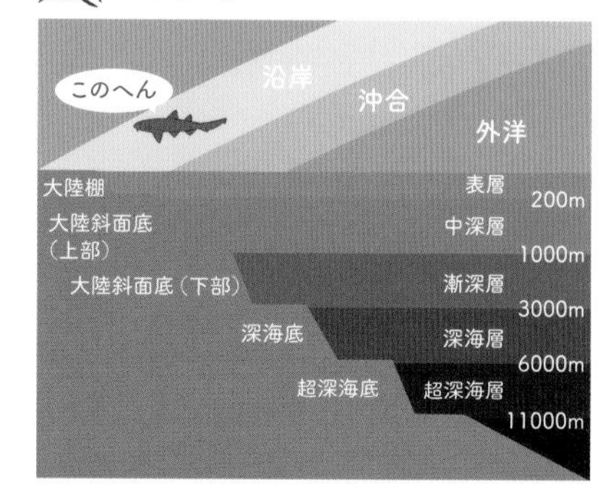

分布図

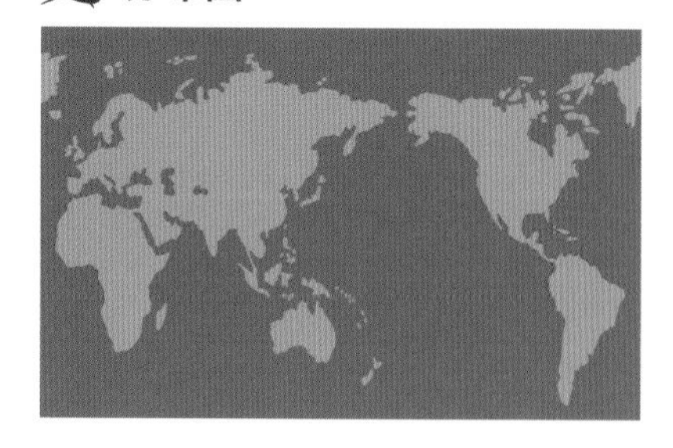

DATA

- **全長**：最大3mほど
- **分布**：太平洋東部、大西洋西部、アフリカ西海岸の熱帯・亜熱帯など
- **生息**：サンゴ礁、岩場、ラグーンなどの砂泥地の浅海など
- **捕食**：タコ・イカなどの頭足類、貝類、甲殻類、硬骨魚類など
- **繁殖**：卵黄依存型の胎生。20～30匹ほどの仔を産む

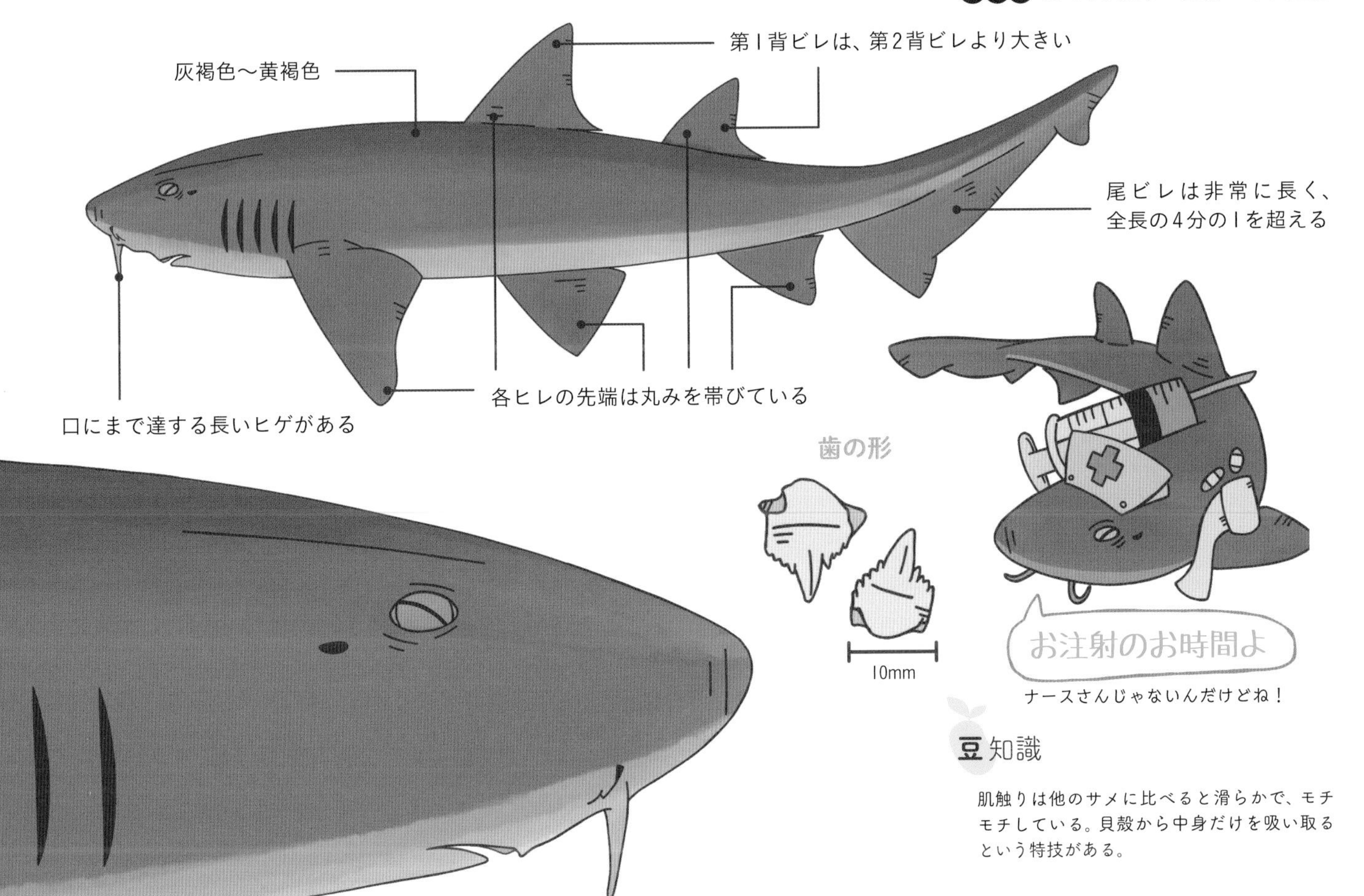

豆知識

肌触りは他のサメに比べると滑らかで、モチモチしている。貝殻から中身だけを吸い取るという特技がある。

見た目が丸くて、ちょっぴり「おはぎ」っぽい!?

タンビコモリザメ

Shorttail nurse shark

テンジクザメ目

コモリザメ科

Pseudoginglymostoma brevicaudatum

オオテンジクザメ（p.38）やコモリザメ（p.40）と違って尾が短いことから、和名と英名がこの名前になった。漢字で表記すると「短尾子守鮫」。

鼻ヒゲも、尾ビレと同様に短く、口に達しない。頭部や体やヒレ先は、全体的に丸みを帯びている。モザイクのような細かい皮膚をしており、とても硬く粗い。

タンビコモリザメは、コモリザメの仲間の中ではいちばん小さい。

めかぶのヒトコト

見た目はヒレの生えたオオサンショウウオのよう。でも、「おはぎ」っぽいとも思う。全体的に丸くて、その体の割に、小さすぎる目とのギャップがかわいい。

こぼれ話

運が良ければ水族館で会える！

生息域

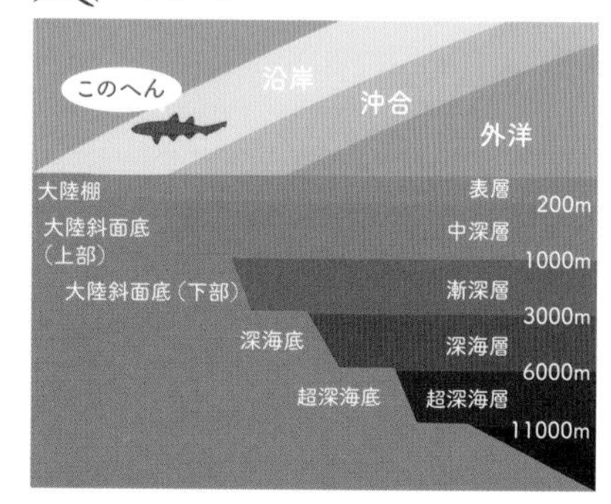

分布図

DATA

- **全長**：最大75cmほど
- **分布**：西インド洋の熱帯から亜熱帯域など
- **生息**：サンゴ礁などの浅海
- **捕食**：おそらく、小型の硬骨魚類やイカなどの頭足類など
- **繁殖**：卵生

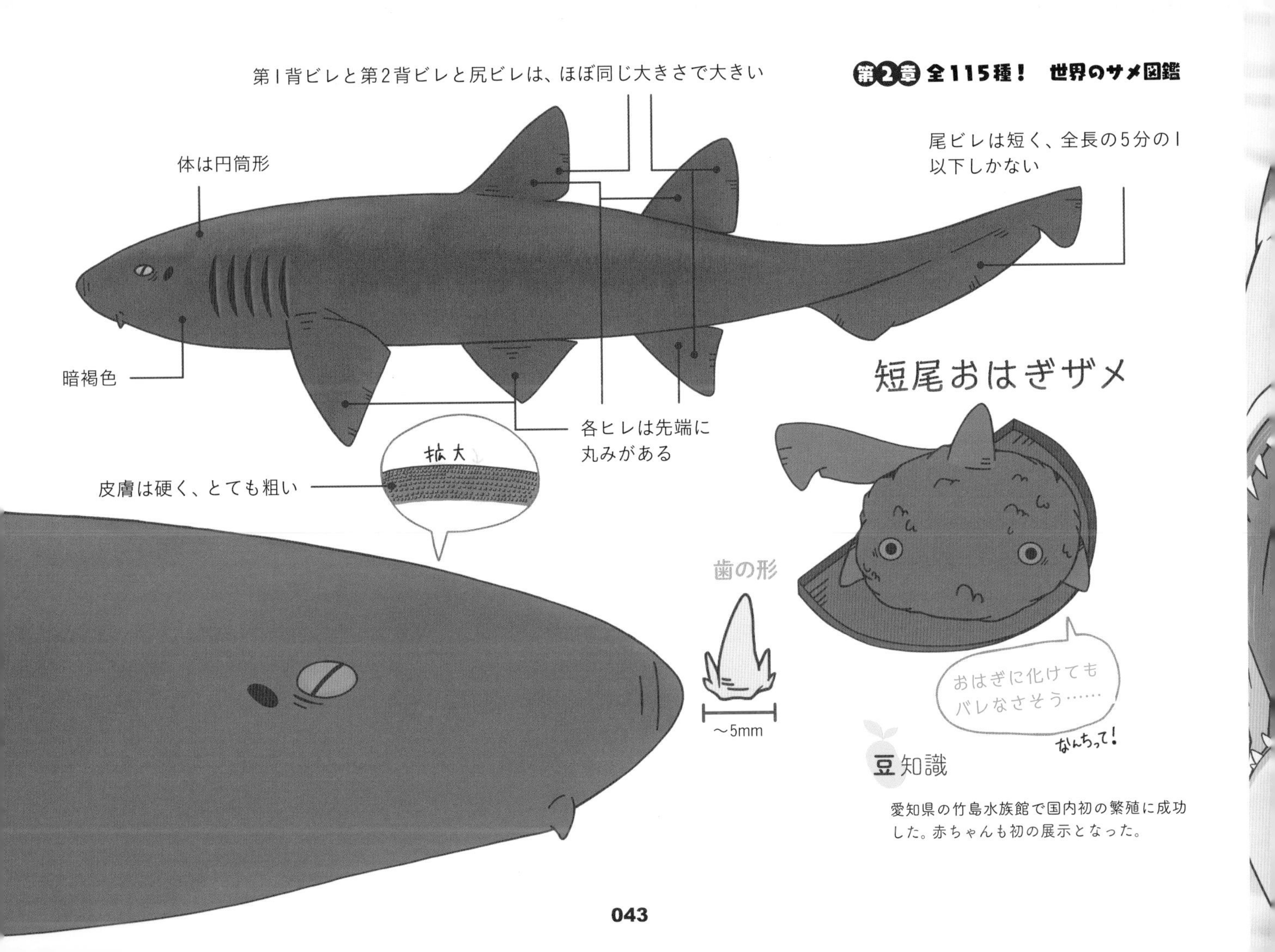
第1背ビレと第2背ビレと尻ビレは、ほぼ同じ大きさで大きい
尾ビレは短く、全長の5分の1以下しかない
体は円筒形
暗褐色
各ヒレは先端に丸みがある
拡大
皮膚は硬く、とても粗い
短尾おはぎザメ
歯の形
〜5mm
おはぎに化けてもバレなさそう……
なんちって！
豆知識
愛知県の竹島水族館で国内初の繁殖に成功した。赤ちゃんも初の展示となった。

自慢の「もっちりワガママボディ」を見よ！

トラフザメ

Zebra shark

テンジクザメ目

トラフザメ科

Stegostoma tigrinum

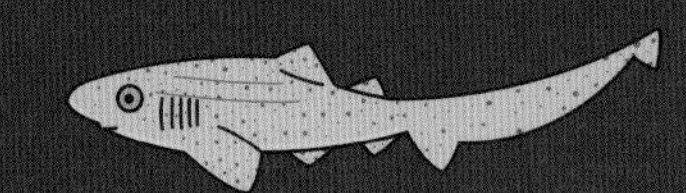

幼魚のころは、トラのようなシマ模様をしており、成魚になるとヒョウ柄になる。英名は「ゼブラシャーク」。

体の半分は尾ビレが占めており、上葉が発達している。長い尾ビレを、左右に大きく振り、前に進む。昼間は大きな胸ビレで体を支え、海底で休んでおり、夜になるとエサを求めて動き回る。体のバランスがあまりよくなく、泳ぐのは苦手と思われる。

めかぶのヒトコト

水族館などで飼育員さんと一緒に泳ぐ姿がかわいい。お腹をなでられて幸せそうにしている姿は、甘えん坊のサメの形をしたゴールデンレトリバー。トラフザメと泳いでみたい！　なでたい！

こぼれ話

幼魚のシマ模様は、ウミヘビに擬態しているという仮説がある。

DATA

- **全長**：最大2.5mほど
- **分布**：西部太平洋、インド洋、紅海の熱帯・亜熱帯海域など。日本では南日本など
- **生息**：潮間帯から沿岸域、サンゴ礁、岩場、水深60mまでの砂泥底など
- **捕食**：硬骨魚類、タコなどの頭足類、甲殻類、貝類など
- **繁殖**：卵生（単卵生）

生息域

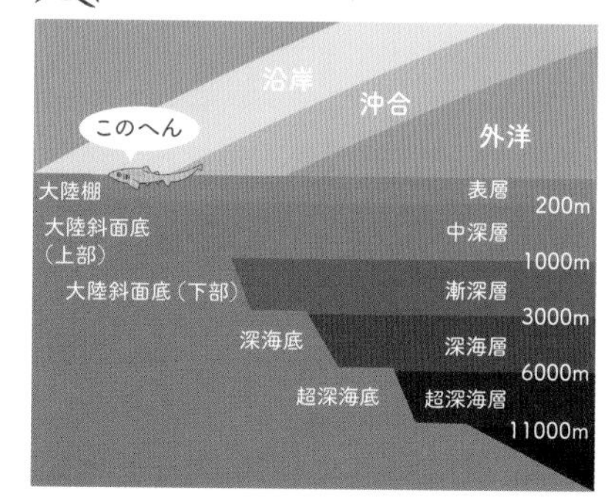

分布図

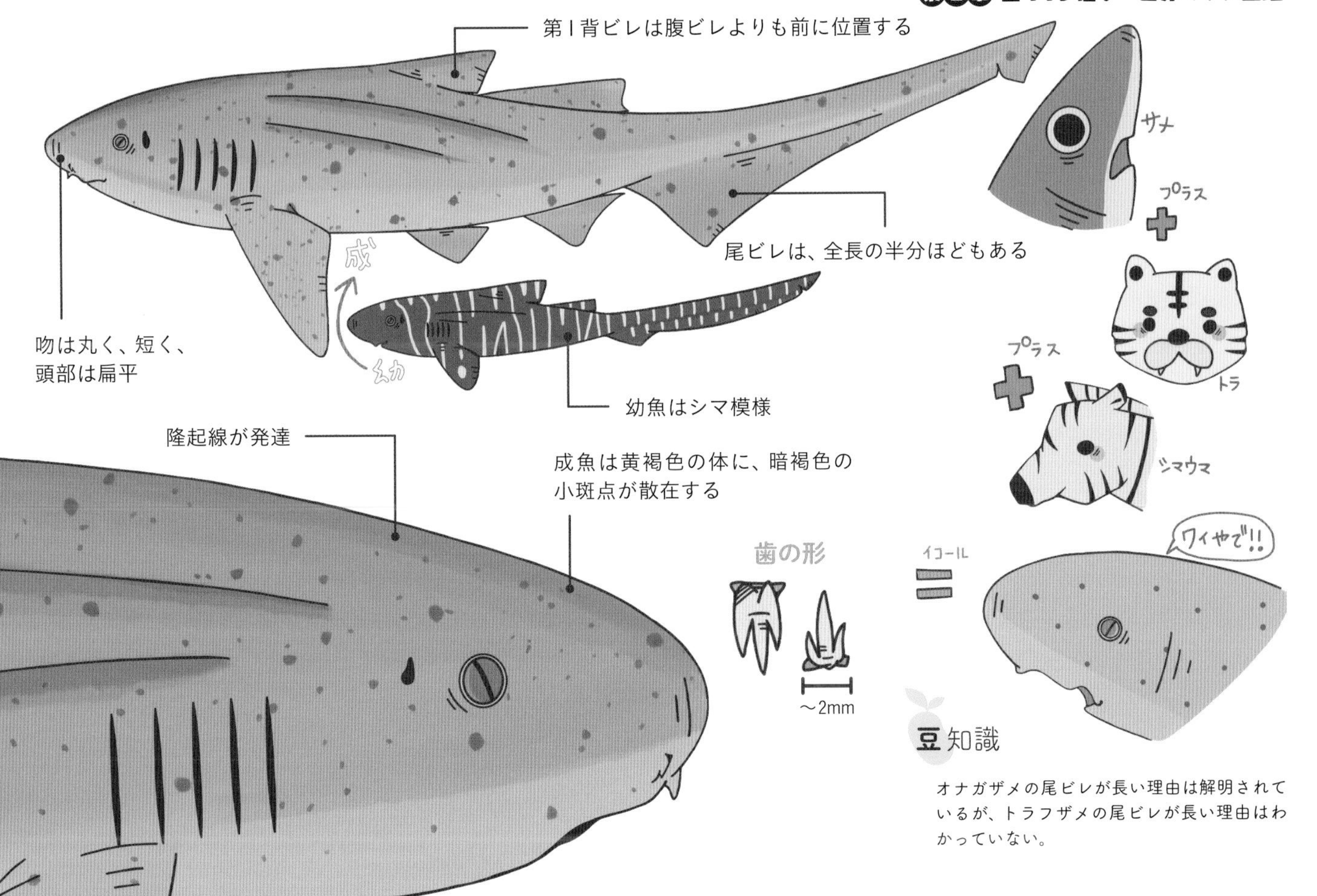

豆知識

オナガザメの尾ビレが長い理由は解明されているが、トラフザメの尾ビレが長い理由はわかっていない。

ネコもいいけどイヌもよろしく、サメだけど「ワン！」

イヌザメ

Brownbanded bamboo shark

テンジクザメ目

テンジクザメ科

Chiloscyllium punctatum

イヌザメという名前の由来は、泳がずに地面をはいながら移動したり、海底で獲物を探すときに吻先を当てたりする様子が「イヌに似ている」から、とされている。

幼魚は黒と白のシマ模様でウミヘビのようだが、成魚になると徐々にシマはなくなり、暗褐色になる。

昼間はサンゴ礁のすき間などや海底でじっとしているが、夜になると獲物を探すため活発になる。

めかぶのヒトコト

大きな水族館では、よくネムリブカやネコザメと重なり合っていて、その姿がかわいい。

こぼれ話

幼魚のシマ模様には「猛毒をもつウミヘビに擬態して身を守っている」という仮説がある。

DATA

- **全長**：90cm～1m弱ほど
- **分布**：西太平洋、インド洋など
- **生息**：サンゴ礁や岩場、潮だまり、浅海の海底など
- **捕食**：硬骨魚類や頭足類、甲殻類など
- **繁殖**：卵生。2個の卵を産む

生息域

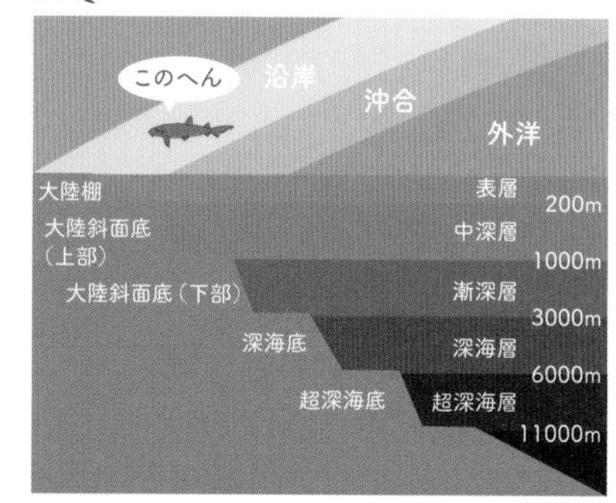

分布図

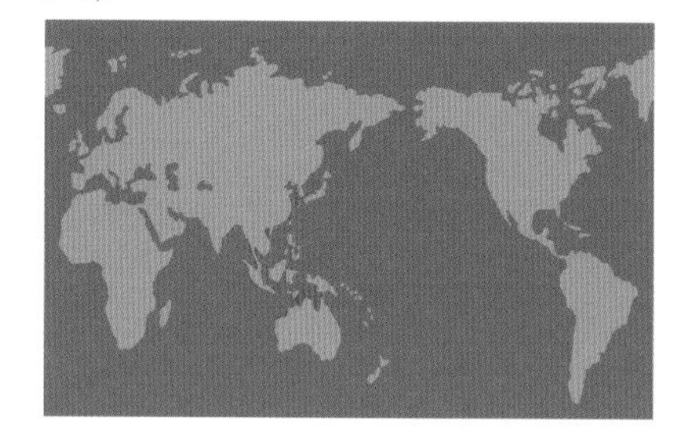

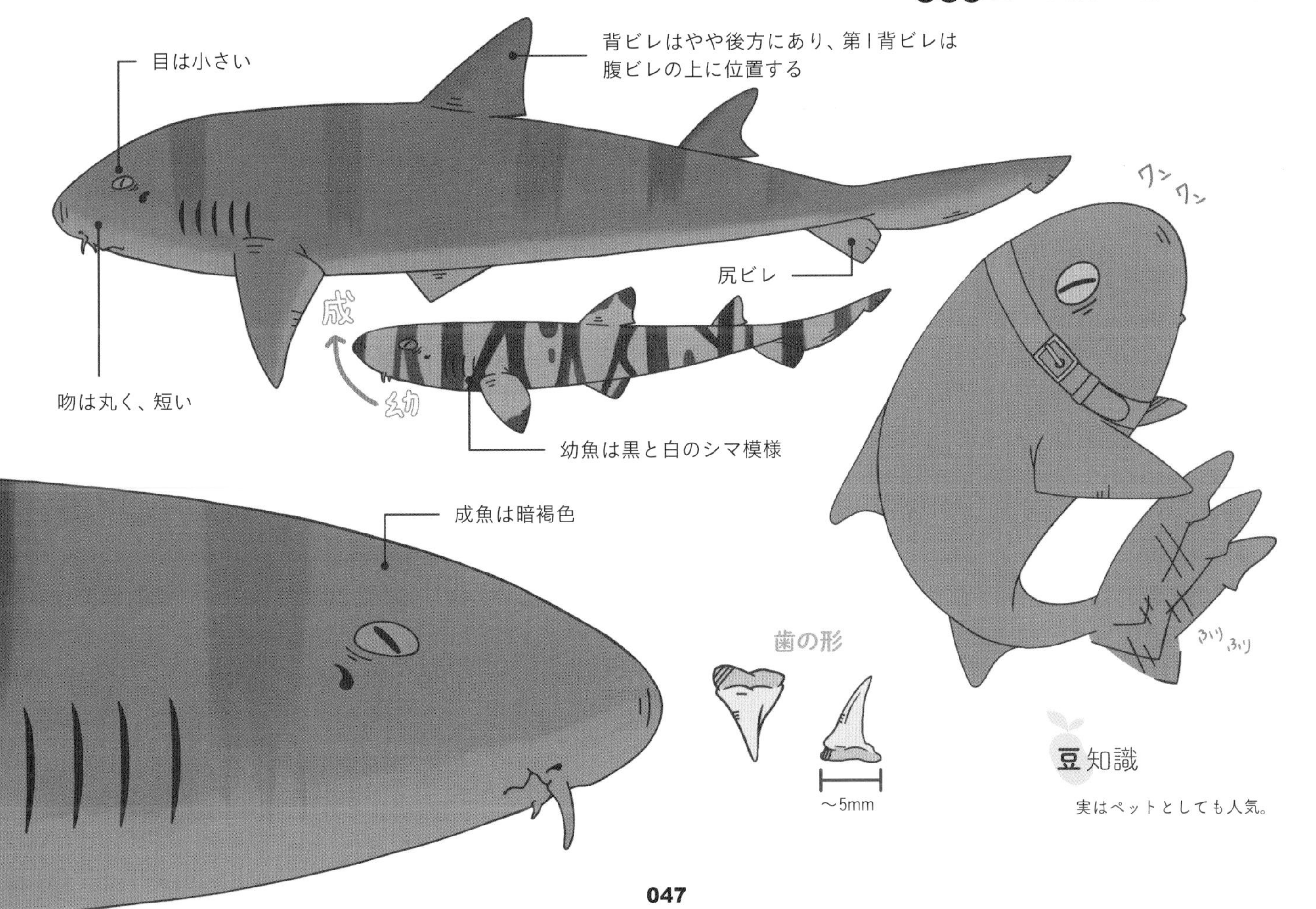

豆知識

実はペットとしても人気。

胸ビレは、もはや我々の足である！

マモンツキテンジクザメ

Epaulette shark

テンジクザメ目

テンジクザメ科

Hemiscyllium ocellatum

マモンツキテンジクザメは、大きな胸ビレと腹ビレをうまく使って、海底を歩くことができる珍しいサメ。水面から体が出てしまうような浅い潮だまりでも活動できて、そんな場所も歩いて移動する。

名前を漢字で表記すると「紋付き」となるが、これは胸ビレの上にある黒い大きな模様が「紋章」に見えるからとされている。この大きな模様を使い、「大きな目」と思わせて敵を威嚇する。

めかぶのヒトコト

とてちてとてちて……と海底を歩く姿を目にしたら、大げさにいえば「全人類はマモンツキテンジクザメの虜になってしまうのではないだろうか」というぐらいにかわいい。

こぼれ話

歩くその姿から、別名は「ウォーキング・シャーク」。

DATA

- **全長**：最大1m弱ほど
- **分布**：オーストラリア北部やニューギニア島の海域など
- **生息**：サンゴ礁や岩場、潮だまり、浅瀬など
- **捕食**：多毛類、甲殻類、小魚など
- **繁殖**：卵生（単卵生）。2個の卵を産む

生息域

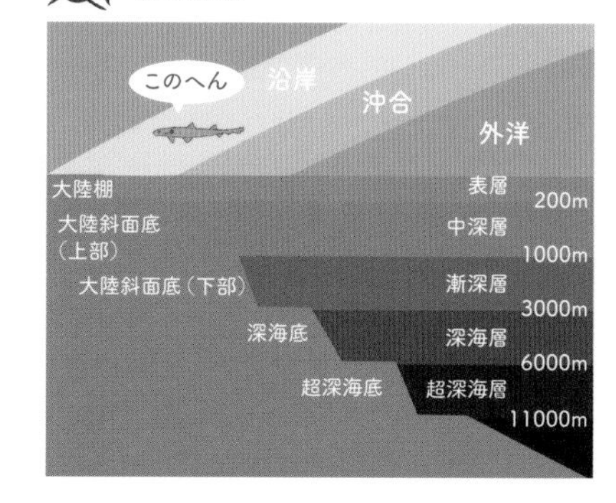

分布図

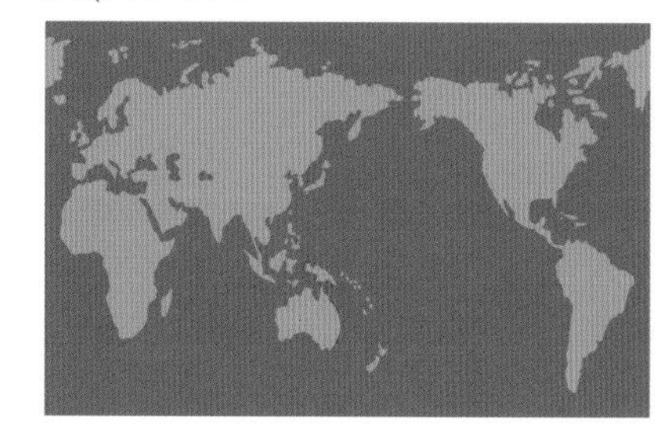

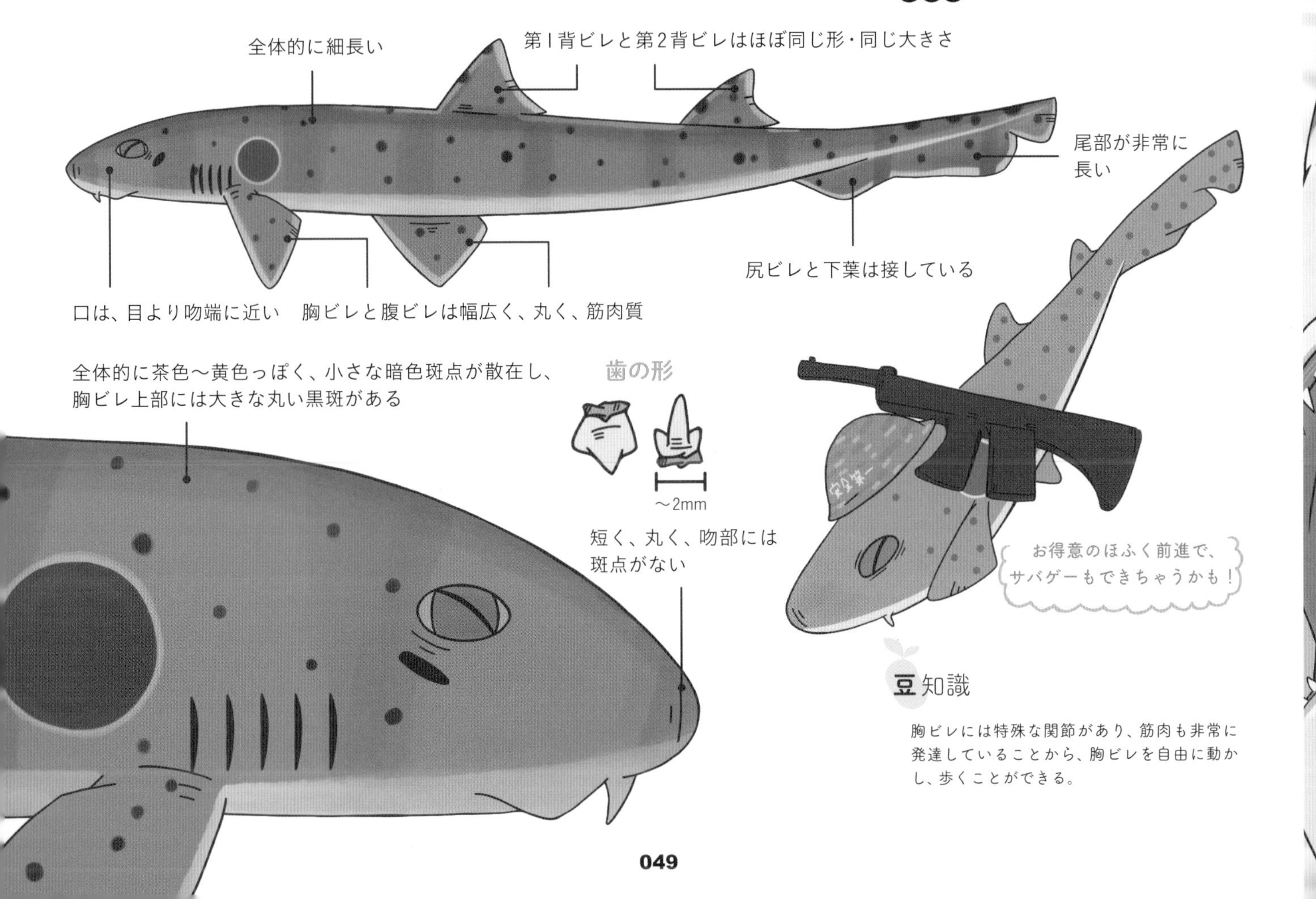

豆知識

胸ビレには特殊な関節があり、筋肉も非常に発達していることから、胸ビレを自由に動かし、歩くことができる。

「馬具」を装備したような見かけ

クラカケザメ

Saddle carpetshark

テンジクザメ目

クラカケザメ科

Cirrhoscyllium japonicum

　クラカケザメは捕獲数が少なく、くわしい生態はまだわかっていない。

　のどのあたりから1対のヒゲが生えており、このヒゲで微細な振動などを感じていると思われる。ヒゲの先端を海底につけ、遊泳はほとんどせずに、じっとしていることが多い。

　胴の周りの模様が、乗馬で使われる「鞍（くら）」に似ていることから、この名前をつけられた。英名の「Saddle（サドル）」には「鞍つき」という意味がある。

めかぶのヒトコト

くいっと頭を持ち上げている姿がとってもかわいい。そのときに、ちょろっと見えるヒゲのポイントがまた高い。クラカケザメは、サメ界でいちばん「あざとかわいい」。

こぼれ話

岩などに付着させるため、卵にはネバネバしたヒモがついている。

DATA	
●全長	最大50cmほど
●分布	南日本の太平洋など
●生息	沖合、水深250～320mの大陸棚など
●捕食	おそらく頭足類など
●繁殖	卵生

生息域

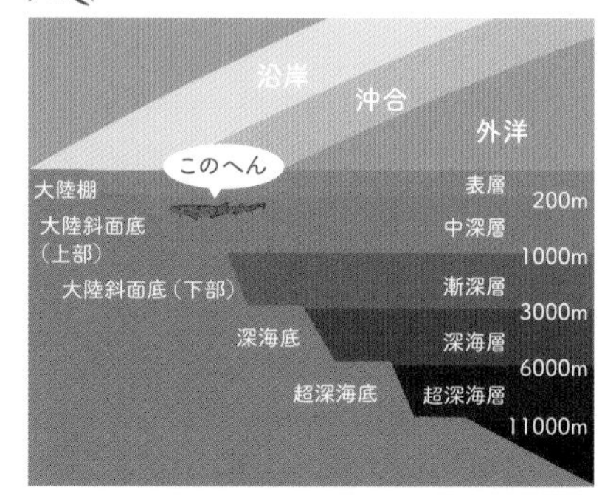

分布図

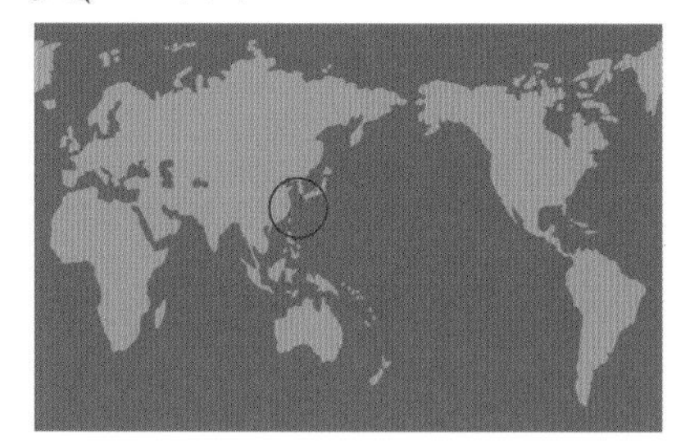

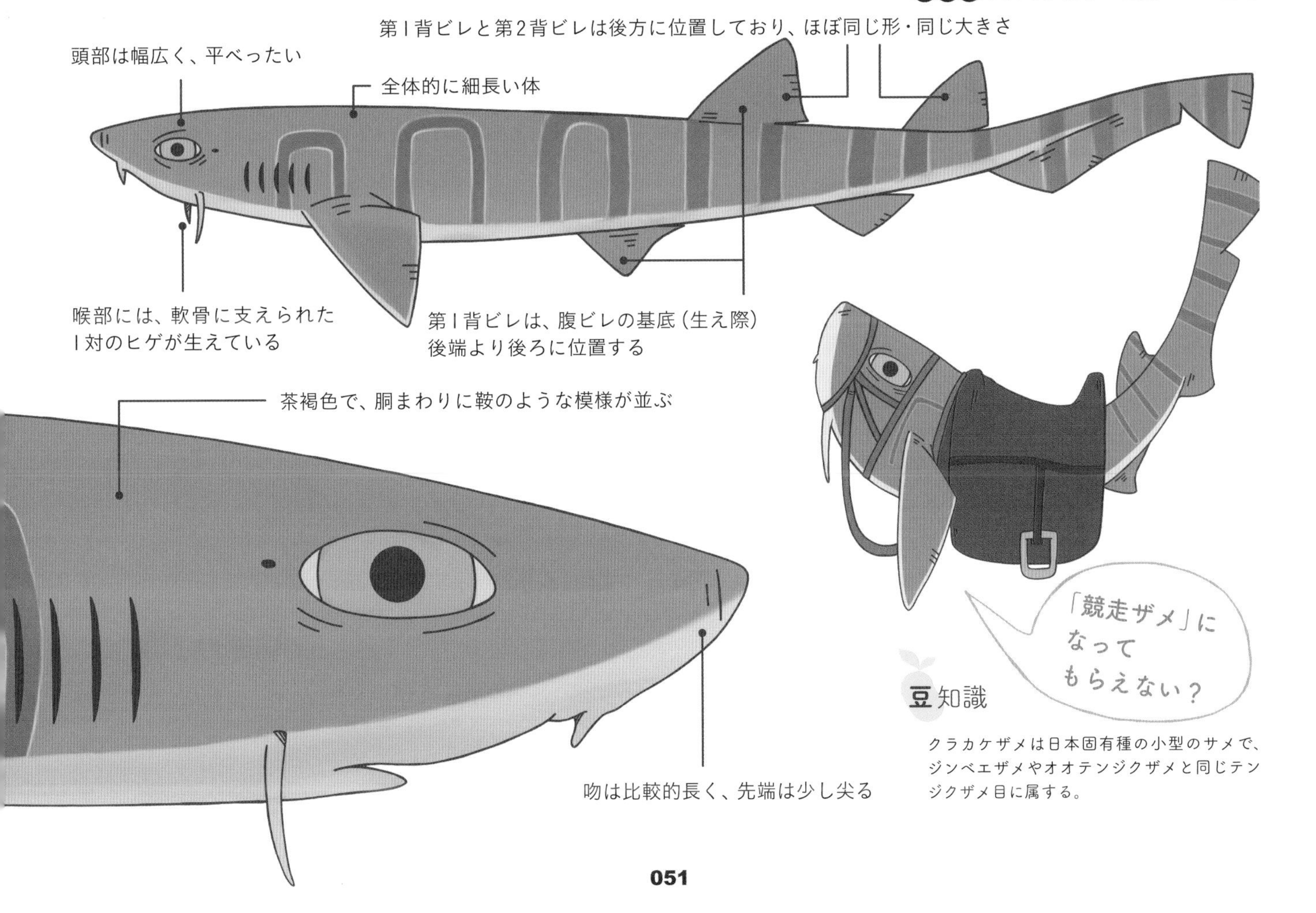

豆知識

クラカケザメは日本固有種の小型のサメで、ジンベエザメやオオテンジクザメと同じテンジクザメ目に属する。

ラブカがフリルなら、こっちはネックレスでおしゃれに！

ネックレスクラカケザメ

Varied carpetshark

テンジクザメ目

クラカケザメ科

Parascyllium variolatum

ネックレスクラカケザメは体が細長く、ウナギのような姿でクネクネ動く。

頭部の後方部分に帯状の模様があり、「ネックレス」のように見えることから、このような名前をつけられた。体全体には、白い斑点模様がまだらにある。

性格は臆病で、日中は海底や岩陰から動かないことが多い。ところが、夜になると激しく動き回る。最近は「多彩なカーペットシャーク」と呼ばれることが多い。

めかぶのヒトコト

シンプルな黒と白のコントラストがはっきりしていて、おしゃれでかわいい。展示している水族館は少なく、出会える機会が滅多にないのが悲しい。

こぼれ話

これまでは「ネックレス・カーペットシャーク」と呼ばれることが多かった。

DATA

- **全長**：最大90cmほど
- **分布**：オーストラリア南部の海域
- **生息**：岩場、砂地や浅海の海底、大型海藻林など
- **捕食**：ほとんどわかっていない
- **繁殖**：卵生

生息域

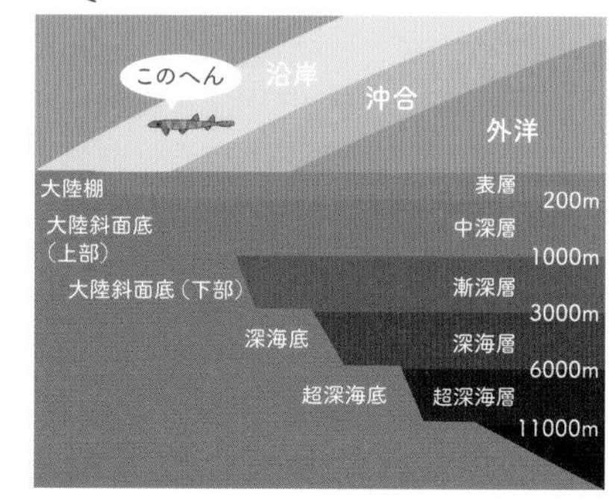

分布図

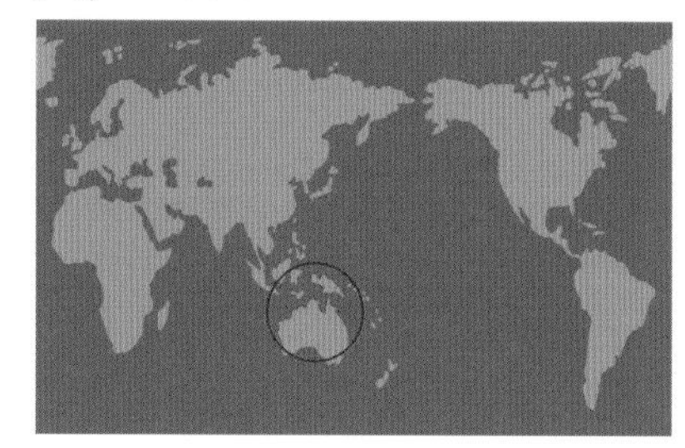

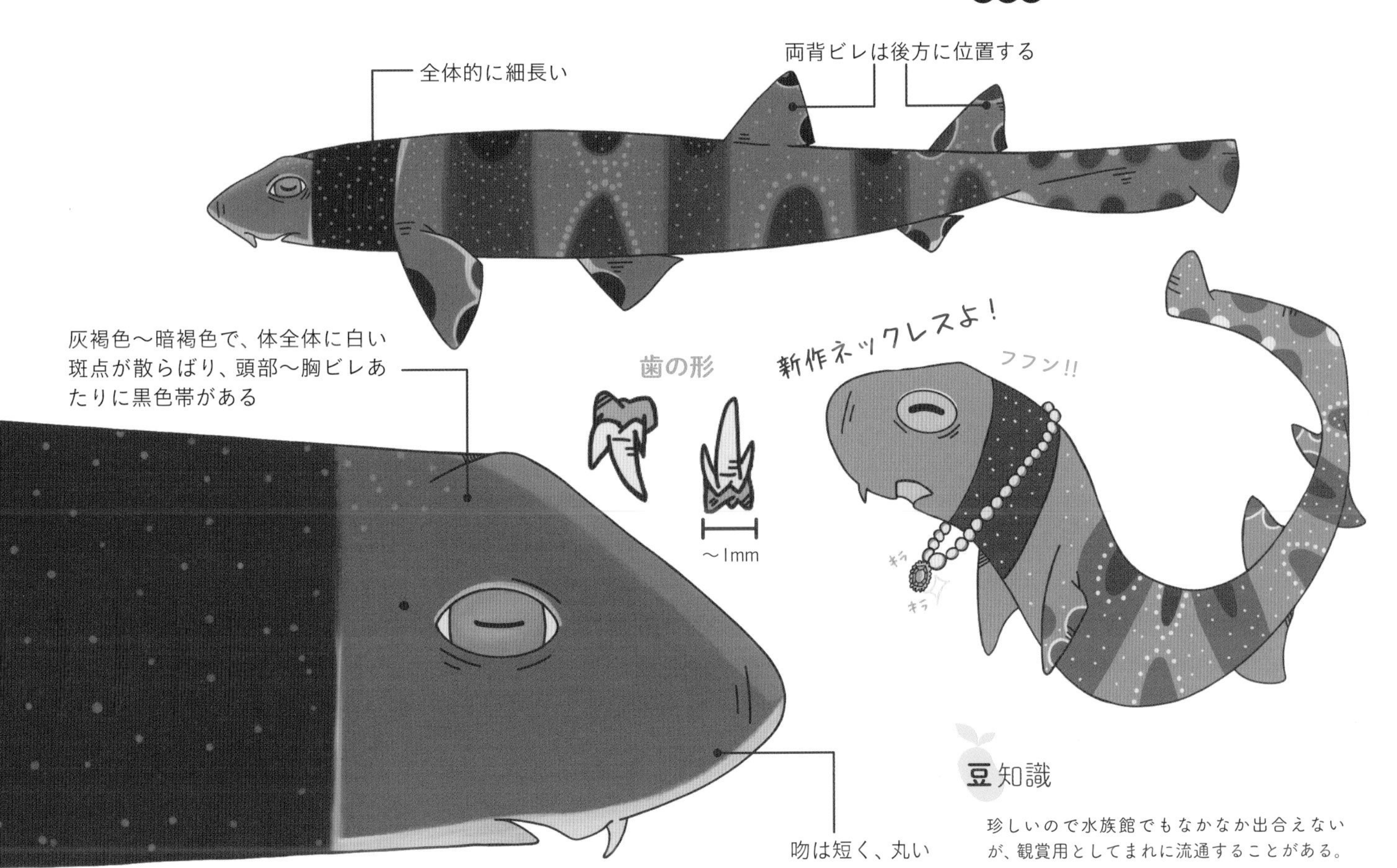

豆知識

珍しいので水族館でもなかなか出合えないが、観賞用としてまれに流通することがある。

とってもかくれんぼ上手

オオセ

Japanese wobbegong

テンジクザメ目

オオセ科

Orectolobus japonicus

オオセは、日光が届くほどの浅い海に生息している。他のオオセの仲間と同様、海底で他の生物に見つからないよう擬態して、周囲に溶け込みながら隠れている。

オオセの仲間は、噴水孔を利用して呼吸をするため、絶えず泳ぐ必要がない。そのため、獲物を待ち伏せすることが可能である。浅瀬にいるため、近づいてきた人に咬みつくこともある。いったん咬みつくと、なかなか離さないため注意が必要である。

めかぶのヒトコト

多くの水族館で飼育されているので、あちこちで見ることができる。ぜひ探してほしい。皮弁（体表の一部が変化した毛状の突起）をチェック！

こぼれ話

地方によって「キリノトブカ」など、さまざまな呼び名がある。

DATA

- **全長**：1m強
- **分布**：北西太平洋の温帯から亜熱帯の海域など
- **生息**：サンゴ礁や浅瀬など
- **捕食**：硬骨魚類や甲殻類など
- **繁殖**：卵黄依存型の胎生。約20匹の仔を産む

生息域

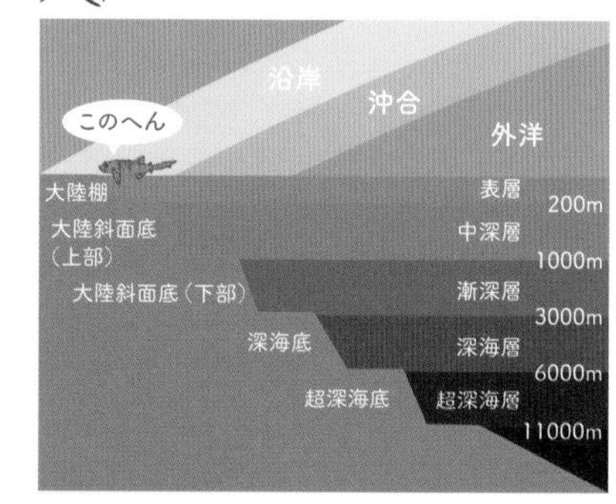

分布図

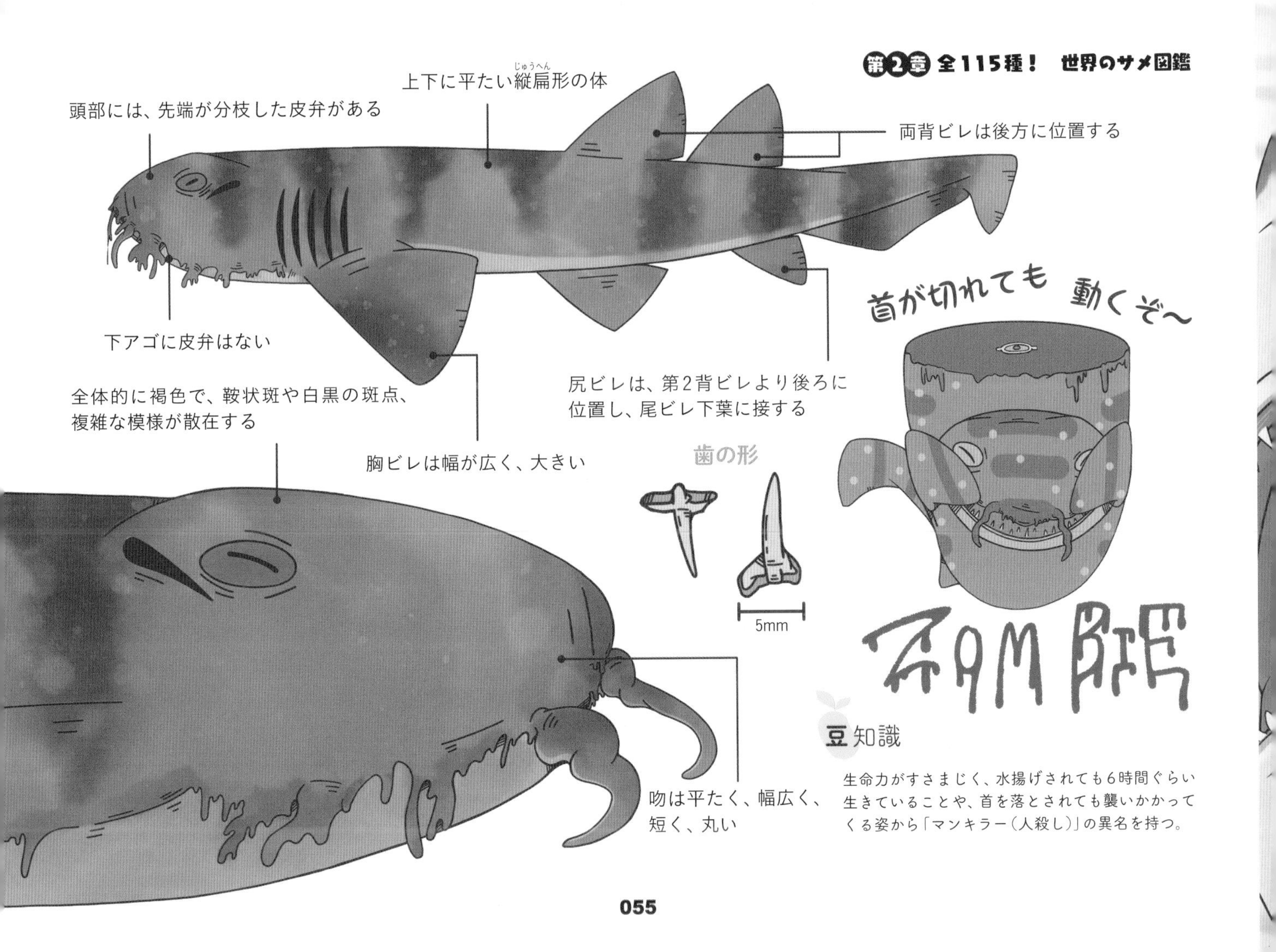

上下に平たい縦扁形の体
頭部には、先端が分枝した皮弁がある
両背ビレは後方に位置する
下アゴに皮弁はない
首が切れても 動くぞ〜
尻ビレは、第2背ビレより後ろに位置し、尾ビレ下葉に接する
全体的に褐色で、鞍状斑や白黒の斑点、複雑な模様が散在する
胸ビレは幅が広く、大きい
歯の形
5mm
吻は平たく、幅広く、短く、丸い
豆知識
生命力がすさまじく、水揚げされても6時間ぐらい生きていることや、首を落とされても襲いかかってくる姿から「マンキラー（人殺し）」の異名を持つ。

モジャモジャ具合がまるで「仙人」

アラフラオオセ

Tasselled wobbegong

テンジクザメ目

オオセ科

Eucrossorhinus dasypogon

アラフラオオセは、周囲に溶け込んで擬態する。特徴的なモジャモジャの皮弁はまるで「仙人」のようで、獲物をおびき寄せて、近寄ってきた生き物を捕食する。

オオセの仲間は、噴水孔を利用して呼吸することができるので、絶えず泳がなくてもいい。そのため、獲物を待ち伏せすることが可能である。

昼間はじっと動かず海底で過ごし、夜になると活発に泳ぎ回り、獲物を探す。

めかぶのヒトコト

何が気になるって、もちろんそのモジャモジャの皮弁。オオセの仲間は、みんな異なる特徴の皮弁があるので、見る機会があれば比べてみて。ちなみに、モジャモジャの皮弁は描くのがとっても大変である。

こぼれ話

獲物をおびき寄せるのは得意だが、追いかけるのは少し苦手。

DATA

- **全長**：1～1.2mほど
- **分布**：オーストラリア北部からニューギニア島などの海域
- **生息**：サンゴ礁や浅瀬など
- **捕食**：硬骨魚類や甲殻類など
- **繁殖**：胎生

生息域

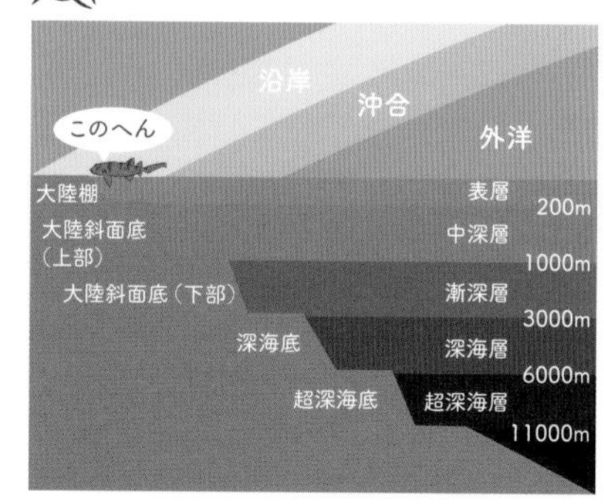

分布図

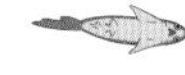

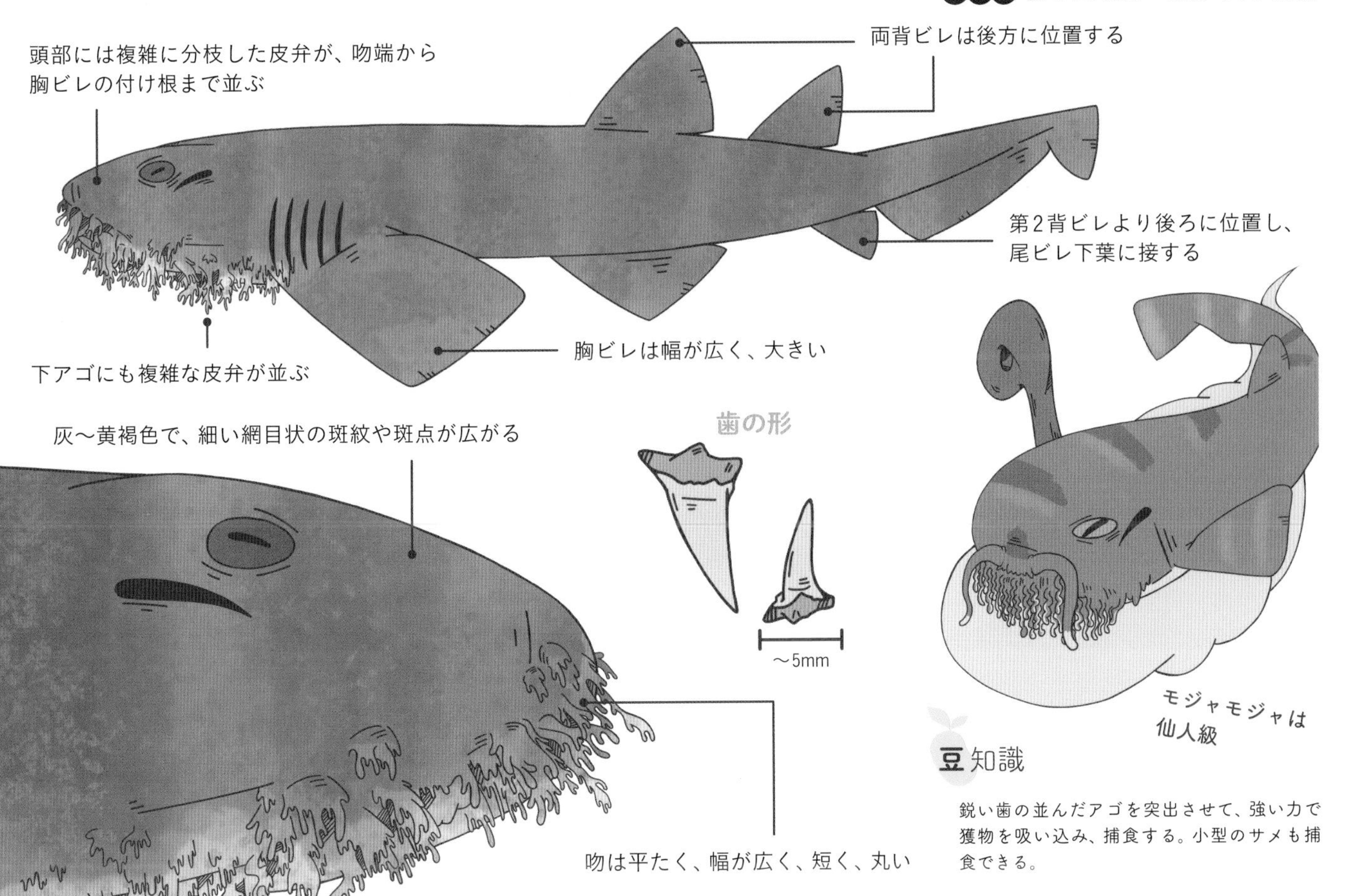

豆知識

鋭い歯の並んだアゴを突出させて、強い力で獲物を吸い込み、捕食する。小型のサメも捕食できる。

なんだか「星座」でありそうな名前じゃない？

アオホソメテンジクザメ

Bluegrey carpetshark

テンジクザメ目

ホソメテンジクザメ科

Brachaelurus colcloughi

アオホソメテンジクザメは、ずんぐりした体型で、非常に発達した鼻弁がある。

とても臆病な性格である。近縁のシロボシホソメテンジクザメ（p.60）よりも数が少ない。生命力は、シロボシホソメテンジクザメと同様に強い。

シロボシホソメテンジクザメとは、体の模様がないことで区別できる。幼体には模様があるが、成体するにつれて薄れていき、灰褐色となる。

めかぶのヒトコト

イヌザメ（p.46）に似ていて、2匹並ぶと混乱しちゃいそう！

こぼれ話

成体は日中、主に洞窟や岩棚の下などに、幼体は岩の裂け目などに隠れており、近づいてきた獲物を吸い込んで捕食する。

生息域

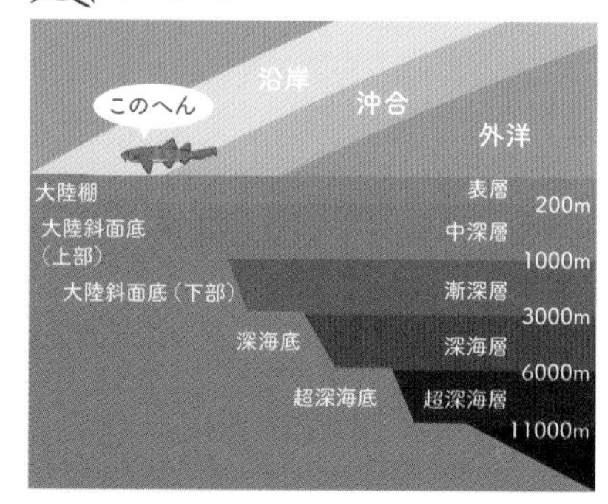

分布図

DATA

- **全長**：90cm弱ほど
- **分布**：オーストラリア北東部の海域など
- **生息**：通常は水深6m以浅に住むが、200mほどまでは行動する
- **捕食**：エビやカニなどの甲殻類や小型硬骨魚類、イソギンチャクなど
- **繁殖**：無胎盤性の胎生。6～7匹ほどの仔を産む

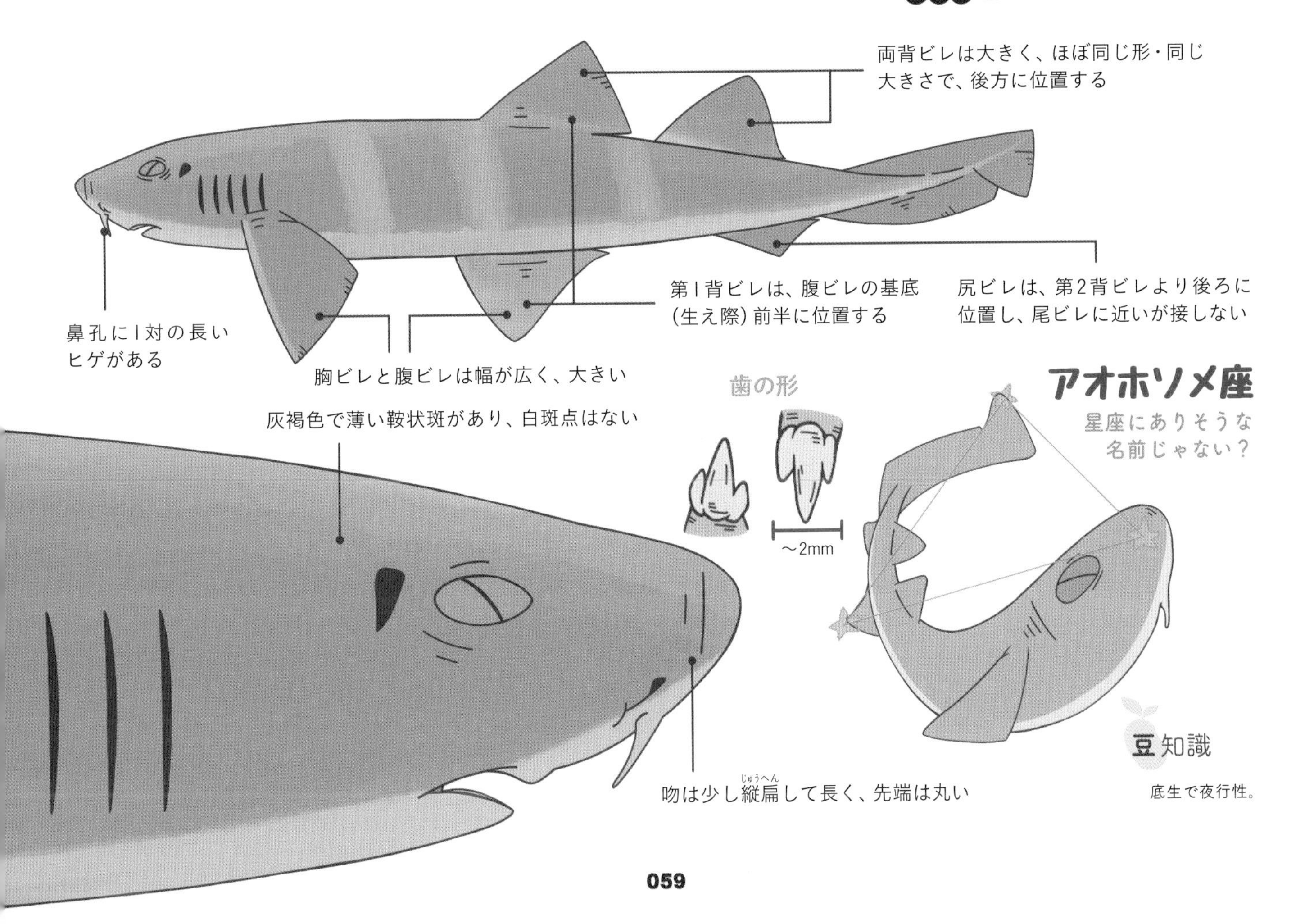
両背ビレは大きく、ほぼ同じ形・同じ大きさで、後方に位置する
第1背ビレは、腹ビレの基底(生え際)前半に位置する
尻ビレは、第2背ビレより後ろに位置し、尾ビレに近いが接しない
鼻孔に1対の長いヒゲがある
胸ビレと腹ビレは幅が広く、大きい
灰褐色で薄い鞍状斑があり、白斑点はない
歯の形
～2mm
アオホソメ座
星座にありそうな名前じゃない？
吻は少し縦扁(じゅうへん)して長く、先端は丸い
豆知識
底生で夜行性。

もっちりしたズングリ体型を堪能せよ！

シロボシホソメテンジクザメ

Blind shark

テンジクザメ目

ホソメテンジクザメ科

Brachaelurus waddi

シロボシホソメテンジクザメは、ずんぐりした体型で、非常に発達した鼻弁がある。底生で夜行性。生命力が強く、水上でも10時間以上生きていられるとされ、引き潮で取り残されても、ある程度は生存できる。水上では目を守るために、眼球を収納することができる。

近縁種のアオホソメテンジクザメとの区別は、体に斑点があることや皮歯が大きいこと、第1背ビレ、第2背ビレと胸ビレ、腹ビレが、それぞれほぼ同じ大きさであることでできる。

めかぶのヒトコト

ずんぐりムックリで黒っぽい体に「星」がいっぱい散ったようなかわいいサメ。吻の丸い感じも癒し。サメと「星」が見たい人は、シロボシホソメテンジクザメを見にいこう。

こぼれ話

アゴの力と吸引力が強いので、一度咬んだらなかなか離さない。

生息域

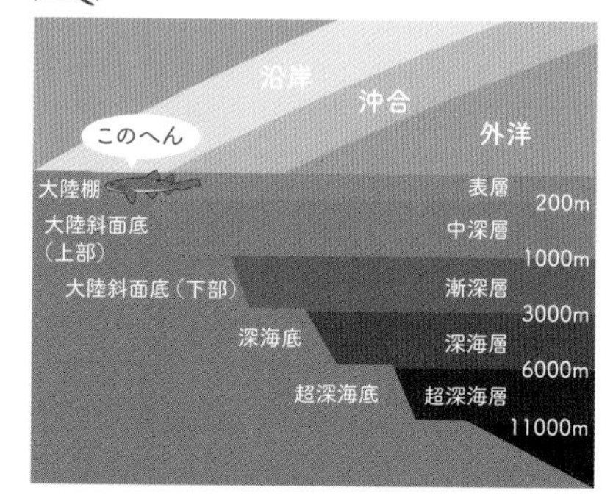

分布図

DATA

- **全長**：最大120cmほど
- **分布**：西太平洋海域のオーストラリア沿岸など
- **生息**：潮だまりを含む潮間帯や、水深70mほどまでの大陸棚上など
- **捕食**：エビやカニなどの甲殻類や小型硬骨魚類、イソギンチャクなど
- **繁殖**：無胎盤性の胎生。7～8匹ほどの仔を産む

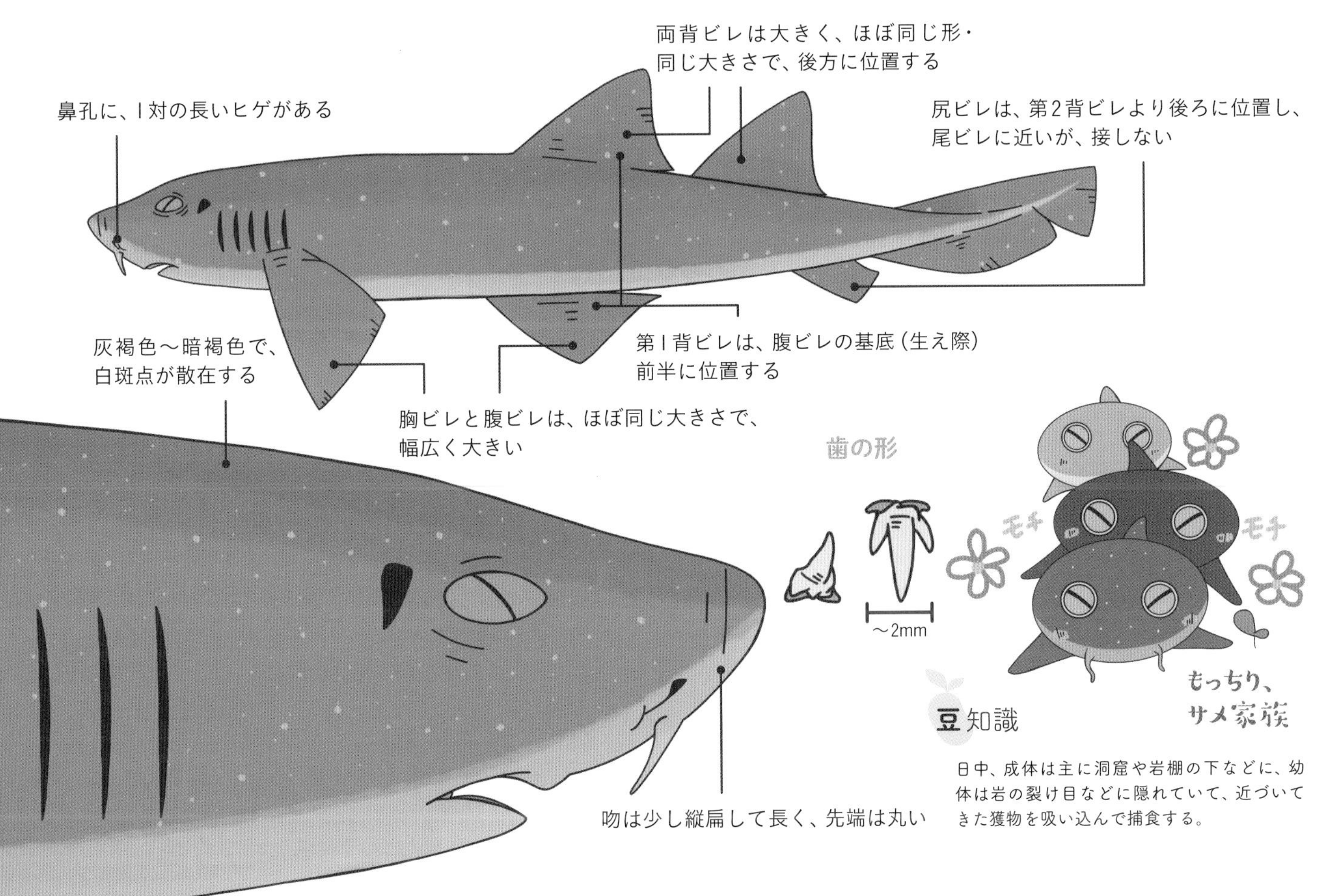

豆知識

日中、成体は主に洞窟や岩棚の下などに、幼体は岩の裂け目などに隠れていて、近づいてきた獲物を吸い込んで捕食する。

吸う食事いろいろ

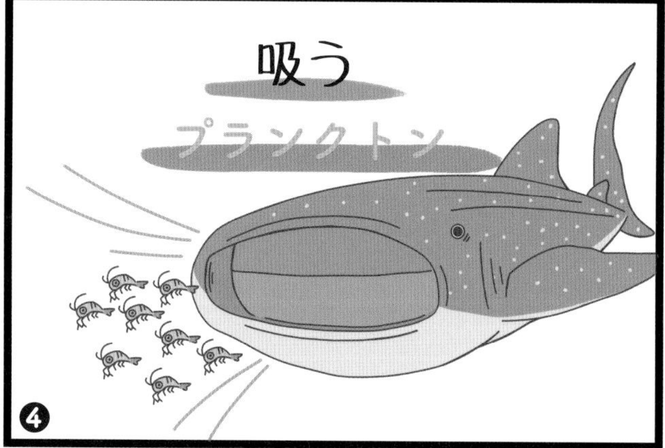

ネズミザメ目

大きな体と口なのに、実はニューフェイス

メガマウスザメ

Megamouth shark

ネズミザメ目

メガマウスザメ科

Megachasma pelagios

メガマウスザメは、1970年代に初めて発見されたニューフェイスのサメだ。いまでは世界中で200匹ほどの目撃情報や捕獲情報がある。名前の由来は、その口の大きさ。口の周りの筋肉が発達しており、口を大きく開くことができる。口内には、とても小さな歯が並んでいる。エサの取り方は、ジンベエザメやウバザメと同じく、濾過摂食である。昼間は深く潜り、夜間になると浮上してくる。

めかぶのヒトコト

ホルマリン漬け展示を実際に目にしたときは、その迫力に圧倒され、無心で写真を何枚も撮った。

こぼれ話

その見た目から、日本では古くから「大口鮫」とも呼ばれていた。

生息域

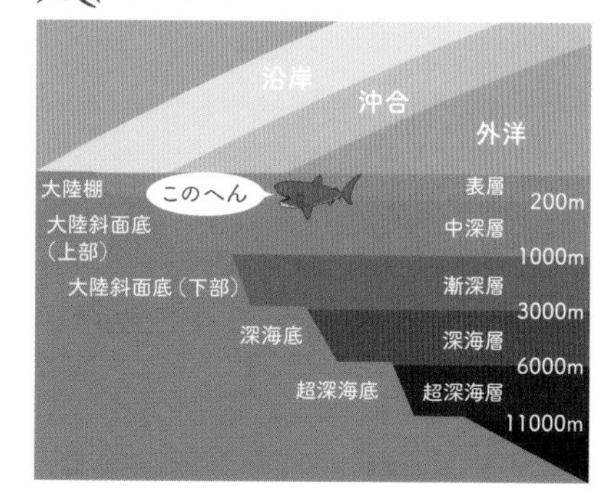

分布図

DATA

- **全長**：4～6m
- **分布**：大西洋、インド洋、太平洋の温熱帯海域。日本では常磐沖から熊野灘にかけての太平洋、九州など
- **生息**：沿岸から外洋の水深12～200mの表層
- **捕食**：プランクトンや浮遊性無脊椎動物など
- **繁殖**：胎生と考えられるが、妊娠した個体が未発見なので不明

豆知識

口の内側が銀色で、鏡のように反射する。

ちょっと待って！ そのUMA（未確認動物）は私かも!?

ウバザメ

Basking shark

ネズミザメ目

ウバザメ科

Cetorhinus maximus

魚類でジンベエザメの次に大きいのが、このウバザメである。他のサメは体の半分ほどのエラ孔の大きさだが、ウバザメは大きく、体をほぼ1周するほど裂けている。吻先も太く、長い。

海水を吸い込み、鰓耙（さいれつ）でプランクトンを濾（こ）して捕食しているので、咬むための歯は持っていないが、とても小さな歯が口のふちについている。ウバザメは動きが遅いため乱獲され、数を減らしてしまった。そのため、いまは条約で捕獲が規制されている。

めかぶのヒトコト

サメ界の「巨体組」は温厚。何より食べているものがプランクトンって、かわいすぎませんか？ ギャップ萌え！

こぼれ話

死骸を引き揚げたとき、その姿がネッシーに似ていて間違われることもある。

生息域

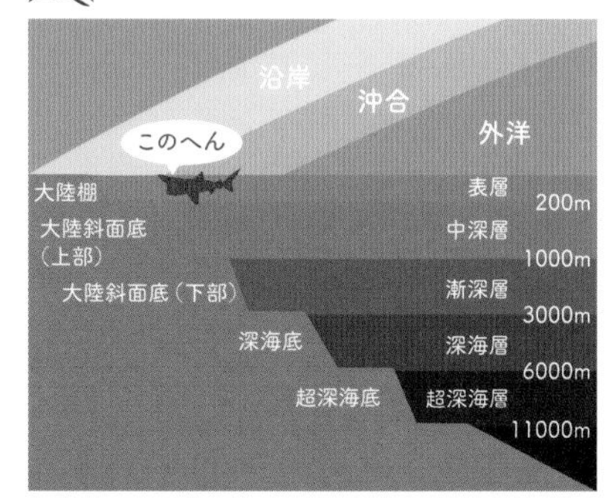

分布図

DATA

- ●**全長**：7～10m（10mを超えた個体の報告もある）
- ●**分布**：熱帯と亜熱帯海域を除く太平洋、インド洋、大西洋、地中海。日本の全域
- ●**生息**：沿岸から外洋の表層域
- ●**捕食**：プランクトンや浮遊性無脊椎動物など
- ●**繁殖**：母体依存型の卵食タイプの胎生（しかし繁殖は未解明）

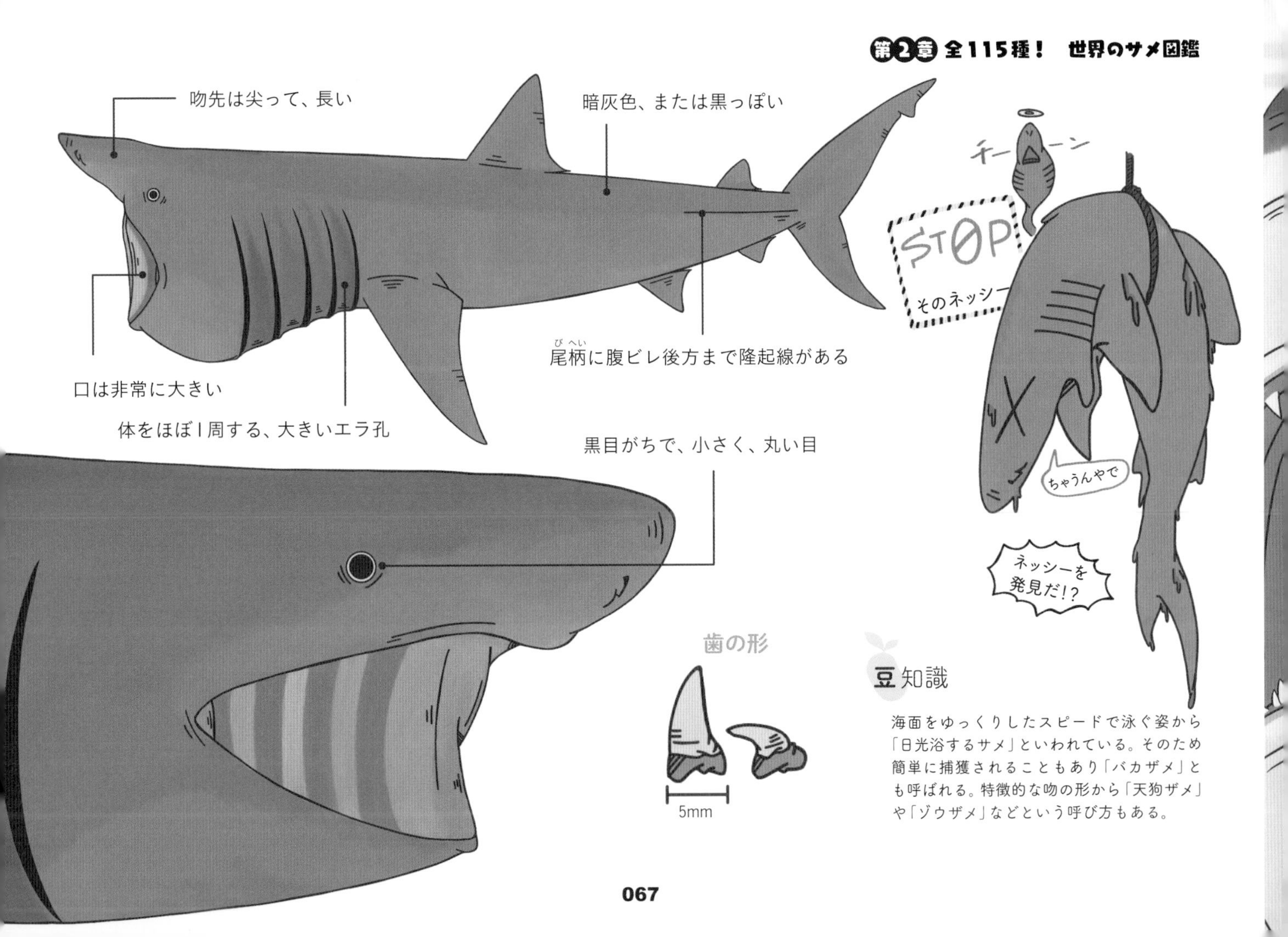

豆知識

海面をゆっくりしたスピードで泳ぐ姿から「日光浴するサメ」といわれている。そのため簡単に捕獲されることもあり「バカザメ」とも呼ばれる。特徴的な吻の形から「天狗ザメ」や「ゾウザメ」などという呼び方もある。

サメ界最強の「当たり屋」ハンター

ホホジロザメ

Great white shark

ネズミザメ目

ネズミザメ科

Carcharodon carcharias

　サメの代表といえば、何といってもホホジロザメ。100Lの水の中に、わずか1滴の血液が含まれているだけでもその存在を感知する能力を持つ。

　ホホジロザメは、獲物に数回咬みつき、瀕死状態になるのを待ってから捕食することがある。最大5cmほどの鋭い歯が150本ほど並び、獲物を引きちぎる。

めかぶのヒトコト

サメの中のサメ！　そのカッコよさにシビれる。怖いを超えて、もはや憧れのサメ。海で泳ぐホホジロザメに会い、その姿をこの目に焼きつけたい！

こぼれ話

中二病のような「White Death」という呼び名も持つ。

DATA

- **全長**：最大6mほど
- **分布**：太平洋、インド洋、大西洋の亜熱帯から亜寒帯、温帯・寒冷海域、地中海など。日本でも各地の海域など
- **生息**：沖合の表層域に生息し、海岸線付近や海洋島の周囲にも進出する。水深500m以上も潜ることがある
- **捕食**：アザラシやアシカなどの哺乳類、硬骨魚類、軟骨魚類、海鳥類、イカ・タコなど頭足類、甲殻類など
- **繁殖**：母体依存型（子宮ミルク）の卵食タイプの胎生。2～14匹ほどの仔を産む

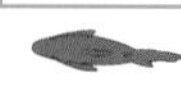

生息域

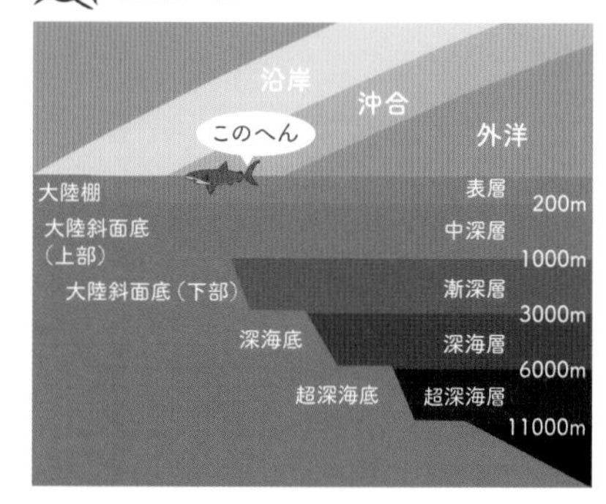

分布図

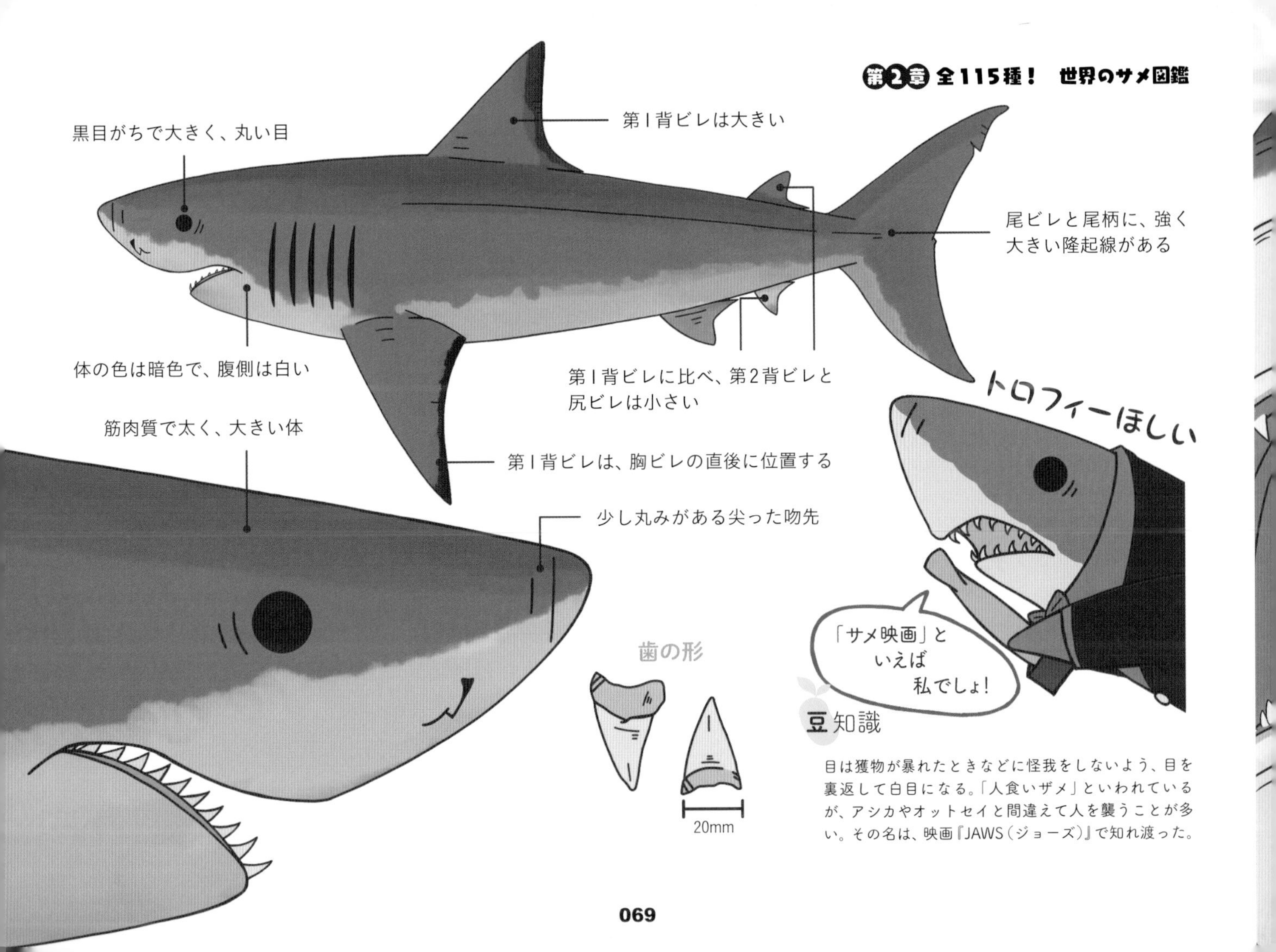

豆知識

目は獲物が暴れたときなどに怪我をしないよう、目を裏返して白目になる。「人食いザメ」といわれているが、アシカやオットセイと間違えて人を襲うことが多い。その名は、映画『JAWS（ジョーズ）』で知れ渡った。

いくつもの名を持つ「海のギャング」

ネズミザメ

Salmon shark

ネズミザメ目

ネズミザメ科

Lamna ditropis

　ネズミザメ科の仲間は奇網(きもう)という毛細血管網の発達により、体温を周囲の水温よりもある一定の高さに保つことが可能だ。これにより筋肉の運動機能を高めることで高速に泳げる。英名はサケを捕食することが由来で、30～40匹の群れをなしてサケやマス、ニシンなどを襲う。アンモニア臭が少ないので、食用として水揚げなどもされる。珍味として「モウカの星」というネズミザメの心臓のお刺身もある。

めかぶのヒトコト

スーパーに行くと鮮魚コーナーで探すが、一度も出合えたことがない。一度だけ、居酒屋で「モウカの星」を食べたことがあるが、「馬刺し」のような感じでおいしかった。

こぼれ話

ネズミザメは、地域によってはスーパーの鮮魚コーナーで売られている。

DATA

- **全長**：最大3mほど
- **分布**：アラスカ近海やベーリング海、北太平洋海域など。日本では中部以北の太平洋や日本海など
- **生息**：沖合から外洋の表層域に生息。水深200m以上まで潜ることもある
- **捕食**：サケやマス、ニシンを好みイカなどの頭足類も食べる
- **繁殖**：母体依存型の卵食タイプの胎生。2～5匹ほどの仔を産む

生息域

沿岸
沖合
このへん
外洋
大陸棚
表層
200m
大陸斜面底（上部）
中深層
1000m
大陸斜面底（下部）
漸深層
3000m
深海底
深海層
6000m
超深海底
超深海層
11000m

分布図

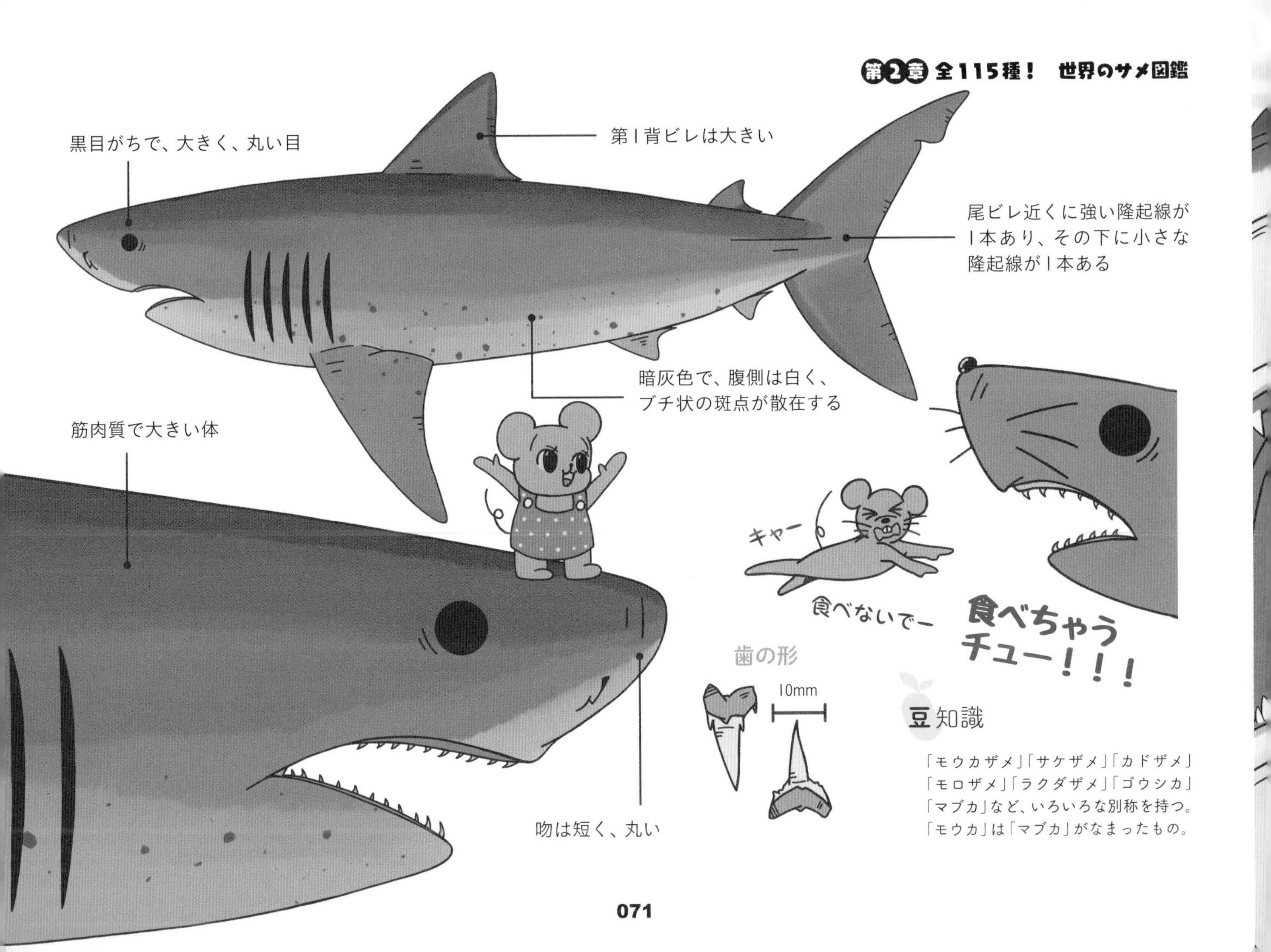

豆知識

「モウカザメ」「サケザメ」「カドザメ」「モロザメ」「ラクダザメ」「ゴウシカ」「マブカ」など、いろいろな別称を持つ。「モウカ」は「マブカ」がなまったもの。

寒くたってへっちゃら！　冷たい海は大得意！

ニシネズミザメ

Porbeagle

ネズミザメ目

ネズミザメ科

Lamna nasus

吻は長い円錐形で先端は尖っている。内部には高度に石灰化が進んだ軟骨があり、硬い。ネズミザメと同じく、奇網によって体温を維持しているため、冷たい海でも活発に活動できる。

ニシネズミザメは、単独または群れで見られる。群れでお互いに追いかけっこをしたり、人工物や流木などで遊んだりする行動が見られる。好奇心が旺盛で、まれに船やボートに近づくこともある。

めかぶのヒトコト

寒さに強いニシネズミザメ。私も寒さに対応できる奇網が欲しい。あと、個人的にあの体つきがとっても好き。

こぼれ話

エラ孔が大きく、より多くの酸素を取り込める。

生息域

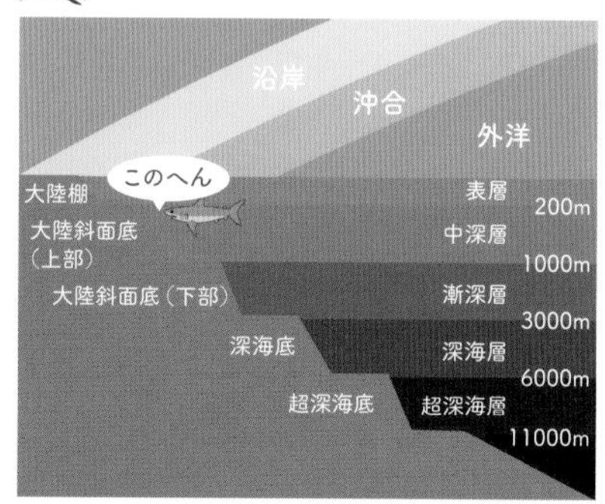

分布図

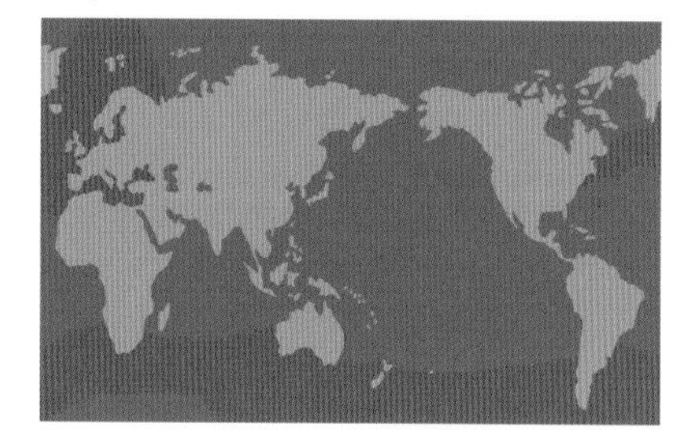

DATA

- **全長**：最大3.5mほど
- **分布**：北大西洋および南半球の温帯～亜寒帯域など
- **生息**：沿岸から水深1360mの深海まで幅広く生息
- **捕食**：硬骨魚類、頭足類などと思われる
- **繁殖**：母体依存型の卵食タイプの胎生。1～4匹ほどの仔を産む

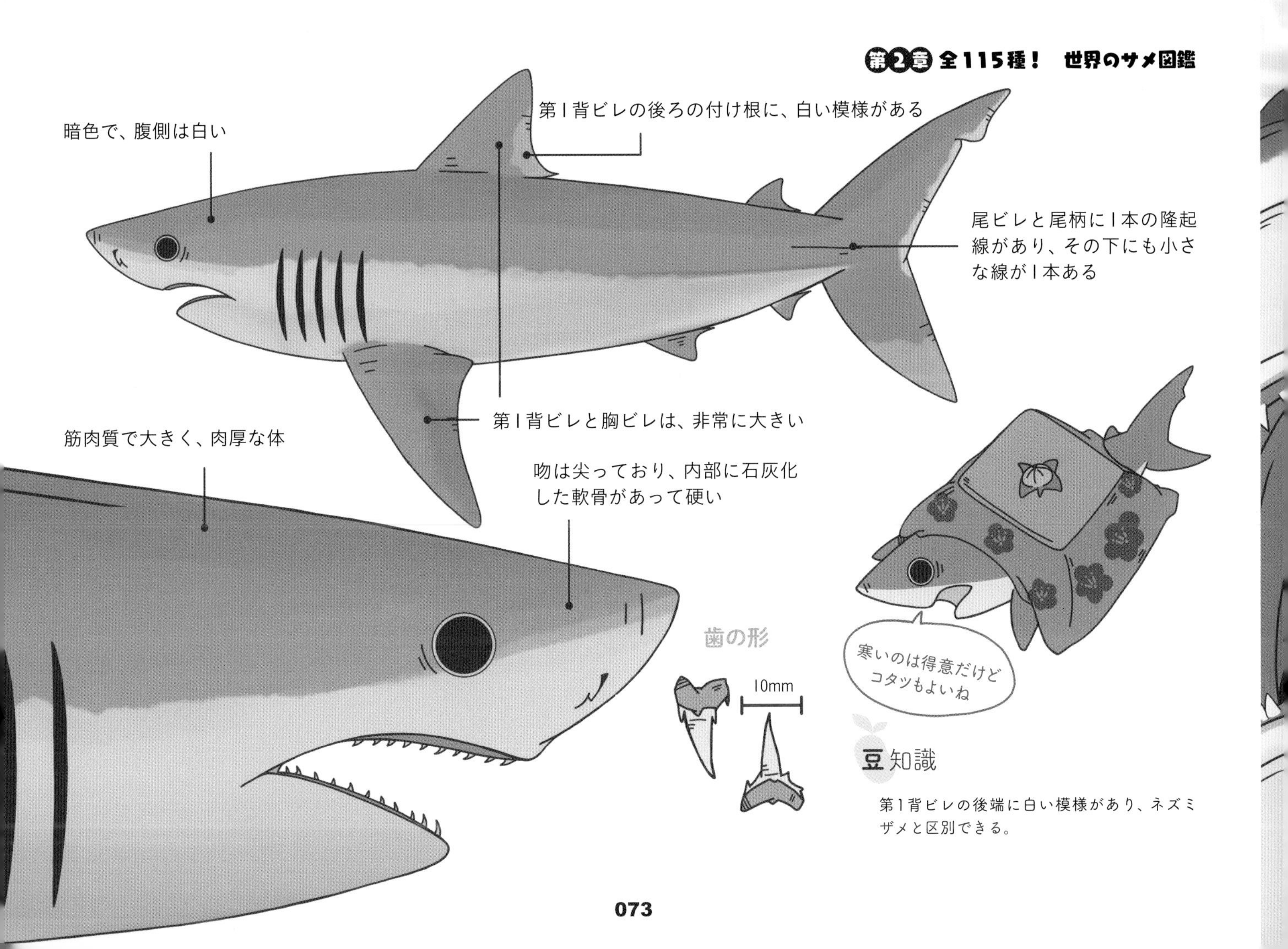

豆知識

第1背ビレの後端に白い模様があり、ネズミザメと区別できる。

泳ぐ速さは誰にも負けない！　サメ界のスピードスター

アオザメ

Shortfin mako

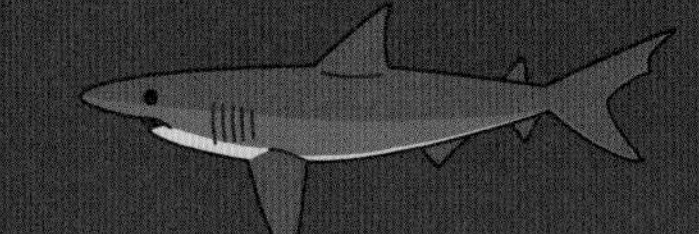

ネズミザメ目

ネズミザメ科

Isurus oxyrinchus

アオザメという名前の通り、鮮やかな青い体をしたきれいなサメである。体は筋肉質でしっかりとした形をしている。ホホジロザメなどと同じく、瞳は大きくて真っ黒。

高い体温を維持する奇網が発達しており、その能力で筋肉の運動機能を高めて、速く泳げる。泳ぐスピードは、時速40kmにも達し、その勢いで海面をジャンプすることもある。通常は時速2～5kmほどで泳いでいる。

めかぶのヒトコト

サメ界のイケメン代表。スマートでスタイリッシュな男前。メタリックで濃いBLUE BODYがセクシー！

こぼれ話

イタリアではステーキにしても食べられているらしい。

生息域

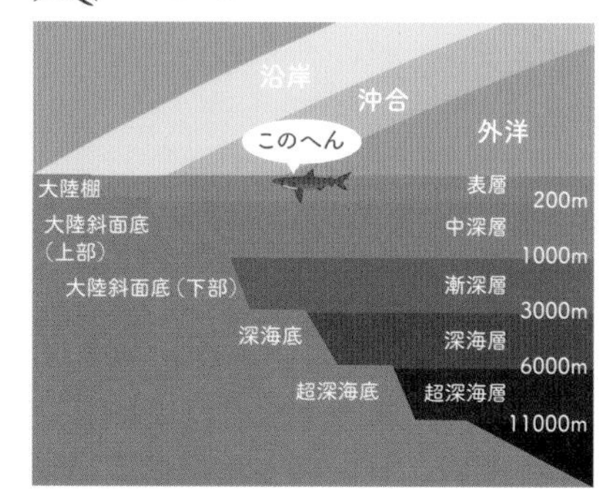

分布図

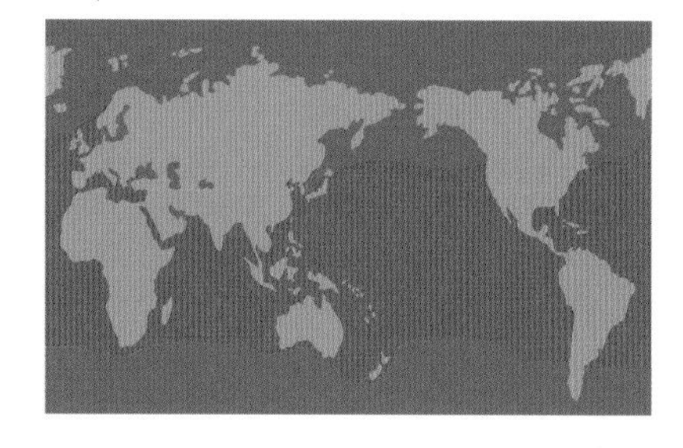

DATA

- ●**全長**：3.5～4mほど
- ●**分布**：太平洋、インド洋、大西洋の熱帯から温帯海域、地中海など。日本では青森県以南の太平洋、日本海など
- ●**生息**：沖合や外洋域の表層から水深750mくらいまで。水温は15～22度、特に17度以上の海域を好む
- ●**捕食**：マグロやカツオなどの硬骨魚類、イカなどの頭足類、イルカなどの哺乳類など
- ●**繁殖**：母体依存型の卵食タイプの胎生。4～25匹ほどの仔を産む

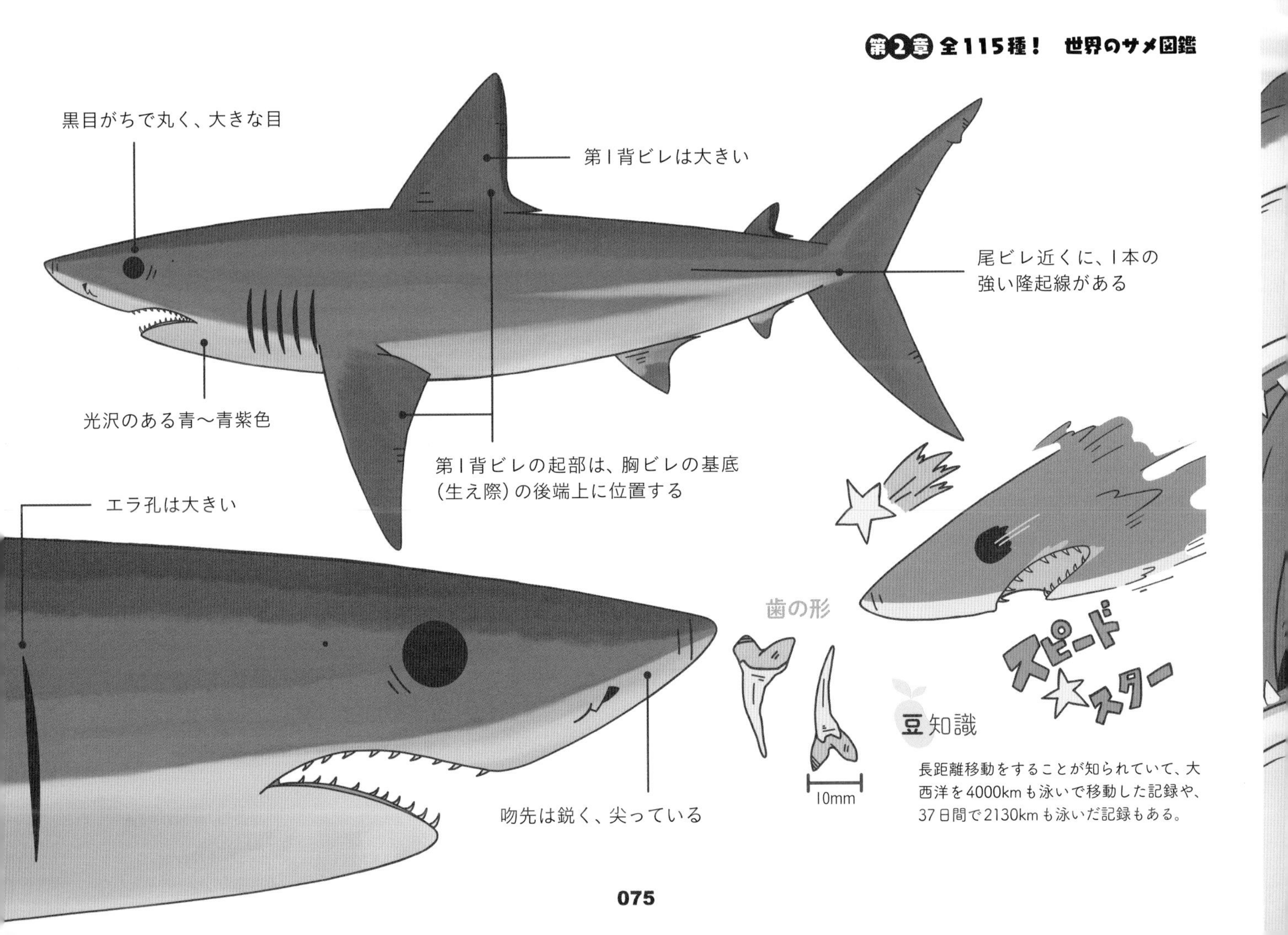

豆知識

長距離移動をすることが知られていて、大西洋を4000kmも泳いで移動した記録や、37日間で2130kmも泳いだ記録もある。

今夜、あなたの夢にバケて出ましょうか？

バケアオザメ

Longfin mako

ネズミザメ目

ネズミザメ科

Isurus paucus

同属のアオザメ（p.74）とよく似ているが、バケアオザメのほうは「胸ビレが大きい」などの特徴があるので区別できる。捕獲されることは珍しく、1966年ごろまで、アオザメとバケアオザメは同じものと思われていた。

バケアオザメは、その存在がアオザメより希少なことから学名には「paucus」が用いられ、これはラテン語で「わずかな」「珍しい」といった意味を持つ。

めかぶのヒトコト

バケアオザメは、アオザメより少し丸みがあり光沢もある。はっきりした鮮やかな青い体をしたアオザメと比べ、深く濃い青の体をしたバケアオザメも魅力的。

こぼれ話

バケアオザメの肉は水分量が多く、少しブヨブヨしている。

生息域

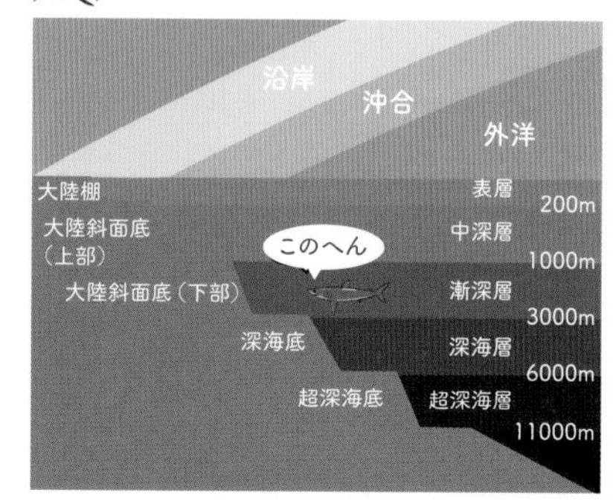

分布図

DATA

- **全長**：3.5～4.3mほど
- **分布**：世界中の熱帯～温帯海域にかけて広く分布している模様。記録が不十分なので正確な分布域は不明
- **生息**：おそらく外洋の深海1700m辺り。記録が不十分なので正確な生息地は不明
- **捕食**：硬骨魚類、頭足類などと思われる
- **繁殖**：おそらく母体依存型の卵食タイプの胎生。2～8匹ほどの仔を産む

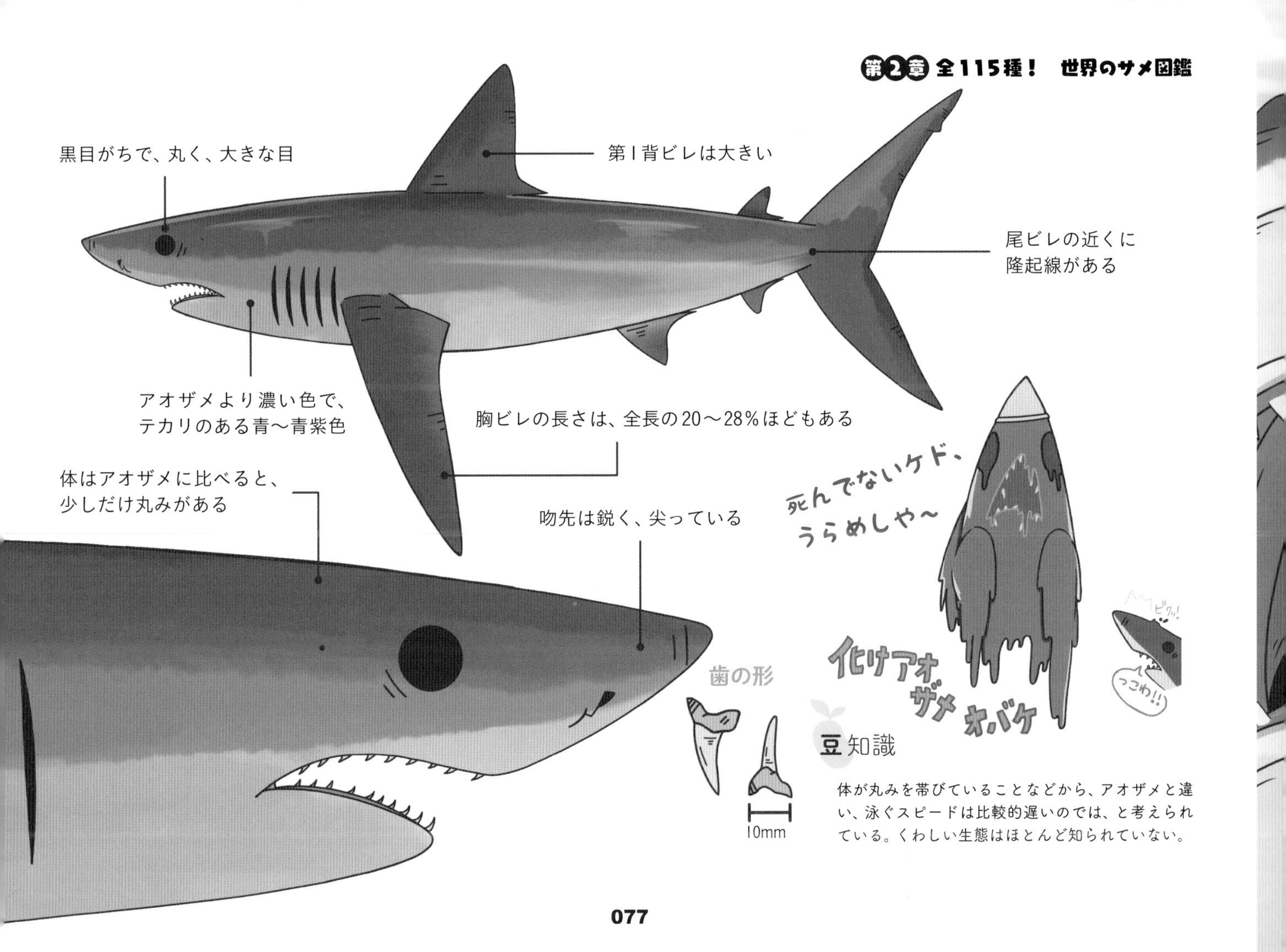
黒目がちで、丸く、大きな目
第1背ビレは大きい
尾ビレの近くに
隆起線がある
アオザメより濃い色で、
テカリのある青〜青紫色
胸ビレの長さは、全長の20〜28％ほどもある
体はアオザメに比べると、
少しだけ丸みがある
吻先は鋭く、尖っている
死んでないケド、
うらめしや〜
ビクッ！
っこわ!!
化けアオザメオバケ
歯の形
10mm
豆知識
体が丸みを帯びていることなどから、アオザメと違い、泳ぐスピードは比較的遅いのでは、と考えられている。くわしい生態はほとんど知られていない。

武士も驚く「尾ビレ刀」の使い手

マオナガ

Thresher shark

ネズミザメ目

オナガザメ科

Alopias vulpinus

　マオナガという名前の通り、長い尾が特徴のサメ。立派な長い尾ビレで獲物を攻撃して捕食する。攻撃された小魚は気絶したり、ときには真っ二つに切断されたりすることもある。

　オナガザメ科の仲間は3種類いるが、どの種も似ているので見分けるのが難しい。特にマオナガとニタリは間違えやすい（見分けるポイントはニタリのp.80〜81で解説）。マオナガは、オナガザメ科で最大の大きさになる。

めかぶのヒトコト

尾ビレは、へたをすると私の身長と同じぐらいの長さ。一度、寝転んで並んでみたい。

こぼれ話

オナガザメ科の中では、体がいちばん大きい。

生息域

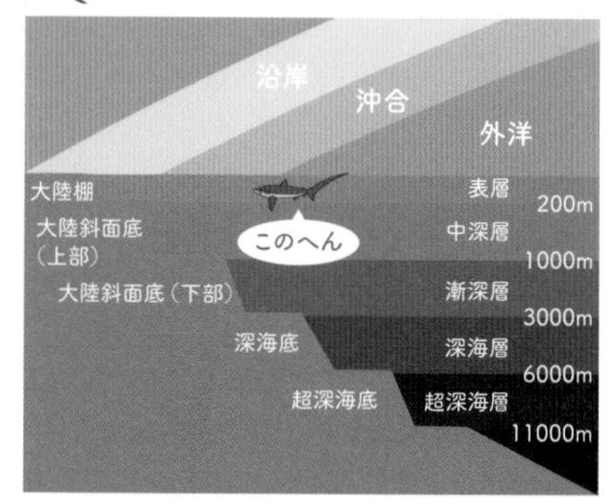

分布図

DATA
●全長：3〜6m
●分布：太平洋、インド洋、大西洋、地中海の温暖な海域。日本では北海道の以南
●生息：沿岸から外洋の表層。深海での目撃情報もある
●捕食：小魚類や中型硬骨魚類、イカなど
●繁殖：母体依存型の卵食タイプの胎生。約2〜6匹の仔を産む

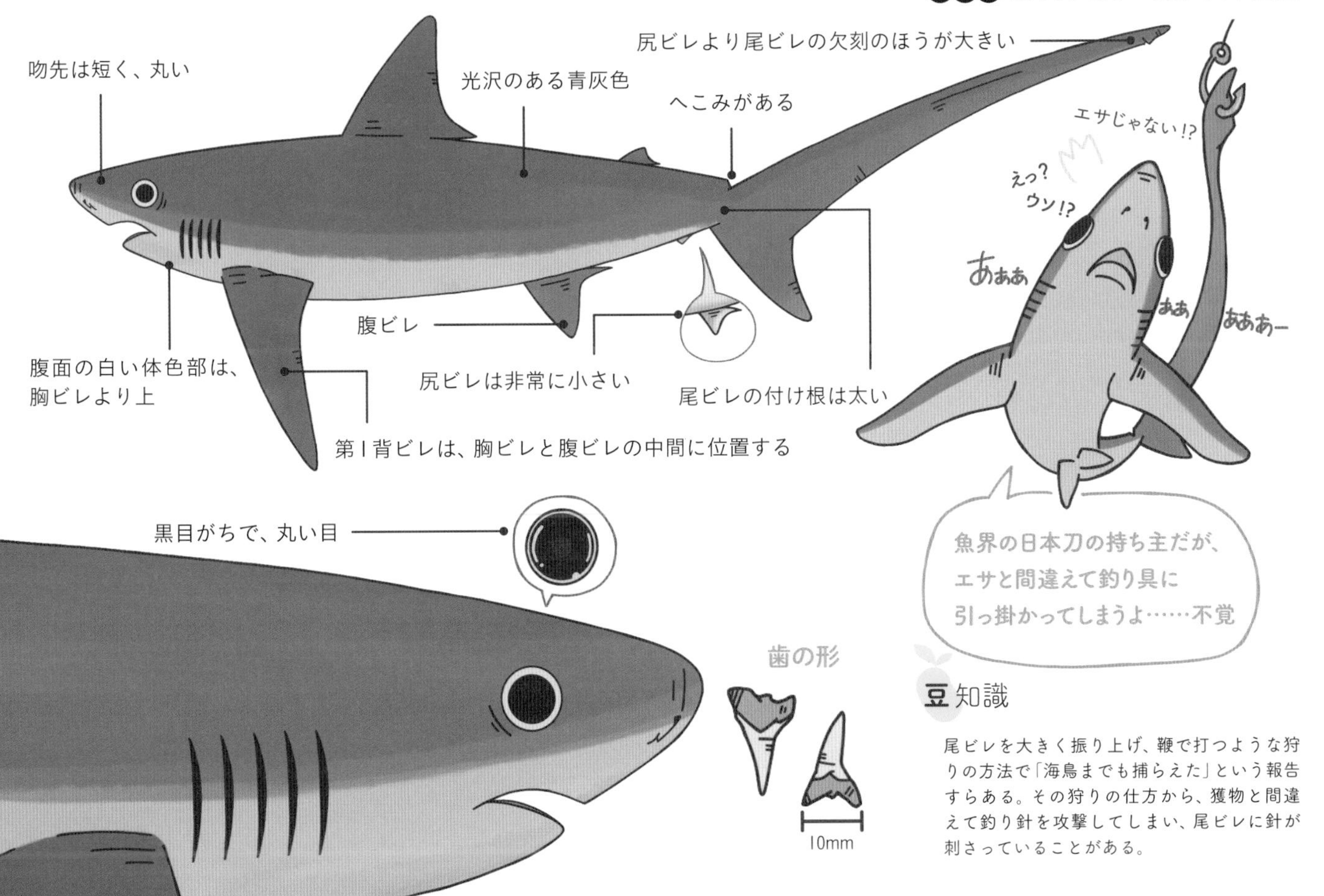

豆知識

尾ビレを大きく振り上げ、鞭で打つような狩りの方法で「海鳥までも捕らえた」という報告すらある。その狩りの仕方から、獲物と間違えて釣り針を攻撃してしまい、尾ビレに針が刺さっていることがある。

尾ビレはまるでハリセン。はい、なんでやねーん！

ニタリ

Pelagic thresher

ネズミザメ目

オナガザメ科

Alopias pelagicus

オナガザメ科は3種いるが、どの種も長い尾ビレを持っていることが特徴である。どれも長い尾ビレの付け根には窪みがあり、太く発達した筋肉がついている。ただ、よく観察してみると、3種とも尾ビレが少しずつ異なっている。3種の中で、マオナガとニタリは非常に似ているが、腹部の白い部分の境界線の位置の違いや、尾ビレの欠刻（きれこみ）の大きさ、尻ビレと尾ビレの欠刻部分の大きさを比べれば区別できる。

めかぶのヒトコト

この尾ビレで狩りをする姿を実際に見ることができたら、美しくて感動して、泣いてしまうかもしれない。

こぼれ話

昼行性のサメなので、基本的には昼間だけ活動する。オナガザメの仲間ではいちばん小さい。

DATA	
●**全長**：3〜4m弱	
●**分布**：太平洋、インド洋。日本では日本海、南日本、八丈島、青森県太平洋側など	
●**生息**：外洋の表層。より深い水深での目撃もある	
●**捕食**：小魚類や中型硬骨魚類、イカなど	
●**繁殖**：母体依存型の卵食タイプの胎生。約2匹の仔を産む	

生息域

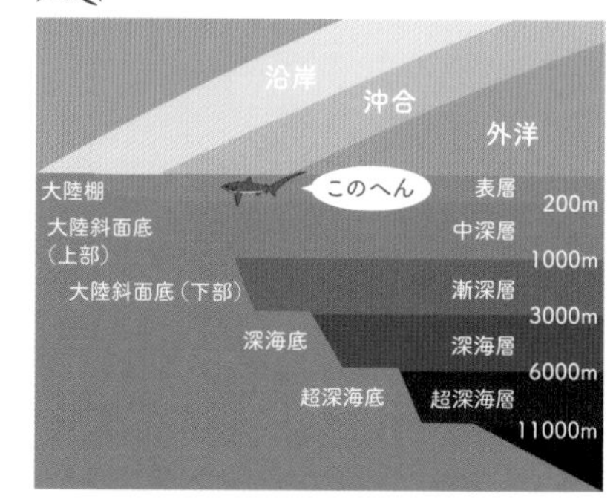

分布図

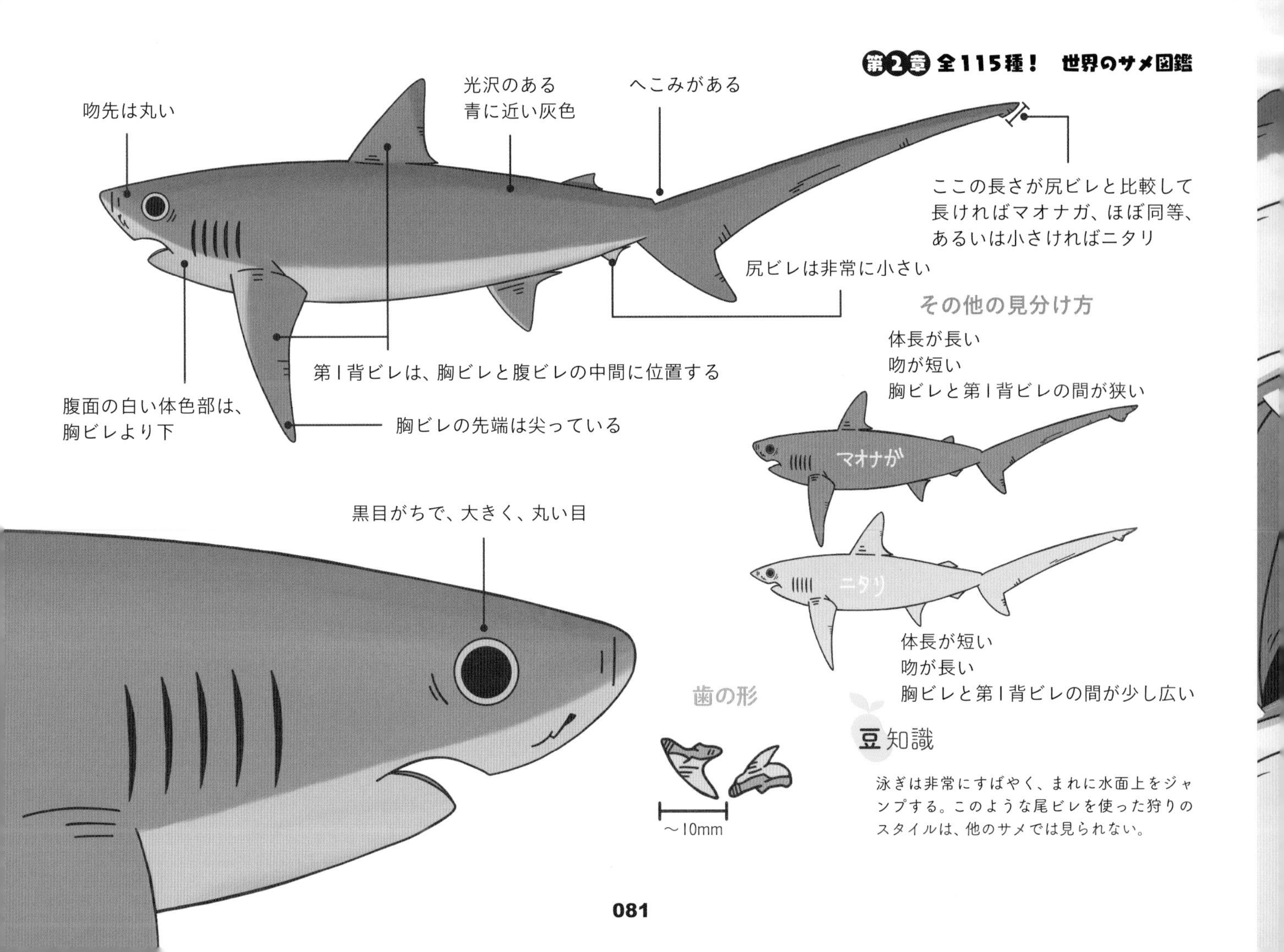

豆知識

泳ぎは非常にすばやく、まれに水面上をジャンプする。このような尾ビレを使った狩りのスタイルは、他のサメでは見られない。

名前を聞くと「ネコちゃん」と間違われます

ハチワレ

Bigeye thresher

ネズミザメ目

オナガザメ科

Alopias superciliosus

頭部に、オナガザメ科の中でいちばん特徴的な「八」の字状の溝がある。ハチワレという名前の由来もこの頭の溝からきている。マオナガ(p.78)やニタリ(p.80)とは区別しやすい。

大きな目は丸く縦長に広がり、眼窩は頭の後ろのほうまで広がっているため、眼球を上に向けることができる。そのため、前、横、上と見渡せるので視野が広い。

胸ビレと尾ビレが長く、尾ビレ上部の長さは、全長の半分弱ほどもある。

めかぶのヒトコト

一度でよいからその大きな目で見つめてほしい。上を向いたときはちょっと不気味だけど「やっぱりかわいい」という謎の中毒性がある。

こぼれ話

ときに練り製品の原料としても使われるらしいが、その肉は酸味や苦味があることもある。

生息域

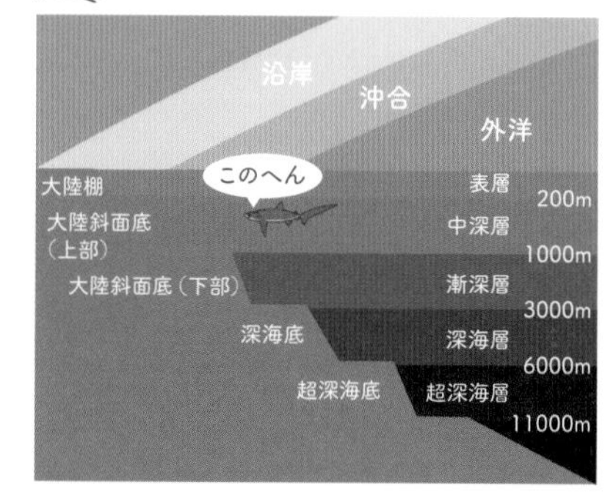

分布図

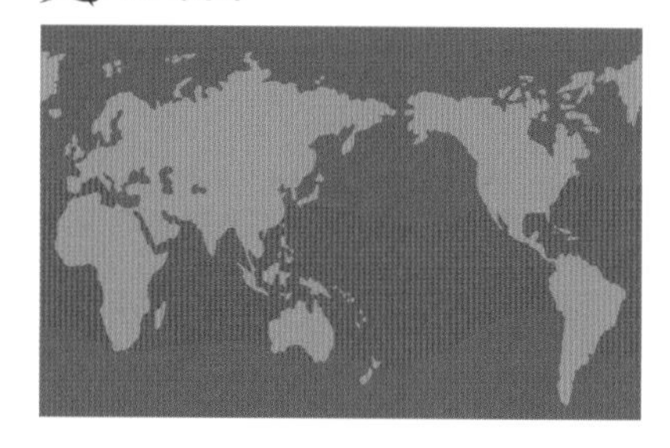

DATA

- **全長**：3～4.8m弱
- **分布**：太平洋、インド洋、大西洋、地中海の熱帯から温帯海域。日本では南日本
- **生息**：沖合から外洋の、表層から500m以深の中深層
- **捕食**：小魚類や中型硬骨魚類、イカなど
- **繁殖**：母体依存型の卵食タイプの胎生。約2～4匹の仔を産む（主に2匹）

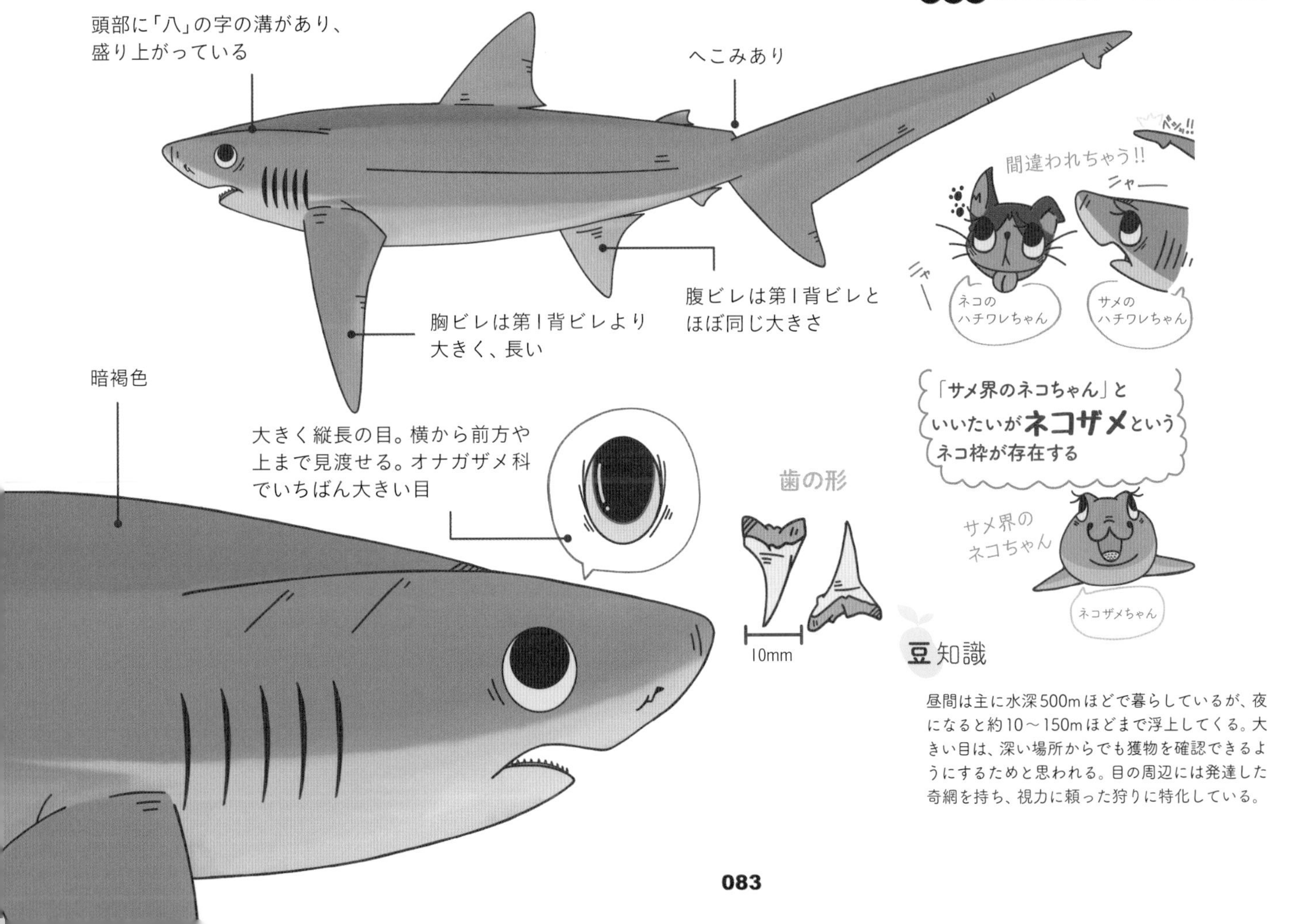

豆知識

昼間は主に水深500mほどで暮らしているが、夜になると約10〜150mほどまで浮上してくる。大きい目は、深い場所からでも獲物を確認できるようにするためと思われる。目の周辺には発達した奇網を持ち、視力に頼った狩りに特化している。

「ワニ」という名の「サメ」とは私のこと！

オオワニザメ

Smalltooth sand tiger shark

ネズミザメ目

オオワニザメ科

Odontaspis ferox

「ワニ」はサメの別称。外見はシロワニ(p.86)によく似ているが、オオワニザメのほうが大きく、背ビレの出っ張りもシロワニほどではない。繁殖方法は未確認で不明だが、シロワニと同様に卵食で共食いタイプの胎生と思われる。コロンビアとレバノンには、季節回遊（季節に応じて群をつくって移動すること）する2つのグループがあるということが知られている。

めかぶのヒトコト

強面と見せかけ、クリクリ目のかわいいオオワニザメ。レアなサメなのでなかなかお目にかかれないが、まれに水族館で飼育されることがある（長期飼育は成功していないので注意）。

こぼれ話

1億年前の地層から歯の化石が発見されたことから、「生きた化石」とも呼ばれている。

DATA

- ●全長：3～4mほど
- ●分布：太平洋、インド洋、大西洋、地中海の熱帯から亜熱帯海域など
- ●生息：水深15～1000mほどの海底や大陸棚、大陸斜面、サンゴ礁や岩場の深みなど
- ●捕食：底生の硬骨魚類、軟骨魚類、甲殻類など
- ●繁殖：おそらく母体依存型の卵食の共食いタイプの胎生

生息域

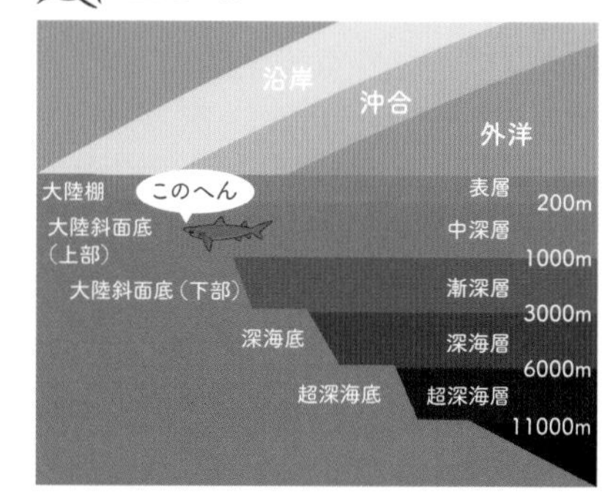

分布図

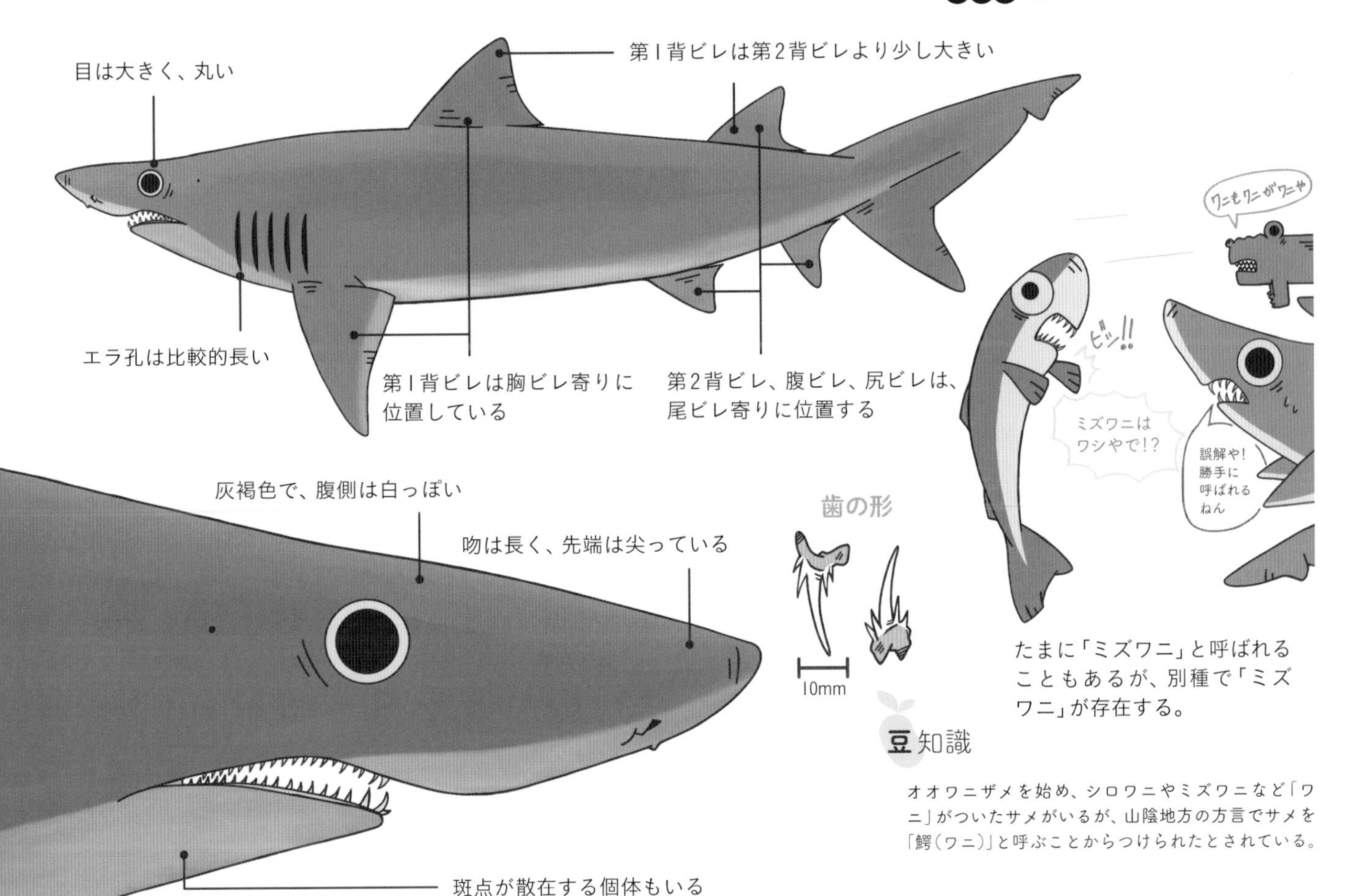

たまに「ミズワニ」と呼ばれることもあるが、別種で「ミズワニ」が存在する。

豆知識

オオワニザメを始め、シロワニやミズワニなど「ワニ」がついたサメがいるが、山陰地方の方言でサメを「鰐（ワニ）」と呼ぶことからつけられたとされている。

生まれる前から始まる壮絶な生存競争

シロワニ

Sand tiger shark

ネズミザメ目

オオワニザメ科

Carcharias taurus

シロワニの「ワニ」もサメの別称。シロワニには、海面で息継ぎして空気を胃に取り込み、浮力を調節して浮き袋代わりにするという特徴がある。このため、泳がなくとも水中で浮かぶことができる。母ザメは子どもの栄養源となる無精卵を胎内で複数産み、それを食べさせ成長させる。胎内には子どもが数匹、産まれているが、産まれた子どもどうしが共食いする。

めかぶのヒトコト

イチオシのサメ。水族館でお会いするときは、必ず手を合わせる。強面だけど、とってもおっとりしていて穏やかなそのお姿は尊い。

こぼれ話

最近、シロワニが睡眠をとる姿が初めて映像に撮られた。

DATA

- **全長**：3～3.5mほど
- **分布**：西部太平洋、インド洋、大西洋、地中海、紅海など。日本では伊豆七島、小笠原諸島、南日本の海域など
- **生息**：波打ち際から水深190mほどに生息。水深15～25mほどに多く見られ、内湾や沖合の浅瀬、サンゴ礁、水中洞窟などを住処にする
- **捕食**：底生の硬骨魚類、軟骨魚類、甲殻類など
- **繁殖**：母体依存型の卵食の共食いタイプの胎生。2匹の仔を産む

生息域

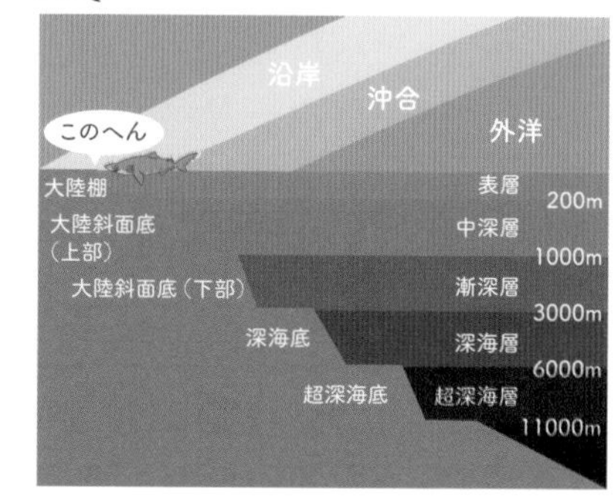

分布図

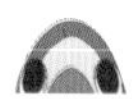

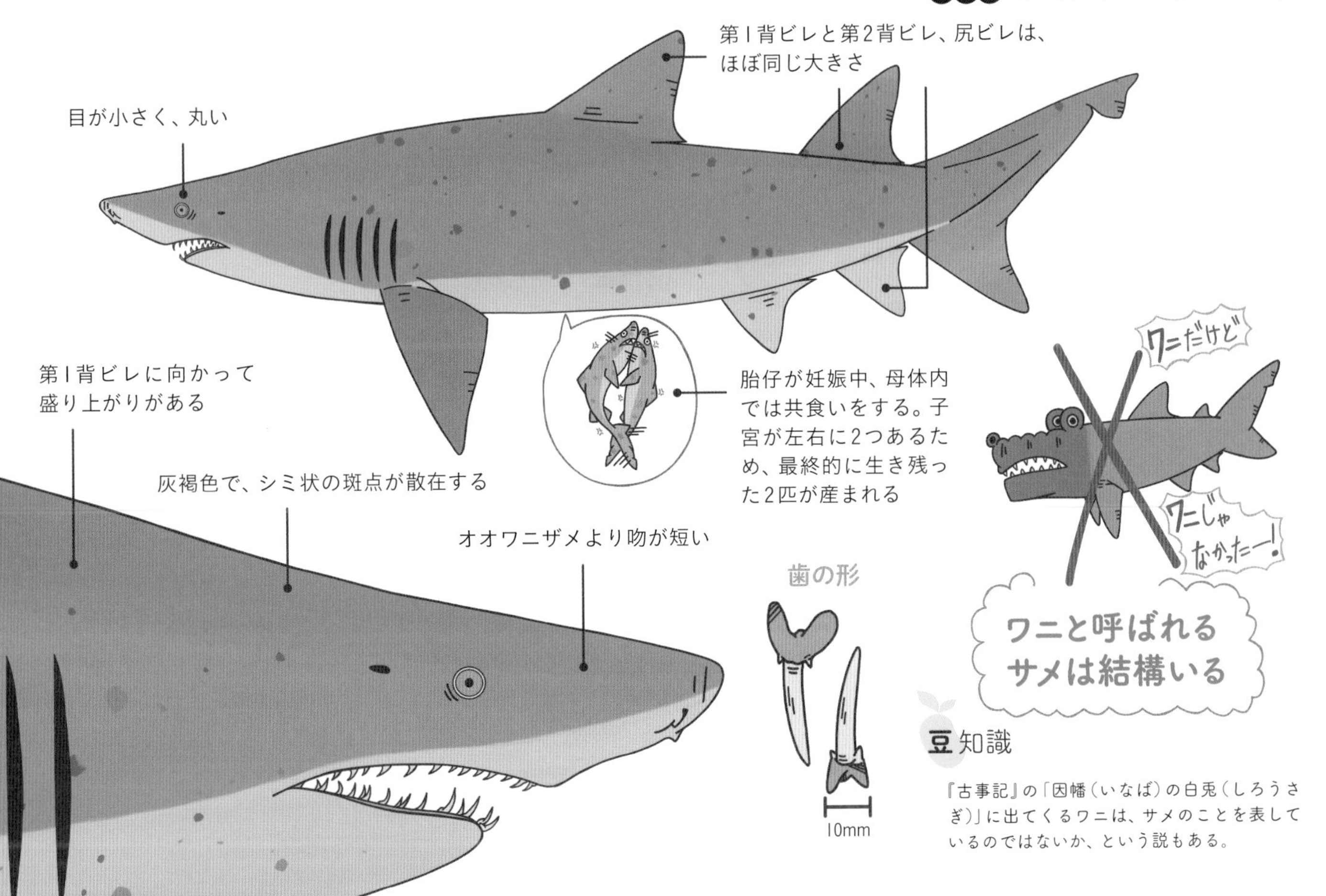

豆知識

『古事記』の「因幡（いなば）の白兎（しろうさぎ）」に出てくるワニは、サメのことを表しているのではないか、という説もある。

小さくたってネズミザメたちの仲間だ！

ミズワニ

Crocodile shark

ネズミザメ目

ミズワニ科

Pseudocarcharias kamoharai

　ミズワニは最大でも1.2mほどしかない。3mほどでも「小さい」とされているネズミザメ目の仲間の中では、最も小さい。

　体の大きさに対して目がとても大きく発達しており、夜の暗い海や深海などでも活発に動け、獲物を探しやすく、捕獲しやすいようになっていると考えられている。

　昼間は深い場所、夜は浅い場所というように浅深移動して、広い海域を回遊する。

めかぶのヒトコト

口元はイカツいけれどに、よく見ると目が丸く大きくて、とても愛くるしい。体もズドンと一本、細長くてかわいい。

こぼれ話

筋肉が発達して、尾ビレに隆起線があるため、活発に泳ぎ回れる。

生息域

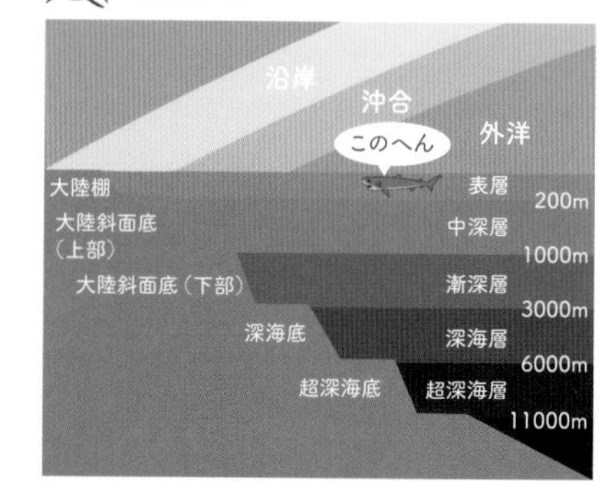

分布図

DATA

- ●**全長**：1m強ほど
- ●**分布**：太平洋、インド洋、大西洋の亜熱帯から熱帯海域など。日本では南日本の沖合海域など
- ●**生息**：外洋の表層域。水深600mほどまで潜る
- ●**捕食**：小型の硬骨魚類、頭足類、エビなどの甲殻類など
- ●**繁殖**：母体依存型の卵食の共食い型タイプの胎生。2つある子宮の片方から2匹を産むので、合計4匹の仔を産む

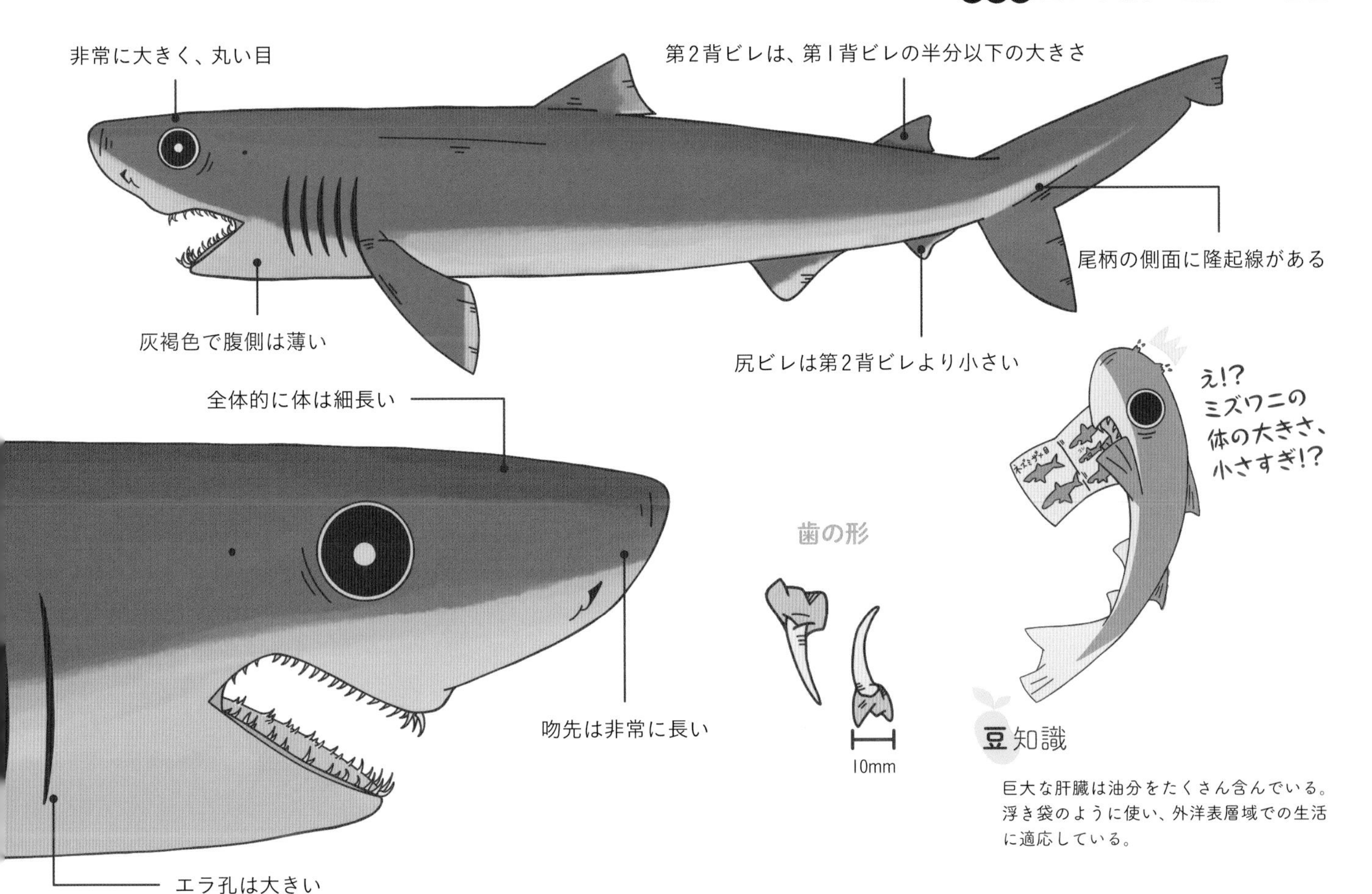

豆知識

巨大な肝臓は油分をたくさん含んでいる。浮き袋のように使い、外洋表層域での生活に適応している。

サメ界のピノキオ？　それともゴブリン？

ミツクリザメ

Goblin shark

ネズミザメ目

ミツクリザメ科

Mitsukurina owstoni

　深海に生息して「生きた化石」と呼ばれている希少なサメ。「剣」のような長い吻先が特徴で、「テングザメ」という別称もある。

　アゴが伸びたイメージが強いが、通常は引っ込んでいて、獲物を見つけて捕食するときにだけ、アゴを前に伸ばす。突き出して完全に閉じるまでにかかる時間はわずか0.3秒。アゴを突き出す速度は、秒速約3m以上という研究結果もあり、魚類最速ともいわれている。

めかぶのヒトコト

私が知っている限り、たくさんの子どもたちやいろいろな人に愛されているサメ。伸びるアゴは気持ち悪いというより、カッコいい。

こぼれ話

全長の10％ほど先まで、アゴを突き出すことができる。

生息域

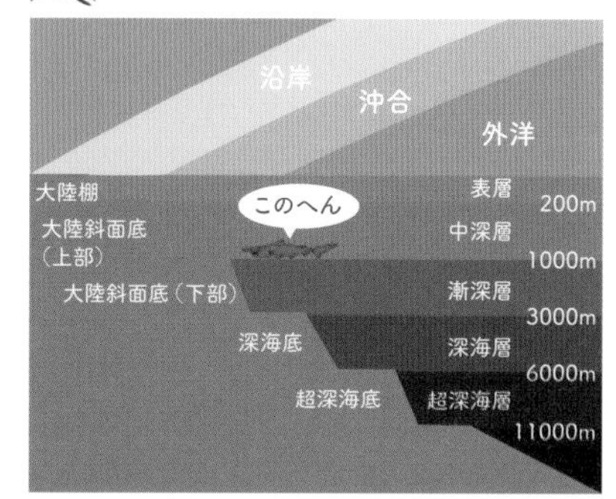

分布図

DATA

- **全長**：4.5～5mほど
- **分布**：太平洋、インド洋、大西洋など。日本では関東以南の太平洋など
- **生息**：水深1300mまでの大陸斜面。水深40mほどまで浮上することもある
- **捕食**：小型の硬骨魚類、イカやタコなどの頭足類、甲殻類など
- **繁殖**：母体依存型の卵食タイプの胎生と考えられる。くわしいことは解明されていない

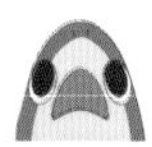

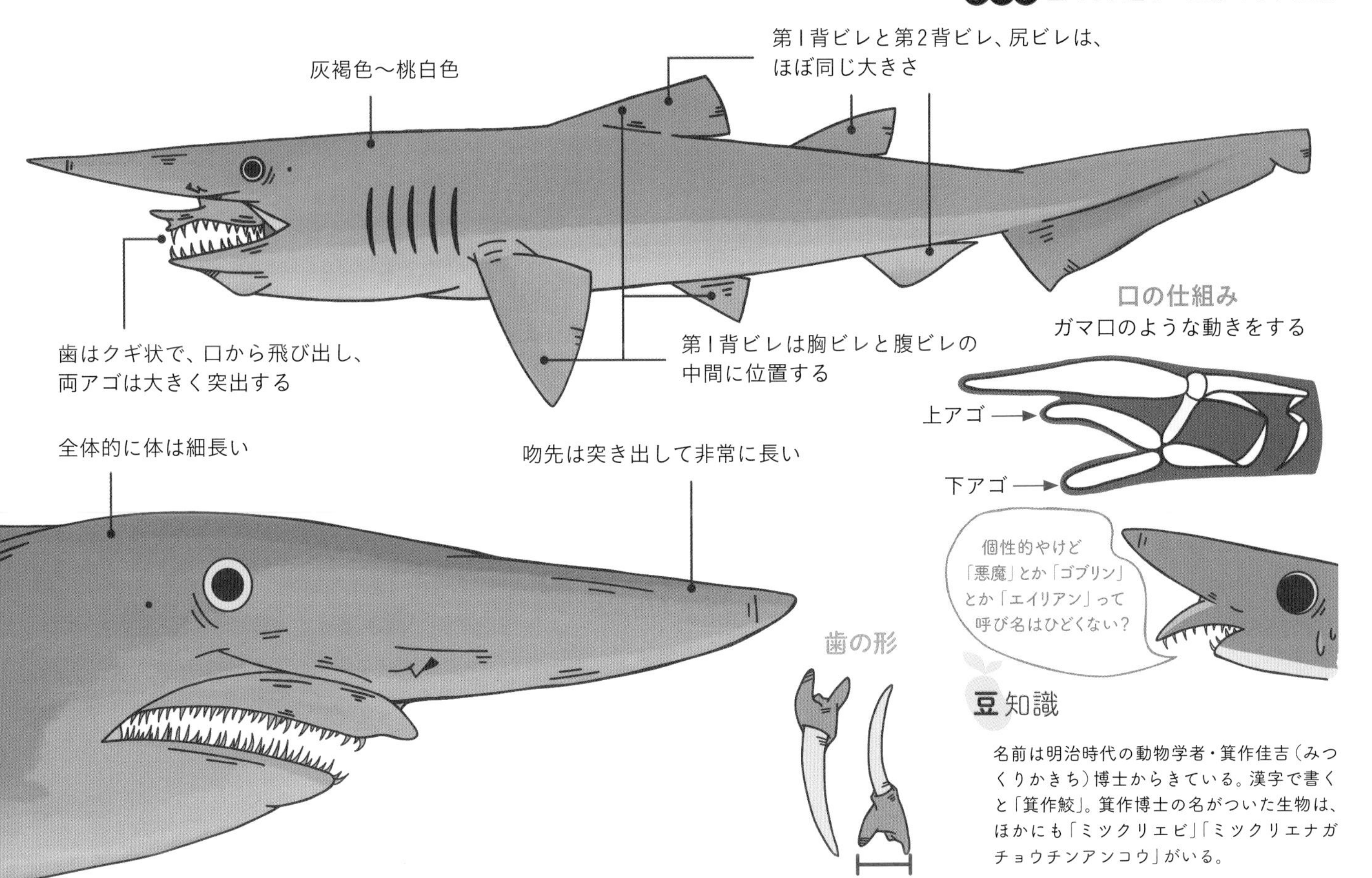

豆知識

名前は明治時代の動物学者・箕作佳吉（みつくりかきち）博士からきている。漢字で書くと「箕作鮫」。箕作博士の名がついた生物は、ほかにも「ミツクリエビ」「ミツクリエナガチョウチンアンコウ」がいる。

なぜ怖がる？

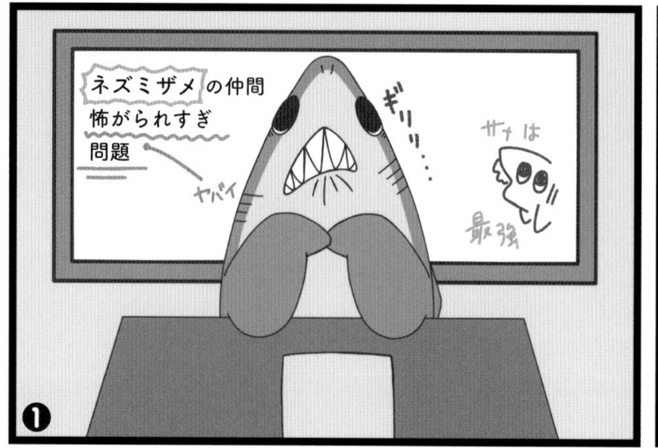

ネズミザメの仲間
怖がられすぎ
問題
ヤバイ
ギリリ…
サメは
最強

サメは…
不気味でも
強面でも
なんか尾ビレが長すぎるでも
ない！

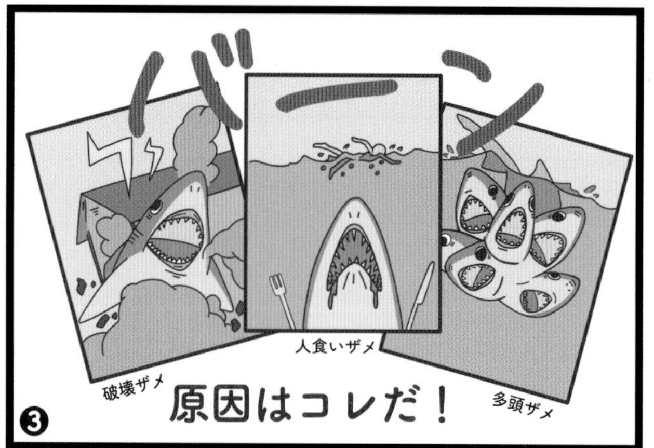

バーン
破壊ザメ
人食いザメ
多頭ザメ
原因はコレだ！

これは人間の陰謀なのか…？
解せぬ…

メジロザメ目

面舵（おもかじ）いっぱーい！　シュモクで鐘を鳴らそう！

アカシュモクザメ

Scalloped hammerhead

メジロザメ目

シュモクザメ科

Sphyrna lewini

アカシュモクザメは、トンカチのような特徴的な形の頭を持ったサメ。目は頭の先についており、他のサメより視野が広いが、真正面は見えづらいという弱点もある。

鼻も目の近くに位置しており、広い範囲のにおいがわかるロレンチーニ瓶も、他のサメより優れているとされている。サメは主に単独性の種が多いが、アカシュモクザメは数百匹という大きな群れで行動する。

めかぶのヒトコト

めかぶのサメ「神7」に入る1匹（ちなみに2位）。特徴的な頭がチャームポイントで、一度見たらやみつきになり、忘れられない。

こぼれ話

頭の形は泳ぐときに「飛行機の翼」のような役割をしている。

生息域

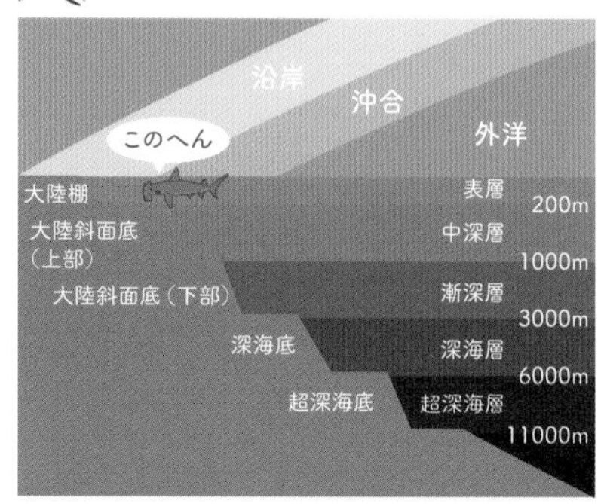

分布図

DATA	
●全長	2.5～4.3m
●分布	太平洋、インド洋、大西洋、地中海の温帯から熱帯海域。日本では青森県以南の太平洋・日本海、伊豆諸島、小笠原諸島、沖縄、南日本など
●生息	島周辺や大陸棚の浅海から水深約300m以深。まれに1000mほどの深さまで潜ることもある
●捕食	小型のサメやエイ類、魚類、タコなどの頭足類
●繁殖	母体依存型の胎盤タイプの胎生。15～30匹ほどの仔を産む

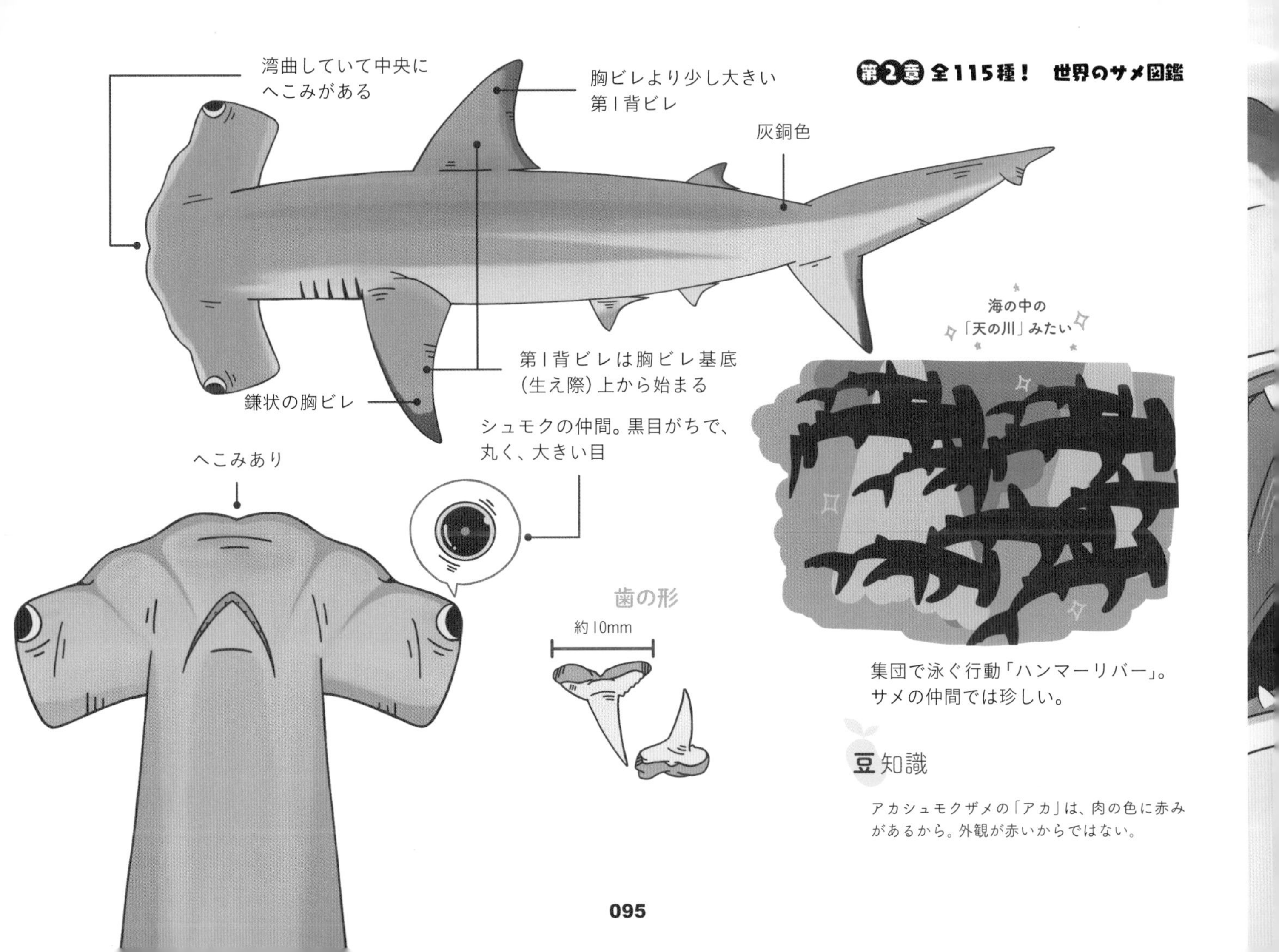

集団で泳ぐ行動「ハンマーリバー」。
サメの仲間では珍しい。

豆知識

アカシュモクザメの「アカ」は、肉の色に赤みがあるから。外観が赤いからではない。

シュモクザメ界の「矢印」はきっと私

シロシュモクザメ

Smooth hammerhead

メジロザメ目

シュモクザメ科

Sphyrna zygaena

アカシュモクザメと同じく、シロシュモクザメの「シロ」は、肉に白身が混じっていることからつけられたとされている。

形がアカシュモクザメと似ているので区別しにくいが、頭部の中心部にへこみがないことや、前端が平滑なことに注目すれば見分けることができる。アカシュモクザメと同じく、いろいろな幅広い海域で生息している。シュモクの仲間の中ではいちばん寒さに強い。

めかぶのヒトコト

シュモクザメの仲間はそれぞれ頭に特徴があって、どのサメも捨てがたい。

こぼれ話

アカシュモクザメは、水族館でよく見られるが、シロシュモクザメは飼育が難しいのでなかなかいない。出合えればラッキー。

生息域

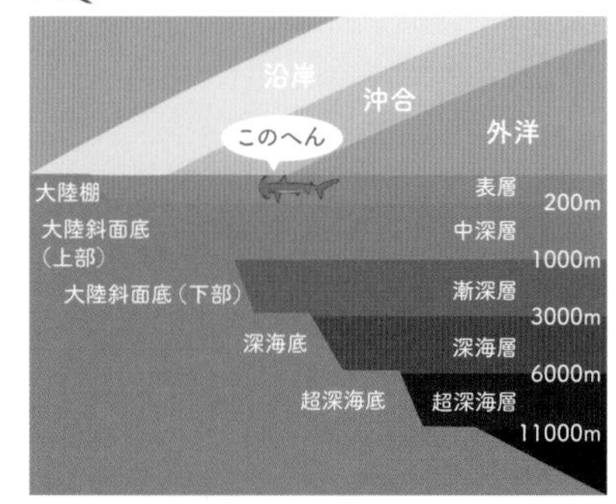

分布図

DATA

- **全長**：2～4m
- **分布**：熱帯・亜熱帯・温帯海域。太平洋、インド洋、大西洋など。日本では北海道以南の各地
- **生息**：沿岸から外洋域まで幅広く生息
- **捕食**：小型魚類や頭足類、小型のエイやサメなどの軟骨魚類など
- **繁殖**：母体依存型の胎盤タイプの胎生。20～45匹ほどの仔を産む

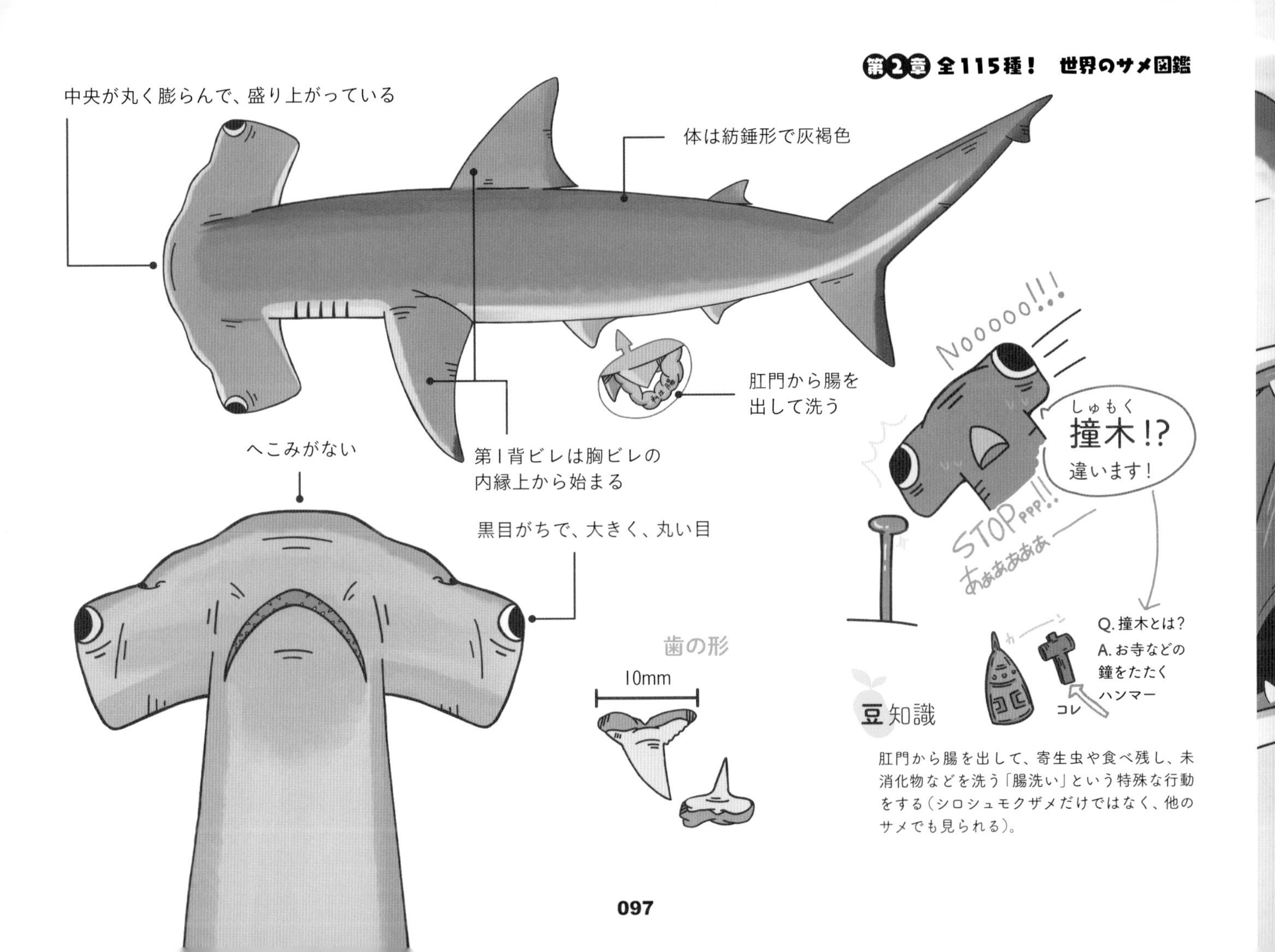

豆知識

肛門から腸を出して、寄生虫や食べ残し、未消化物などを洗う「腸洗い」という特殊な行動をする（シロシュモクザメだけではなく、他のサメでも見られる）。

体の大きさはシュモクザメ科で最大級！

ヒラシュモクザメ

Great hammerhead

メジロザメ目

シュモクザメ科

Sphyrna mokarran

ヒラシュモクザメは、シュモクザメ科で最大の大きさになる種。頭部の中央にはへこみがあるがほぼ直線状で、長く大きな鎌状の第1背ビレが特徴。この第1背ビレを見れば、他のシュモクザメ科と区別できる。

好物は大型のエイ。ヒラシュモクザメがエイを捕食するとき、エイの尾棘（びきょく）が口の中に刺さってしまい、ヒラシュモクザメの口の中から毒針が見つかるという事例が報告されている。

めかぶのヒトコト

シャープでたくましい鎌状の第1背ビレが本当に魅力的。

こぼれ話

平均は4〜5mほどだが、6mもある個体が確認されている。ヒレが大きいので高級フカヒレとされている。

生息域

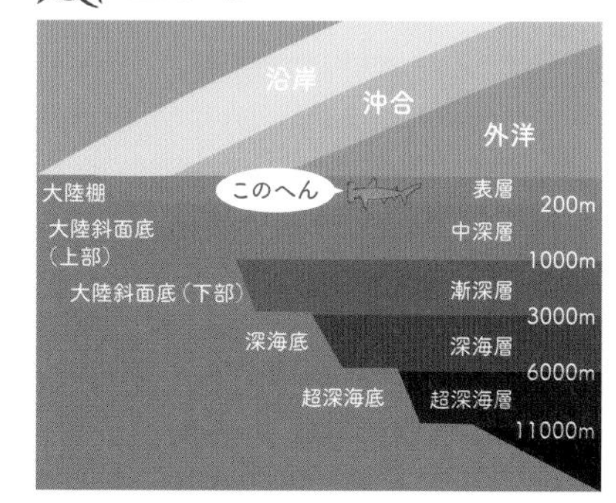

分布図

DATA

- ●**全長**：3〜5m（最大6m）
- ●**分布**：インド洋の熱帯・亜熱帯海域。大西洋、太平洋など。日本では南日本など
- ●**生息**：沿岸から外洋域。水深80m以深の表層域
- ●**捕食**：硬骨魚類や小型エイ、大型のエイ（アカエイを好む）、小型のサメなどの軟骨魚類など
- ●**繁殖**：母体依存型の胎盤タイプの胎生。約10〜42匹ほどの仔を産む

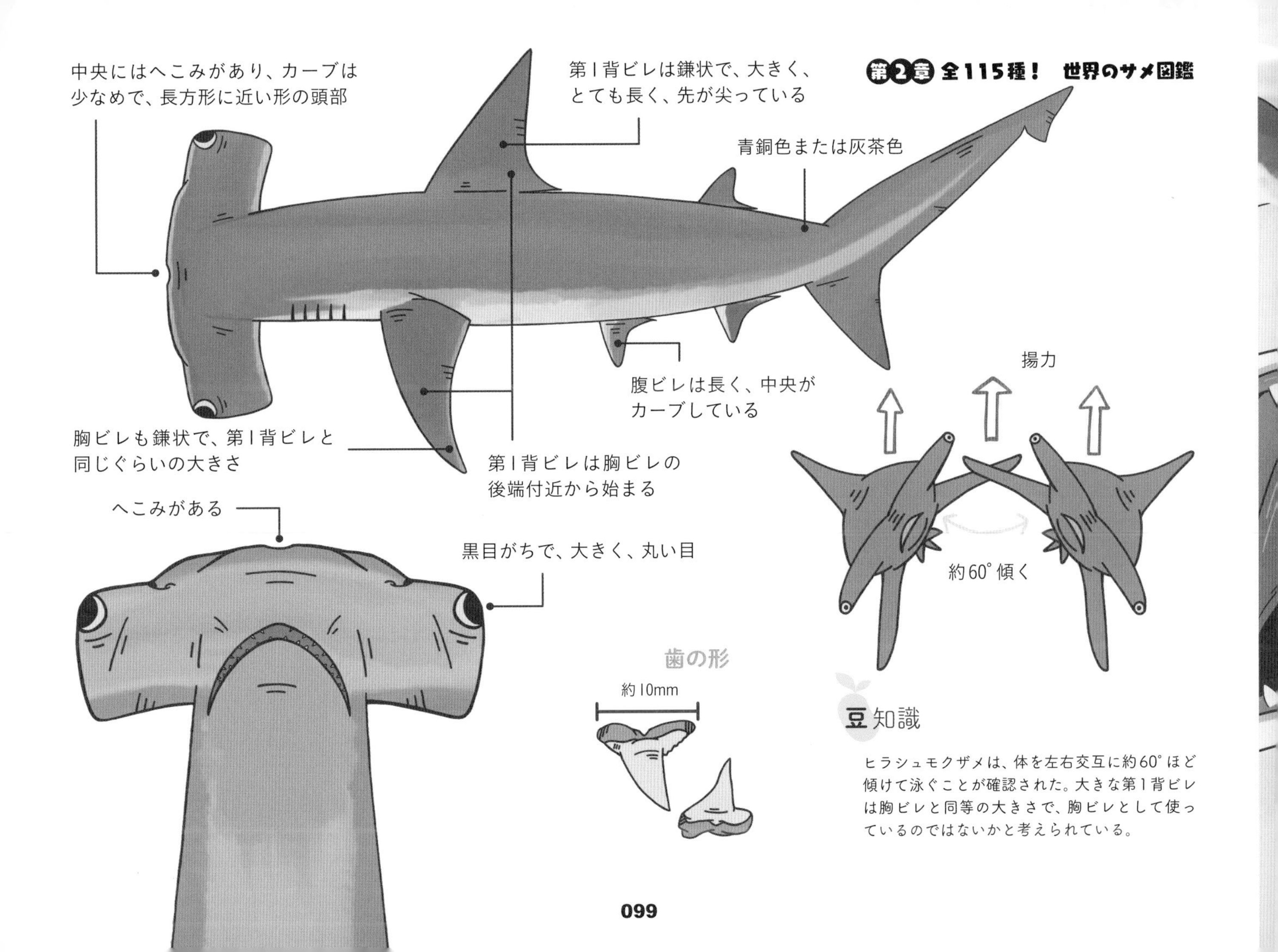

豆知識

ヒラシュモクザメは、体を左右交互に約60°ほど傾けて泳ぐことが確認された。大きな第1背ビレは胸ビレと同等の大きさで、胸ビレとして使っているのではないかと考えられている。

「竜宮城」への直行便は「インドシュモク」航空へ！

インドシュモクザメ

Winghead shark

メジロザメ目

シュモクザメ科

Eusphyra blochii

シュモクザメの仲間の中では、頭部の幅（張り出し）がいちばん長く、全長の40～50％にも達する。頭部が長いので、他のサメより両眼視の能力が高く、優れた立体視ができると考えられている。また、嗅覚の能力も高いと考えられている。鼻孔の長さも、シュモクザメ科の中で最長。口は、頭の大きさの割に小さい。親の胎内にいるとき、頭部は後ろ側へ折りたたまれていると考えられている。

めかぶのヒトコト

実際に会ってみたいサメの1つ。頭をなでれば、「ビリケンさん」のようにご利益がありそう。

こぼれ話

頭が長いので、ロレンチーニ瓶が非常に発達している。

DATA

- **全長**：1～1.8m
- **分布**：西部太平洋、北東インド洋の熱帯から亜熱帯域。オーストラリア、東南アジア、ペルシャ湾など
- **生息**：大陸や島周辺の沿岸から大陸棚上
- **捕食**：小型の硬骨魚類や頭足類など
- **繁殖**：母体依存型の胎盤タイプの胎生。6～15匹ほどの仔を産む

生息域

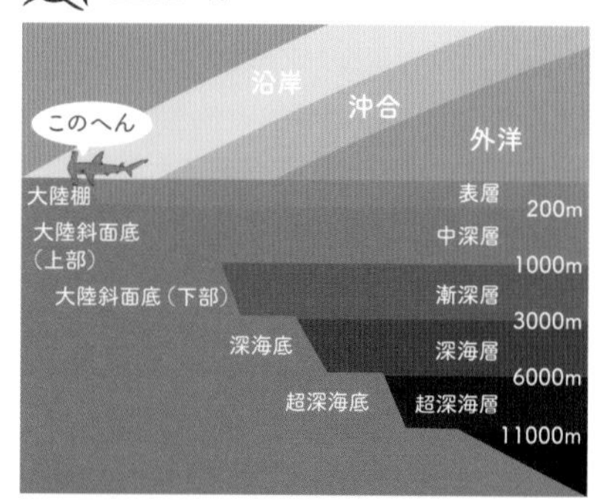

分布図

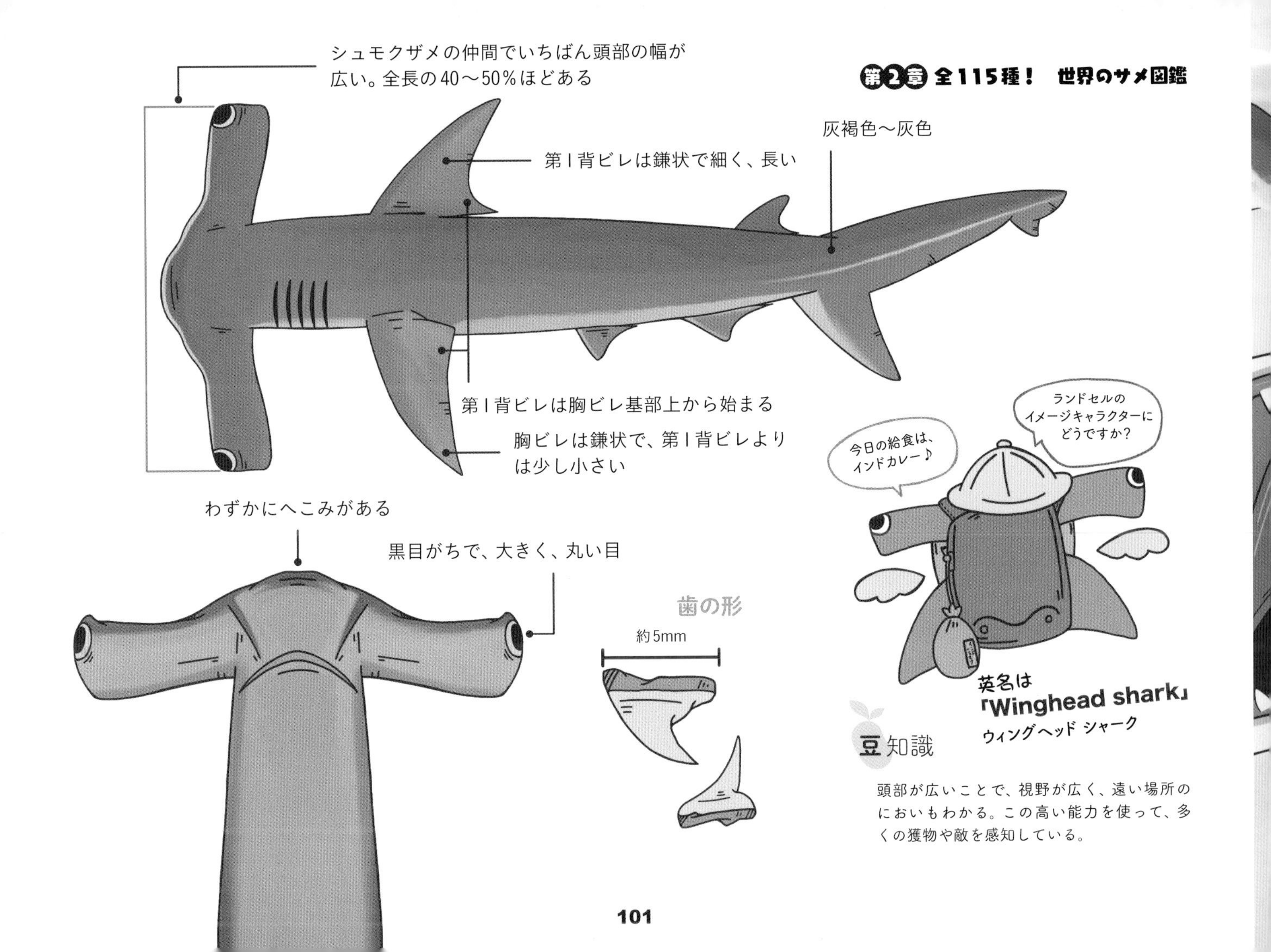

豆知識

頭部が広いことで、視野が広く、遠い場所のにおいもわかる。この高い能力を使って、多くの獲物や敵を感知している。

父の背中ではなく、母の背中を見て育ちなさい！

ウチワシュモクザメ

Bonnethead shark

メジロザメ目

シュモクザメ科

Sphyrna tiburo

ウチワシュモクザメは、シュモクザメ科の中で最小の種。名前の通り、前端が丸く、ウチワやシャベルのような形をしている。

ウチワシュモクザメは、単為生殖（メスが単独で子をつくること）が確認された非常に珍しい種である。サメやエイといった軟骨魚類の中で、単為生殖ははじめての事例だった。

他にも、海藻を食べる珍しいサメであることがわかっており、ある個体は「胃袋の半分が海藻」だったという報告もある。

めかぶのヒトコト

生命の可能性をとても感じる1匹。「母は強し」という言葉が似合う！

こぼれ話

臆病なので、水中で遭遇すると逃げてしまう。攻撃的ではない。腸ではなく、消化した胃で栄養を吸収していることがわかっている。

DATA	
●全長	80cm～1.5m
●分布	南北アメリカ大陸の太平洋と大西洋の温帯海域
●生息	沿岸の砂泥底やサンゴ礁、水深80m以浅の大陸棚
●捕食	小型魚類や頭足類、貝類、甲殻類など
●繁殖	母体依存型の胎盤タイプの胎生。4～21匹ほどの仔を産む

生息域

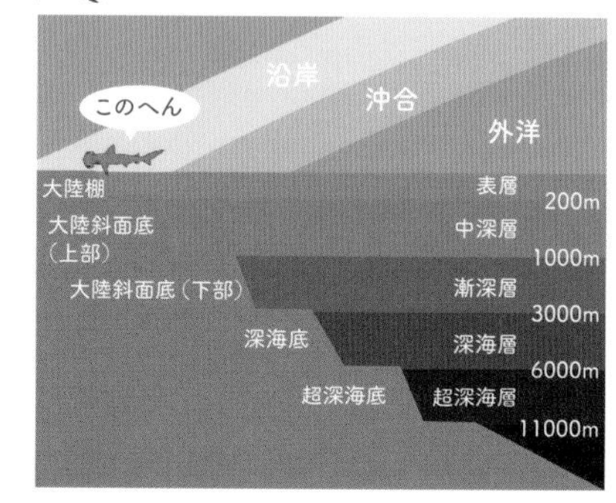

分布図

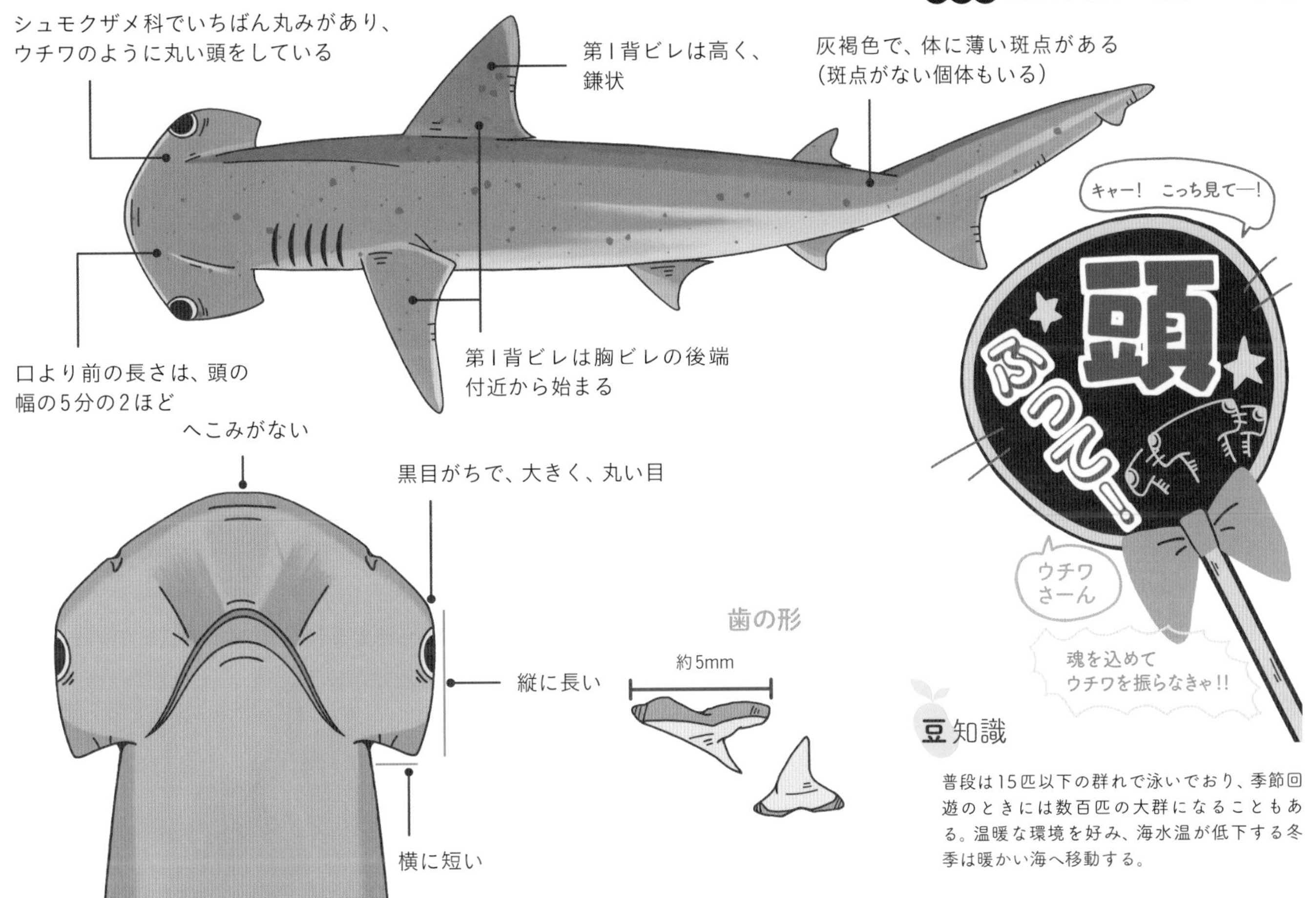

豆知識

普段は15匹以下の群れで泳いでおり、季節回遊のときには数百匹の大群になることもある。温暖な環境を好み、海水温が低下する冬季は暖かい海へ移動する。

どっちに行きますか？　あっち？　こっち？

ドチザメ

Banded houndshark

メジロザメ目

ドチザメ科

Triakis scyllium

ドチザメの由来は諸説あるが、「ドチ」はスッポンの別称で、頭部がスッポンに似ているためこの名前が付けられたといわれている。

歯は小さいトゲ状だが、厚みがあり、外側に少し傾いた3尖頭。性格は穏やかなので、海で出会っても攻撃される可能性は低く、攻撃するどころか逆にすばやく逃げてしまう。

ドチザメは、塩分が少ない汽水域や浅瀬、砂泥底などでも暮らせる。夜間には浅瀬に出てきて、活発に活動する。

めかぶのヒトコト

鳥羽水族館（三重県）でシロワニと一緒に泳ぎ狂っているドチザメが好き過ぎて、ずっと見ていられる。

こぼれ話

今治城（愛媛県）の内堀で、迷い込んだドチザメが泳いでいたことがある。「ドジ」だから「ドチ」とつけられた、という説もある。

生息域

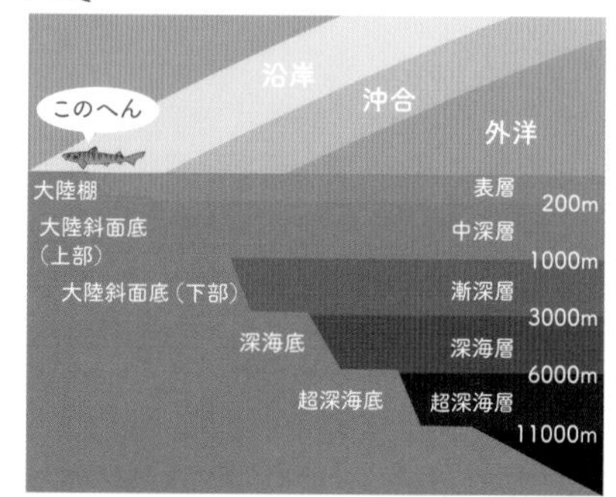

分布図

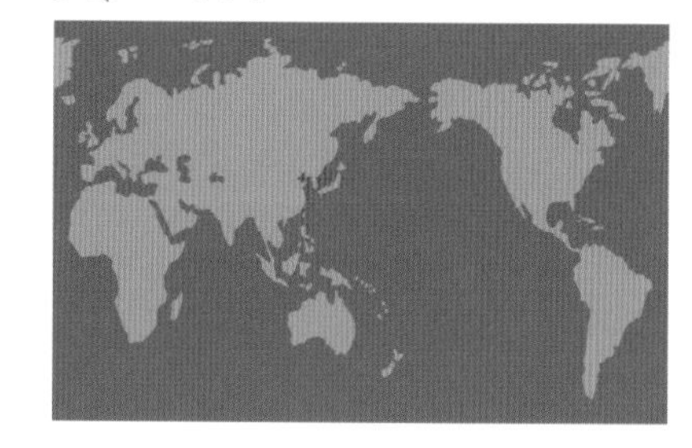

DATA

- ●全長：1～1.5m弱
- ●分布：南シナ海を含む北西太平洋。日本では北海道南部以南の各地
- ●生息：内湾や沿岸の砂泥底に生息
- ●捕食：小型の硬骨魚類や甲殻類など
- ●繁殖：卵黄依存型の胎生。10～20匹ほどの仔を産む

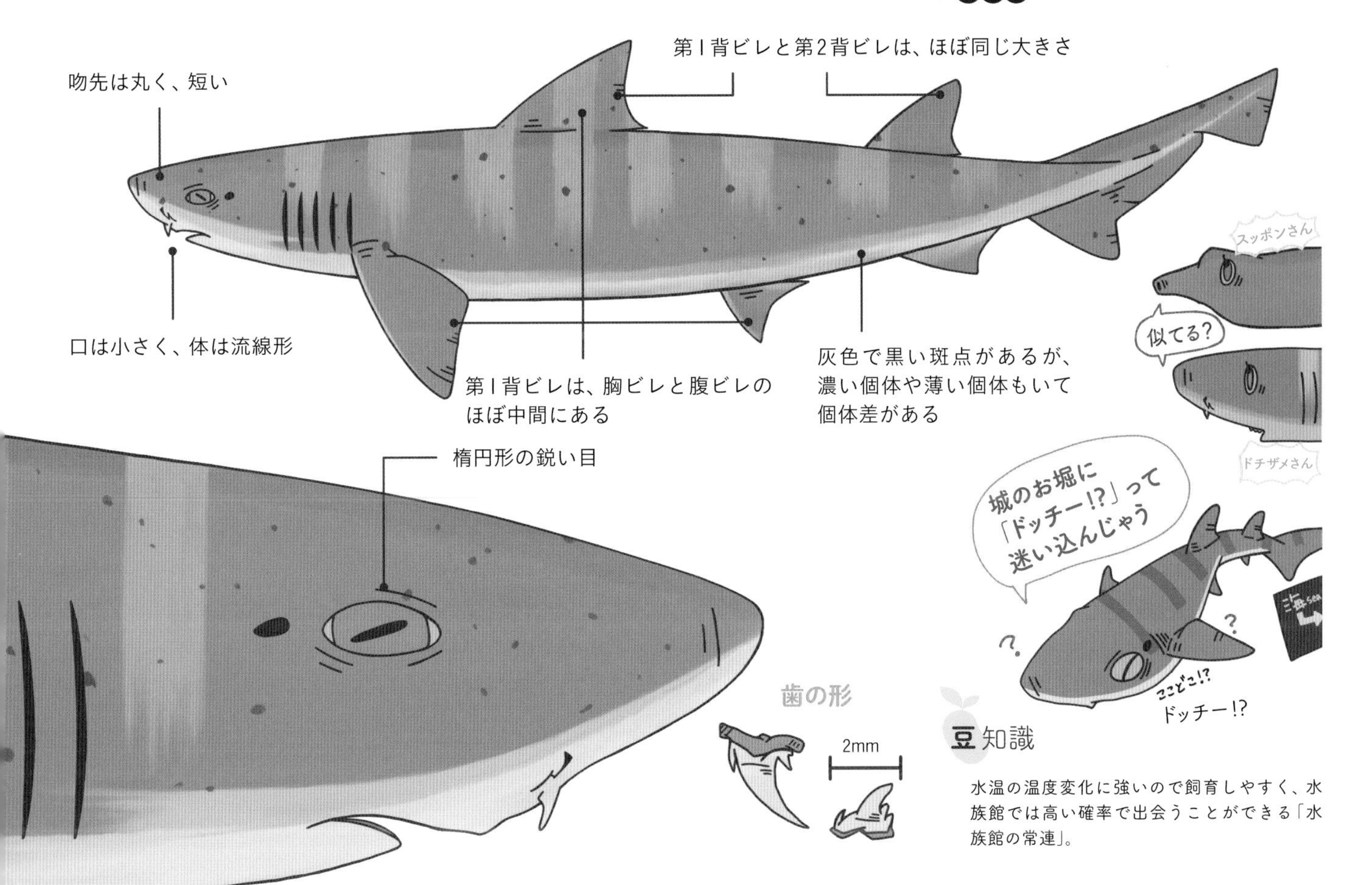

豆知識

水温の温度変化に強いので飼育しやすく、水族館では高い確率で出会うことができる「水族館の常連」。

縁起がよさそうな「永楽鱶（えいらくぶか）」という名前

エイラクブカ

Japanese topeshark

メジロザメ目

ドチザメ科

Hemitriakis japanica

　ヒレの先には白みがあり、特徴的な斑点などの模様はない。「ドチザメ（p.104）」「シロザメ（p.110）」「ホシザメ（p.112）」などと間違われやすいが、横長の目が背の側面にあることや、腹面から見えないこと、歯が薄くて刃状に尖ってることから、他のサメと区別しやすい。「スネザメ」と呼ぶ地方もある。

　エイラクブカは非常におとなしく、水族館でもひっそりと泳いでいる。歯は薄く、外側に傾いている。

めかぶのヒトコト

水族館でよく観察して、他のサメとの細かい違いを見つけられると楽しい。

こぼれ話

小型なのでペットとして飼う人もいる。

生息域

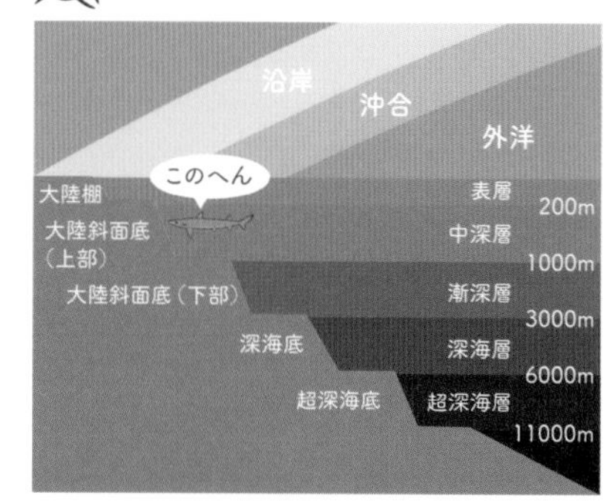

分布図

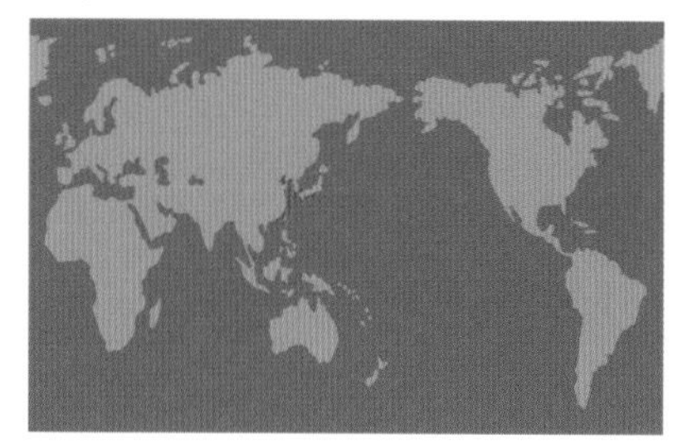

DATA

- **全長**：最大1.2mほど
- **分布**：北西太平洋など。日本では千葉県以南など
- **生息**：水深100mの大陸棚縁域から700mほどまでの大陸斜面付近
- **捕食**：小型硬骨魚類、頭足類、甲殻類など
- **繁殖**：胎生。10～22匹ほど仔を産む

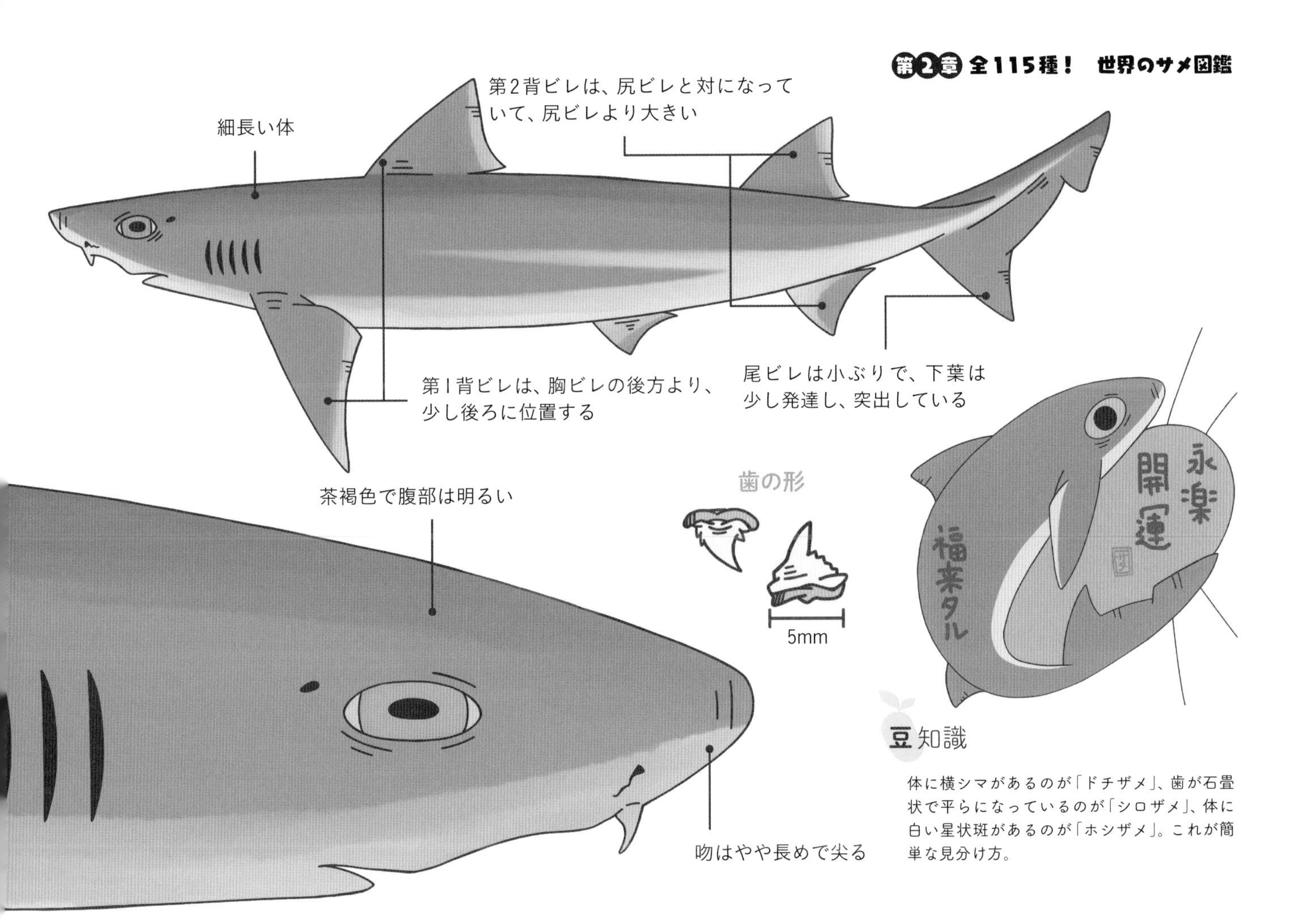

豆知識

体に横シマがあるのが「ドチザメ」、歯が石畳状で平らになっているのが「シロザメ」、体に白い星状斑があるのが「ホシザメ」。これが簡単な見分け方。

おしゃれで異国情緒あふれた名前

イコクエイラクブカ

School shark (Tope shark)

メジロザメ目

ドチザメ科

Galeorhinus galeus

イコクエイラクブカという名前の由来は、日本ではなく海外に生息するエイラクブカだから。漢字で書くと「異国永楽鱶」である。英名は「School shark」だが、「school」は「学校」という意味ではなく「群れ」という意味で使われている。これは、一群となって隊列を組み、回遊する性質を持っているからだ。他に「Tope shark」「Soupfin shark」「Snapper shark」などの表記もある。泳ぎは速く、活発だが、性格は非常におとなしい。

めかぶのヒトコト

外国の料理の名前になってしまうイコクエイラクブカ。イコクだけに料理名もおしゃれ。

こぼれ話

食用するために乱獲され、数を減らしている。

生息域

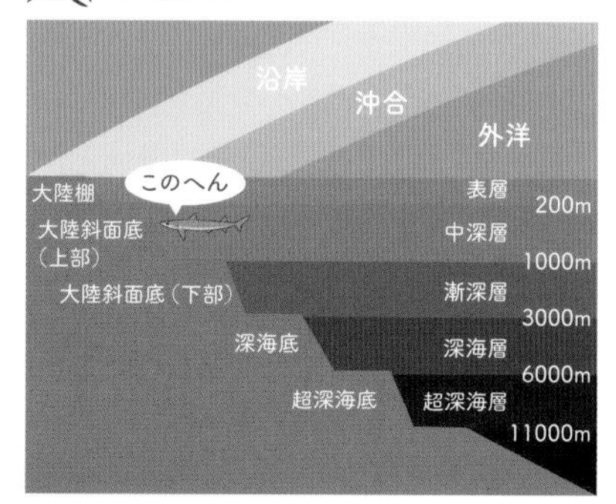

分布図

DATA	
●全長	1.3～2mほど
●分布	中・東部および南太平洋、北東および南部大西洋、地中海の温帯海域など
●生息	表層から水深800mほどまでの大陸斜面
●捕食	硬骨魚類、頭足類、甲殻類など
●繁殖	胎生。6～50匹ほどの仔を産む

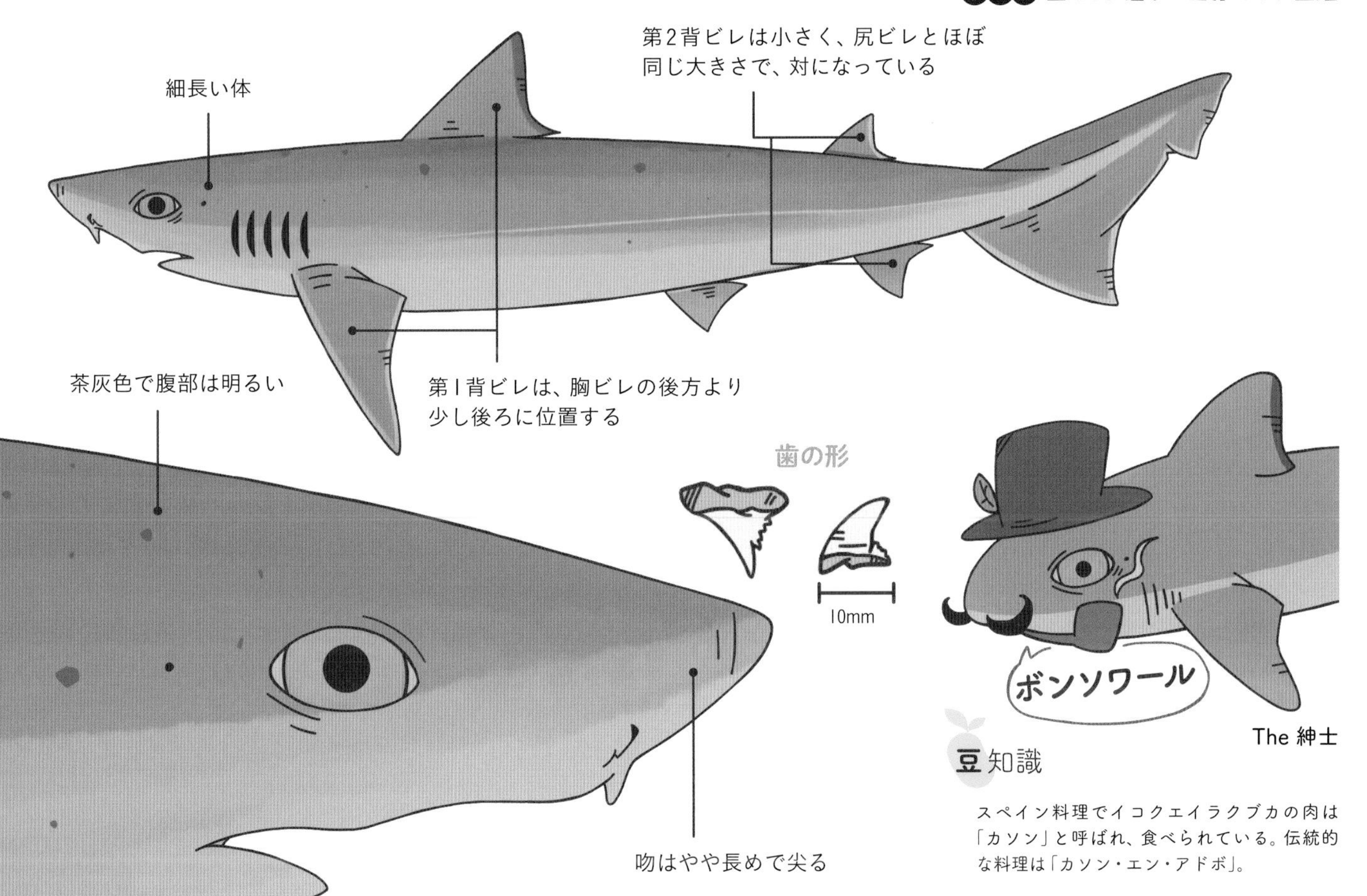

豆知識

スペイン料理でイコクエイラクブカの肉は「カソン」と呼ばれ、食べられている。伝統的な料理は「カソン・エン・アドボ」。

おいしいことで有名！　ご賞味ください！

シロザメ

Spotless smooth-hound

メジロザメ目

ドチザメ科

Mustelus griseus

　シロザメは、同じドチザメ科のホシザメ（p.112）とよく似ているが、側面に白い星のような斑点がないこと、子どもの育て方が大きく違うこと、生息域が重なるもののシロザメの生息域のほうが狭いことなどから区別することができる。

　通常、サメの肉はアンモニア臭が強いが、シロザメの場合はアンモニア臭が出にくい。そのため、揚げ物や湯引き、刺し身などにして食べられている。

めかぶのヒトコト

揚げたシロザメのフライは淡白で、とても食べやすく、おいしい。

こぼれ話

地方では「ノウソ」や「マノクリ」という名前で呼ばれている。

生息域

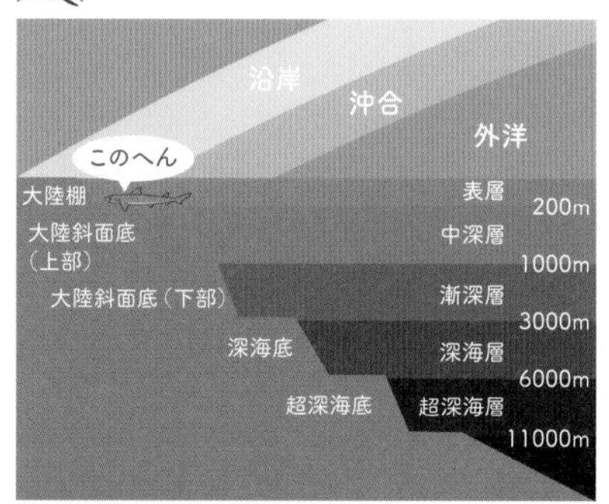

分布図

DATA

- ●**全長**：1～1.1m弱ほど
- ●**分布**：北西太平洋の熱帯から温帯海域など。日本では北海道以南など
- ●**生息**：水深20～260mほどの砂泥底など
- ●**捕食**：エビやカニやヤドカリなどの甲殻類など
- ●**繁殖**：母体依存型の胎盤タイプの胎生

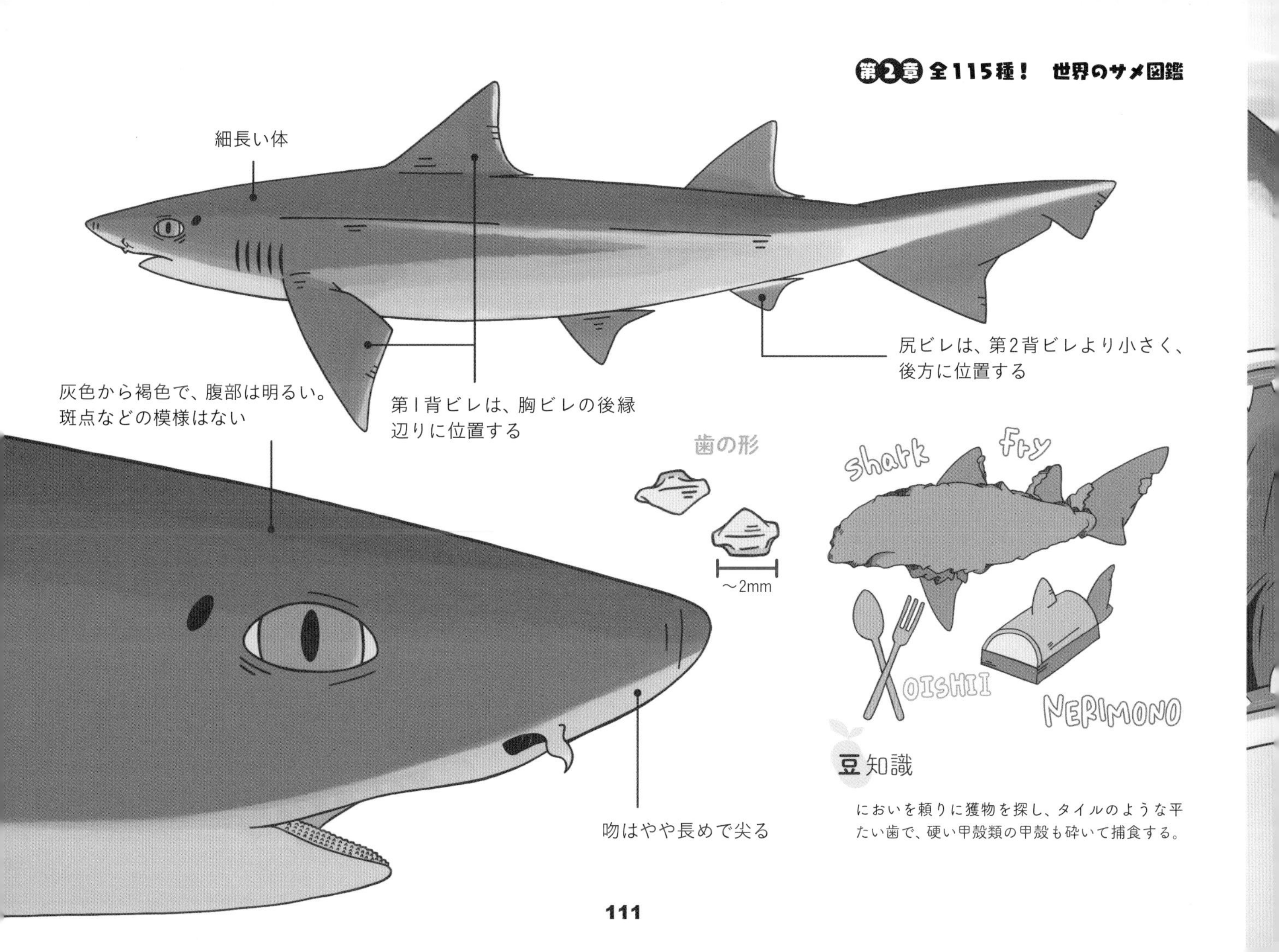

豆知識

においを頼りに獲物を探し、タイルのような平たい歯で、硬い甲殻類の甲殻も砕いて捕食する。

海にきれいな「星」をちりばめます

ホシザメ

Starspotted smooth-hound

メジロザメ目

ドチザメ科

Mustelus manazo

ホシザメは、同じドチザメ科のシロザメとよく似ているが、側面に白い星のような斑点があること、子どもの育て方が大きく違うこと、生息域が重なるものの、ホシザメの生息域のほうが広いことなどから区別できる。

「最も味がいいサメ」とされ、食用されている。生きた新鮮なものや水揚げされたばかりのものを湯引き処理して、からし酢みそで食べる。

めかぶのヒトコト

西日本では湯引きしたものがスーパーなどで売られており、加工されて干物やかまぼこなどにもなる。三重県では直売所で「サメの春巻き」が売られており、食べられる。鳥羽水族館の近くでも売られている。

こぼれ話

白い斑点が「星」に見えることから「ホシザメ」と名づけられた。

生息域

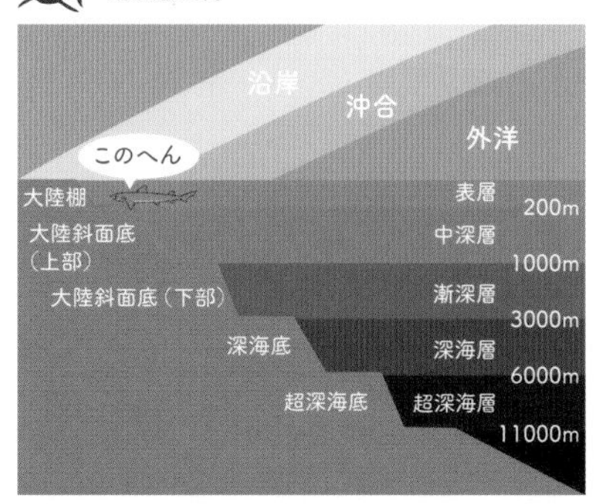

分布図

DATA

- **全長**：1～1.1m弱ほど
- **分布**：南シナ海、東シナ海などの北西太平洋、西部インド洋など。日本では北海道以南の各地など
- **生息**：水深200m以浅の砂泥底など。ときに500m以深に潜る
- **捕食**：エビやカニ、ヤドカリなどの甲殻類、貝類、イカなどの頭足類など
- **繁殖**：母体依存型の子宮分泌タイプの胎生。1～22匹ほど仔を産む

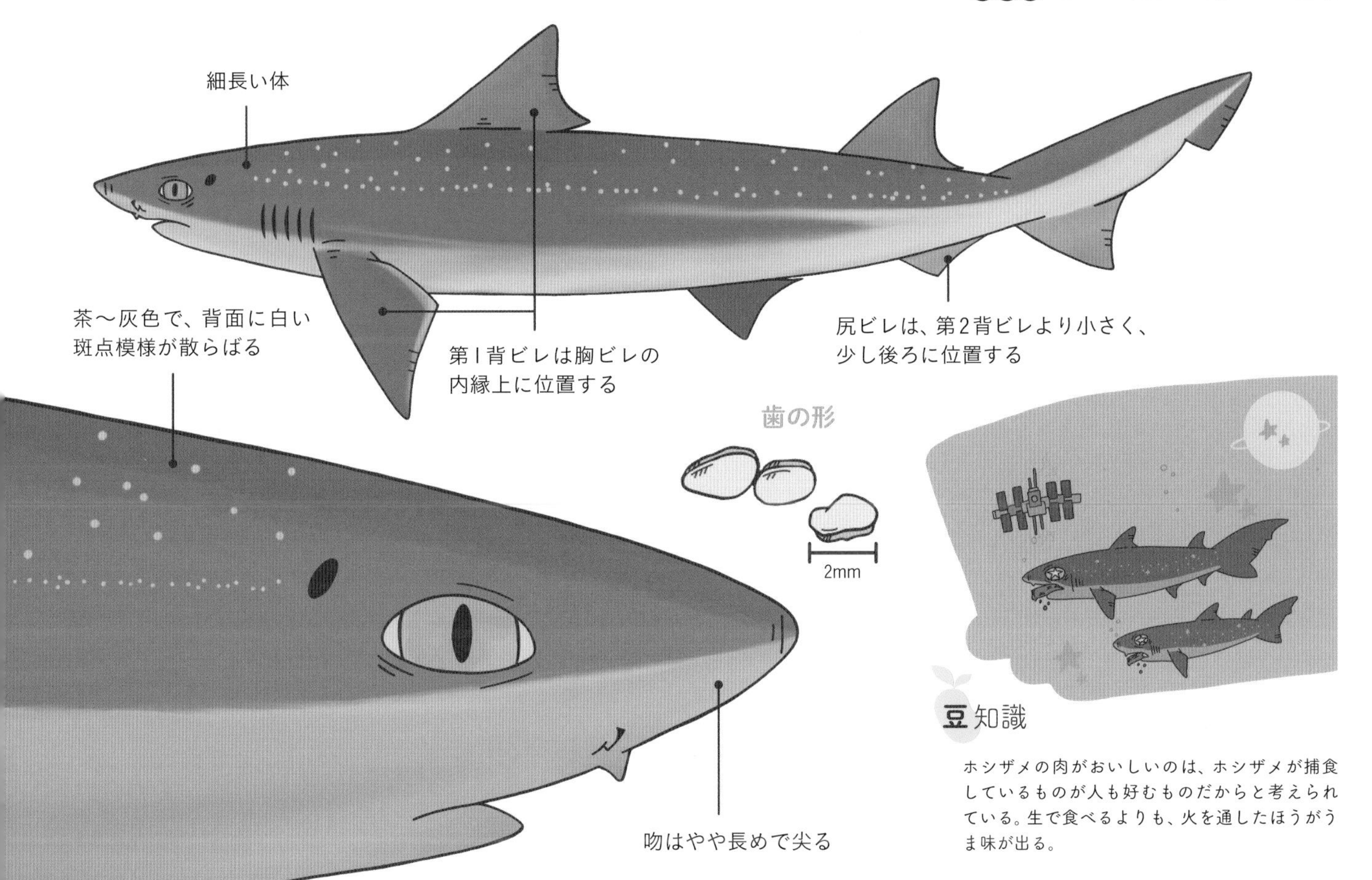

豆知識

ホシザメの肉がおいしいのは、ホシザメが捕食しているものが人も好むものだからと考えられている。生で食べるよりも、火を通したほうがうま味が出る。

改めまして！　チヒロです。少々、改名いたしました

チヒロザメ

False catshark

メジロザメ目

チヒロザメ科

Pseudotriakis microdon

チヒロザメ頭部の幅は広く、吻は丸く短いのが特徴。体と口は大きいものの、歯はとても小さく、口にびっしりと細かく並んでいる。

巨大な肝臓を持っており、その肝臓には大量の肝油が含まれている。この肝臓を浮き袋として用い、体を浮かせている。

第1背ビレが非常に長いのも特徴で、胸ビレの位置から腹ビレの位置まである。

筋肉は柔らかく、発達していないため、泳ぐスピードは遅い。

めかぶのヒトコト

大きい体にクールな顔つきが好き。

こぼれ話

アゴには、200列を超える歯列がある。

生息域

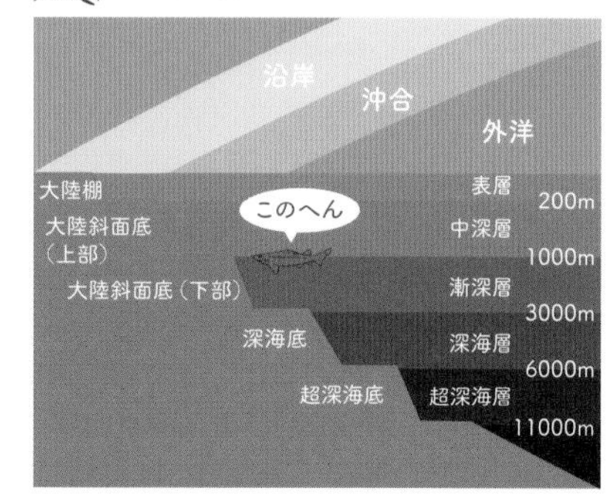

分布図

DATA
●**全長**：2.5～3mほど
●**分布**：中・西部太平洋、北大西洋、インド洋など
●**生息**：水深200～2500mほどの大陸棚や大陸斜面
●**捕食**：雑食性で、硬骨魚類、頭足類、甲殻類などいろいろなものを捕食する
●**繁殖**：母体依存型の卵食タイプの胎生。2～4匹ほどの仔を産む

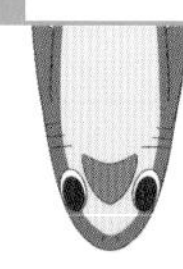

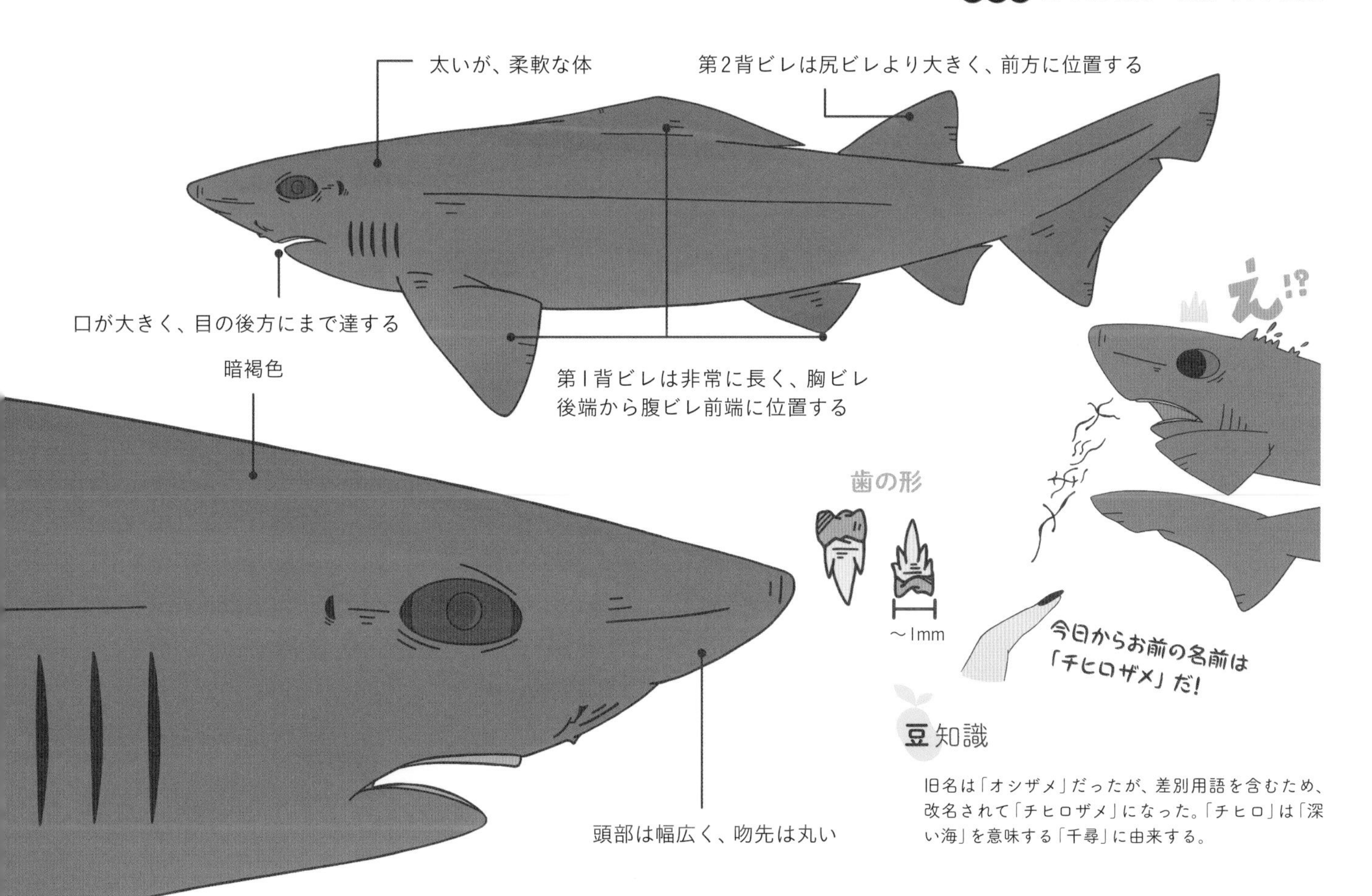

豆知識

旧名は「オシザメ」だったが、差別用語を含むため、改名されて「チヒロザメ」になった。「チヒロ」は「深い海」を意味する「千尋」に由来する。

歯が飛び出ていますが、お気になさらずに！

カマヒレザメ

Snaggletooth shark

メジロザメ目

ヒレトガリザメ科

Hemipristis elongata

カマヒレザメは希少種で、滅多に見られない珍しいサメである。そのため、その生態については、ほとんどわかっていない。ヒレは強く湾曲しており、胸ビレは比較的小さめ。エラ孔は大きく、眼径の3倍ほどある。歯は単尖頭（たんせんとう）（先端が枝分かれしていない）で、鋭く、長くなっており、口から飛び出ているのが特徴。歯の形は、縁に沿ってギザギザしており、ノコギリ状に湾曲している。カマヒレザメは、乱獲のため減少していると思われる。

めかぶのヒトコト

特徴的な歯を持ったサメといえばカマヒレザメ。一言でいえば、個性が強い歯。

こぼれ話

オスはメスより大きく、2倍ほどの大きさ。

DATA

●**全長**：最大2.3mほど
●**分布**：西部太平洋、インド洋の熱帯から温帯海域など
●**生息**：浅海から水深130mほどまでの大陸棚上など
●**捕食**：硬骨魚類や頭足類、軟骨魚類など
●**繁殖**：母体依存型の胎盤タイプの胎生。10匹ほどの仔を産む

生息域

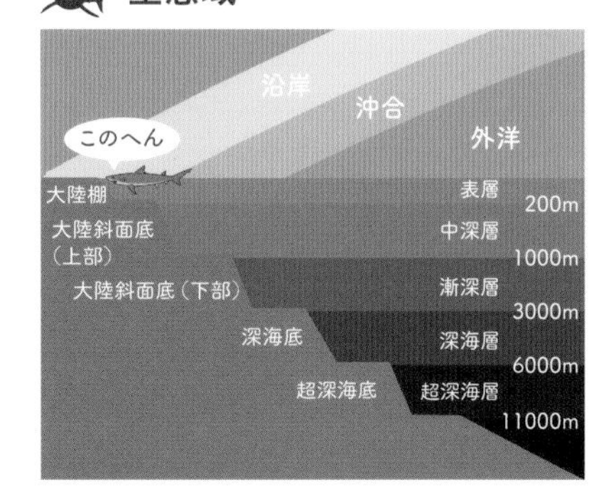

分布図

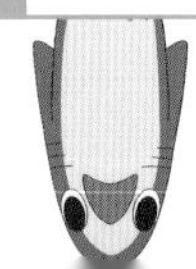

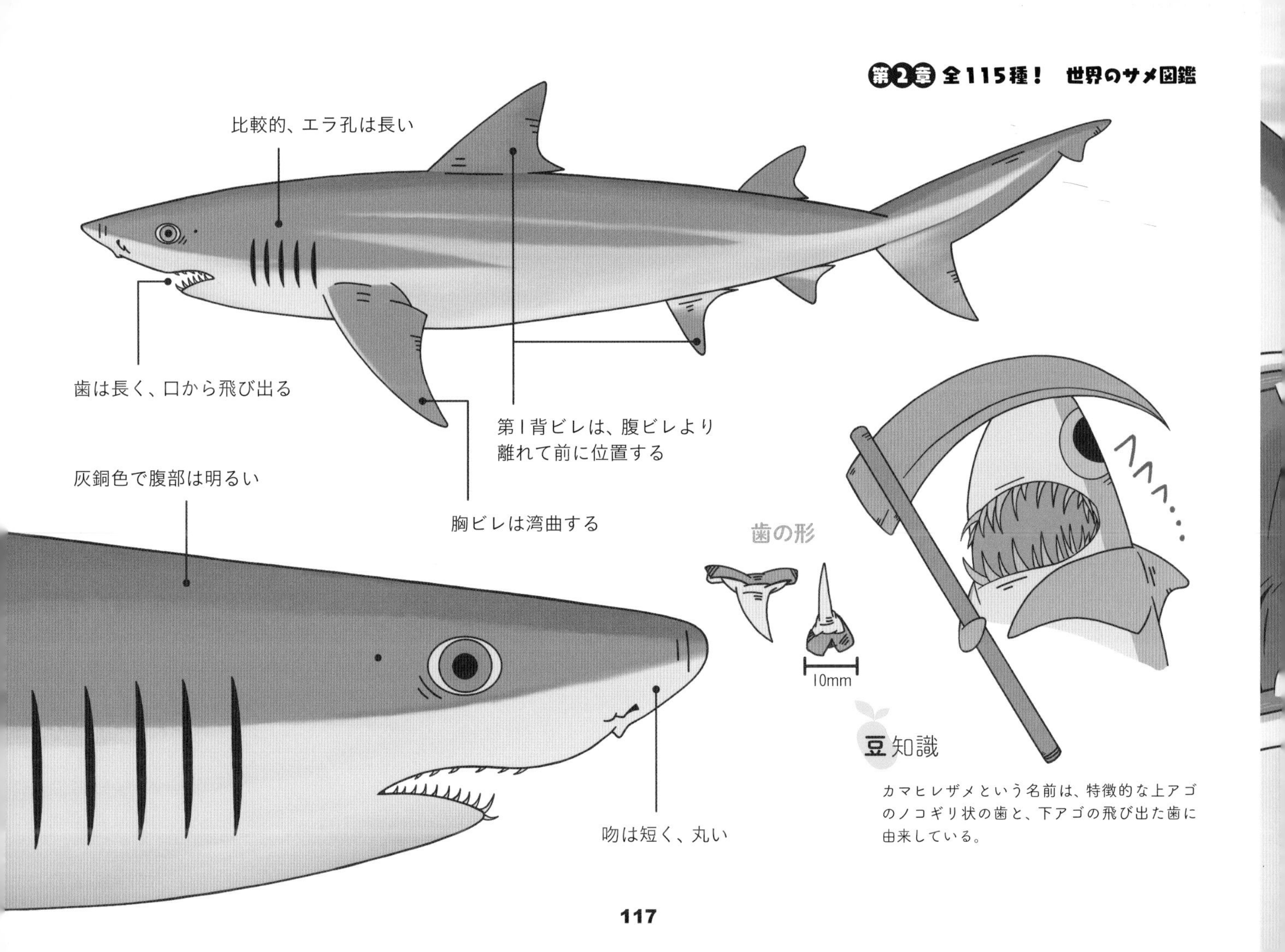

豆知識

カマヒレザメという名前は、特徴的な上アゴのノコギリ状の歯と、下アゴの飛び出た歯に由来している。

食いしん坊の大食いザメ

イタチザメ

Tiger shark

メジロザメ目

メジロザメ科

Galeocerdo cuvier

「海のゴミ箱」という異名を持つほど、口に入るものなら何でも飲み込んでしまう。牛であろうが、羊であろうが、鳥であろうが、人(!)であろうが食べてしまう。ときにはドラム缶や自動車のナンバープレートなどまで飲み込んでしまう。若いイタチザメの背にはシマ模様があり、成熟するにつれてその模様は薄くなる。英名の「タイガー・シャーク」は、この背の模様が由来ともいわれる。

めかぶのヒトコト

「獰猛で危険なサメ」としてあまりにも有名だが、よく見るとかわいい顔をしている。

こぼれ話

地方では「サバブカ」(サバに似ているので)や「イッチョー」など、いろいろな呼び名がある。

生息域

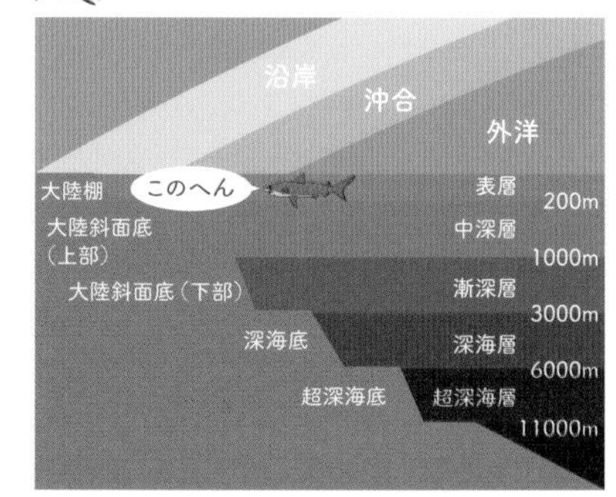

分布図

DATA

- **全長**:4〜6m(最大7m弱近い個体報告もある)
- **分布**:太平洋、インド洋の熱帯・亜熱帯海域から温帯海域。日本では青森県以南の日本各地
- **生息**:沿岸および外洋の表層域から水深140mほどに生息
- **捕食**:硬骨魚類やカメ、甲殻類、哺乳類、鳥類、軟骨魚類など
- **繁殖**:卵黄依存型の胎生。10〜80匹ほどの仔を産む

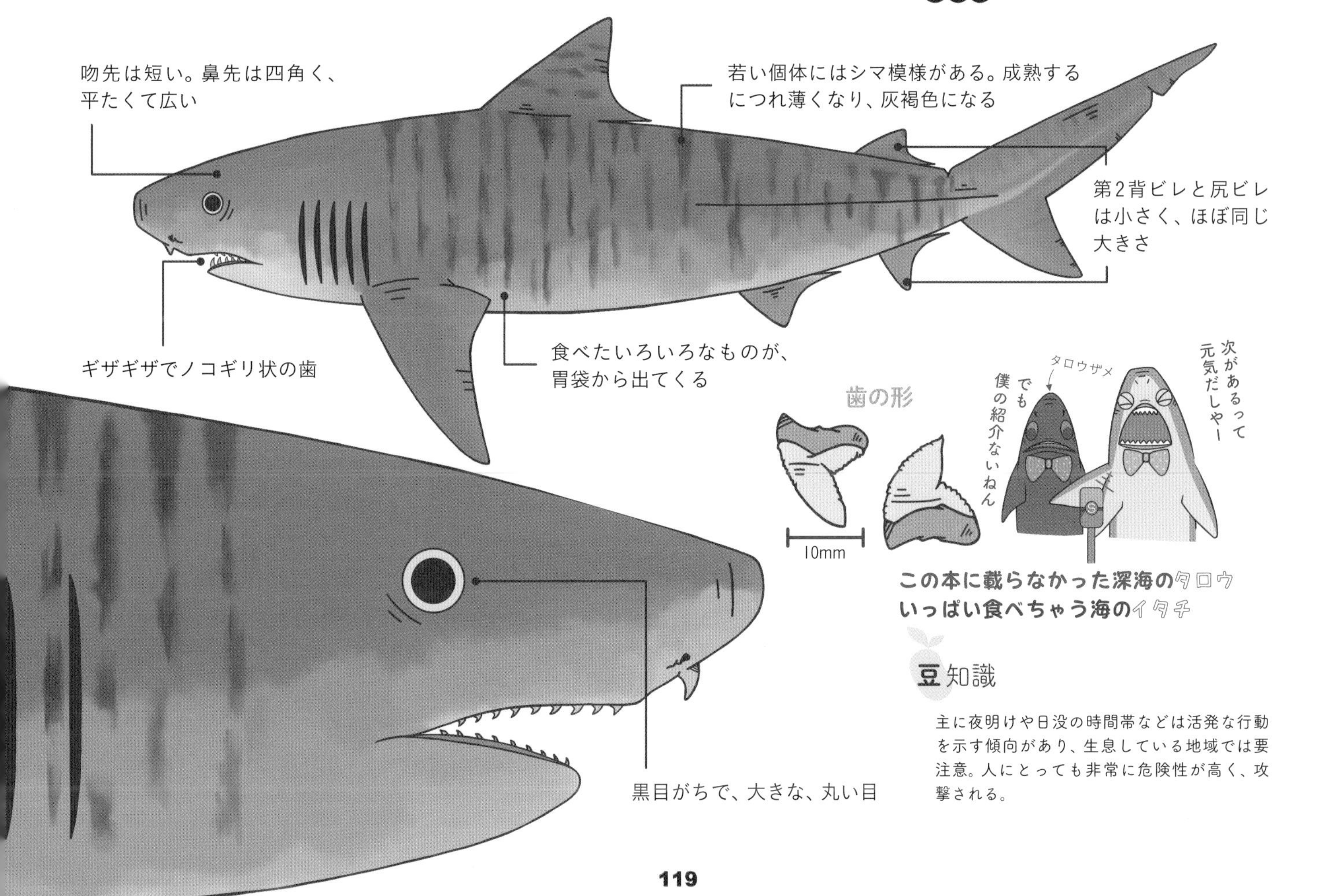

この本に載らなかった深海のタロウ
いっぱい食べちゃう海のイタチ

豆知識

主に夜明けや日没の時間帯などは活発な行動を示す傾向があり、生息している地域では要注意。人にとっても非常に危険性が高く、攻撃される。

初めてのキスはレモン「ザメ」味かも……！

レモンザメ

Sharptooth lemon shark

メジロザメ目

メジロザメ科

Negaprion acutidens

　レモンザメといわれる名前の由来は、背の色がレモンのような黄色っぽい色をしているからである。しかし、環境によっては黄色味が薄かったり、濃かったり、灰色に近かったりするので、レモンザメかどうかの判別が難しいことがある。

　泳ぎ続けなくてもエラに水を送り込むことができるので、海底の直上で、ゆっくりと泳いでいる。性格は活動的で好奇心旺盛。沖縄では「マーブカー」とも呼ばれている。

めかぶのヒトコト

水族館で飼育していることが多いので、見つけたら体の色がレモンっぽいか観察してみよう。

こぼれ話

漢字で書くと、そのまんま「檸檬鮫」。

生息域

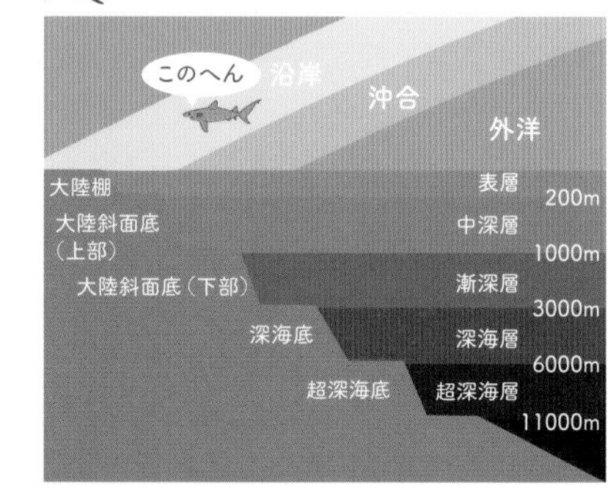

分布図

DATA

- ●**全長**：2～3m弱
- ●**分布**：中・西部太平洋、インド洋の熱帯から亜熱帯海域など
- ●**生息**：水深90mほどまでの入り江、河口、サンゴ礁域やにごった水域を好む
- ●**捕食**：サメを含む軟骨魚類や硬骨魚類、甲殻類、頭足類など
- ●**繁殖**：母体依存型の胎盤タイプの胎生。10匹ほどの仔を産む

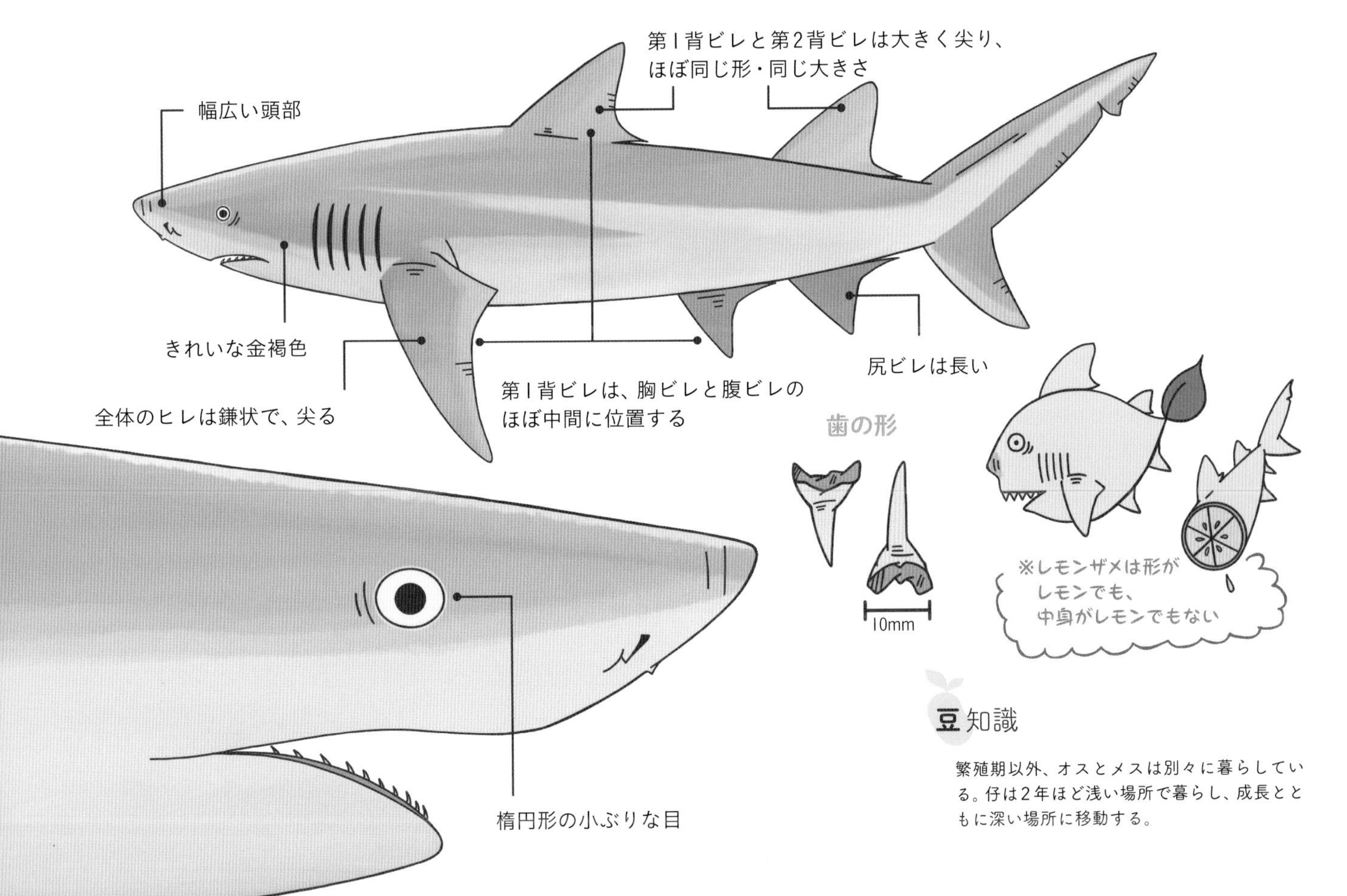

豆知識

繁殖期以外、オスとメスは別々に暮らしている。仔は2年ほど浅い場所で暮らし、成長とともに深い場所に移動する。

レモンはレモンでも酸っぱくない

ニシレモンザメ

Lemon shark

メジロザメ目

メジロザメ科

Negaprion brevirostris

　ニシレモンザメは適応能力が高く、マングローブや岩礁、河口といった場所でも長時間、生存できる。これは、塩分濃度や溶存酸素量（大気中から水に溶け込んでいる酸素の量）が少ない場所でも生息できる耐性を持っているからと考えられている。ちなみに、ニシレモンザメの英名は「Lemon shark」、レモンザメの英名は「Sharptooth lemon shark」であり、和名とは異なるため、間違えやすい。

めかぶのヒトコト

レモンザメとニシレモンザメの関係を、たとえるなら「瀬戸内レモン」と「地中海ニシレモン」のような間柄かも（個人の意見です）。

こぼれ話

昼夜を問わず、活動できる。

生息域

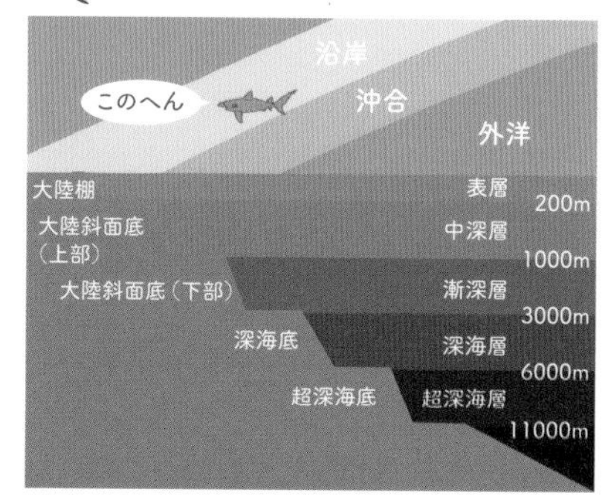

分布図

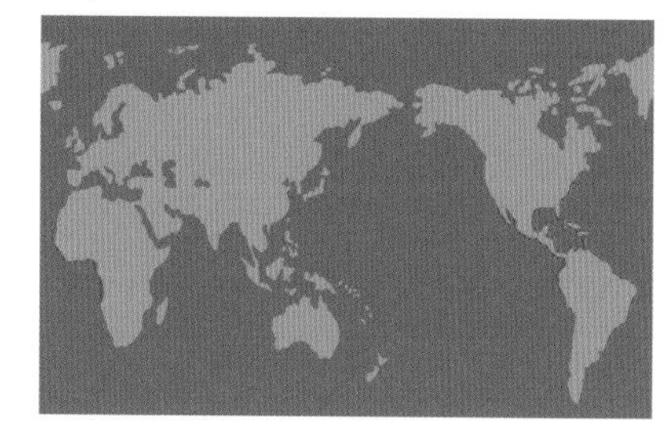

DATA

- ●**全長**：2～3m弱
- ●**分布**：太平洋の熱帯域沿岸、カリブ海、大西洋の熱帯沿岸域、西アフリカ沿岸域など
- ●**生息**：水深90mほどまでの入り江、河口、サンゴ礁域やにごった水域を好む
- ●**捕食**：サメを含む軟骨魚類や硬骨魚類、甲殻類、頭足類など
- ●**繁殖**：母体依存型の胎盤タイプの胎生。5～17匹ほどの仔を産む

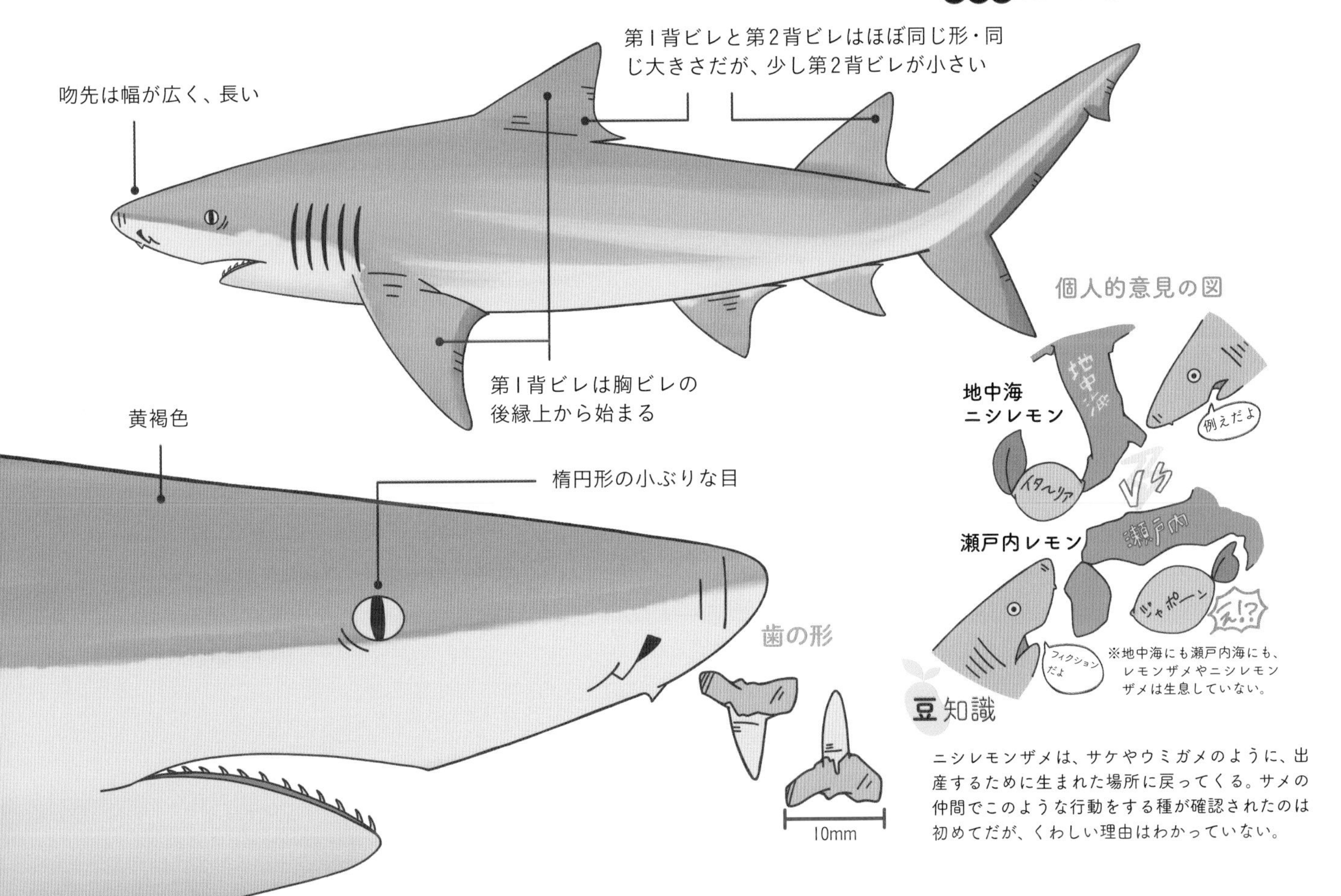

豆知識

ニシレモンザメは、サケやウミガメのように、出産するために生まれた場所に戻ってくる。サメの仲間でこのような行動をする種が確認されたのは初めてだが、くわしい理由はわかっていない。

ヨットの「帆」のような背ビレが目印

メジロザメ（ヤジブカ）

メジロザメ目

メジロザメ科

Carcharhinus plumbeus

Sandbar shark

　メジロザメ（ヤジブカ）の仲間は、どれも非常によく似ていて区別が難しい。しかし、メジロザメ（ヤジブカ）の第1背ビレは垂直に立っていて、きれいな三角形をしており、非常に大きいことで区別できる。交尾の時期以外、オスとメスは別の場所で生活し、各地でグループをつくって暮らしている。おそらく温厚な性格で、攻撃的ではないと考えられている。昼夜問わず、活発的に泳ぎ回る。

めかぶのヒトコト

水族館の水槽で優雅に泳ぐ姿は「サメの中のサメ」と思わせるかっこよさ。

こぼれ話

季節によって、自分たちが棲みやすい環境の海へと移動する。

DATA

●**全長**：最大3mほど

●**分布**：太平洋、大西洋、インド洋の熱帯・亜熱帯海域など。日本では南日本以南など

●**生息**：沿岸の表層から水深300mほどまで

●**捕食**：タコなどの頭足類、サメを含む軟骨魚類や硬骨魚類など

●**繁殖**：母体依存型の胎盤タイプの胎生。6〜10匹ほどの仔を産む

生息域

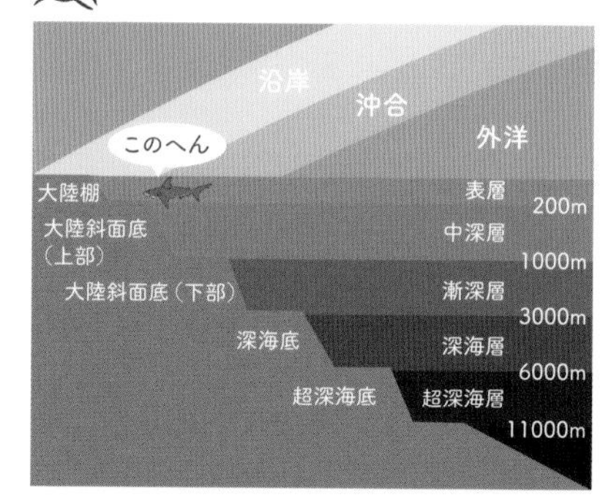

分布図

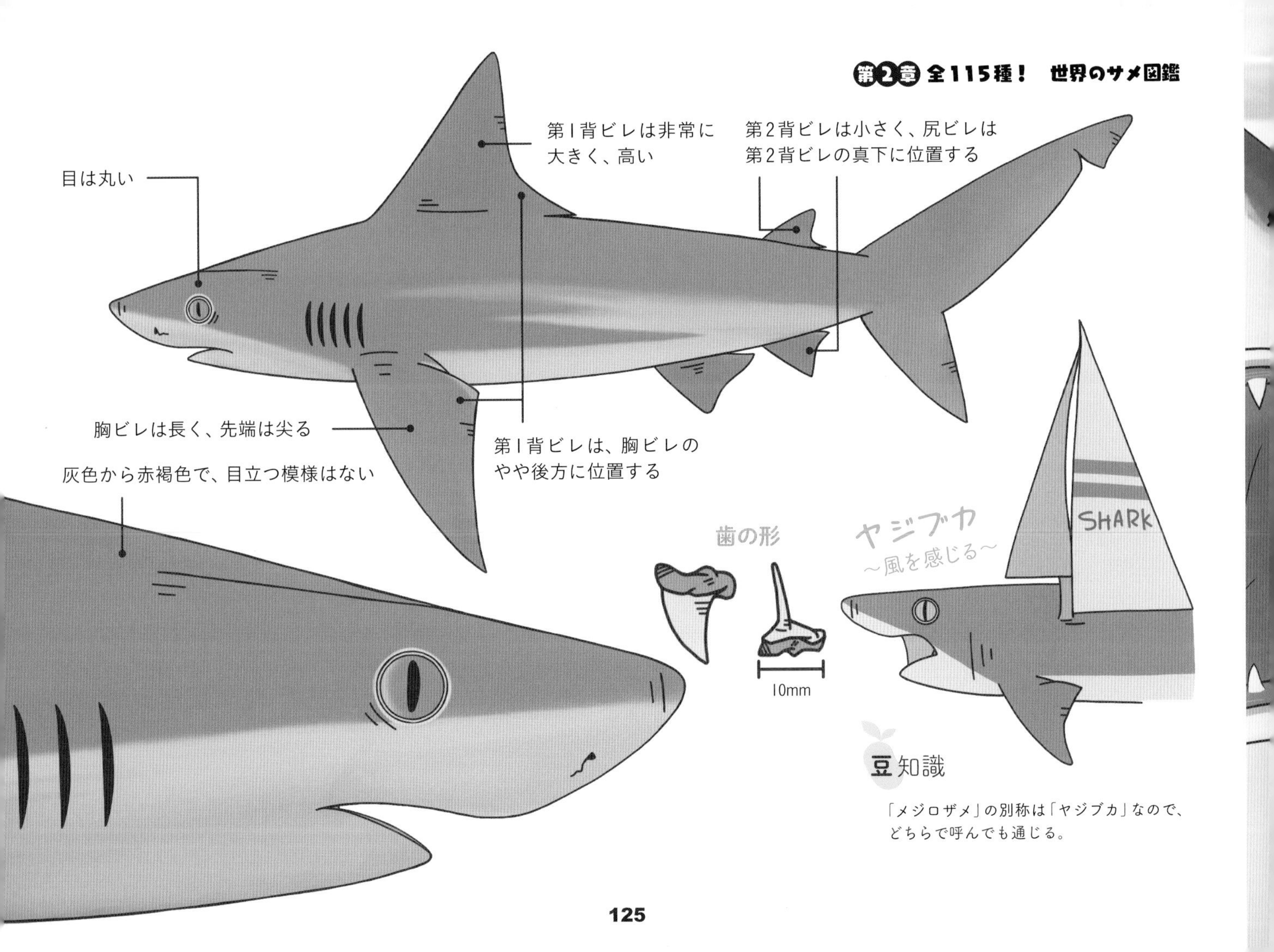

豆知識

「メジロザメ」の別称は「ヤジブカ」なので、どちらで呼んでも通じる。

私のテリトリーは海だけじゃない！

オオメジロザメ

Bull shark

メジロザメ目

メジロザメ科

Carcharhinus leucas

サメは、その体の構造上、海水以外の塩分濃度の水の中では生きるのが難しい。だが、オオメジロザメは、淡水域（川、湖）でも生きられる特別な能力を持った数少ないサメだ。

オオメジロザメは、腎臓や直腸腺などの臓器で、尿素や塩分の濃度を一時的に調整することができる。これによって、淡水域で生きることを可能にしている。澄んだ水よりは、にごった水を好む。

めかぶのヒトコト

大きくたくましい体は、サメ界のプロレスラー。だが、「危険なサメ」のトップ3に入ってしまうぐらい、出合ったら注意しないといけないサメ。

こぼれ話

幼魚が淡水域によく進入する。凶暴で気性が荒い性格なので攻撃的である。

DATA

- **全長**：3～3.4mほど
- **分布**：太平洋、インド洋、大西洋の熱帯から亜熱帯の海域、汽水域、大河やその上流の湖などの淡水域など。日本では南西諸島と沖縄諸島近海
- **生息**：沿岸性で浅海の海底近くや河口付近など
- **捕食**：頭足類やサメ類を含む軟骨魚類、硬骨魚類、ウミガメ、海鳥類、哺乳類、クジラの死肉など
- **繁殖**：母体依存型の胎盤タイプの胎生。1～13匹ほどの仔を産む

生息域

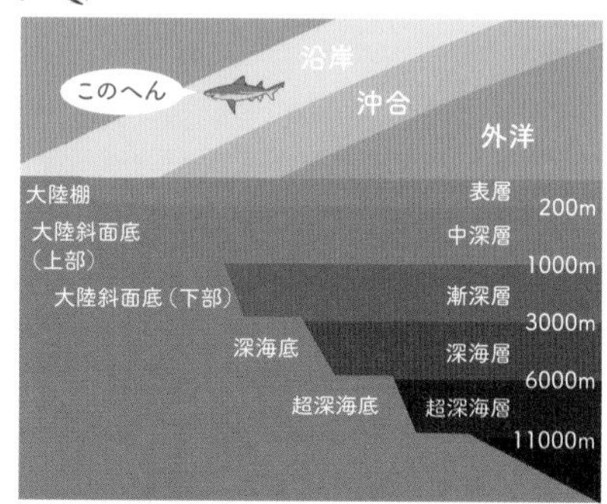

分布図

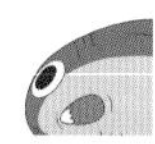

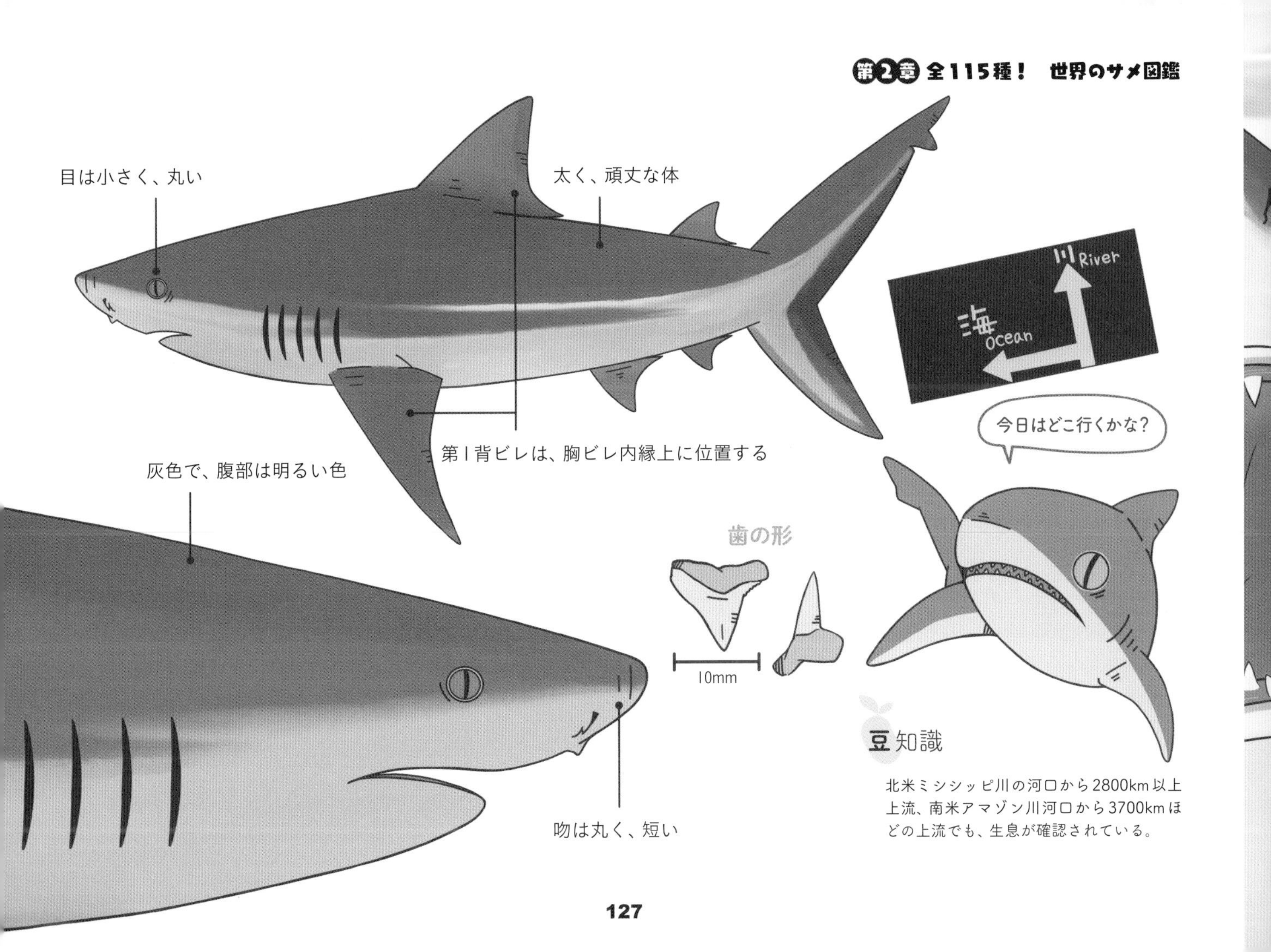

豆知識

北米ミシシッピ川の河口から2800km以上上流、南米アマゾン川河口から3700kmほどの上流でも、生息が確認されている。

ダイバーに人気の「サメアイドル」？

ペレスメジロザメ

Caribbean reef shark

メジロザメ目

メジロザメ科

Carcharhinus perezi

ペレスメジロザメは沿岸の暗礁の海底付近を泳ぎ回ることもあるが、砂州や断崖面の棚面、洞窟内部などで動かないでいることもある。

性格は、おとなしく穏やかで、ダイバーなどにも無関心なので、そっと観察ができる。しかし、エサを前にしたときや狂乱索餌（集団が狂乱状態になりながらエサを食べる状態）を起こしたときは攻撃的になるので油断できない。

めかぶのヒトコト

餌づけされている観光スポットでは、頭をなでさせてくれたり、ヒレタッチさせてくれたりする。その姿は、まるでアイドルの握手会のごとし。

こぼれ話

「ペレス」は、学名の「perezi」からつけられたと考えられている。

生息域

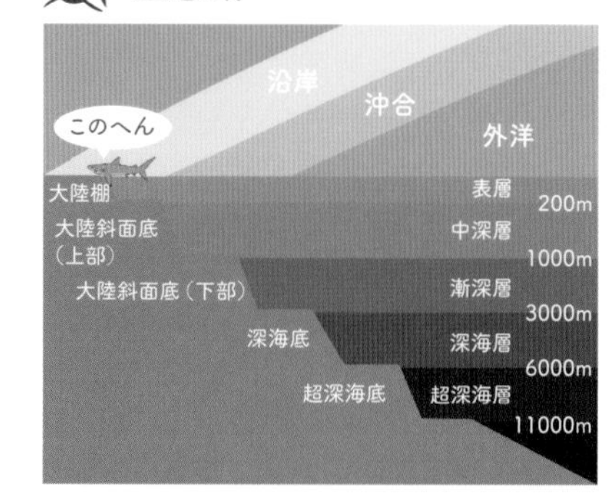

分布図

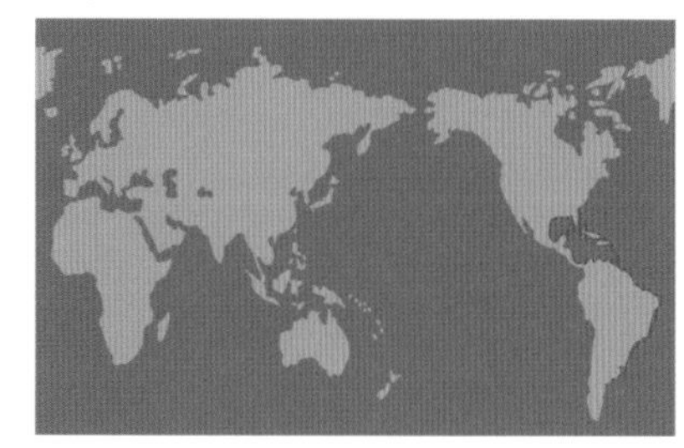

DATA

- **●全長**：3m弱ほど
- **●分布**：アメリカ東部沿岸、バミューダ・メキシコ湾北部・カリブ海など、西部大西洋の熱帯海域など
- **●生息**：大陸棚や島しょ部、サンゴ礁域を中心に水深30m以浅など
- **●捕食**：タコなどの頭足類やカレイなどの硬骨魚類など
- **●繁殖**：母体依存型の胎盤タイプの胎生。4〜6匹ほどの仔を産む

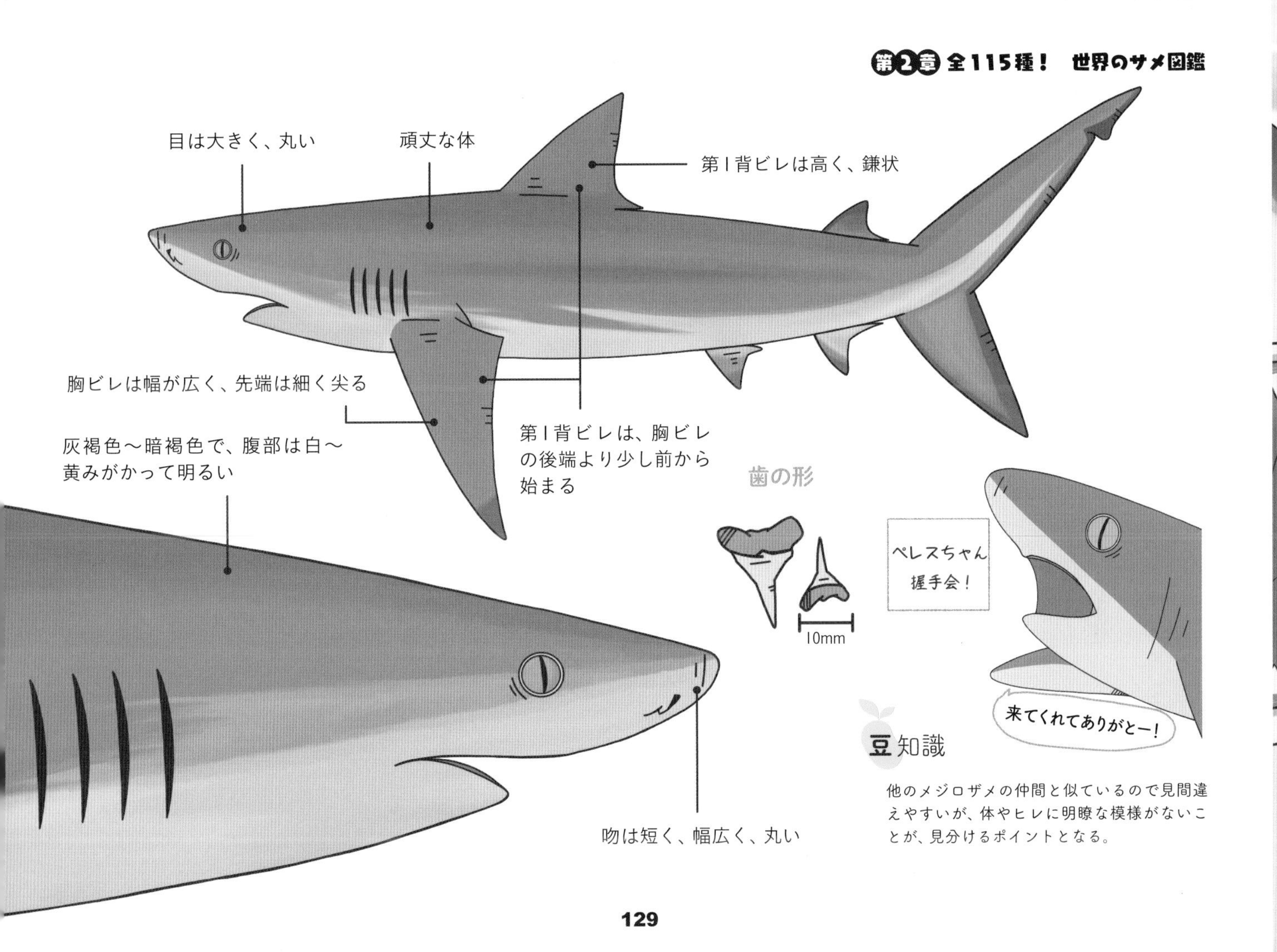

豆知識

他のメジロザメの仲間と似ているので見間違えやすいが、体やヒレに明瞭な模様がないことが、見分けるポイントとなる。

熱めより、少し低めの水温がお好み

クロヘリメジロザメ

Copper shark/Bronze whaler

メジロザメ目

メジロザメ科

Carcharhinus brachyurus

　メジロザメの仲間はよく似ているため区別が難しい。クロヘリメジロザメの特徴は、体がメジロザメの仲間の中では、比較的細長いこと、各ヒレの縁辺が目立たないほどに薄黒くて白い縁がないこと、上顎歯（じょうがくし）の幅が狭く、湾曲していることなどが挙げられる。クロヘリメジロザメは活発で動きも敏速。攻撃的になることもあるので、人間にとっては危険なサメである。群れで狩りをし、季節回遊もする。

めかぶのヒトコト

長くスラッとした吻先が男前なサメ。飼育している水族館は少ないが、水槽で泳ぐ姿はスマート。

こぼれ話

季節回遊し、毎年同じ海域に戻ることがある。

生息域

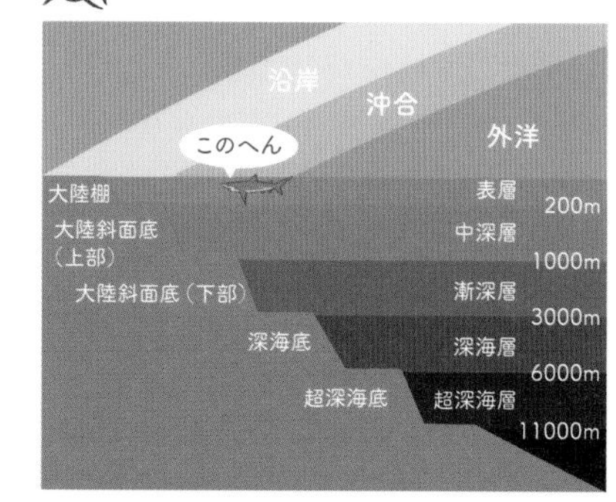

分布図

DATA

- **全長**：最大3m弱ほど
- **分布**：太平洋、インド洋、大西洋の亜熱帯から温帯海域、地中海など。日本では北海道以南の日本各地、日本海など
- **生息**：沖合表層域で100m以浅に多く生息
- **捕食**：硬骨魚類やイカ、タコなどの頭足類
- **繁殖**：母体依存型の胎盤タイプの胎生。7～24匹ほどの仔を産む

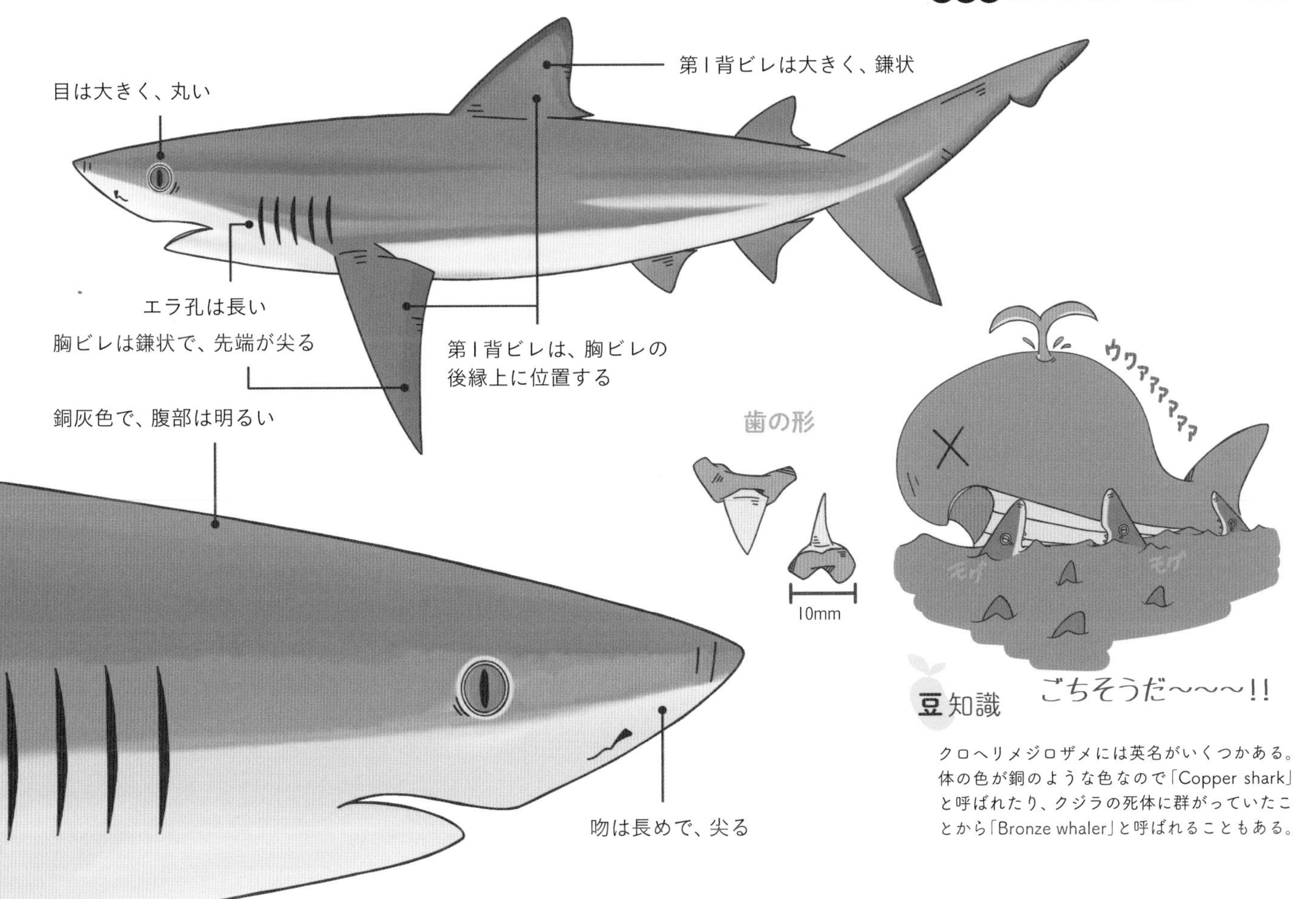

豆知識

クロヘリメジロザメには英名がいくつかある。体の色が銅のような色なので「Copper shark」と呼ばれたり、クジラの死体に群がっていたことから「Bronze whaler」と呼ばれることもある。

「夜を生きる」ミステリアスなサメ

ナガハナメジロザメ

Night shark

メジロザメ目

メジロザメ科

Carcharhinus signatus

ナガハナメジロザメは、長く尖った吻と緑の目が特徴である。5対の鰓裂は比較的短く、第1背ビレは小さい。英名「Night shark」の由来は、夜間に捕獲されることが多かったためだ。

深海に生息していて、日周鉛直移動（1日のなかで規則的に生息深度を移動させること）を行う。日中は深部に生息し、夜間は水面に浮上する。

めかぶのヒトコト

きれいで吸い込まれそうな緑色のキラキラした瞳がチャームポイント。

こぼれ話

泳ぐスピードが速く、とてもすばやい。

生息域

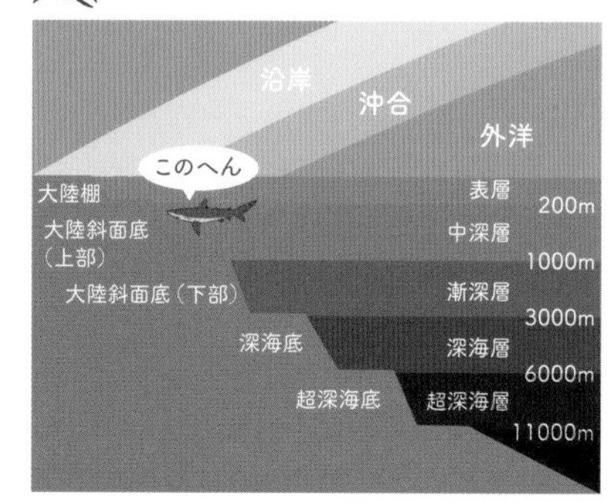

分布図

DATA

- **全長**：最大2.8mほど
- **分布**：大西洋の熱帯から温帯の海域など
- **生息**：沿岸域や水深50～100mを中心に、水深600mほどまでの大陸棚や大陸斜面など
- **捕食**：小型の硬骨魚類や頭足類、エビなどの甲殻類など
- **繁殖**：卵黄依存型の胎盤タイプの胎生。4～18匹ほどの仔を産む

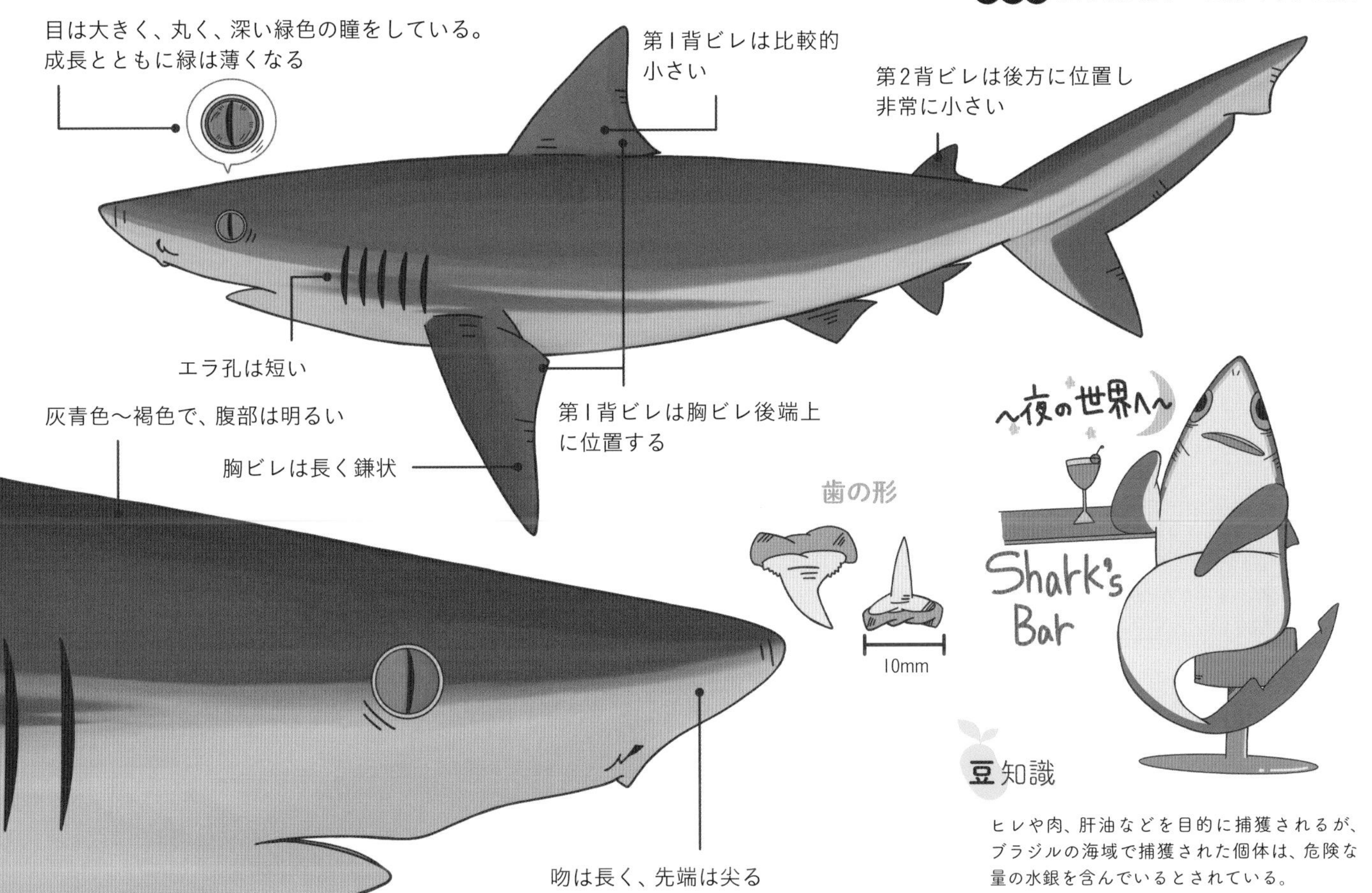

豆知識

ヒレや肉、肝油などを目的に捕獲されるが、ブラジルの海域で捕獲された個体は、危険な量の水銀を含んでいるとされている。

「ガーリック炒め」みたいな名前でおいしそう

ギャリックガンジスメジロザメ

Northern river shark

メジロザメ目

メジロザメ科

Glyphis garricki

ギャリックガンジスメジロザメは、淡水(塩分を含まない水)でも生きられる体を持つ非常に珍しいサメ。気性が荒いとされている。

ただし、幼魚や比較的若い個体は、淡水域(川、湖)で発見されているものの、成魚はまだ海でしか確認されていない。

一時期、「絶滅した」といわれていたが、市場に売られた個体が発見されて「絶滅はしていない」と考えられるようになった。くわしい生態は解明されていない。

めかぶのヒトコト

淡水域でも生息できるぐらいだから、体は頑丈なのだろう。乱獲が減り、数が増えることを期待したい。

こぼれ話

乱獲により数を減らしていると思われる。

生息域

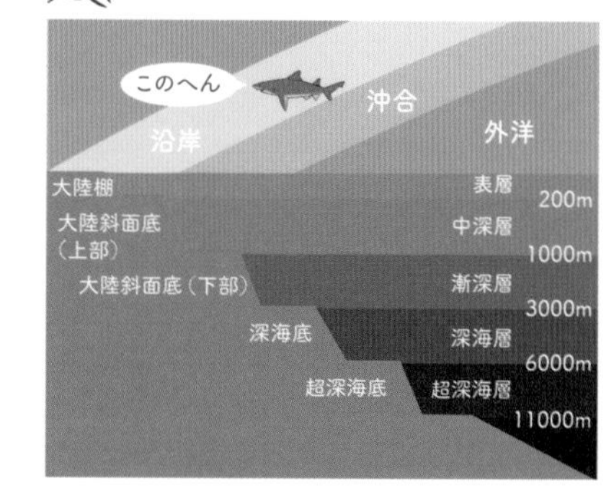

分布図

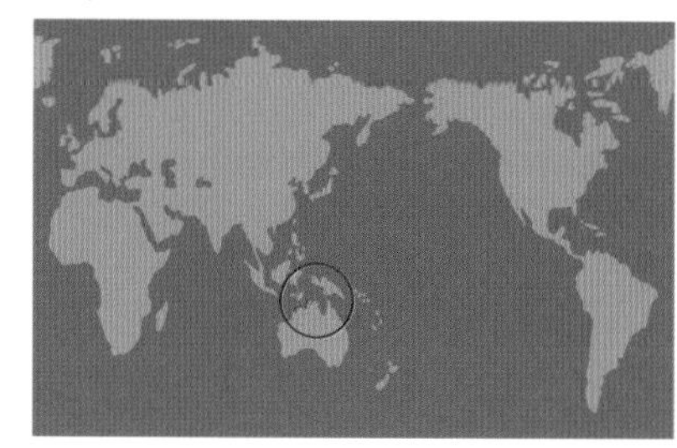

DATA

- **全長**:最大3mほど
- **分布**:オーストラリア北部とニューギニア島南部の海域など
- **生息**:沿岸域、汽水域、淡水域など
- **捕食**:硬骨魚類など
- **繁殖**:母体依存型の胎盤タイプの胎生。10匹ほどの仔を産む

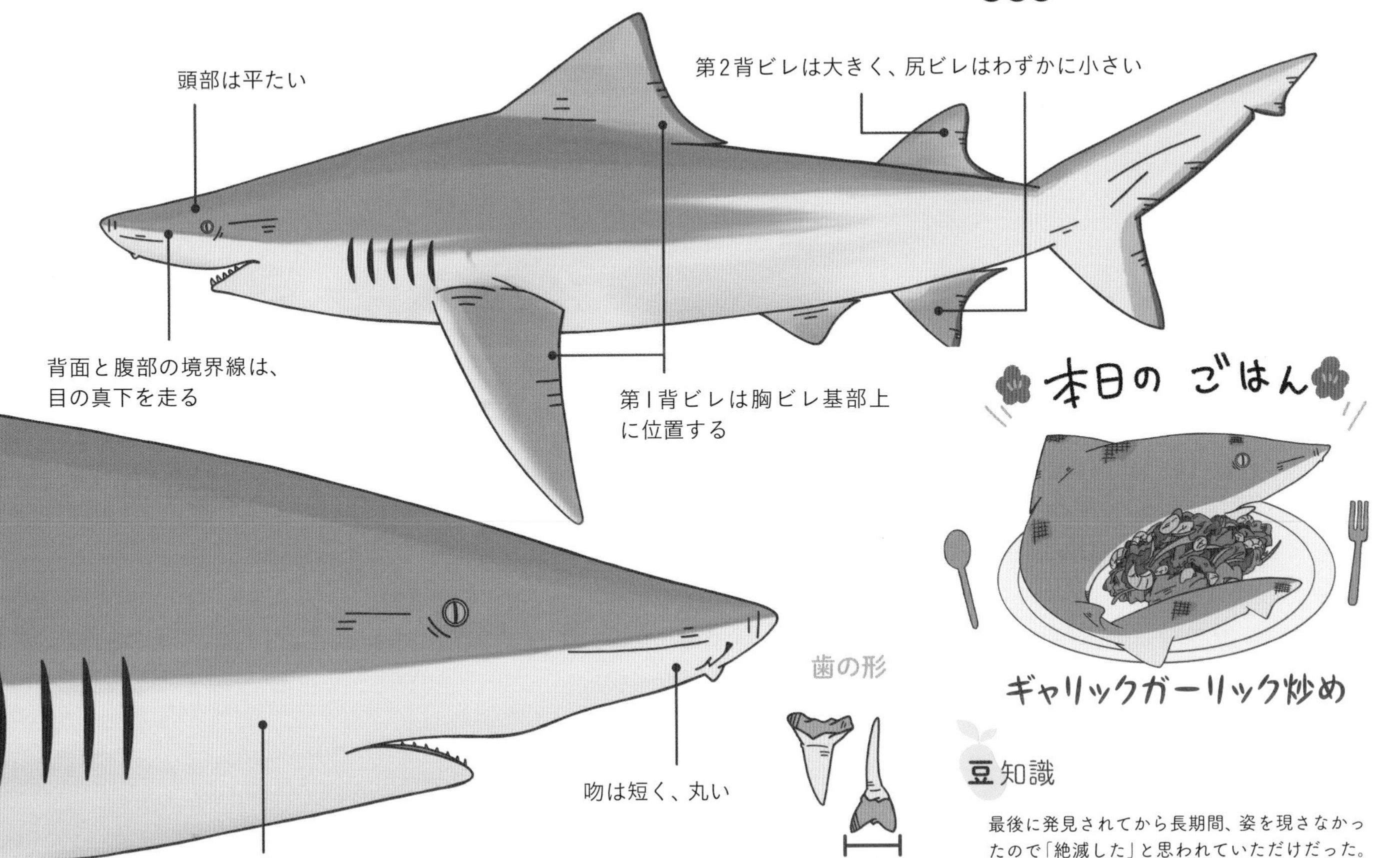

豆知識

最後に発見されてから長期間、姿を現さなかったので「絶滅した」と思われていただけだった。しかし、数は少ないので絶滅寸前とされている。

体の大きさに比べて、目は少し小さめ

タイワンヤジブカ

Pigeye shark/Java shark

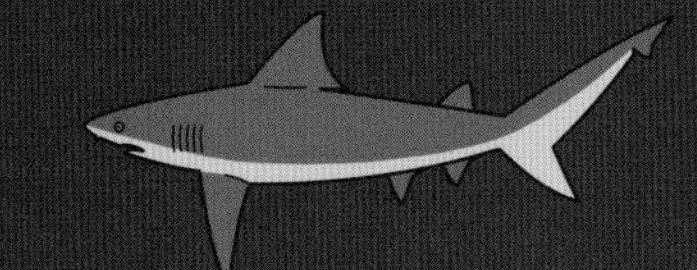

メジロザメ目

メジロザメ科

Carcharhinus amboinensis

タイワンヤジブカは、珍しい種のサメ。オオメジロザメ（p.126）と非常によく似ている。にごった水を好み、河口に入ることはあるが、オオメジロザメとは異なり、汽水（海水と淡水が混ざった塩分が少ない水）を避けて、川に入ることはない。捕獲され、食用になることがあるが、シガテラ毒が肉に含まれることがあるとされている。幼魚は長距離を回遊することはなく、その海域にとどまる傾向があるが、成魚の移動最長距離は1000kmほどの記録がある。

めかぶのヒトコト

目の小ささがかわいい。体が大きくゴツいのに、目だけがちょこんとあるのがポイント。

こぼれ話

基本は単独で暮らすが、まれに数個体が同じ場所にいることもある。

生息域

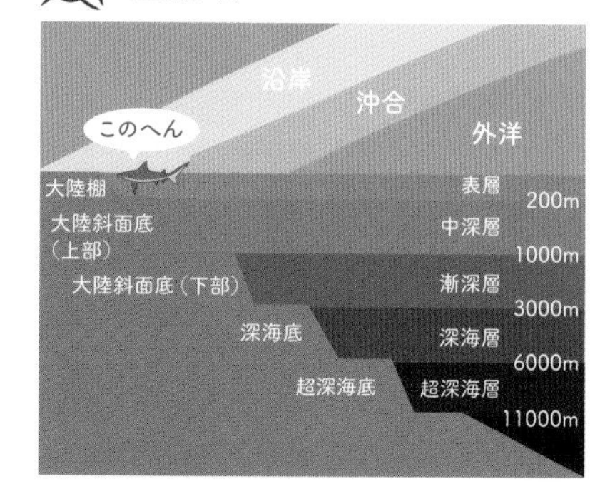

分布図

DATA

- ●**全長**：2～2.5mほど
- ●**分布**：中央大西洋東部、インド洋西部など
- ●**生息**：水深100mまでの沿岸、浅い湾や河口、大陸棚など
- ●**捕食**：硬骨魚類や頭足類、甲殻類、軟骨魚類など
- ●**繁殖**：卵黄依存型の胎盤タイプの胎生。6～13匹ほどの仔を産む

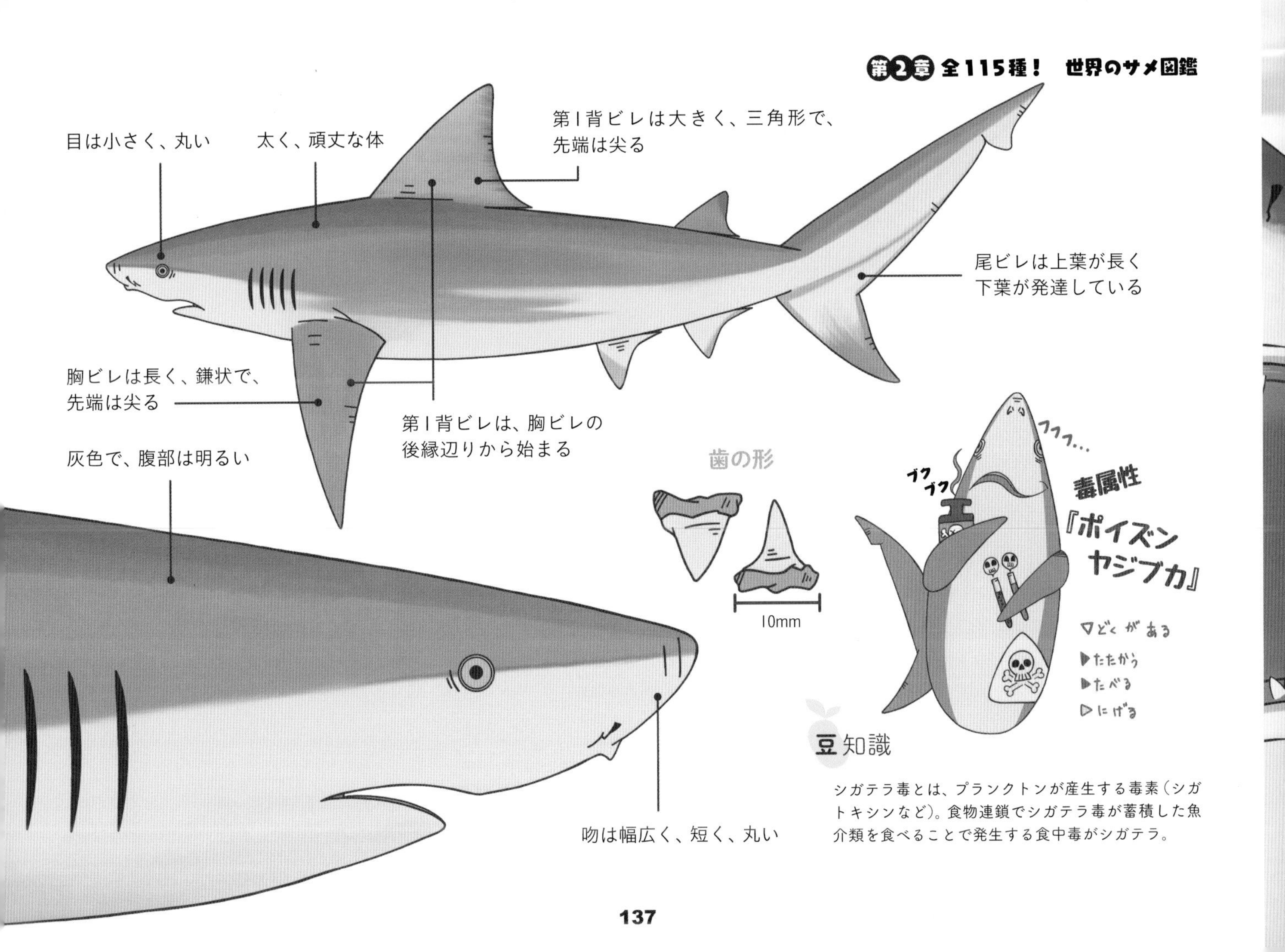

豆知識

シガテラ毒とは、プランクトンが産生する毒素（シガトキシンなど）。食物連鎖でシガテラ毒が蓄積した魚介類を食べることで発生する食中毒がシガテラ。

名前だけで生息地を決めてもらっては困るな！

ガラパゴスザメ

Galapagos shark

メジロザメ目

メジロザメ科

Carcharhinus galapagensis

ガラパゴスザメは、ガラパゴス諸島を始め、ハワイやその島周辺に生息するサメ。ガラパゴス諸島の固有種というわけではない。

群れをなして暮らしており、敵とみなすと攻撃的になる。攻撃前には、背を弓なりに反らし、胸ビレを下ろして体を震わせ、左右に泳ぎ回る動きをして威嚇してくる。

人の生活圏にも入ってくるので、ガラパゴスザメに遭遇したときは要注意。

めかぶのヒトコト

「ガラパゴス諸島だけの固有種ちゃうんかーい」とツッコミたくなる。

こぼれ話

威嚇行動は他のメジロザメの仲間にも見られる。

生息域

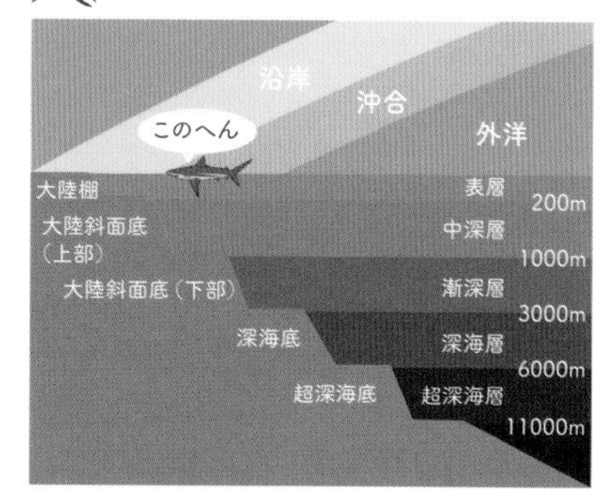

分布図

DATA

- **全長**：最大3～3.7mほど
- **分布**：太平洋、大西洋、インド洋の熱帯から亜熱帯の海域など
- **生息**：外洋と島しょ部周辺の水深180mまでの浅海域など
- **捕食**：タコなどの頭足類やハタ類、カレイ類などの硬骨魚類、軟骨魚類、甲殻類など
- **繁殖**：母体依存型の胎盤タイプの胎生。6～16匹ほどの仔を産む

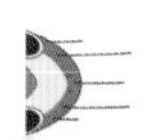

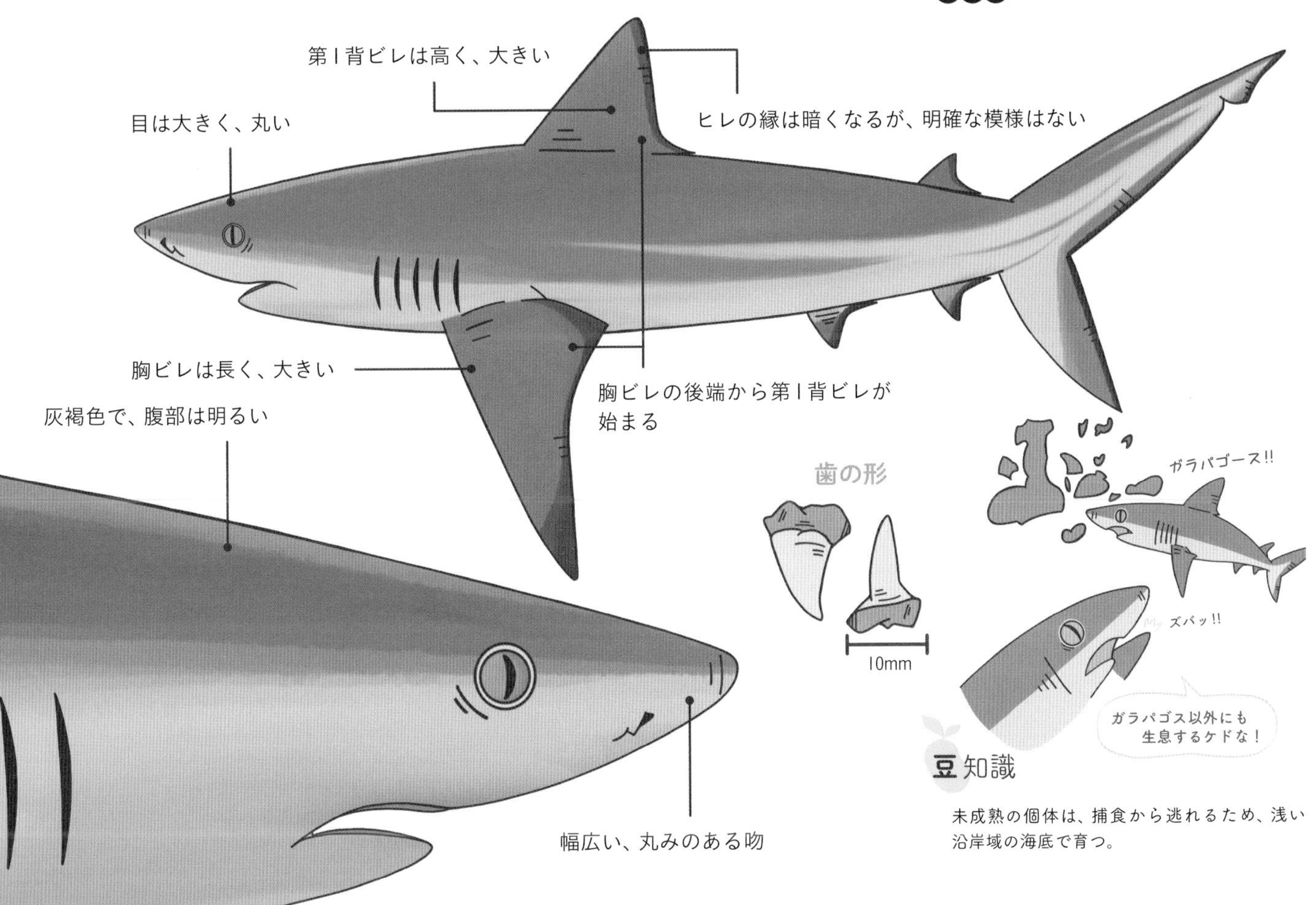

豆知識

未成熟の個体は、捕食から逃れるため、浅い沿岸域の海底で育つ。

「トガリ」という名前の割に、背ビレは小ぶり

クロトガリザメ

Silky shark

メジロザメ目

メジロザメ科

Carcharhinus falciformis

　クロトガリザメは、世界中の熱帯・亜熱帯の海を好んで分布する外洋性のサメ。長く丸みのある吻をしている。

　メジロザメの仲間は非常に見分けが難しいが、他のメジロザメと見分けるポイントは、第1背ビレの先端や胸ビレの先端も丸みを帯びていること、比較的背ビレが小さいことである。活発で泳ぎも速く、攻撃的になるときは威嚇行動をとる。

めかぶのヒトコト

高級そうなご自慢の滑らかボディに触ってみたい。

こぼれ話

未成熟の個体は、成魚から離れ、外洋の「成育場」に群れをなしている。皮膚が滑らかなことから英名は「シルキー・シャーク」。

生息域

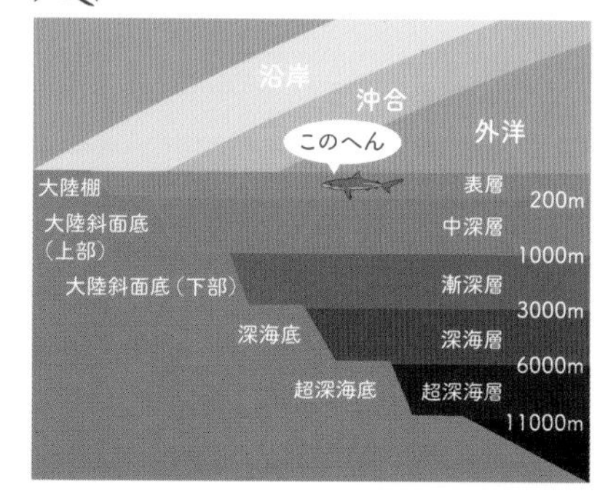

分布図

DATA

- **全長**：最大3.3mほど
- **分布**：世界各地の熱帯・亜熱帯の海域に広く分布
- **生息**：外洋の表層域に生息。ときおり、沿岸域に進入したり、水深500m以上まで潜ることがある
- **捕食**：大型硬骨魚類など
- **繁殖**：母体依存型の胎盤タイプの胎生。1〜16匹ほどの仔を産む

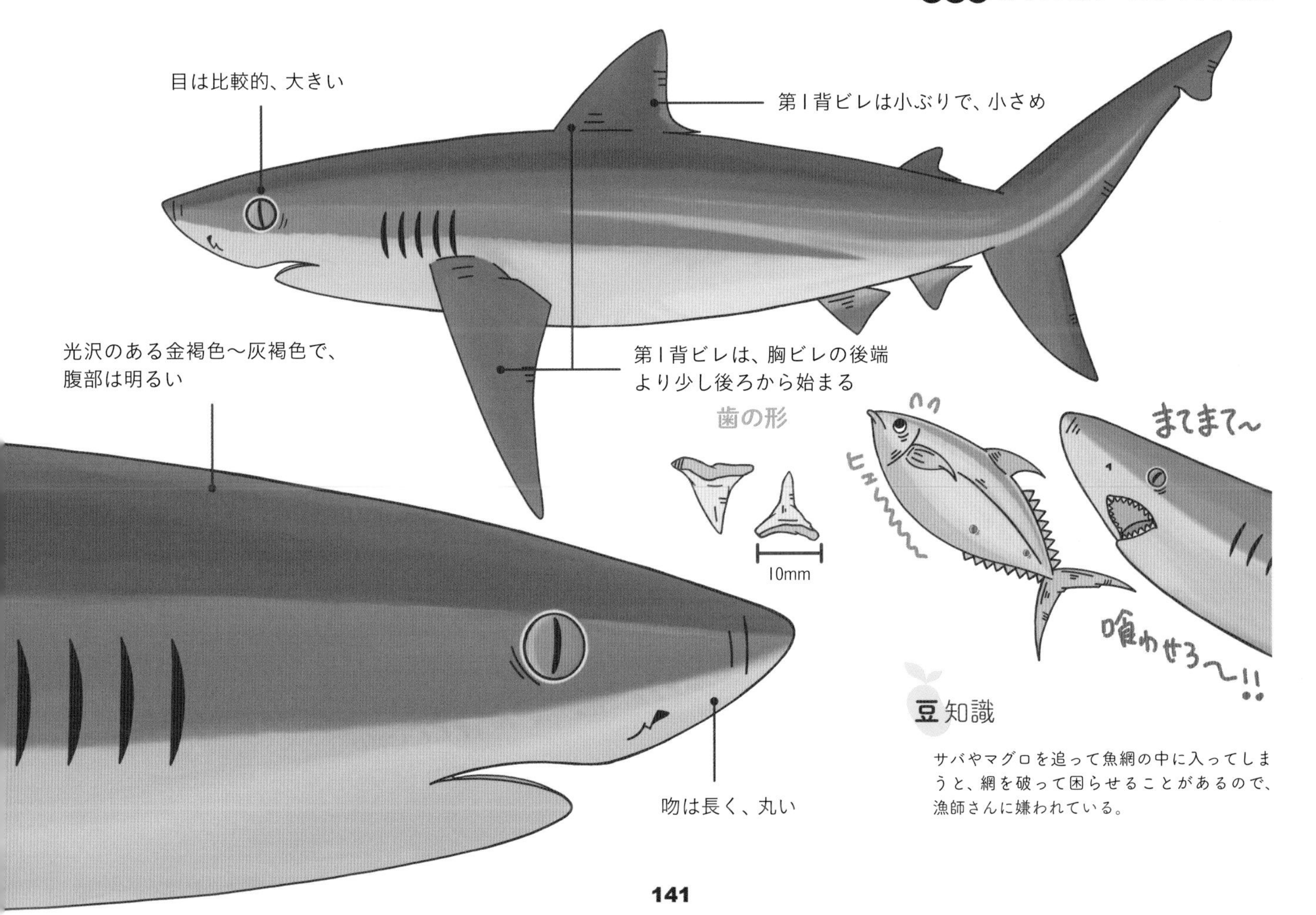

豆知識

サバやマグロを追って魚網の中に入ってしまうと、網を破って困らせることがあるので、漁師さんに嫌われている。

芸名「オセロ」。黒担当のツマグロです！

ツマグロ

Blacktip reef shark

メジロザメ目

メジロザメ科

Carcharhinus melanopterus

ツマグロは、各ヒレの先端が黒いことから、この名前がつけられた。漢字で表記すると「端黒」になる。「ツマ」というのは「先端」という意味である。

この先端部分を周囲や海となじませ、体の輪郭をぼかすという視覚効果を生かして、外敵から見つかりにくくしている。

臆病な性格だが、興奮状態になると人に咬みつくこともあるため、見かけたときは要注意のサメである。

めかぶのヒトコト

水族館で比較的出会えるメジロザメの仲間。チャームポイントのヒレ先は黒が輝いている。

こぼれ話

日本にも分布し、生息しているという報告がある。

生息域

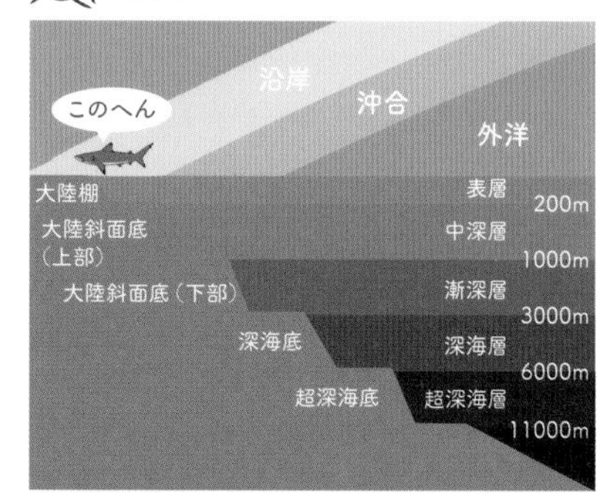

分布図

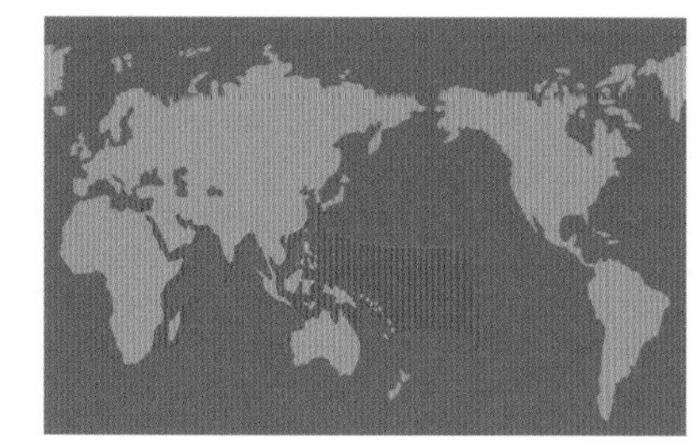

DATA	
●全長	最大2m弱ほど
●分布	中・西部太平洋、インド洋の熱帯から亜熱帯海域、東部地中海など
●生息	サンゴ礁やその周辺など。非常に浅い海にも進入する
●捕食	硬骨魚類やイカ・タコなどの頭足類など
●繁殖	母体依存型の胎盤タイプの胎生。2～4匹ほどの仔を産む

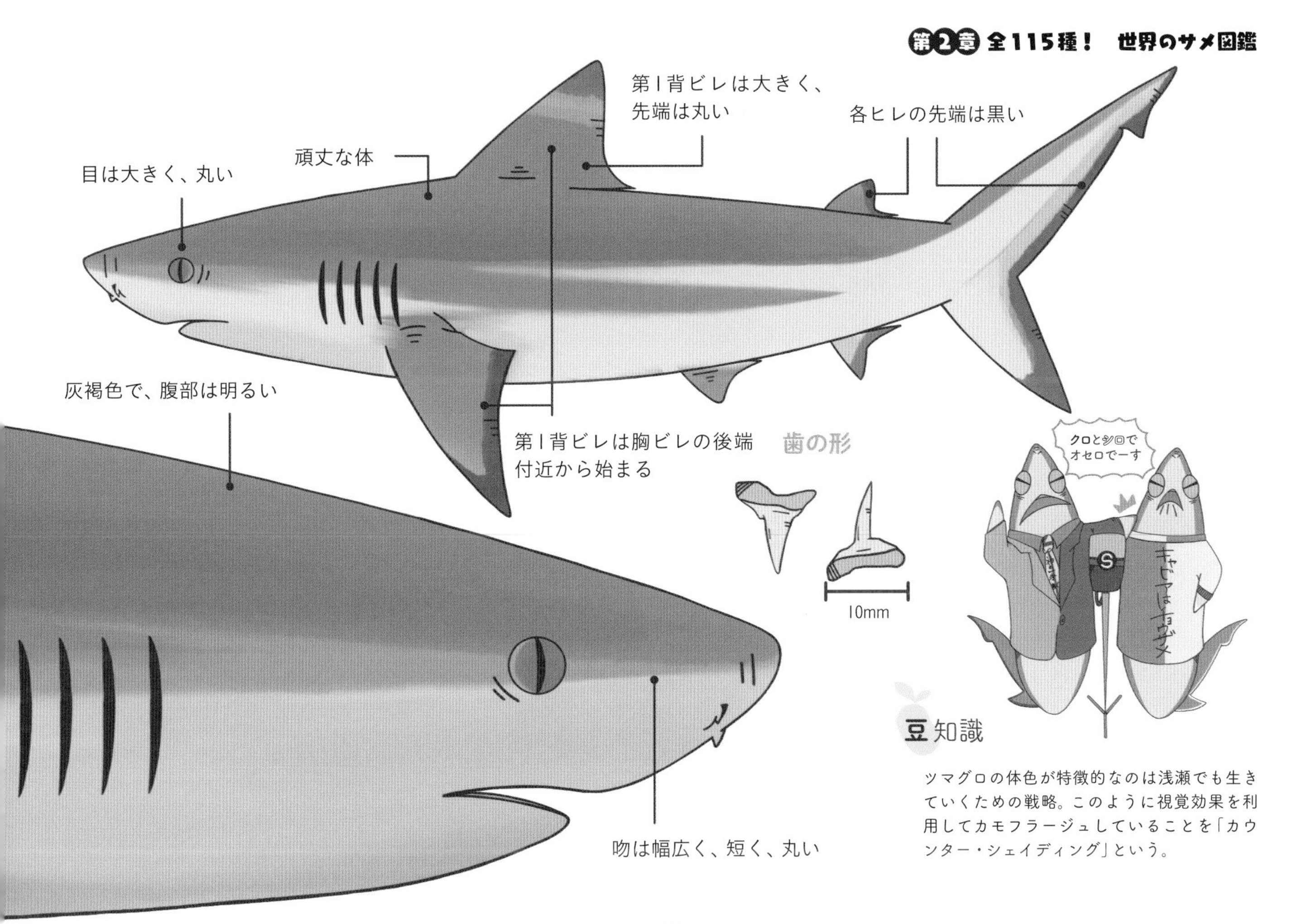

豆知識

ツマグロの体色が特徴的なのは浅瀬でも生きていくための戦略。このように視覚効果を利用してカモフラージュしていることを「カウンター・シェイディング」という。

芸名「オセロ」。白担当のツマジロです！

ツマジロ

Silvertip shark

メジロザメ目

メジロザメ科

Carcharhinus albimarginatus

ツマジロは、各ヒレの先端が白銀色なので、この名前がつけられた。漢字で表記すると「端白」になる。繰り返しになるが、「ツマ」というのは「先端」という意味。同じ仲間で小型の「ツマグロ（p.142）」と異なり、3m近くまで成長する。

他の獰猛なメジロザメの仲間より、多少は温厚だが、縄張りを持つツマジロは敵と見なしたものが侵入すると攻撃態勢に入る。大きなメスを軸とした集団が見られることもある。

めかぶのヒトコト

ツマグロは水族館でよく見かけるが、ツマジロはなかなか出会えないレアなサメ。白いヒレ先がチャームポイント。

こぼれ話

獲物をしとめると、肉片をえぐって食べる。

生息域

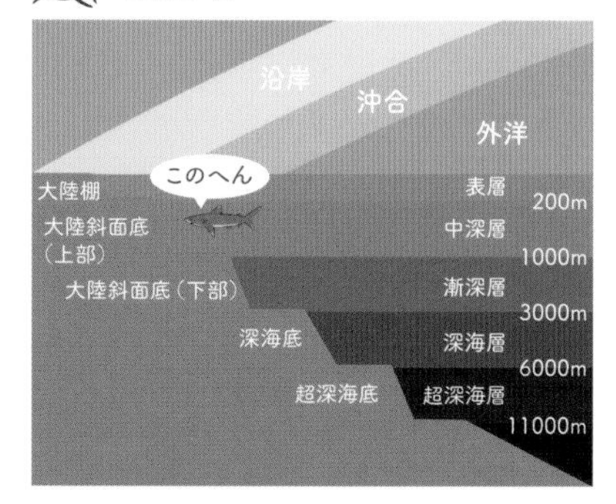

分布図

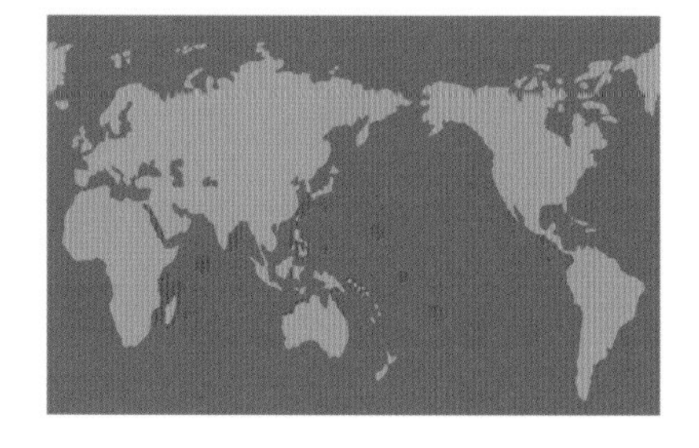

DATA

- **全長**：最大3m弱
- **分布**：太平洋、インド洋の熱帯海域など
- **生息**：大陸、島しょ周辺で、水深30mの表層域～800mの中深層域など
- **捕食**：硬骨魚類やタコなどの頭足類、小型のサメを含む軟骨魚類など
- **繁殖**：母体依存型の胎盤タイプの胎生。10匹ほどの仔を産む

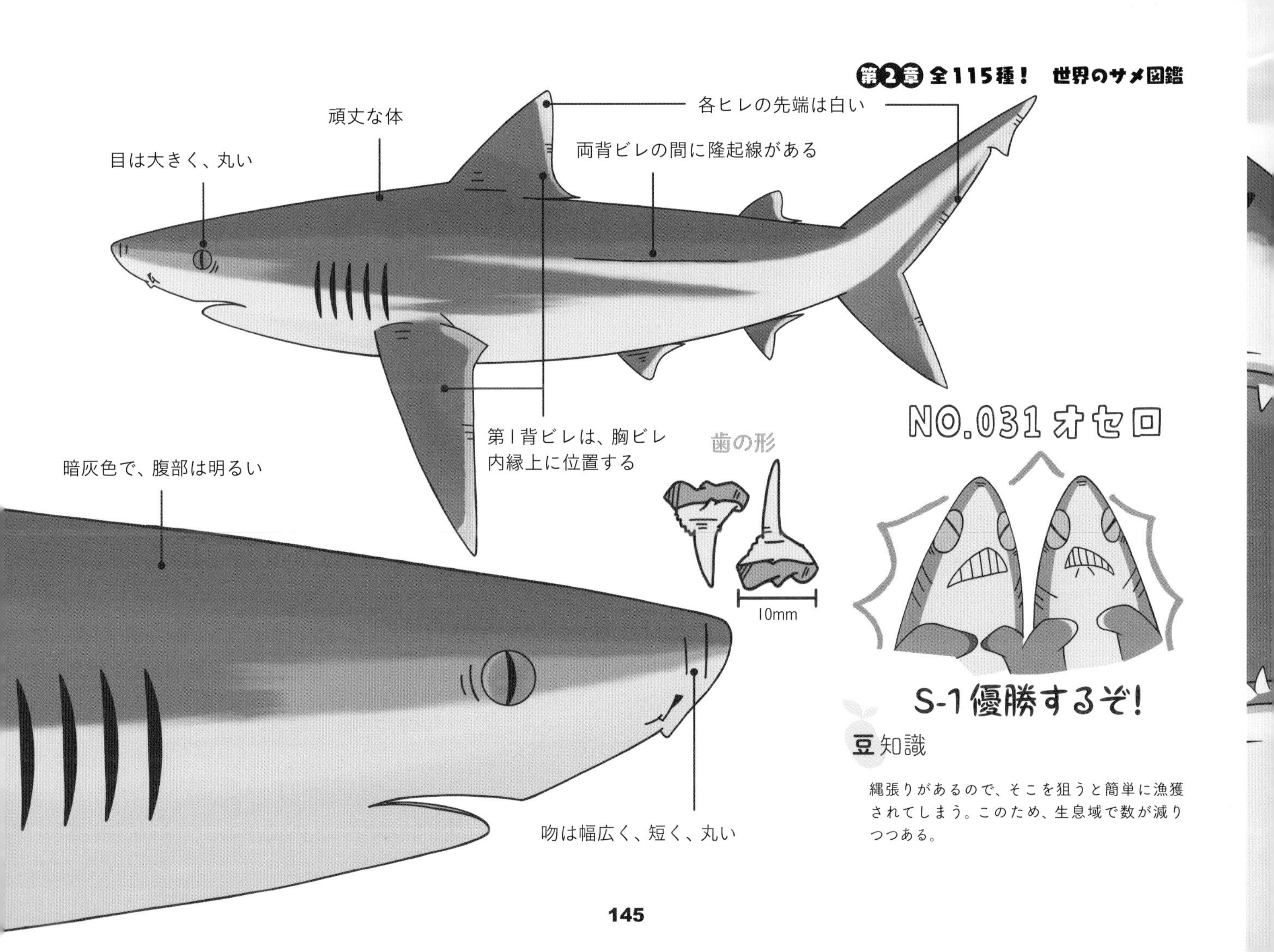

豆知識

縄張りがあるので、そこを狙うと簡単に漁獲されてしまう。このため、生息域で数が減りつつある。

トガってオラついてる！

カマストガリザメ

Blacktip shark

メジロザメ目

メジロザメ科

Carcharhinus limbatus

　カマストガリザメは、主に世界中の熱帯から亜熱帯海域で見られるサメ。メジロザメの仲間は見分けるのが非常に難しいが、とがった吻のほか、胸ビレと背ビレ、尾ビレ下葉の先端に黒い斑紋を持つ。

　カマストガリザメは非常に活発で、泳ぎも速く、群れで狩りをする。しかし、狩りの途中、小魚の大群を前にしたとき、狂乱索餌を起こすことがあり、その状態になると、仲間を攻撃してしまうこともある。

めかぶのヒトコト

メジロザメの仲間の区別は、本当に小さな違いや生息域などで行う。水族館で同じ水槽にいると、特に特徴のあるサメでない限り、判別が難しい。

こぼれ話

サメが脳内で現在の状況を処理しきれない場合、狂乱索餌を起こすという説がある。

生息域

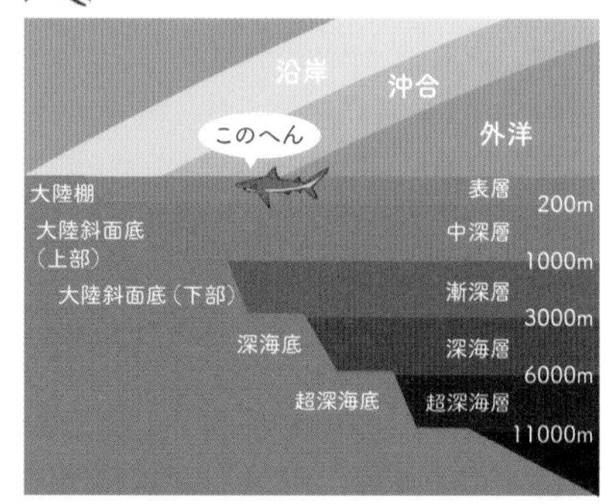

分布図

DATA

●**全長**：最大2～2.5mほど
●**分布**：太平洋、大西洋、インド洋の熱帯・亜熱帯の海域など
●**生息**：沿岸および外洋浅海、河口域など
●**捕食**：頭足類やアジ、イワシなどの硬骨魚類など
●**繁殖**：母体依存型の胎盤タイプの胎生。1～10匹ほどの仔を産む

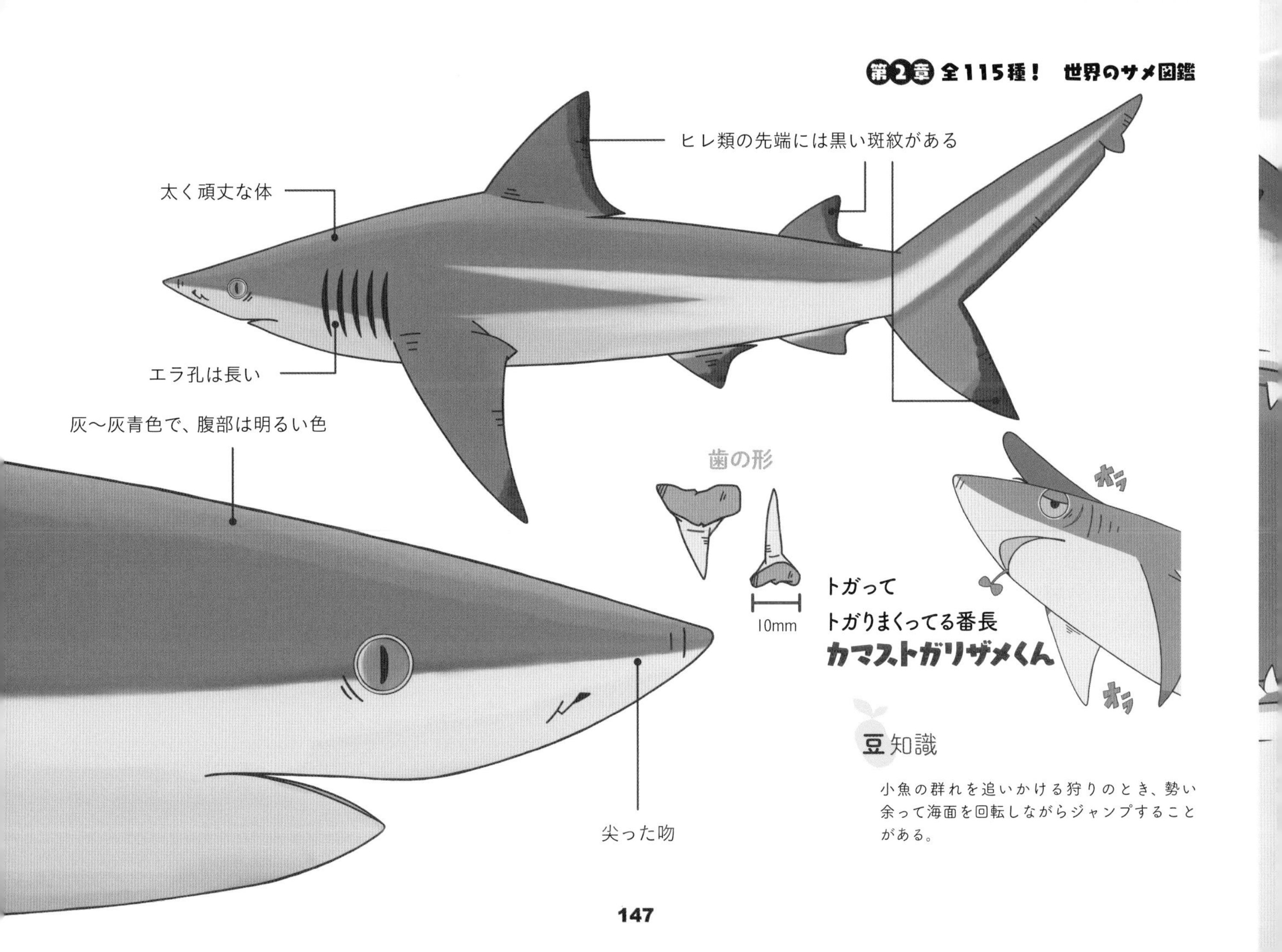
ヒレ類の先端には黒い斑紋がある
太く頑丈な体
エラ孔は長い
灰〜灰青色で、腹部は明るい色
尖った吻
歯の形
10mm
オラ
オラ
トガって
トガりまくってる番長
カマストガリザメくん
豆知識
小魚の群れを追いかける狩りのとき、勢い余って海面を回転しながらジャンプすることがある。

アンコウだけどアンコウじゃない

トガリアンコウザメ

Spadenose shark

メジロザメ目

メジロザメ科

Scoliodon laticaudus

トガリアンコウザメの吻は平べったく、薄く、シャベルのような型をしており、非常に長い。両アゴの歯は主尖頭（鋭くとがった歯）が大きく、外方に傾き、その切縁は滑らかである。体の大きさは、1mにも満たない。

個体数が多い場所では、大きな群れをつくることがある。トガリアンコウザメの体はじょうぶで、頑丈だが、淡水に耐えられる体をしているかは不明である。大河の下流域まで進入する。

めかぶのヒトコト

吻のとんがりがかわいい、意外に小ぶりのサメ。

こぼれ話

メスは年に1度、繁殖する。

生息域

分布図

DATA

- ●**全長**：65～75cmほど
- ●**分布**：西部太平洋、インド洋の熱帯から亜熱帯海域など
- ●**生息**：沿岸性で熱帯域の大河の下流域に進入する
- ●**捕食**：小型の硬骨魚類や無脊椎動物など
- ●**繁殖**：胎盤タイプの胎生。14匹ほどの仔を産む

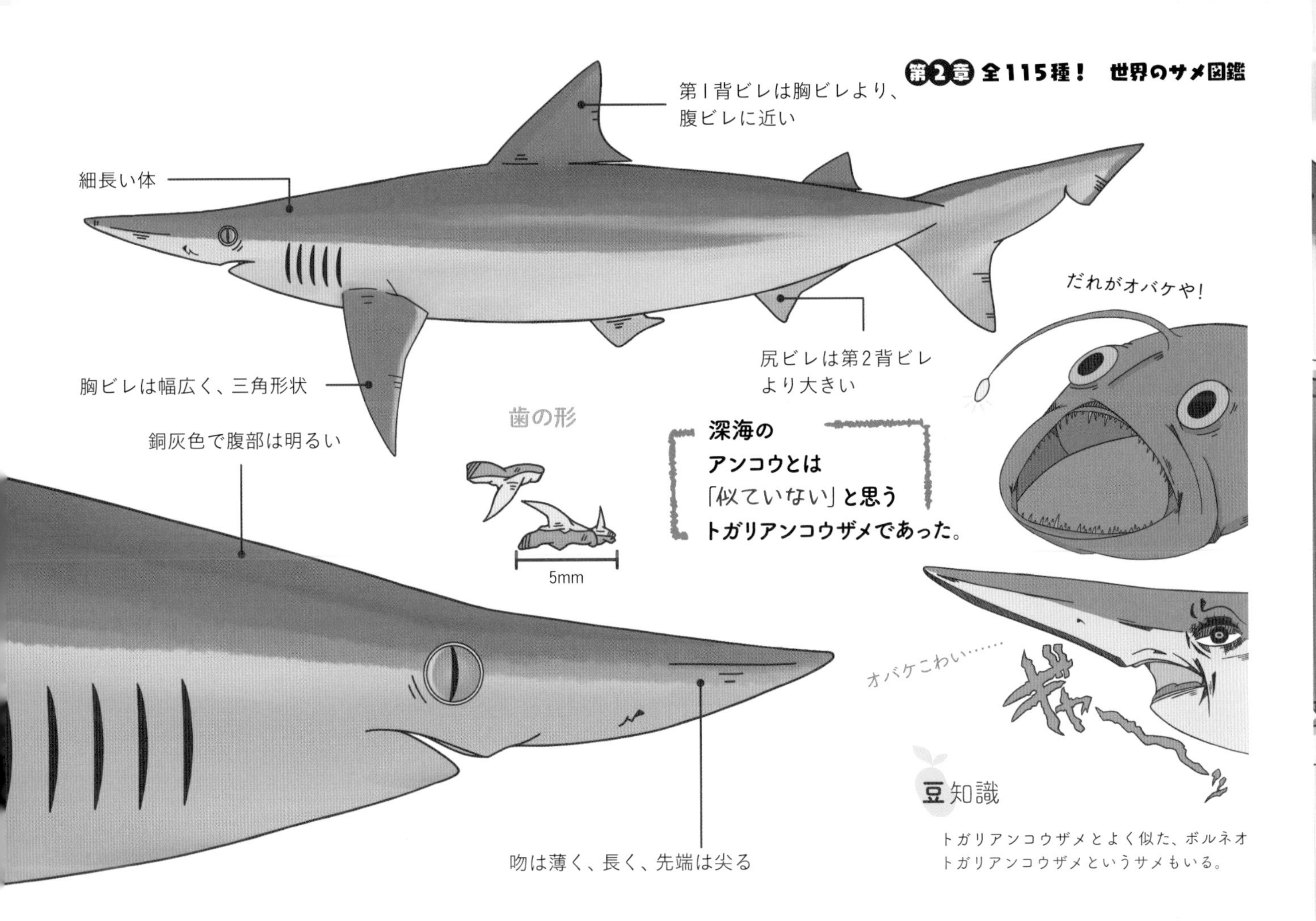

深海の
アンコウとは
「似ていない」**と思う**
トガリアンコウザメであった。

豆知識

トガリアンコウザメとよく似た、ボルネオトガリアンコウザメというサメもいる。

誰が「汚れ」てるって!?　失礼な！

ヨゴレ

Oceanic whitetip shark

メジロザメ目

メジロザメ科

Carcharhinus longimanus

ヨゴレは、白く大きな模様がヒレの先端にあり、この模様が「汚れている」ように見えることから、この名前がつけられた。好奇心が旺盛で、性格は非常に獰猛。外洋性のサメなので、人が暮らしている圏内で出合うことは滅多にないが、外洋へ出たときに出合ったら、注意しなければいけないサメだ。

背ビレや胸ビレは大きく、先端は丸みを帯びており、胸ビレを広げてゆっくりと優雅に泳ぐ。

めかぶのヒトコト

かわいそうな名前をつけられたサメ。怒ってもいいと思うが、「ヨゴレ」という響きは、ちょっとかわいい。

こぼれ話

雑食なので、出合うことがあれば、人も捕食の対象になる。

生息域

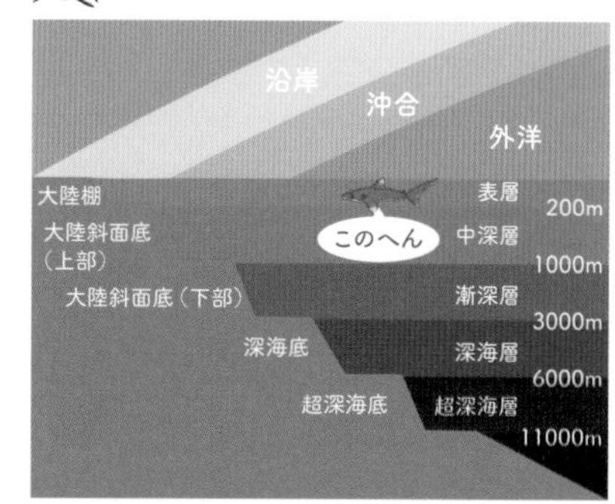

分布図

DATA

- **全長**：3.5～4mほど
- **分布**：太平洋、インド洋、大西洋の熱帯から亜熱帯海域、地中海など
- **生息**：外洋表層の水深150mほどまで
- **捕食**：大型の硬骨魚類や鳥類、ウミガメ、クジラの死肉など
- **繁殖**：母体依存型の胎盤タイプの胎生。14匹ほどの仔を産む

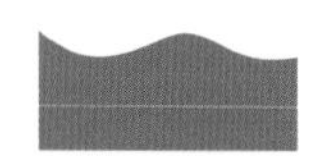

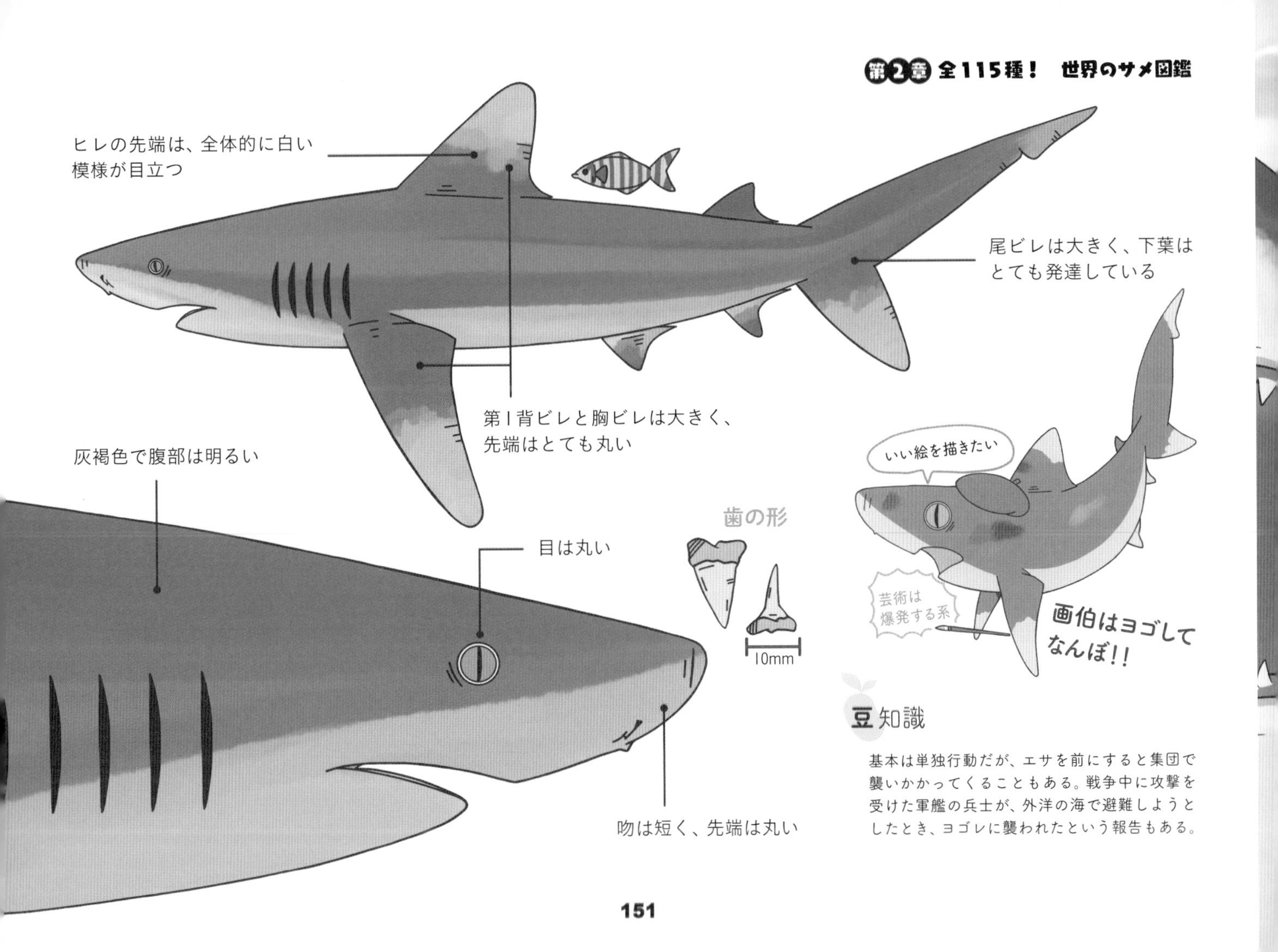

豆知識

基本は単独行動だが、エサを前にすると集団で襲いかかってくることもある。戦争中に攻撃を受けた軍艦の兵士が、外洋の海で避難しようとしたとき、ヨゴレに襲われたという報告もある。

サメ界の「チンピラ」は、シャープできれいな顔立ち

ヨシキリザメ

Blue Shark

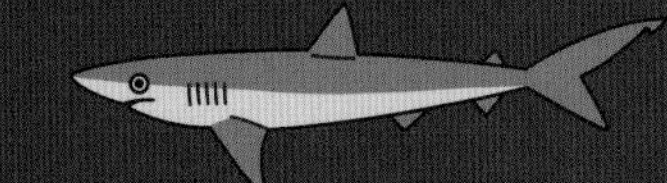

メジロザメ目

メジロザメ科

Prionace glauca

ヨシキリザメの頭部は、飛行機のように細長く、シャープで、流線形の体をしている。きれいな顔立ちだが短気で気性が荒いので、人に襲いかかることもある。

力強い尾ビレと、しなやかな軟骨の背骨を持ち、体をひねったり、曲げたり、俊敏に動くことができる。体の色は鮮やかで美しく、きれいなブルーだが、海から引き揚げるとグレーに変色してしまう。

めかぶのヒトコト

サメ界の「イケメン賞」をあげたい、国宝級の顔のよさ！ 昔は「おいらん」や「げいしゃ」という呼び名もあった。

こぼれ話

ヨシキリザメは、季節や成長などに合わせて長距離を回遊するが、サメの中でも特に移動する距離が長い種とされている。

生息域

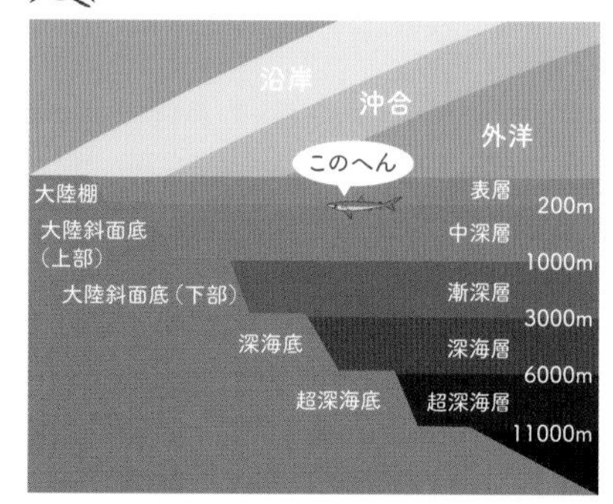

分布図

DATA

- **全長**：3～3.8mほど
- **分布**：太平洋、インド洋、大西洋の熱帯から亜寒帯海域など。日本では周辺全海域
- **生息**：外洋表層から中深層に生息。ときに沖合や沿岸にも進入
- **捕食**：硬骨魚類、イカなどの頭足類など
- **繁殖**：母体依存型の胎盤タイプの胎生。約25～50匹ほどの仔を産む。100匹を超えることもある

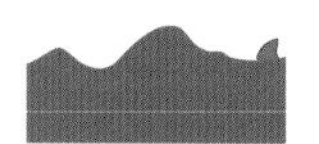

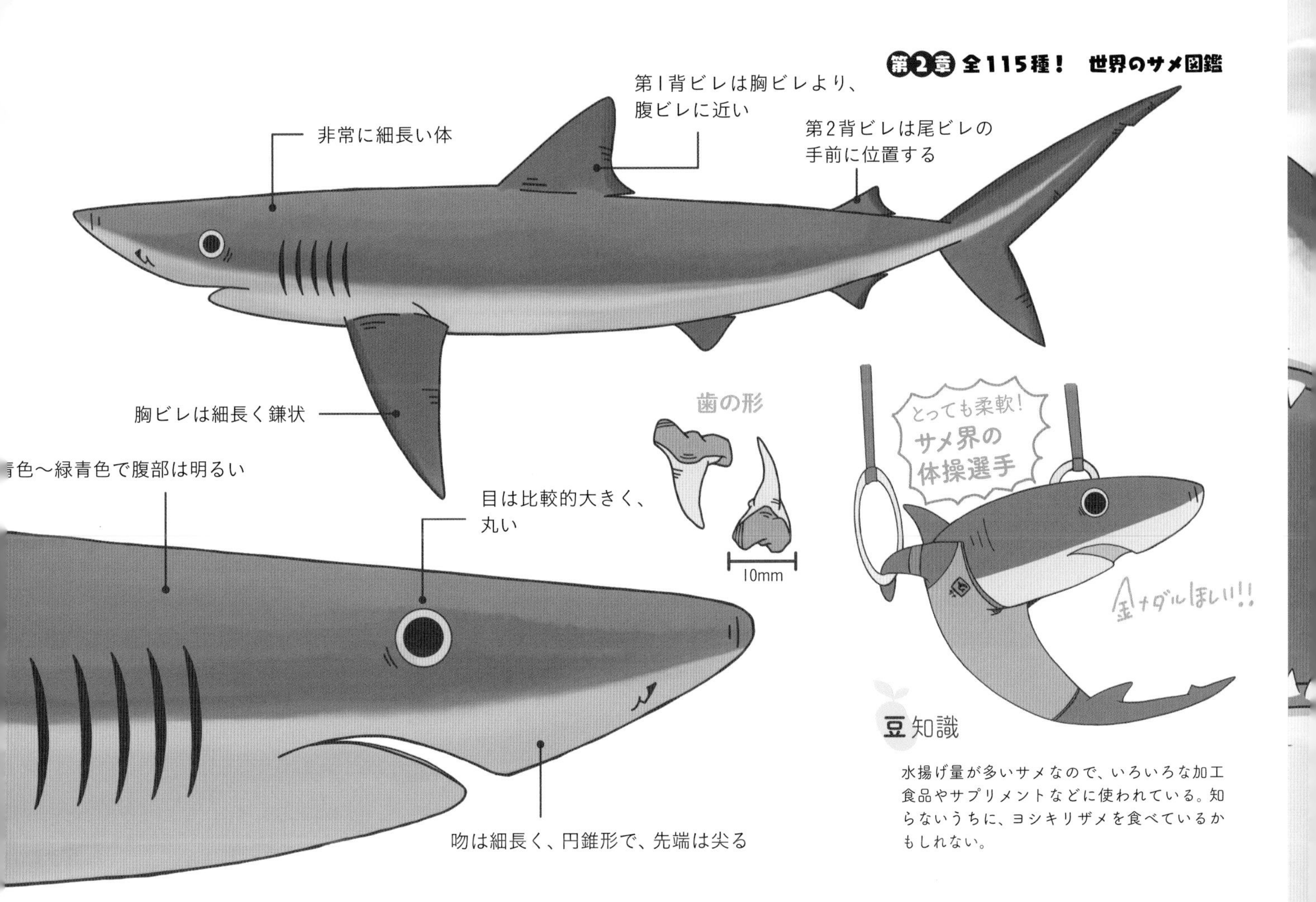

豆知識

水揚げ量が多いサメなので、いろいろな加工食品やサプリメントなどに使われている。知らないうちに、ヨシキリザメを食べているかもしれない。

必殺！　タヌキ寝入りの術！

ネムリブカ

Whitetip reef shark

メジロザメ目

メジロザメ科

Triaenodon obesus

　ネムリブカは夜行性で、日中は主に海底や岩の隙間などで過ごしている。動かずじっとしている姿が「寝ている」ように見えることから、この名前がつけられた。夜になると活発になり、すばやく泳ぎ回る。狩りは、集団で獲物を追い込み、しとめる。泳いでいないときは、口をパクパクさせて水を吸い込んで呼吸しているので、泳ぎ続けなくていい。体には、シガトキシンという毒が含まれている。

めかぶのヒトコト

水族館でもおなじみのサメ。よく見ると、水槽の端のほうなどで集団になり、かたまっている姿を見ることができる。

こぼれ話

臆病な性格だが、油断してむやみに手を出したりすると、咬みつかれることがある。

生息域

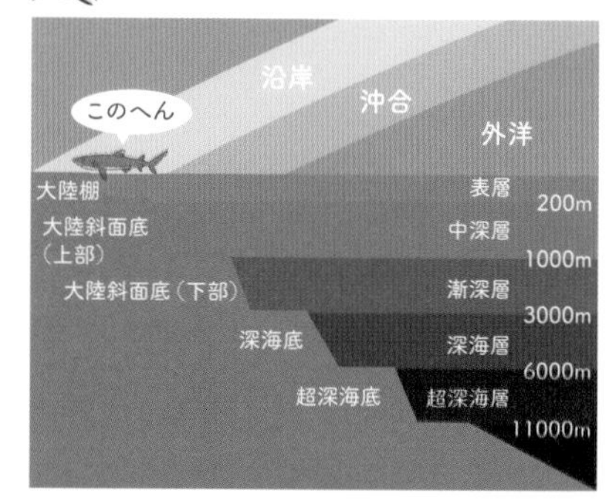

分布図

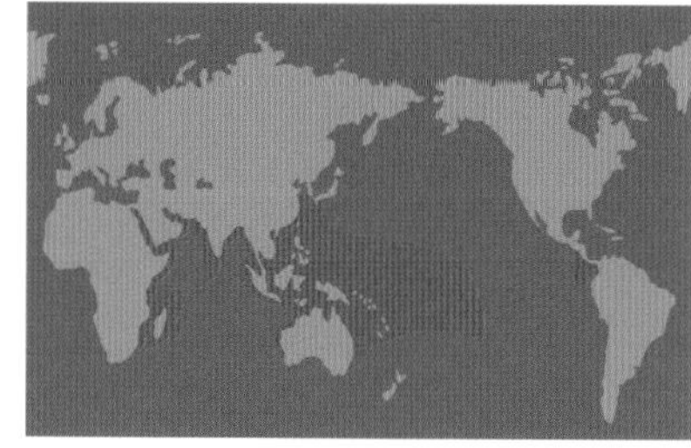

DATA

- **全長**：最大2mほど
- **分布**：太平洋、インド洋の熱帯海域など。日本では九州、南西諸島、伊豆七島、小笠原諸島など
- **生息**：水深8～40mの表層域の岩場、サンゴ礁、砂泥底など
- **捕食**：硬骨魚類や頭足類、甲殻類など
- **繁殖**：母体依存型の胎盤タイプの胎生。1～5匹ほどの仔を産む

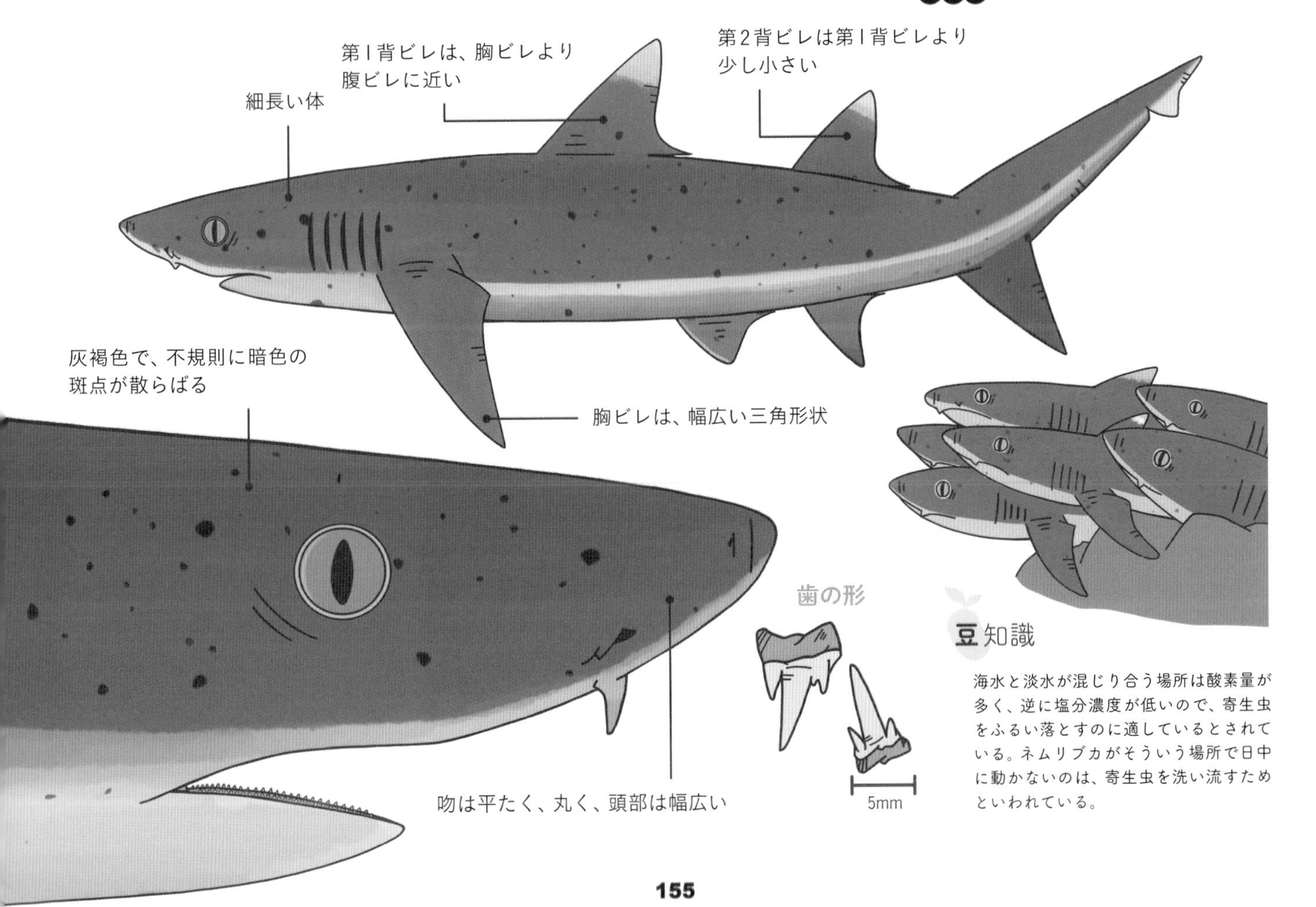

豆知識

海水と淡水が混じり合う場所は酸素量が多く、逆に塩分濃度が低いので、寄生虫をふるい落とすのに適しているとされている。ネムリブカがそういう場所で日中に動かないのは、寄生虫を洗い流すためといわれている。

サメ界のカジキになる！

ツバクロザメ

Daggernose shark

メジロザメ目

メジロザメ科

Isogomphodon oxyrhynchus

ツバクロザメは、釘状の鋭い歯を持ち、1mを超える体をしているが、小魚を主食にしている。大きなアゴと細かい歯は、小魚の群れを捕食するのに適しているとされている。歯が小さいので、人にはほぼ無害だと思われる。

吻は細長く、先端が尖っているので、まるでカジキのようである。胸ビレは幅が広く、非常に大きいことが特徴である。近年、ツバクロザメはその数を減らしており、絶滅寸前といわれている。

めかぶのヒトコト

吻が長いサメは意外に多い。小型のサメならともかく、吻の長い大型の個体に海で出会ったら、びっくりしそう。

こぼれ話

にごった水を好むが、淡水は苦手。

生息域

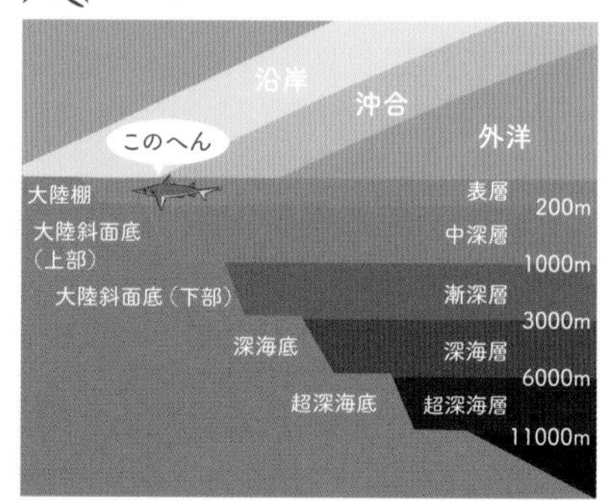

分布図

DATA

- **全長**：最大1.5mほど
- **分布**：南アメリカの大西洋沿岸の熱帯海域など
- **生息**：浅海性で、大陸や島の付近など
- **捕食**：小型の硬骨魚類や頭足類など
- **繁殖**：卵黄依存型の胎盤タイプの胎生。8匹ほどの仔を産む

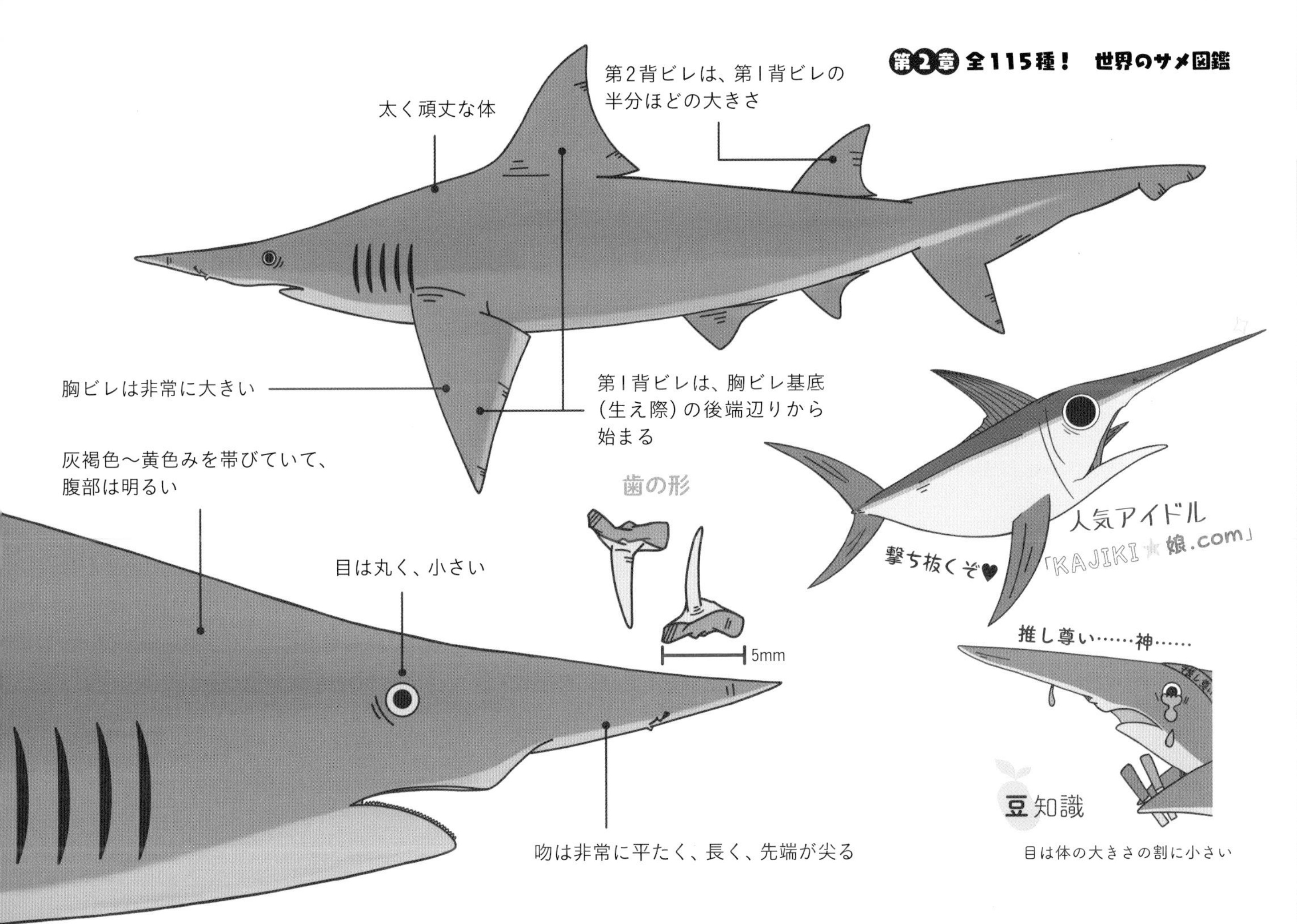

豆知識
目は体の大きさの割に小さい

「ドタドタ騒がしい」わけではない

ドタブカ

Dusky shark

ドタブカは、塩分濃度の低い場所は避けて生息している。他のメジロザメとよく似ており、区別がとても難しい。ドタブカの特徴は「背ビレが小さいこと」と「胸ビレが湾曲していること」である。

成長と成熟が非常に遅く、繁殖力も弱い。そのため、乱獲によりその数が減少している。

若く、小さなドタブカの個体は、オオメジロザメ (p.126) などの大きな種に捕食されてしまうこともある。

めかぶのヒトコト

見分けが難しいメジロザメの仲間。本当によく観察しないとわからない。

こぼれ話

沖縄では「ナカー」などの呼び方がある。

生息域

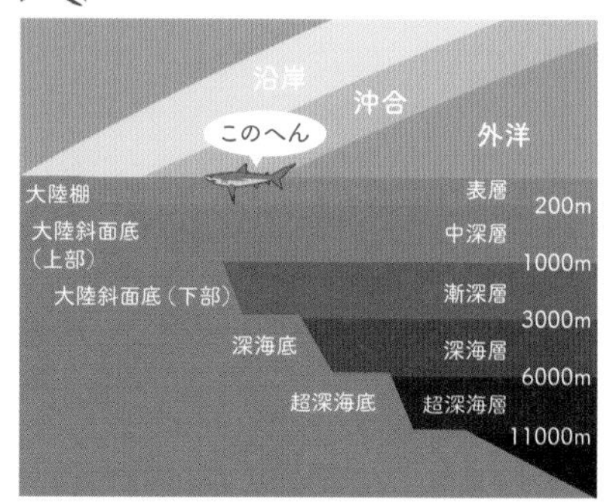

分布図

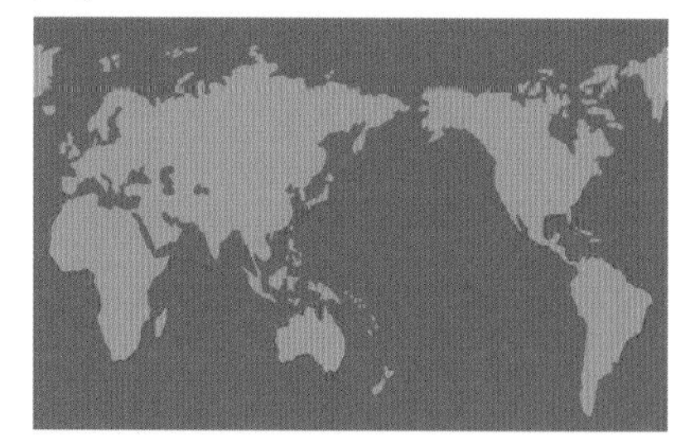

DATA

- ●**全長**:最大4m強ほど
- ●**分布**:世界中の熱帯～暖帯海域に広く分布
- ●**生息**:沿岸から外洋の表層域に生息。水深400mほどまで潜ることもある
- ●**捕食**:硬骨魚類や頭足類、甲殻類など
- ●**繁殖**:卵黄依存型の胎盤タイプの胎生。3～15匹ほどの仔を産む

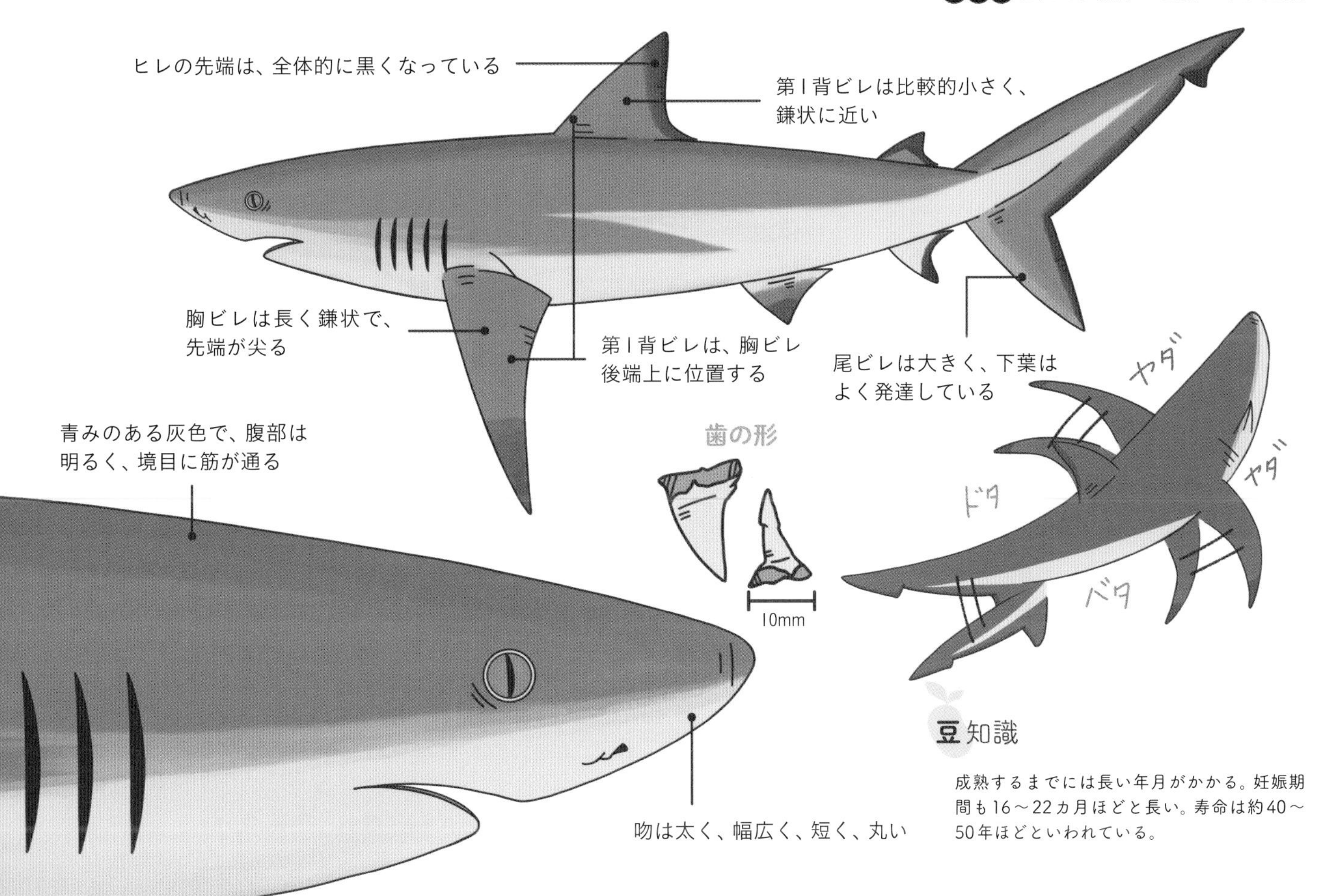

豆知識

成熟するまでには長い年月がかかる。妊娠期間も16～22カ月ほどと長い。寿命は約40～50年ほどといわれている。

矛(ほこ)っぽく硬い吻でツンツンしちゃうぞ

ホコサキ

Hardnose shark

メジロザメ目

メジロザメ科

Carcharhinus macloti

　ホコサキの特徴は、細長く尖った吻の軟骨が、高度に石灰化していて硬いことである。英名の「Hardnose shark」も、このことからつけられた。

　ホコサキの体は、全体的に細く、小さい。胸ビレも小さく、5対のエラ孔も短い。ホコサキの目は、その体の大きさと比較すると大きい。なお、「長距離の移動は好まない」という研究結果がある。

　乱獲のため、その数を減らしつつある。

めかぶのヒトコト

石灰化した吻がどれぐらい硬いのか、触ってみたい。

こぼれ話

大きな群れとなって生息しているが、オスとメスは分かれている。

生息域

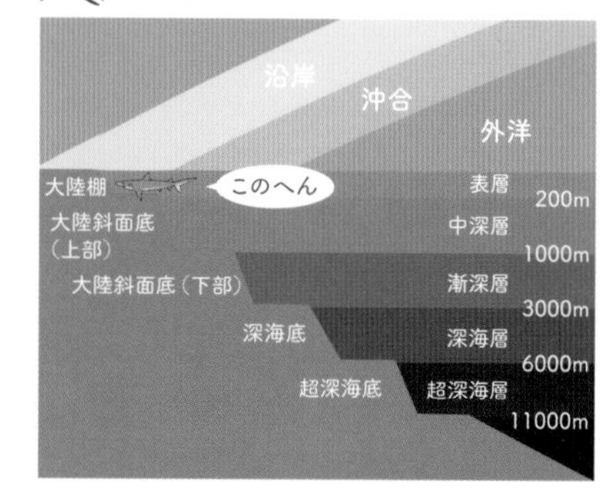

分布図

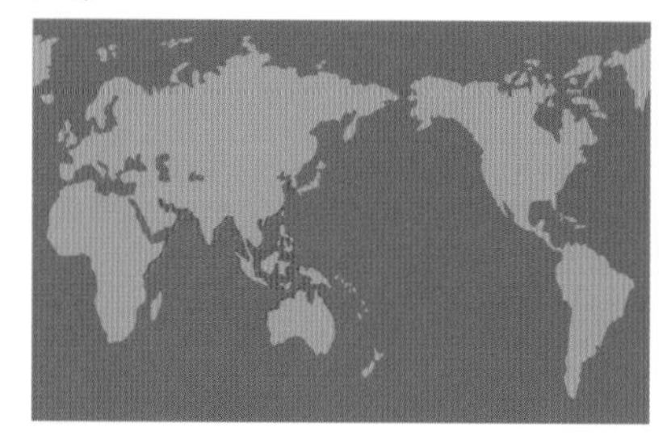

DATA

- **全長**：最大1m強ほど
- **分布**：タンザニアから韓国、オーストラリア北部までのインド洋、西太平洋など
- **生息**：沿岸域や水深200mほどの大陸棚など
- **捕食**：小型の硬骨魚類や頭足類、甲殻類など
- **繁殖**：卵黄依存型の胎盤タイプの胎生。1～2匹ほどの仔を産む

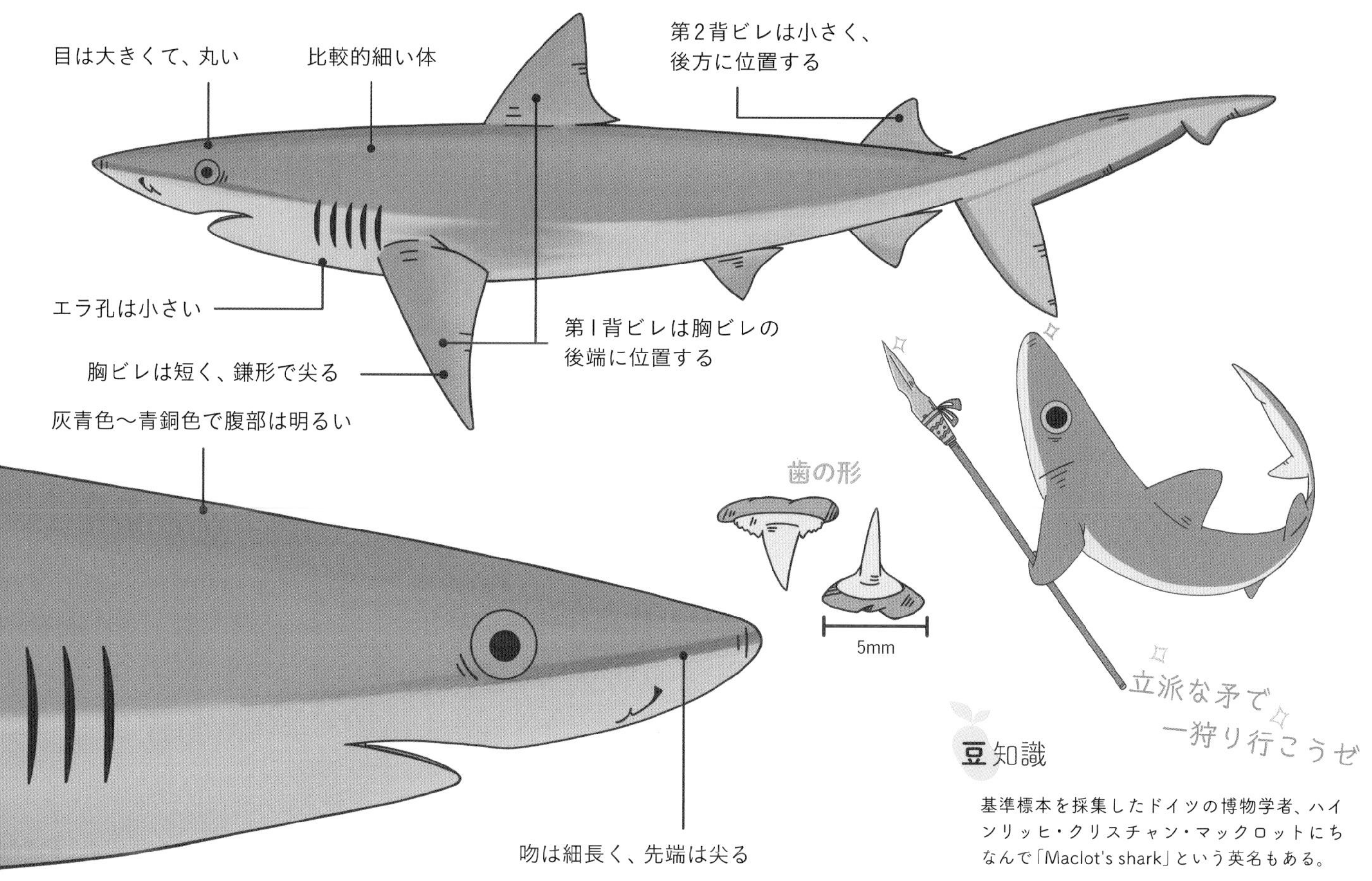

豆知識

基準標本を採集したドイツの博物学者、ハインリッヒ・クリスチャン・マックロットにちなんで「Maclot's shark」という英名もある。

関西の某「肉まん」有名店にはいないよ

ホウライザメ

Spot-tail shark

メジロザメ目

メジロザメ科

Carcharhinus sorrah

　ホウライザメは、小型のメジロザメの仲間で、全長は1.6mほどである。第2背ビレの先端や胸ビレの先端、尾ビレ下葉の先端に黒い模様があり、「ハナザメ（p.166）」や「カマストガリザメ（p.146）」とよく似ているが、第1、第2背ビレの間に背中隆起線という線があればホウライザメとわかる。

　ホウライザメはサンゴ礁が発達した場所を好み、日中は海底で活動し、夜間は水面付近で活動する。

めかぶのヒトコト

小柄でかわいいメジロザメの仲間。サンゴ礁がきれいな場所で泳ぐホウライザメは美しい。

こぼれ話

まれに水族館で見ることができるが、その機会は少ない。

生息域

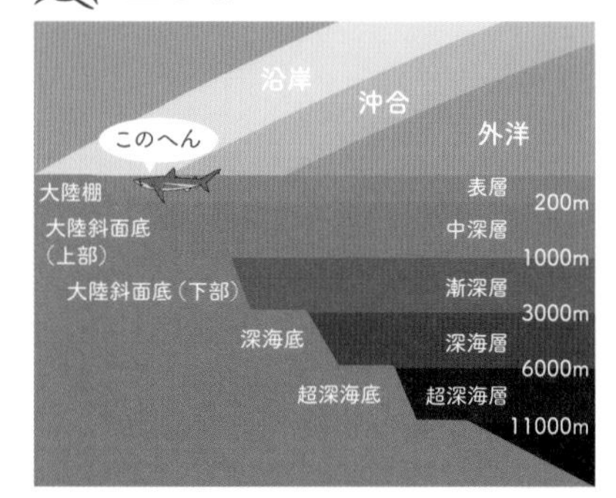

分布図

DATA

- ●**全長**：1～1.6mほど
- ●**分布**：南日本、西部太平洋およびインド洋の熱帯海域など
- ●**生息**：沿岸域から水深140mほどまで
- ●**捕食**：小型の硬骨魚類や頭足類など
- ●**繁殖**：卵黄依存型の胎盤タイプの胎生。1～8匹ほどの仔を産む

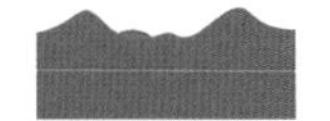

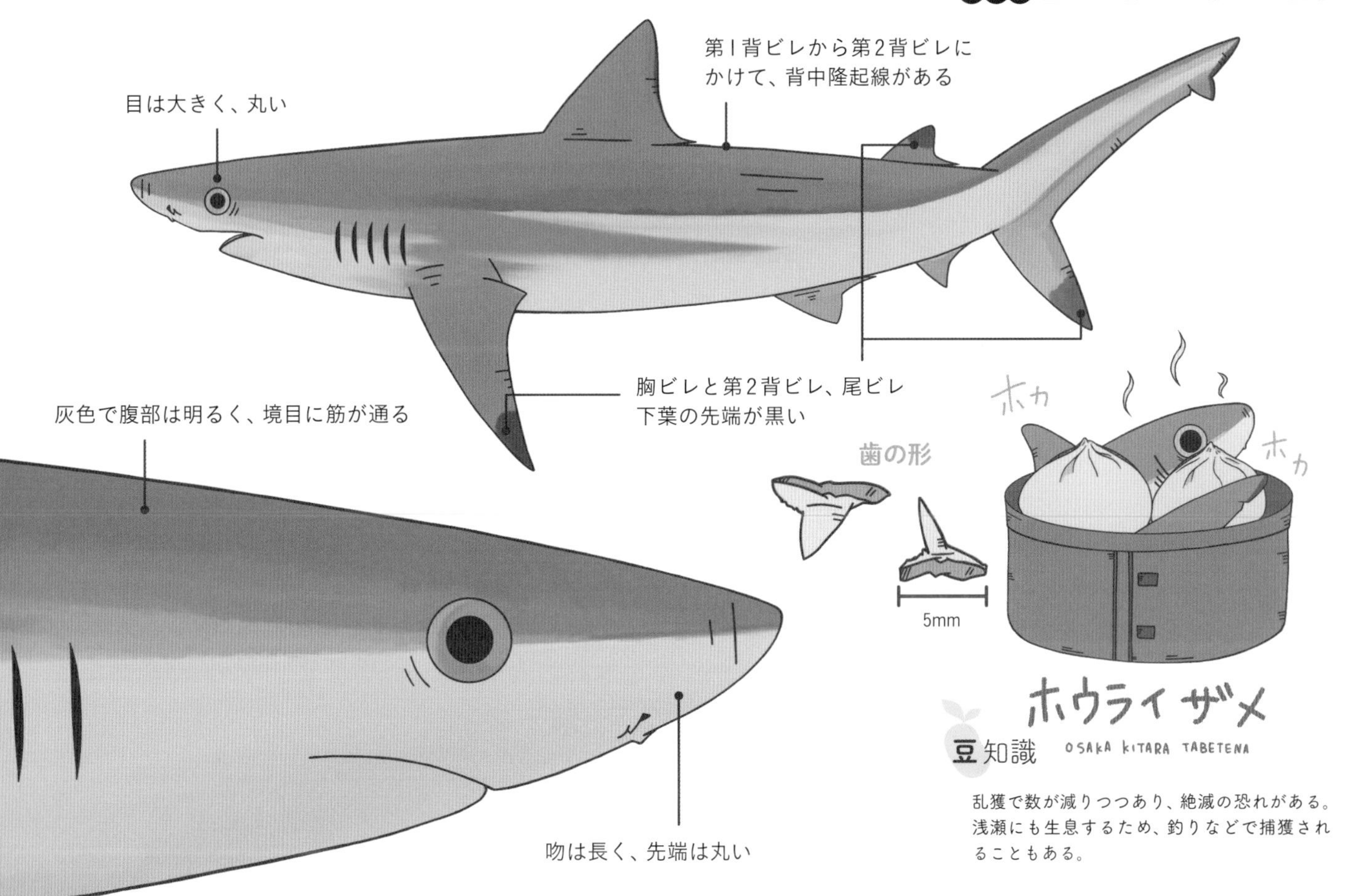

ホウライザメ

OSAKA KITARA TABETENA

豆知識

乱獲で数が減りつつあり、絶滅の恐れがある。浅瀬にも生息するため、釣りなどで捕獲されることもある。

「Milk shark」「Fish shark」……複数の英名を持つサメ

ヒラガシラ

Milk shark

メジロザメ目

メジロザメ科

Rhizoprionodon acutus

ヒラガシラは体が小さく、細長い。吻先は長く尖っていて、目は大きい。両アゴの歯は大きく外方に傾いており、その切縁は滑らかである。

小型のサメなので、人には無害と考えられているが、小さいので、大型のサメに捕食されることがある。

英名の「Milk shark」は、「ヒラガシラの肉は母乳によい」とインドでは信じられており、これが由来とされている。

めかぶのヒトコト

「ヒラガシラ」といわれて、「サメ」と思う人は少ないだろう。むしろ「ヒラマサ（ブリ属）」などの魚と間違われそう。

こぼれ話

乾燥させたり、塩漬けにしたり、燻製にしたりして、食べることがある。

生息域

分布図

DATA

- **全長**：最大1.7m強ほど
- **分布**：西部太平洋、インド洋、東部大西洋の熱帯から亜熱帯海域など
- **生息**：沿岸から大陸棚上の中層～海底付近に生息。河口域に進入することもある
- **捕食**：小型の硬骨魚類や頭足類など
- **繁殖**：卵黄依存型の胎盤タイプの胎生。5匹ほどの仔を産む

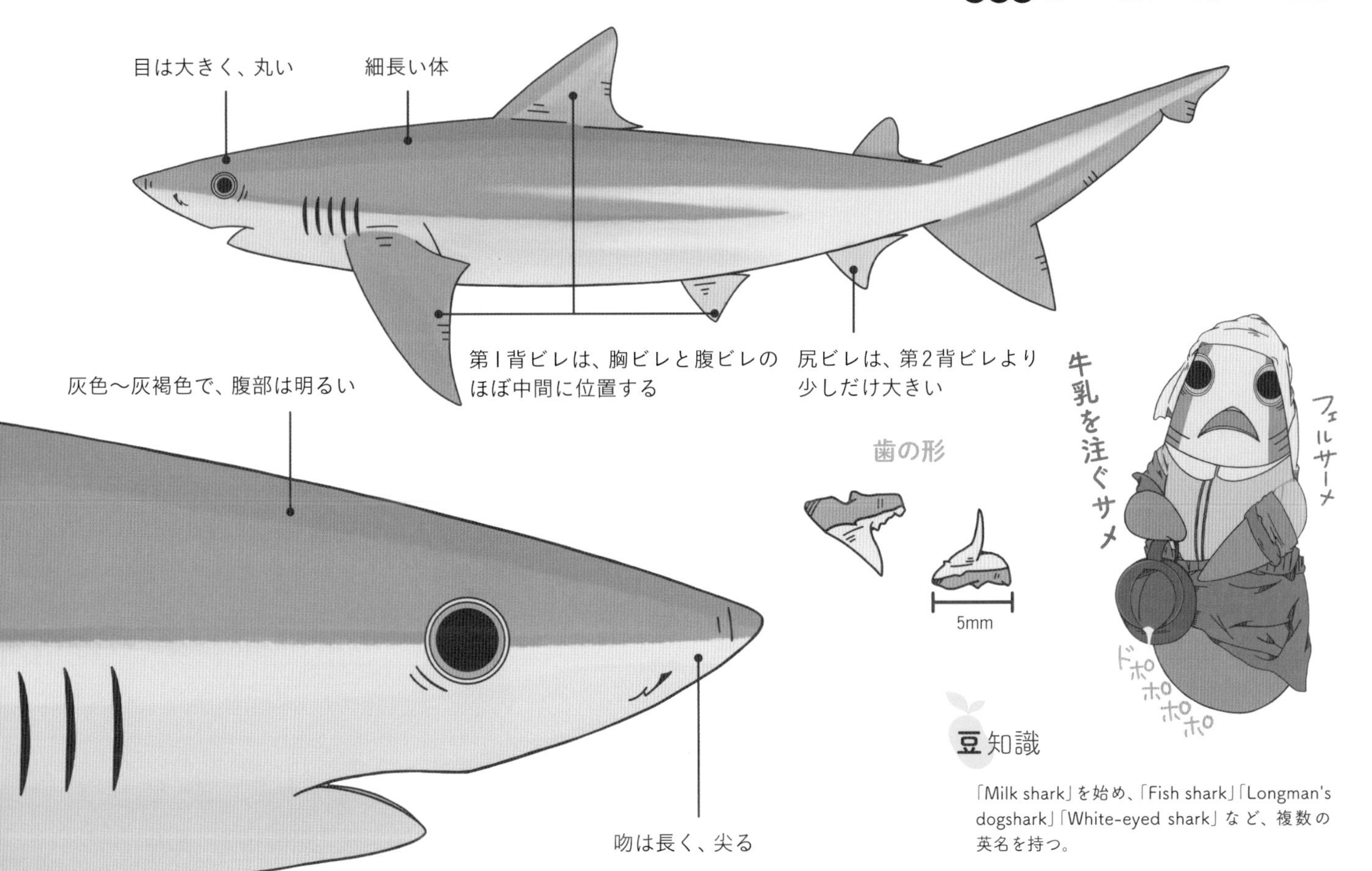

豆知識

「Milk shark」を始め、「Fish shark」「Longman's dogshark」「White-eyed shark」など、複数の英名を持つ。

我々のスピンする姿に刮目せよ！

ハナザメ

Spinner shark

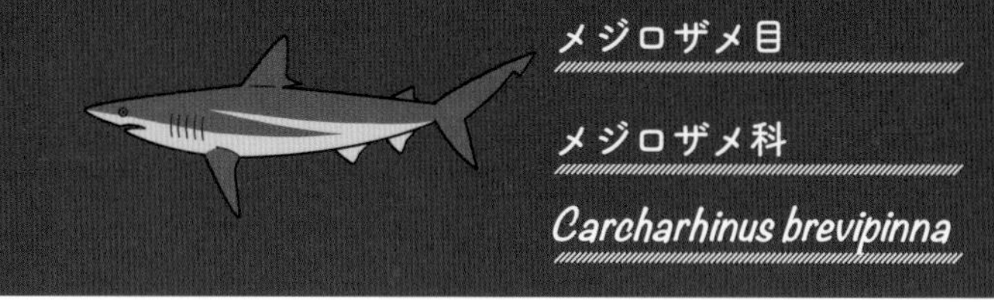

メジロザメ目

メジロザメ科

Carcharhinus brevipinna

ハナザメは動きが速く、群れで小魚などの狩りを行う。狩りの途中、回転しながら小魚の群れに突っ込む特徴があり、この勢いで水上に跳び出すこともある。英名の「Spinner shark」は、この行動からつけられた。

「カマストガリザメ（p.146）」と似ており、混同されることがあるが、ハナザメは第1背ビレがやや後方に位置することや、成魚のハナザメは尻ビレの先端に模様があることで区別できる。

めかぶのヒトコト

吻先が長いので、メジロザメの仲間としては体つきがシャープ。ちょっと吻が長いので、とぼけた感じがかわいい。

こぼれ話

5対のエラ孔は、比較的大きい。

生息域

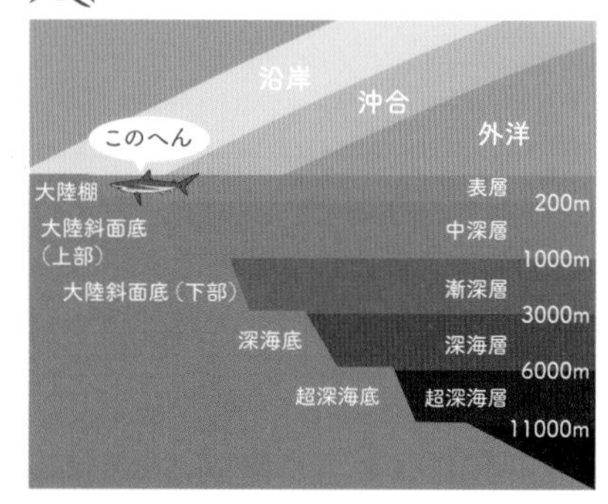

分布図

DATA

- **全長**：最大3m弱
- **分布**：東太平洋を除く世界の熱帯～暖温帯の海域など。日本では相模湾以南など
- **生息**：沿岸域から水深30mほど。水深100mまで潜ることもある
- **捕食**：小型の硬骨魚類や頭足類など
- **繁殖**：卵黄依存型の胎盤タイプの胎生。3～15匹ほどの仔を産む

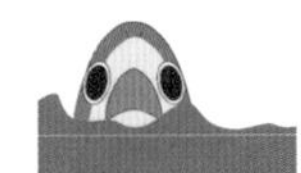

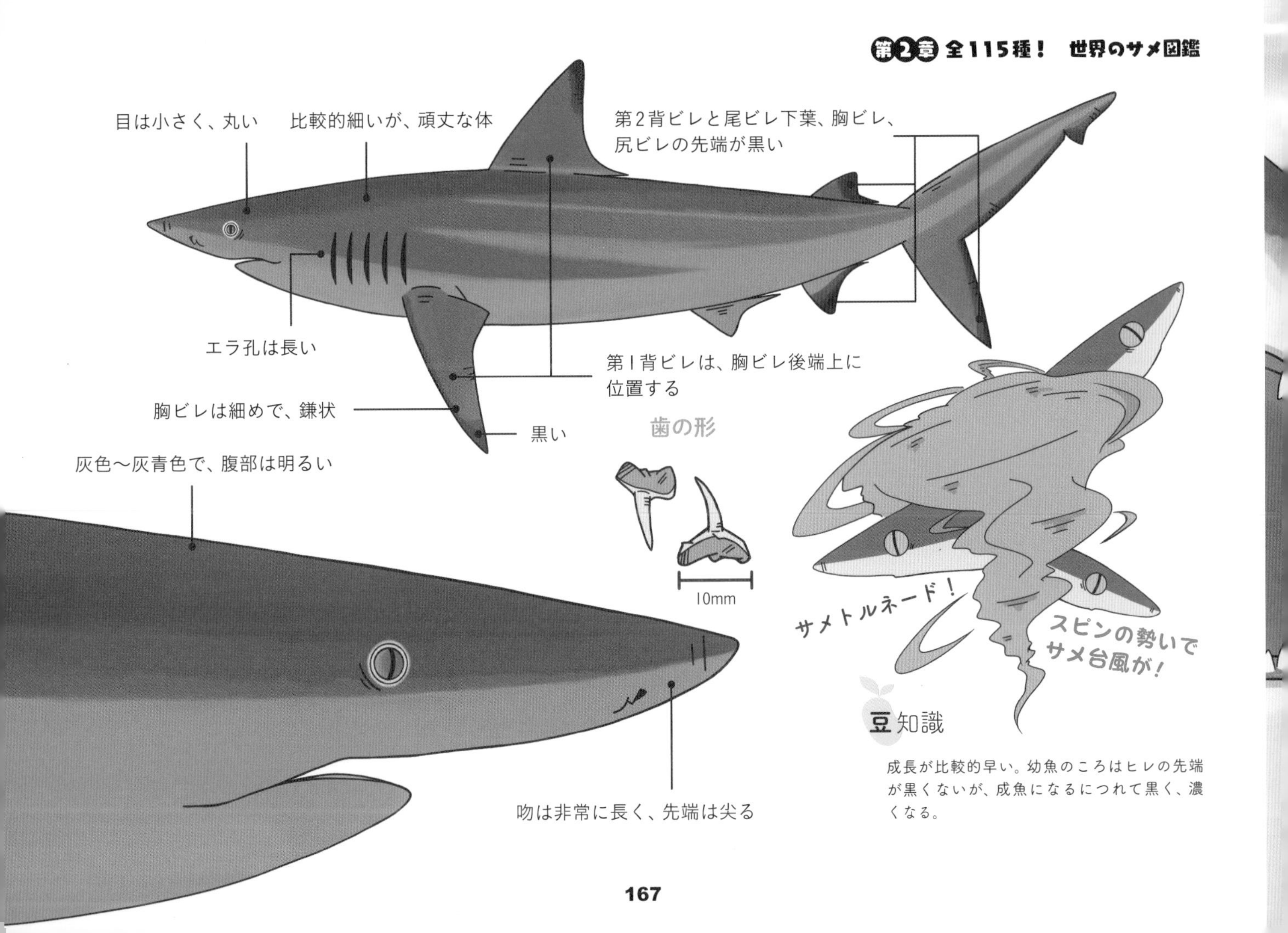

豆知識

成長が比較的早い。幼魚のころはヒレの先端が黒くないが、成魚になるにつれて黒く、濃くなる。

ヒレじゃなく鼻が黒いなんて格好いいでしょ！

ハナグロザメ

Blacknose shark

メジロザメ目

メジロザメ科

Carcharhinus acronotus

　ハナグロザメの吻先は黒くなっており、この黒い色は、若い個体ほど濃く、成魚になるにつれ薄くなる。和名も英名も、吻先が黒いことが由来である。

　縄張り意識が強く、警戒心が強い。体が小さいため攻撃的ではないが、他のサメや人などに遭遇すると威嚇行動をとる。威嚇行動をとられた場合は、その場からすぐに立ち去るほうがいい。

めかぶのヒトコト

「真っ赤なお鼻のトナカイさん」ならぬ「真っ黒なお鼻のハナグロザメさん」。おしゃれな「ホクロ」みたいなイメージかもしれない。

こぼれ話

季節によって短距離の移動を行う。

生息域

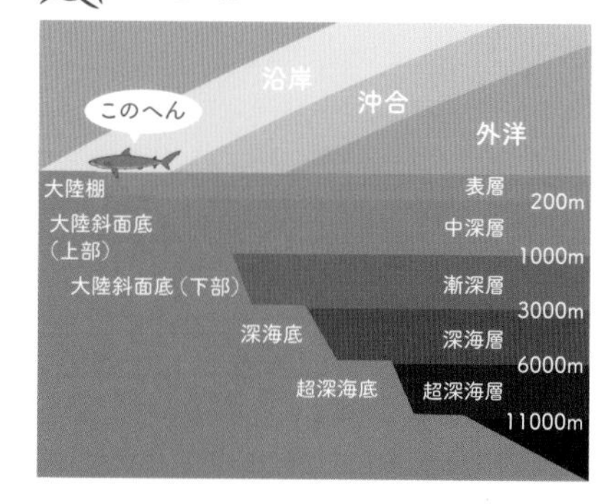

分布図

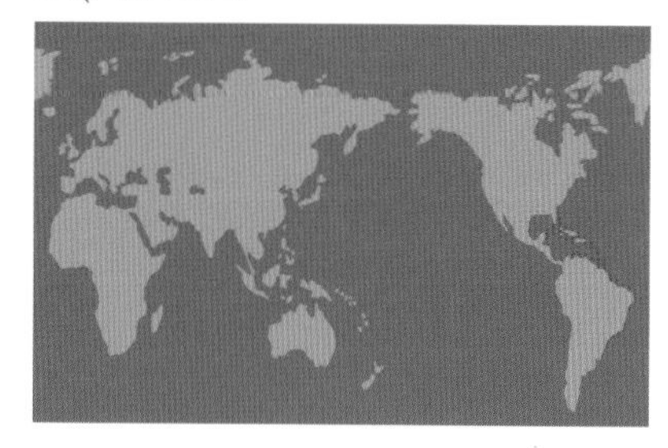

DATA

- **全長**：最大1.4mほど
- **分布**：米ノースカロライナからブラジル南部までの西大西洋の温帯・亜熱帯・熱帯海域など
- **生息**：沿岸、大陸棚や砂状のサンゴ礁の海底など
- **捕食**：硬骨魚類や頭足類など
- **繁殖**：卵黄依存型の胎盤タイプの胎生。4匹（多くて6匹）ほどの仔を産む

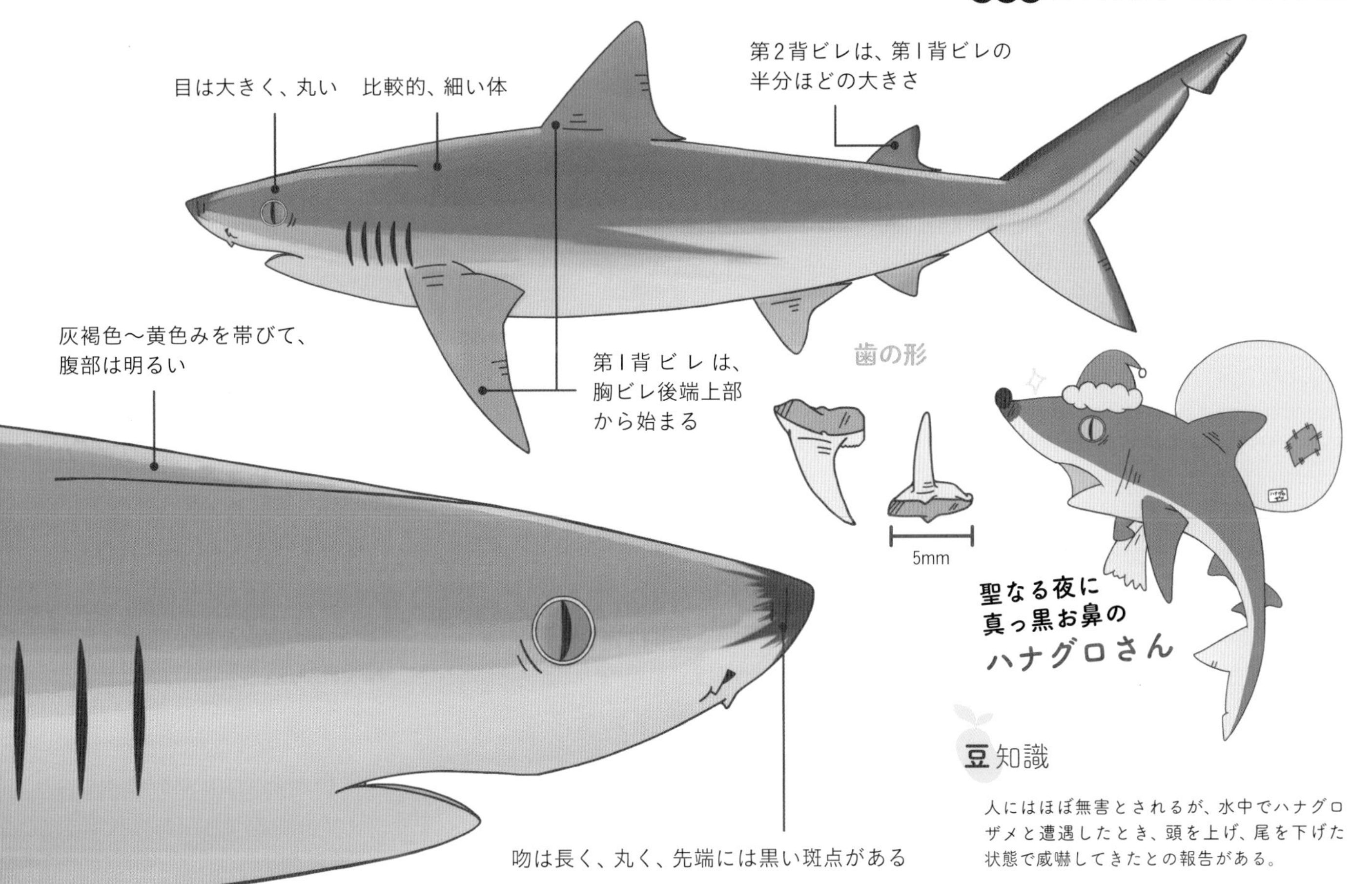

豆知識

人にはほぼ無害とされるが、水中でハナグロザメと遭遇したとき、頭を上げ、尾を下げた状態で威嚇してきたとの報告がある。

クリクリお目々が、かわいさを引き出している

トガリメザメ

Sliteye shark

メジロザメ目

メジロザメ科

Loxodon macrorhinus

トガリメザメは目が非常に大きく、目の後縁部に欠刻（切れ込み）があるのが特徴だ。この切れ込みがあることで「目が尖って見える」ことから、トガリメザメという名前がつけられた。

体はスリムで細く、吻先は尖って長い。ヒレは全体的に小ぶりで、ヒレ先は尖っている。両アゴの歯はほぼ同じ形で、主尖頭が大きく、外方に傾いているのが特徴だ。切縁は滑らかである。

めかぶのヒトコト

大きな切れ長の目は、美人系ではなくかわいい系。見た目はサンマっぽくもある。

こぼれ話

明確なデータはないが、成長は早いとされている。

生息域

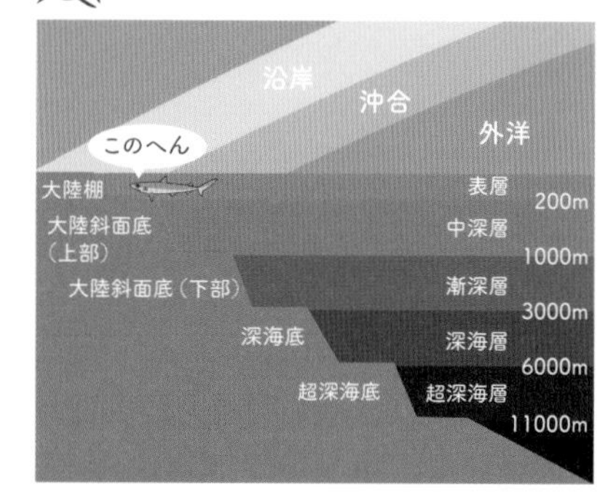

分布図

DATA

- **全長**：最大1m弱
- **分布**：西部太平洋、インド洋の熱帯から亜熱帯海域など
- **生息**：水深約120mまでの大陸棚や島周辺海域など
- **捕食**：硬骨魚類や頭足類など
- **繁殖**：卵黄依存型の胎盤タイプの胎生。4匹ほどの仔を産む

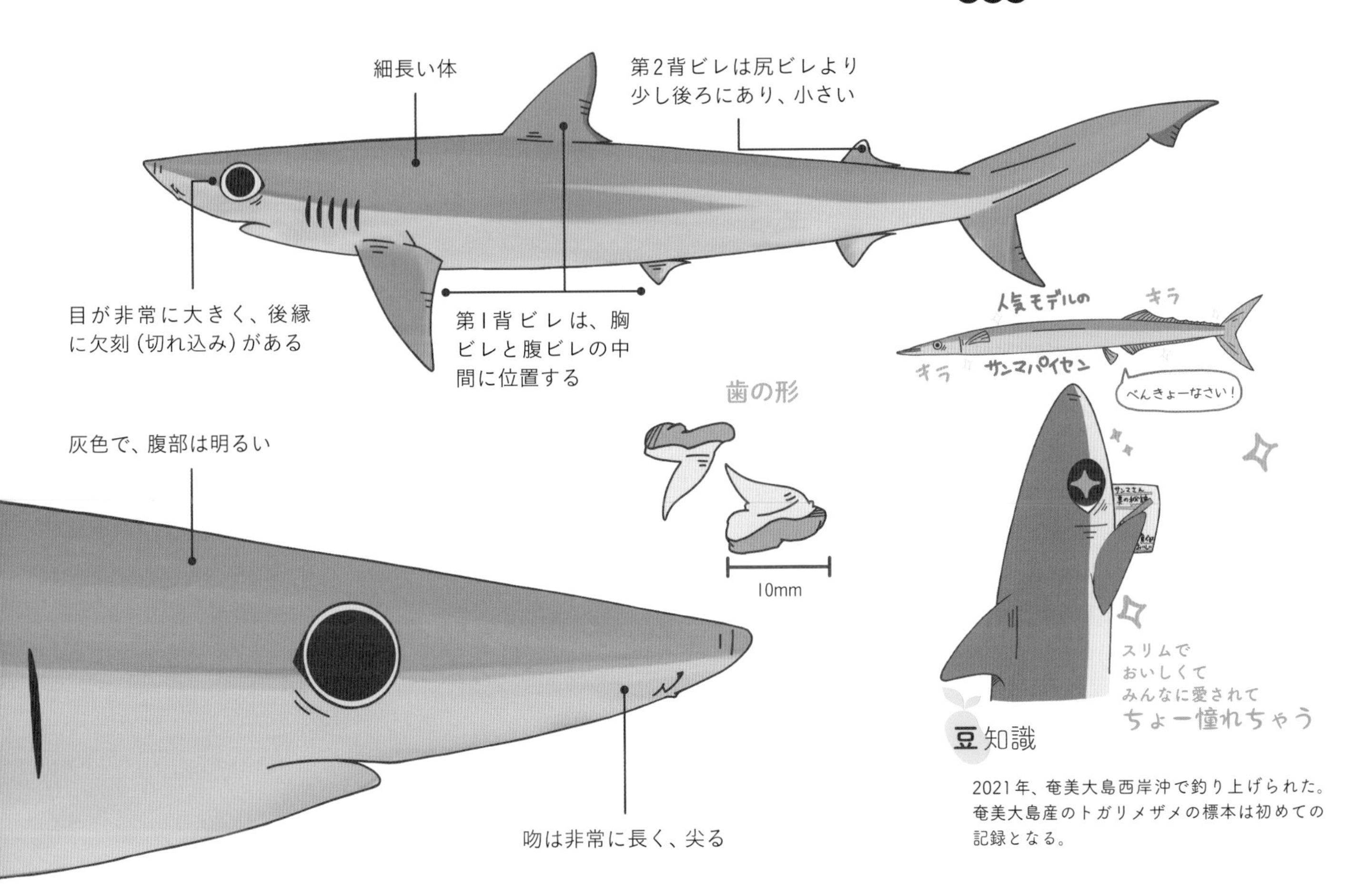

豆知識

2021年、奄美大島西岸沖で釣り上げられた。奄美大島産のトガリメザメの標本は初めての記録となる。

ヒレに「墨」をこぼしたのは誰？

スミツキザメ

Indonesian whaler shark

メジロザメ目

メジロザメ科

Carcharhinus tjutjot

　メジロザメの仲間としては小型で、全長は1mほどしかない。ツマグロ（p.142）と似ているが、スミツキザメは、第2背ビレだけ先端が黒くなっており、このヒレの部分で区別できる。

　ヒレの先端の黒い部分は、墨をたらしたように見えることから、スミツキザメという名前がつけられた。漢字で書くと「墨付鮫」となる。

　希少種ではないが、その生態はあまり知られていない。

めかぶのヒトコト

メジロザメの仲間は筋肉質でゴツいイメージがあるが、小柄で華奢（きゃしゃ）で守ってあげたくなるような存在のサメ。

こぼれ話

乱獲のため、大きくその生息数は減少傾向にある。

生息域

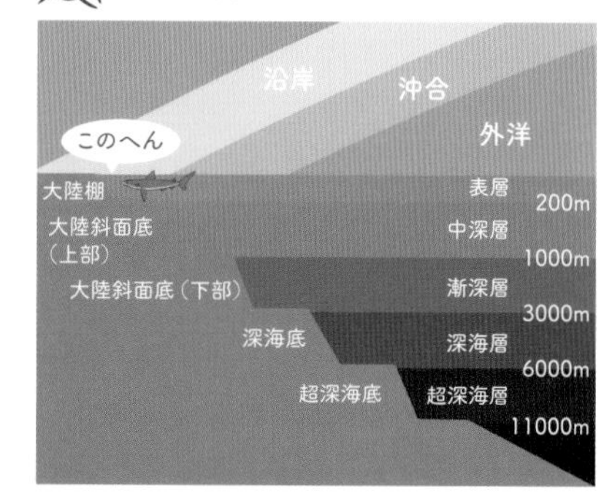

分布図

DATA

- ●**全長**：1m弱
- ●**分布**：太平洋～インド洋など
- ●**生息**：沿岸、大陸棚や水深150mほどの海底など
- ●**捕食**：小型の硬骨魚類や頭足類、甲殻類など
- ●**繁殖**：卵黄依存型の胎盤タイプの胎生。2匹ほどの仔を産む

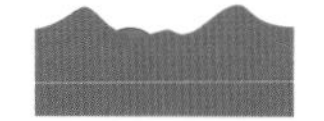

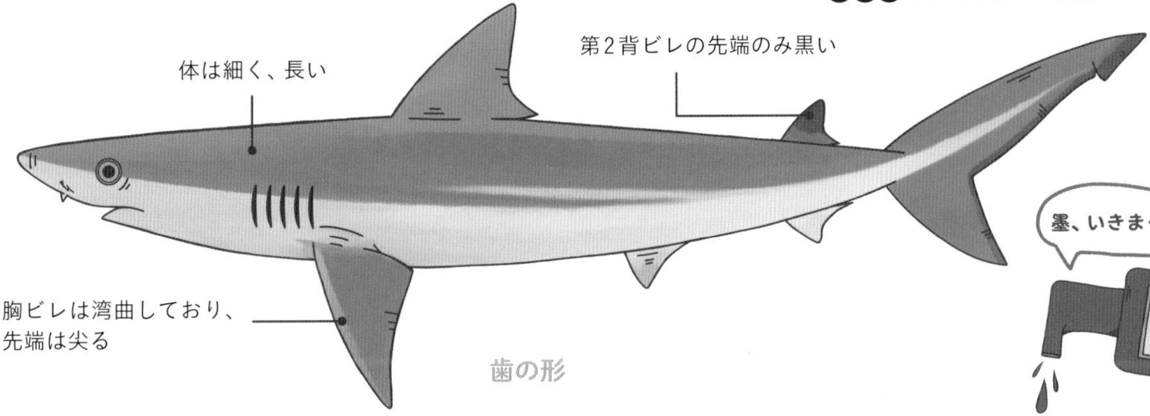

体は細く、長い

第2背ビレの先端のみ黒い

墨、いきまーす

胸ビレは湾曲しており、
先端は尖る

歯の形

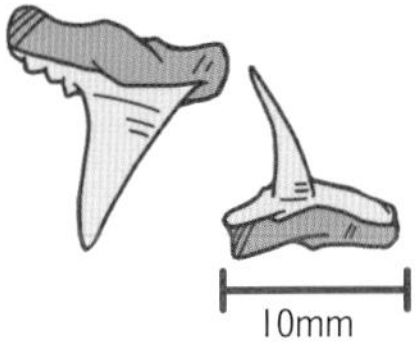

10mm

灰色〜灰褐色で、腹部は明るい

ビクッ!?

ピチョンっ!

吻は長く丸みを帯び、先端は少し尖っている

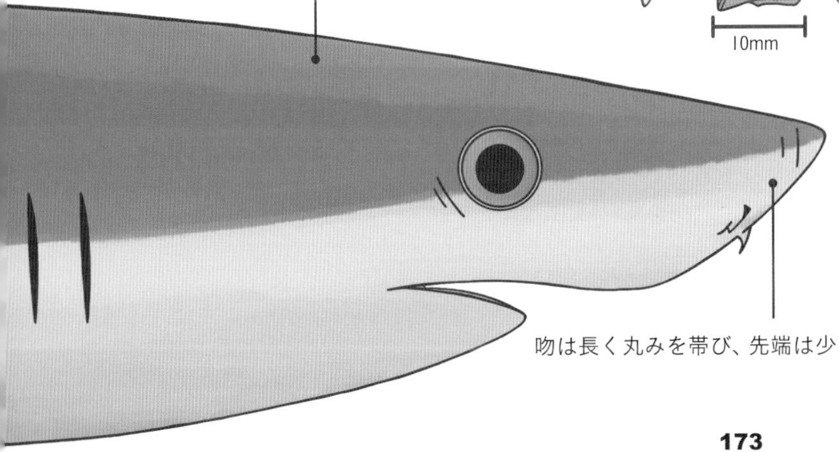

豆知識

鹿児島県では「フカの湯引き」として皮がついたままゆで、表面のザラザラしたところをタワシで取り、これを切って、辛子酢みそであえて食べる。

特徴はないけれど名前はかっこいい！

ブラックスポットシャーク

Blackspot shark

メジロザメ目

メジロザメ科

Carcharhinus sealei

ブラックスポットシャークは、体が比較的小さく、目立たないが体の側面に薄いシマ模様がある。メジロザメ科の他のサメとはよく似ていて区別が難しく、特にスミツキザメ(p.172)とよく似ているが、第2背ビレが半分以上黒いことでスミツキザメと区別できる。

体は流線形で、吻は丸い。目が大きく、尾ビレは全長の約5分の1の長さ。低塩分の水に弱く、河口へは近づかない。出産の時期は春ごろで、成長が早い。

DATA

- **全長**：1mほど
- **分布**：インド洋、西部太平洋など
- **生息**：沿岸から水深40mまでの大陸棚
- **捕食**：小型の硬骨魚類、イカなどの頭足類、甲殻類など
- **繁殖**：胎生。1～2匹ほどの仔を産む

めかぶのヒトコト

見た目はスミツキザメ(p.172)に似て、英名はブラックチップシャークに似ているのでまぎらわしく、間違えやすい。

こぼれ話

乱獲や混獲で数を減らしつつあり、絶滅が危惧されている。

生息域

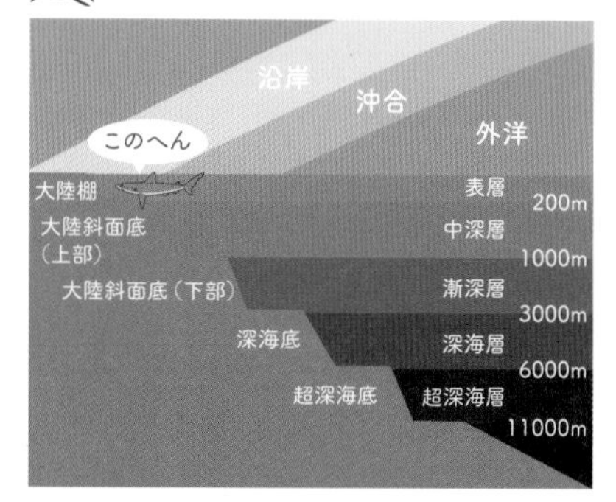

分布図

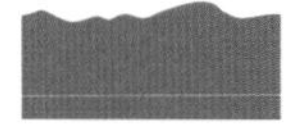

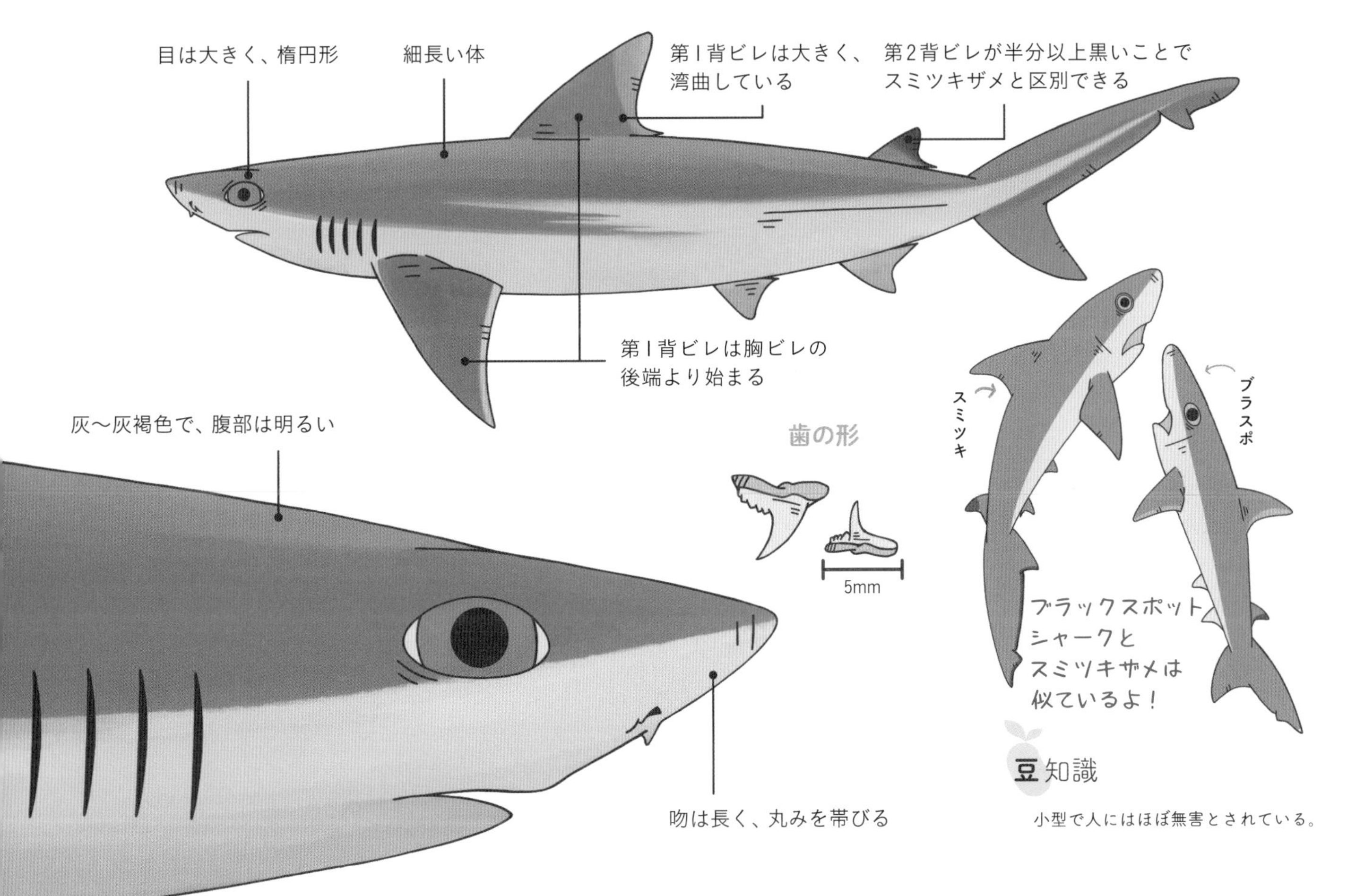

豆知識

小型で人にはほぼ無害とされている。

「六甲おろし」は歌わへんで！

トラザメ

Cloudy catshark

メジロザメ目

トラザメ科

Scyliorhinus torazame

トラザメという名前の由来は、柄の縦シマ。トラのように凶暴というわけではなく、小柄でおとなしいサメだ。

人工的な環境の下でも飼育が容易なため、水族館では何世代にもわたって飼育され、定番の展示になっている。水族館によっては、孵化（ふか）した後の卵に触らせてくれるところもある。

オスの生殖器は、数百本の細かい鉤状（かぎじょう）の突起が並ぶ鉤状（こうじょう）構造になっている。

めかぶのヒトコト

サメの名前にはいろいろな動物が出てくるので、「動物園」をつくれそう。

こぼれ話

トラザメの卵は、約7～11カ月後に孵化する。

生息域

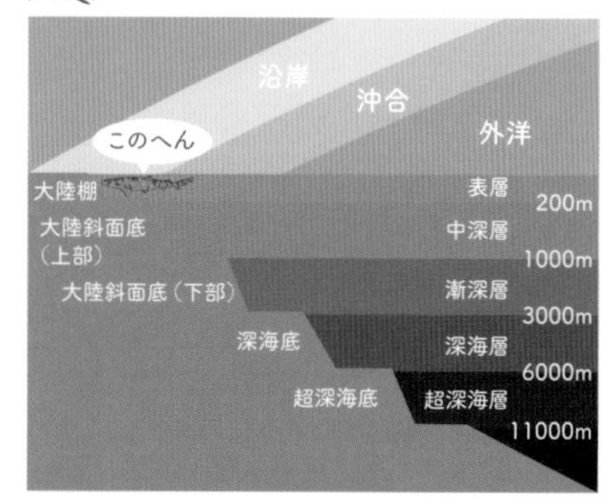

分布図

DATA

- **全長**：45～50cmほど
- **分布**：台湾、東シナ海、朝鮮半島など。日本では北海道南部以南の各地
- **生息**：100m以浅の砂泥底、岩場など。水深300mにいたとの記録もある（季節により浅深移動する）
- **捕食**：硬骨魚類や頭足類、甲殻類など
- **繁殖**：卵生（単卵生）。2個の卵を産む

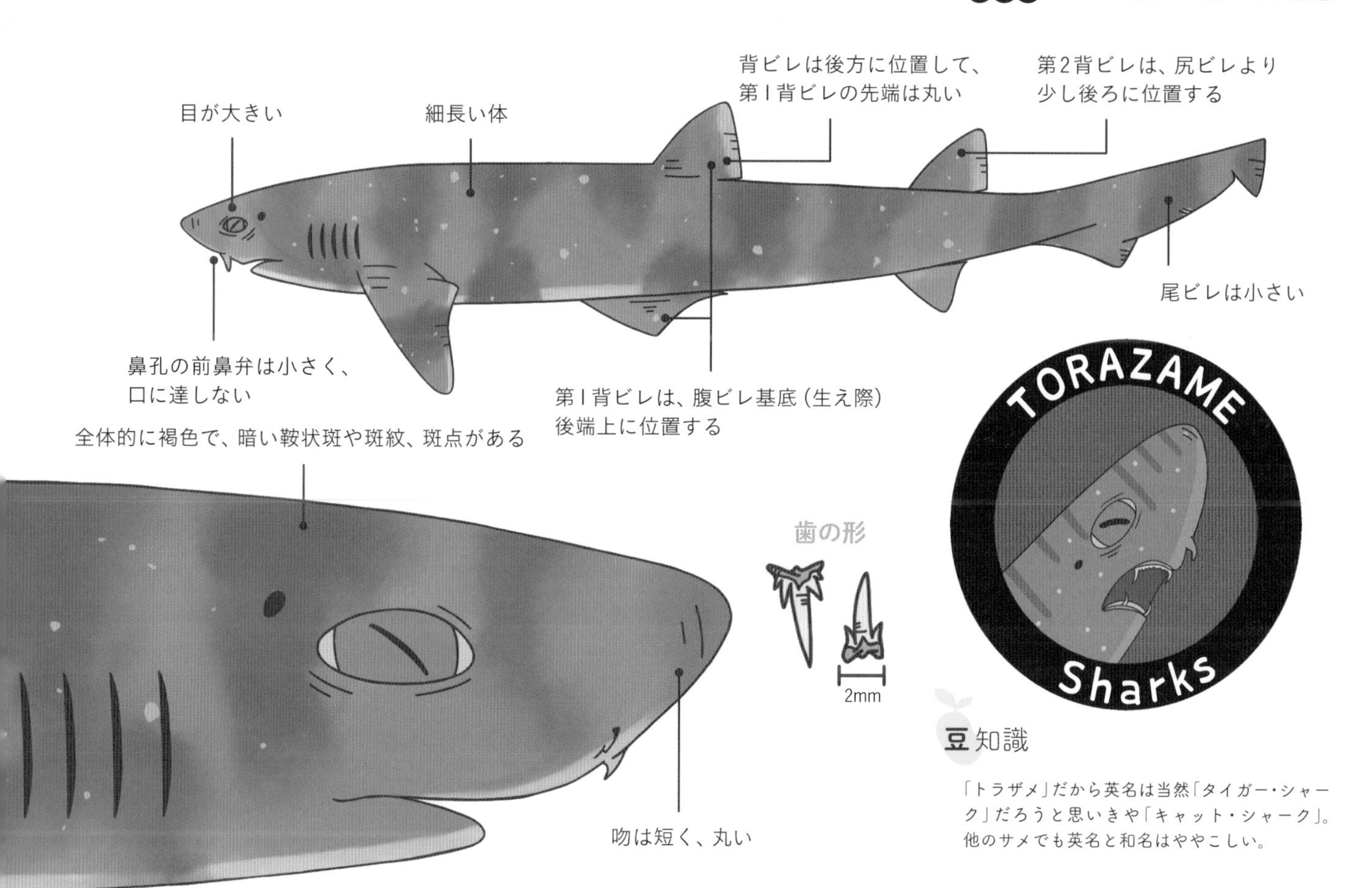

豆知識

「トラザメ」だから英名は当然「タイガー・シャーク」だろうと思いきや「キャット・シャーク」。他のサメでも英名と和名はややこしい。

誰が「大阪のおばちゃん柄」やって!?

ヒョウモントラザメ

Leopard catshark

メジロザメ目

トラザメ科

Poroderma pantherinum

ヒョウモントラザメは、体全体に美しい黒い斑点やヒョウ柄のようなパターンが広がる。頭部や吻や尾ビレは短く、体全体は細長く、小さい。

泳ぎは遅くて、夜行性なので、日中は洞窟や岩の裂け目、海藻の間などで過ごす。夜間は岸辺に移動し、エサを探して泳ぎ回る。

卵殻(らんかく)の四隅には、海藻などに巻きつけて固定し、流されないようにするための長い巻きヒゲがある。

めかぶのヒトコト

描き手泣かせNo.1のサメ。トラだしヒョウだし、「大阪のおばちゃん」説は濃厚？

こぼれ話

卵殻の色は、同属のタテスジトラザメ (p.180) より淡い。

DATA	
●全長	最大80cmほど
●分布	南アフリカ沿岸の大西洋とインド洋など
●生息	波打ち際から水深270mまでの大陸棚や大陸斜面など
●捕食	小型の硬骨魚類や頭足類、甲殻類など
●繁殖	卵生（単卵生）。2個の卵を産む

生息域

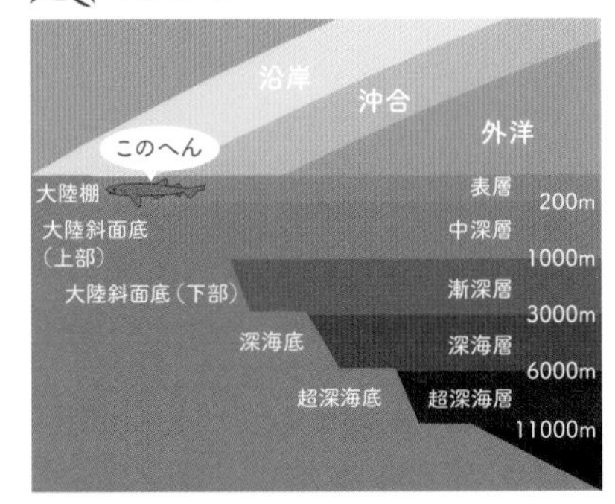

分布図

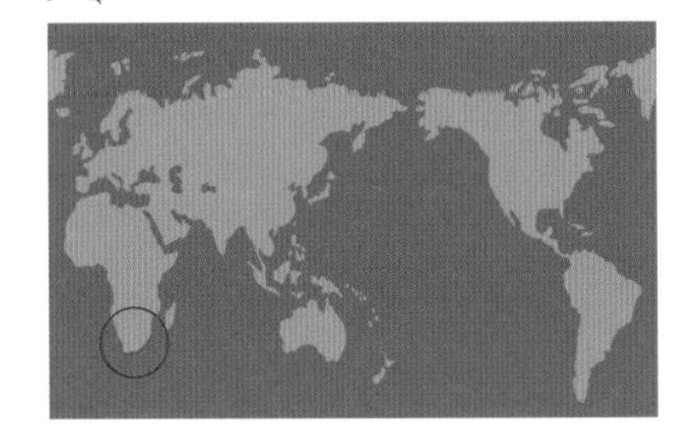

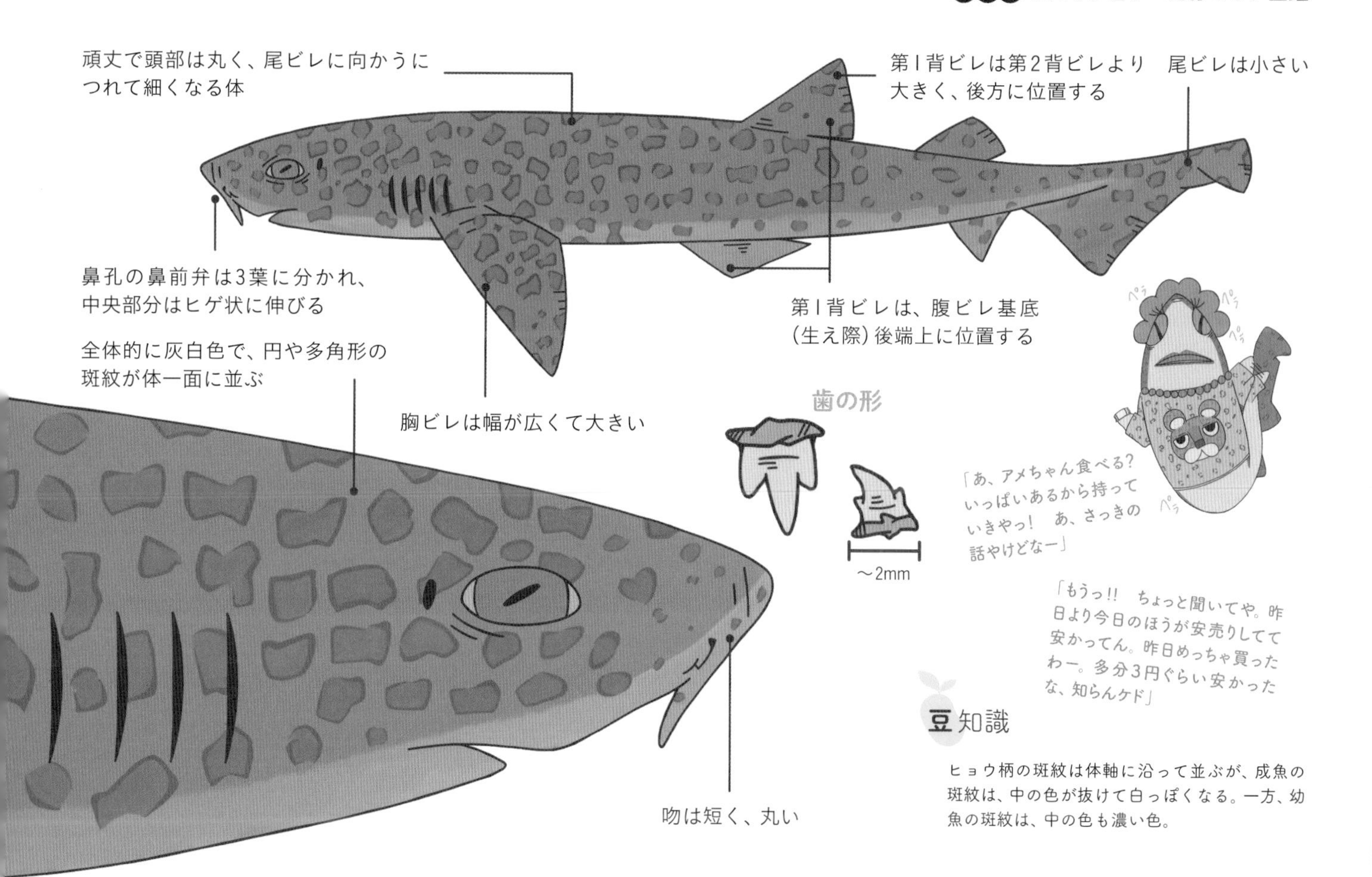

豆知識

ヒョウ柄の斑紋は体軸に沿って並ぶが、成魚の斑紋は、中の色が抜けて白っぽくなる。一方、幼魚の斑紋は、中の色も濃い色。

ストライプファッションを着こなす上級者

タテスジトラザメ

Striped catshark

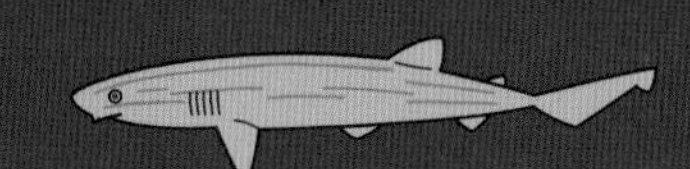

メジロザメ目

トラザメ科

Poroderma africanum

タテスジトラザメという名前の通り、体には縦スジの柄が7本入っているのが特徴。英名にも「ストライプ」とつけられている。縦スジの模様は、幼魚にもある。口元には、短く小さなヒゲがある。

泳ぎは遅く、日中は何かの隙間などに隠れて過ごしていることが多いが、夜間になると、活発にエサを食べる。エサとなる生物は多様で、いろいろなものを捕食する。集団でタコを襲い、バラバラに食い散らかすこともある。

めかぶのヒトコト

見た目だけでなく、ぎこちなく泳ぐ姿もかわいらしい。

こぼれ話

小柄なので、大型の魚類やサメのエサになることもある。小型とはいえ、トラザメの仲間としては大きい部類に入る

生息域

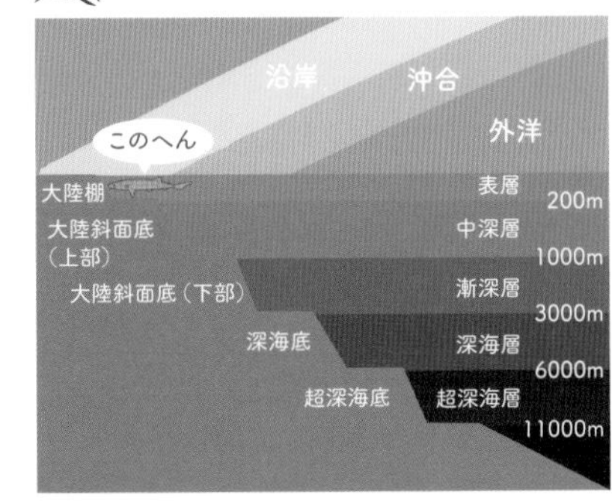

分布図

DATA

- ●**全長**：最大1mほど
- ●**分布**：大西洋、インド洋、南アフリカ近辺など
- ●**生息**：水深100mほどまでの浅海の泥砂底や岩場など
- ●**捕食**：硬骨魚類やイカ・タコなどの頭足類、シャコなどの甲殻類など
- ●**繁殖**：卵生（単卵生）

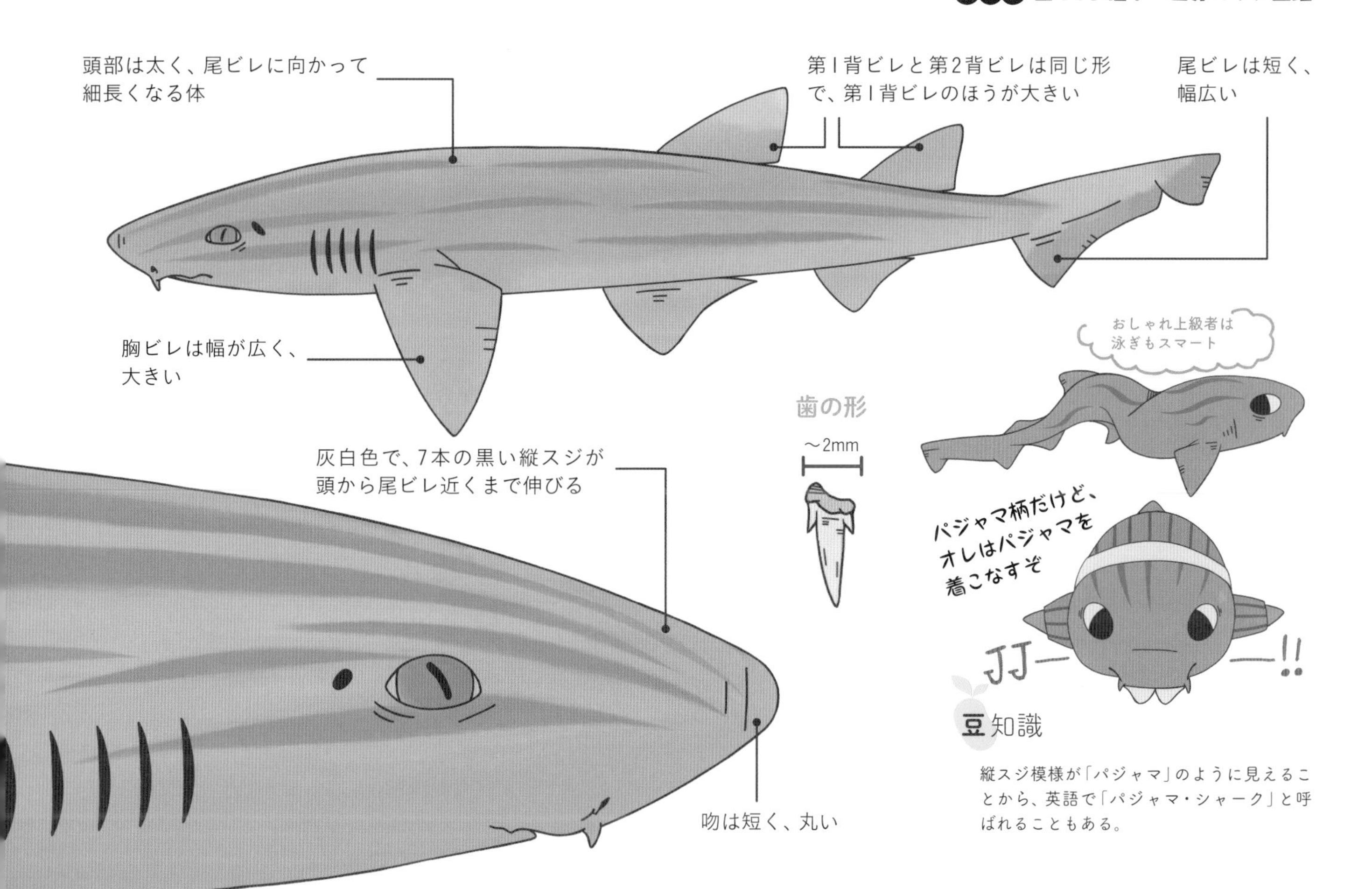

豆知識

縦スジ模様が「パジャマ」のように見えることから、英語で「パジャマ・シャーク」と呼ばれることもある。

クルッと「ドーナツザメ」のできあがり！

モヨウウチキトラザメ

Puffadder shyshark

メジロザメ目

トラザメ科

Haploblepharus edwardsii

　モヨウウチキトラザメは、左右の下アゴが特殊な軟骨でつながった特徴的なアゴを持っている。歯の位置を調整することで、咬合力を増大させていると思われる。尾ビレは短いが、幅は広く、全長の5分の1を占める。

　性格は臆病で、海底で動かずにじっとしていることが多い。数匹の群れで、休息していることもある。外敵から身を守るため（大型種のサメに食べられることもある）、危険を察知すると尾で頭を覆い、丸くなる。

めかぶのヒトコト

クルッっと丸まった姿は、まるでドーナツのよう。ダイバーに触られたときに丸まって、その姿のまま海中に沈んでいく姿には癒された。

こぼれ話

他のウチキトラザメ属より、体が細い。

生息域

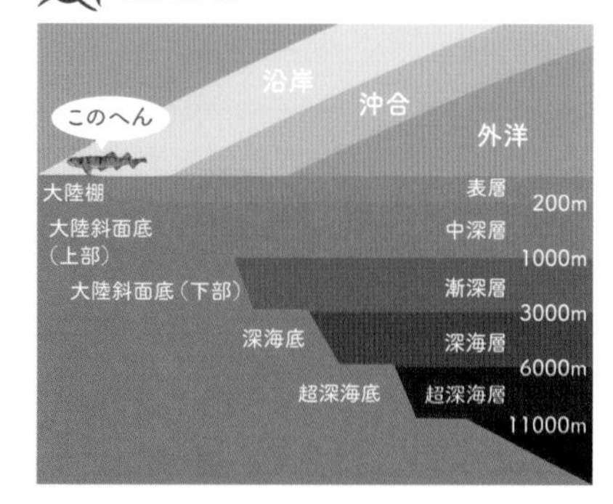

分布図

DATA

- ●**全長**：最大65cmほど
- ●**分布**：南アフリカの温帯海域など
- ●**生息**：岩場や砂地、浅海の海底
- ●**捕食**：硬骨魚類や頭足類、甲殻類など
- ●**繁殖**：卵生。2個の卵を産む

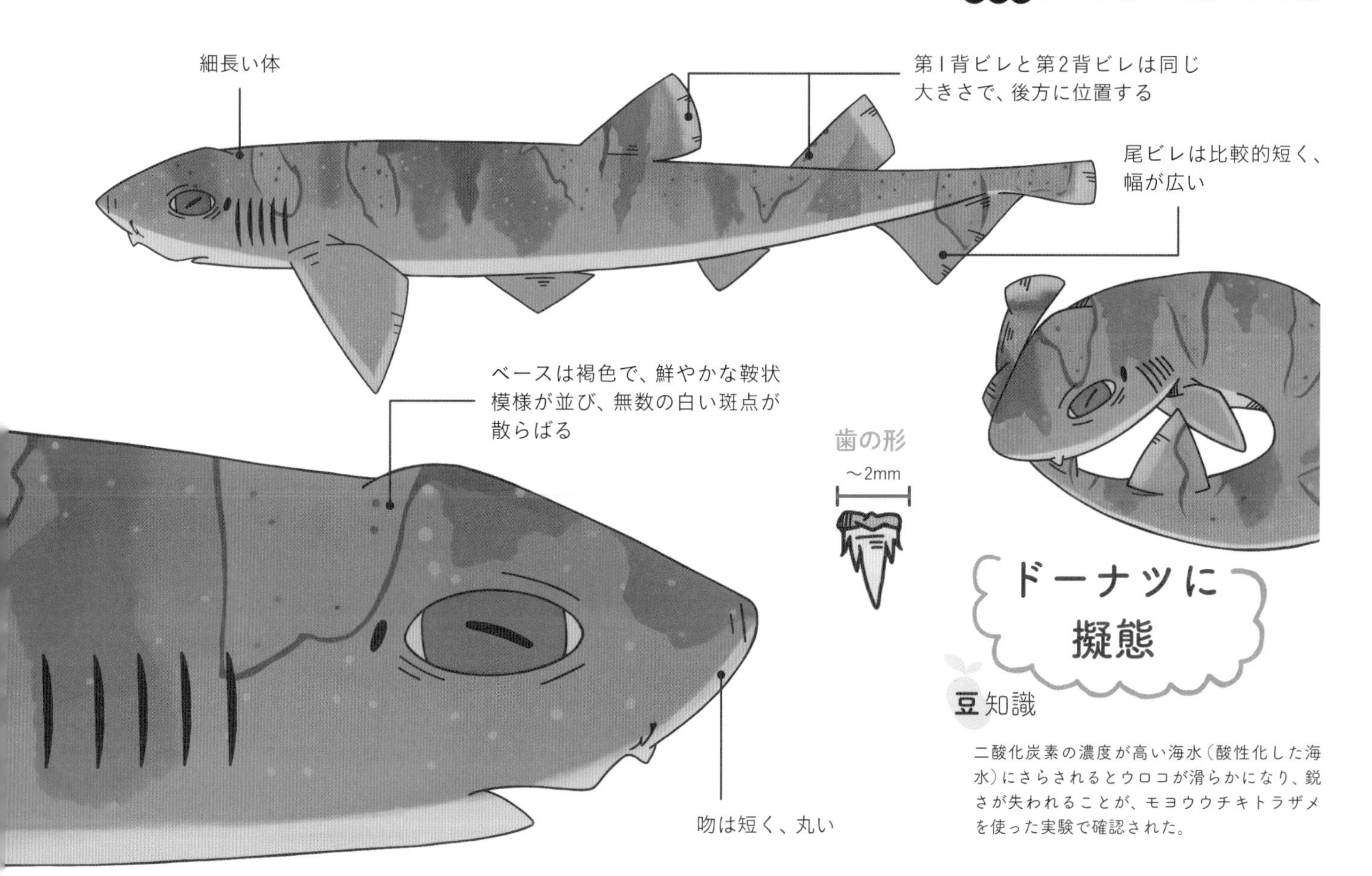

豆知識

二酸化炭素の濃度が高い海水（酸性化した海水）にさらされるとウロコが滑らかになり、鋭さが失われることが、モヨウウチキトラザメを使った実験で確認された。

大理石のような美しい柄を見よ

クサリトラザメ

Chain catshark

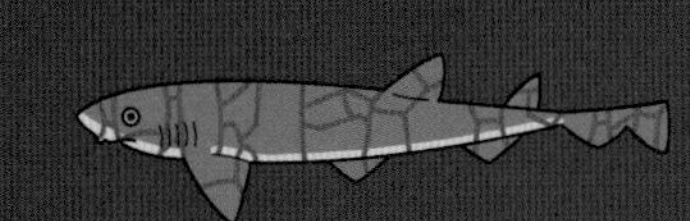

メジロザメ目

トラザメ科

Scyliorhinus retifer

クサリトラザメは、海底をあまり離れることなく、日中は岩陰や大型のイソギンチャクなどサンゴ礁の隙間に隠れている。

発光する個体が見つかっていて、オスとメスでは発光の仕方が異なる。また、オスは生殖器も光る。なぜ発光するのかは、まだ解明されていない。

メスはオスよりも、網目模様がはっきりしている。クサリトラザメは繁殖力が強く、個体数も豊富である。

めかぶのヒトコト

クサリトラザメという名前はちょっと中二病っぽいけれど、見た目はとっても美しい柄。

こぼれ話

年間で40～55個ほどの卵を産む。

生息域

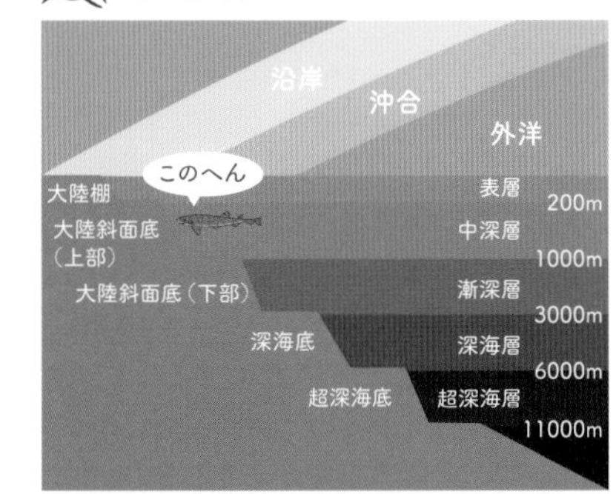

分布図

DATA

- **全長**：最大45～60cmほど
- **分布**：中央大西洋西部、北西大西洋など
- **生息**：水深70～750mの大陸棚外縁や大陸斜面、凹凸のある岩場の海底
- **捕食**：硬骨魚類や頭足類、甲殻類など
- **繁殖**：卵生

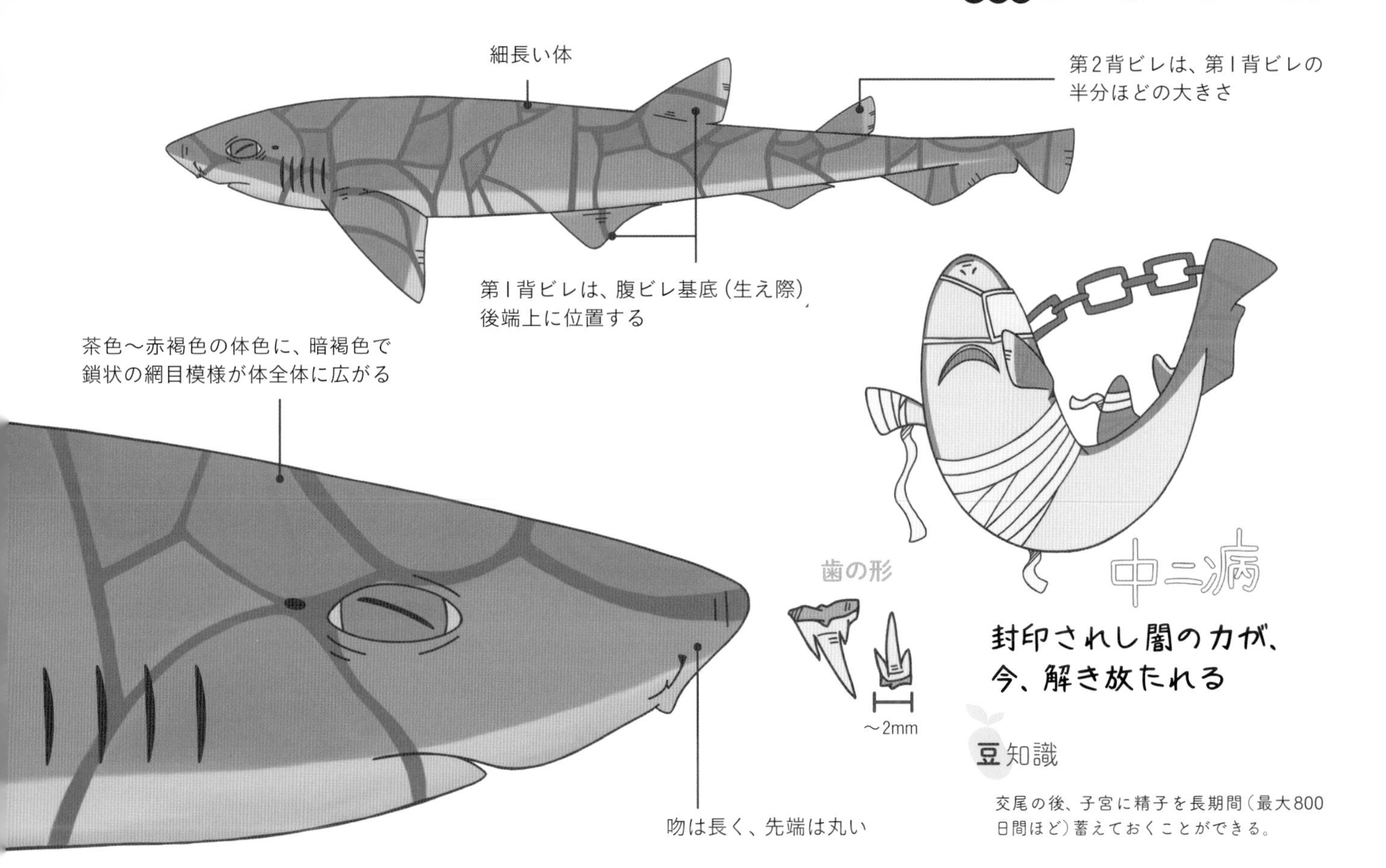

封印されし闇の力が、
今、解き放たれる

豆知識

交尾の後、子宮に精子を長期間（最大800日間ほど）蓄えておくことができる。

お昼はサンゴ礁の隙間で隠れんぼ

サンゴトラザメ

Coral catshark

メジロザメ目

トラザメ科

Atelomycterus marmoratus

サンゴトラザメは、他のトラザメと同じように夜行性なので、日中は岩陰に隠れて、ほとんど出てこない。毎日、夜になるとエサを探して動き回り、夜が明けるころ、お気に入りの同じ隠れ場所に戻る。

マモンツキテンジクザメ（p.48）のように、ヒレではいまわることはできないが、細長い体をうまく利用し、サンゴの狭い隙間に入り込むことができる。皮膚は分厚く、石灰化した皮歯に覆われている。

めかぶのヒトコト

トラザメという迫力のある名前なのに、仲間はみんな子猫ちゃんのようでかわいい。水族館でもよく水槽の底や隙間にいるので探してみて。

こぼれ話

小型でおとなしいので、家庭でも飼育しやすい。

生息域

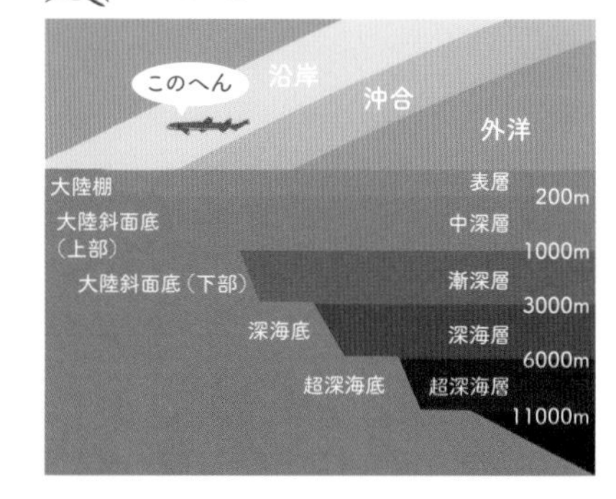

分布図

DATA

- **全長**：最大60～70cmほど
- **分布**：パキスタンから中国までのインド洋、太平洋海域など
- **生息**：浅い沿岸のサンゴ礁底など
- **捕食**：小型の硬骨魚類や無脊椎動物など
- **繁殖**：卵生（単卵生）。約2個の卵を産む

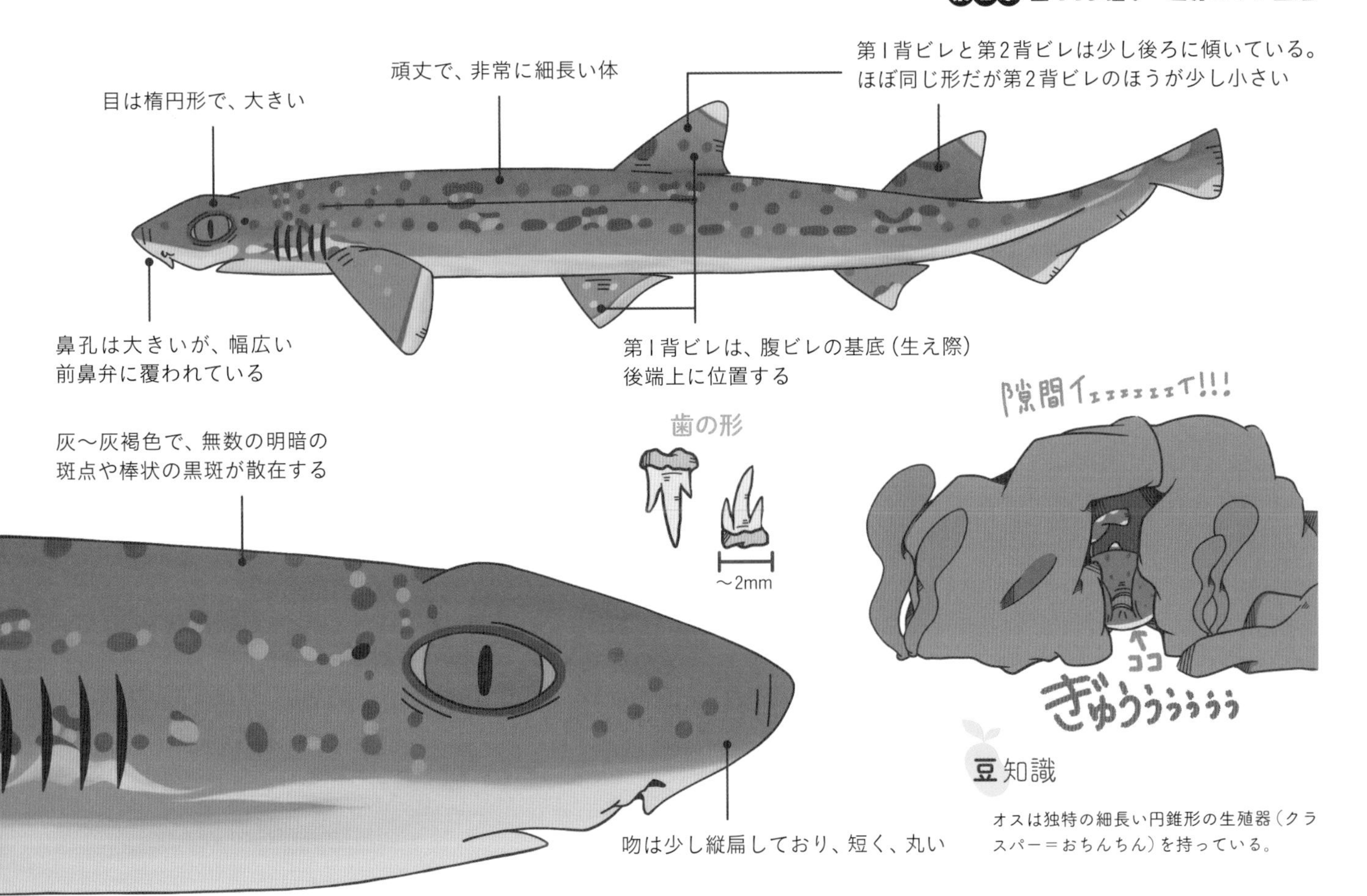

豆知識

オスは独特の細長い円錐形の生殖器（クラスパー＝おちんちん）を持っている。

チャームポイントは「マーブル」のような模様

コクテンサンゴトラザメ

Australian marbled catshark

メジロザメ目

トラザメ科

Atelomycterus macleayi

コクテンサンゴトラザメは、オーストラリアのみに分布する固有種である。よく似た「サンゴトラザメ（p.186）」が近縁種にいるが、生息域が違う。地域によっては「サンゴトラザメ」も「マーブルキャットシャーク」と呼ばれるので、混同されてしまうことがある。

コクテンサンゴトラザメは夜行性なので、日中はサンゴ礁の海底などに隠れて過ごしているが、夜になるとエサを探し求めて活動するようになる。

めかぶのヒトコト

描き手泣かせのトラザメの仲間。描くのはたいへんだが、描いていると、この柄に愛着が湧いてくる。ちょっとカエルっぽい顔が好き。

こぼれ話

体は非常に細長く、吻は短い。

生息域

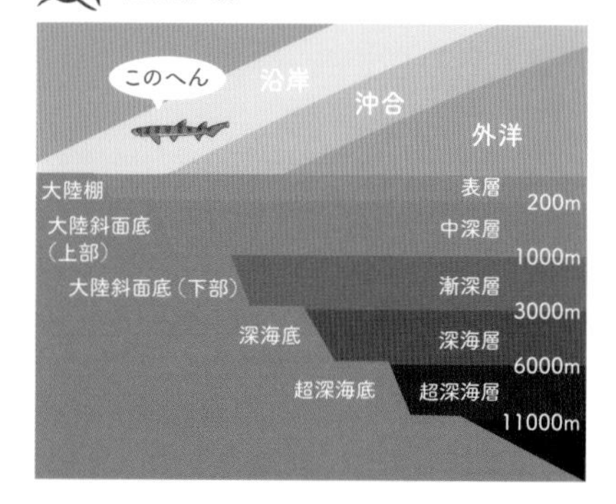

分布図

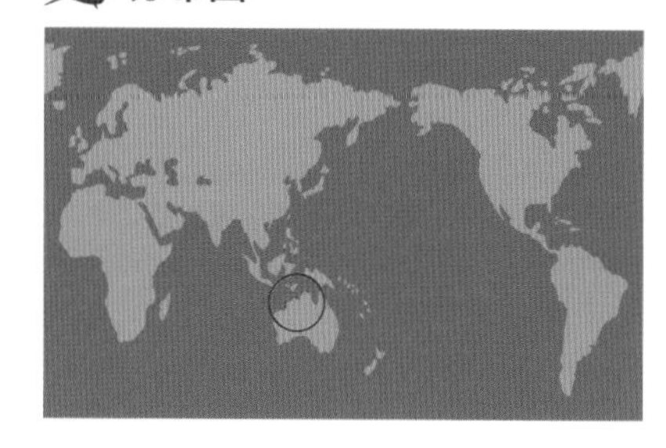

DATA

- ●**全長**：最大60cmほど
- ●**分布**：オーストラリア北部沿岸など
- ●**生息**：浅い水深のサンゴ礁海底など
- ●**捕食**：くわしいことはわかっていない
- ●**繁殖**：卵生（単卵生）

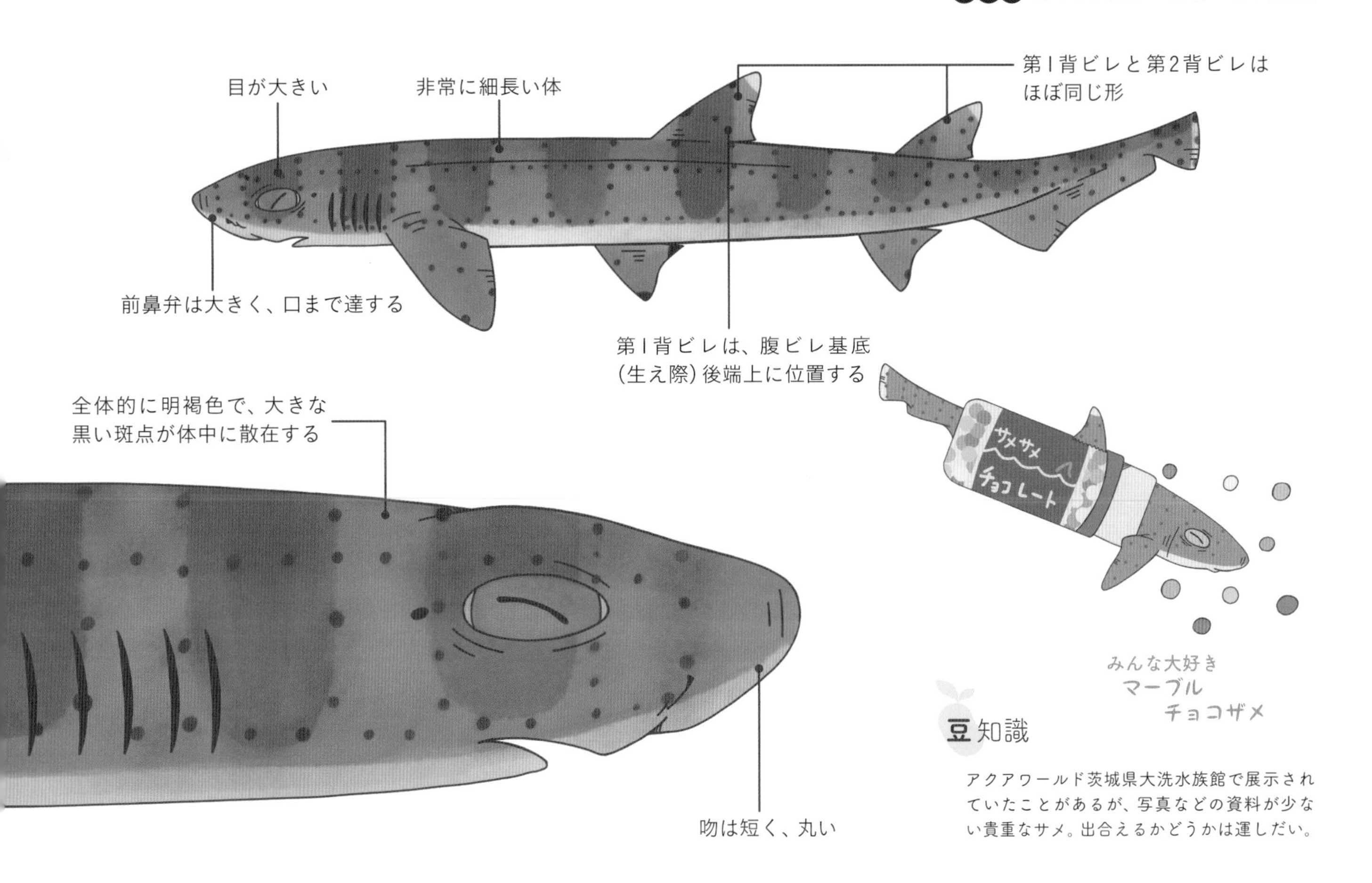

豆知識

アクアワールド茨城県大洗水族館で展示されていたことがあるが、写真などの資料が少ない貴重なサメ。出合えるかどうかは運しだい。

カエルの子じゃないので手足は生えません

オタマトラザメ

Lollipop catshark

メジロザメ目

トラザメ科

Cephalurus cephalus

オタマトラザメは、まるでオタマジャクシのような体型のサメ。筋肉は発達しておらず、とてもやわらかい体をしている。

オタマトラザメの頭が大きい理由は、エラ孔が大きく発達しているからである。エラ孔が大きいので、海水に触れる面積が増え、酸素を取り入れやすくなる。これにより、酸素が少ない深海の海水という環境に適応していると考えられている。希少種なので、くわしい生態は、まだ解明されていない。

めかぶのヒトコト

オタマジャクシはわかるが、Lollipop（棒付きキャンディー）には無理があるような気がする。

こぼれ話

特殊な環境下で、生存していると思われる。

生息域

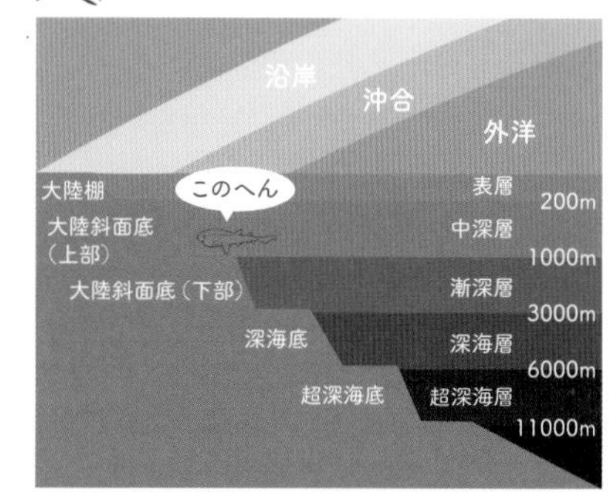

分布図

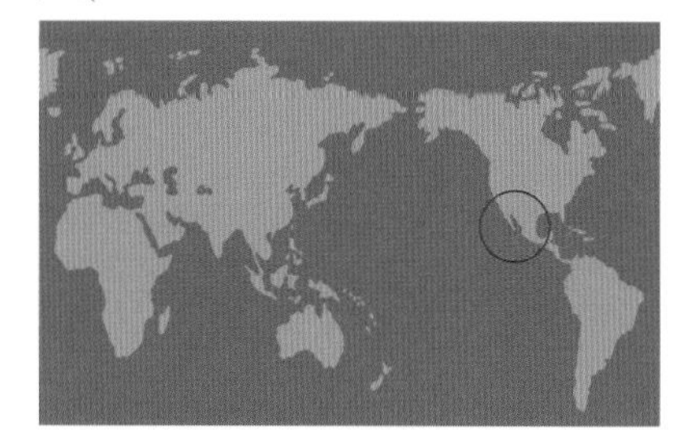

DATA

- ●**全長**：最大37cmほど
- ●**分布**：カルフォルニア湾を含むメキシコ沖など
- ●**生息**：水深160～930mまでの大陸棚や大陸斜面など
- ●**捕食**：小型の甲殻類など
- ●**繁殖**：卵黄依存型の胎生。2匹ほどの仔を産む

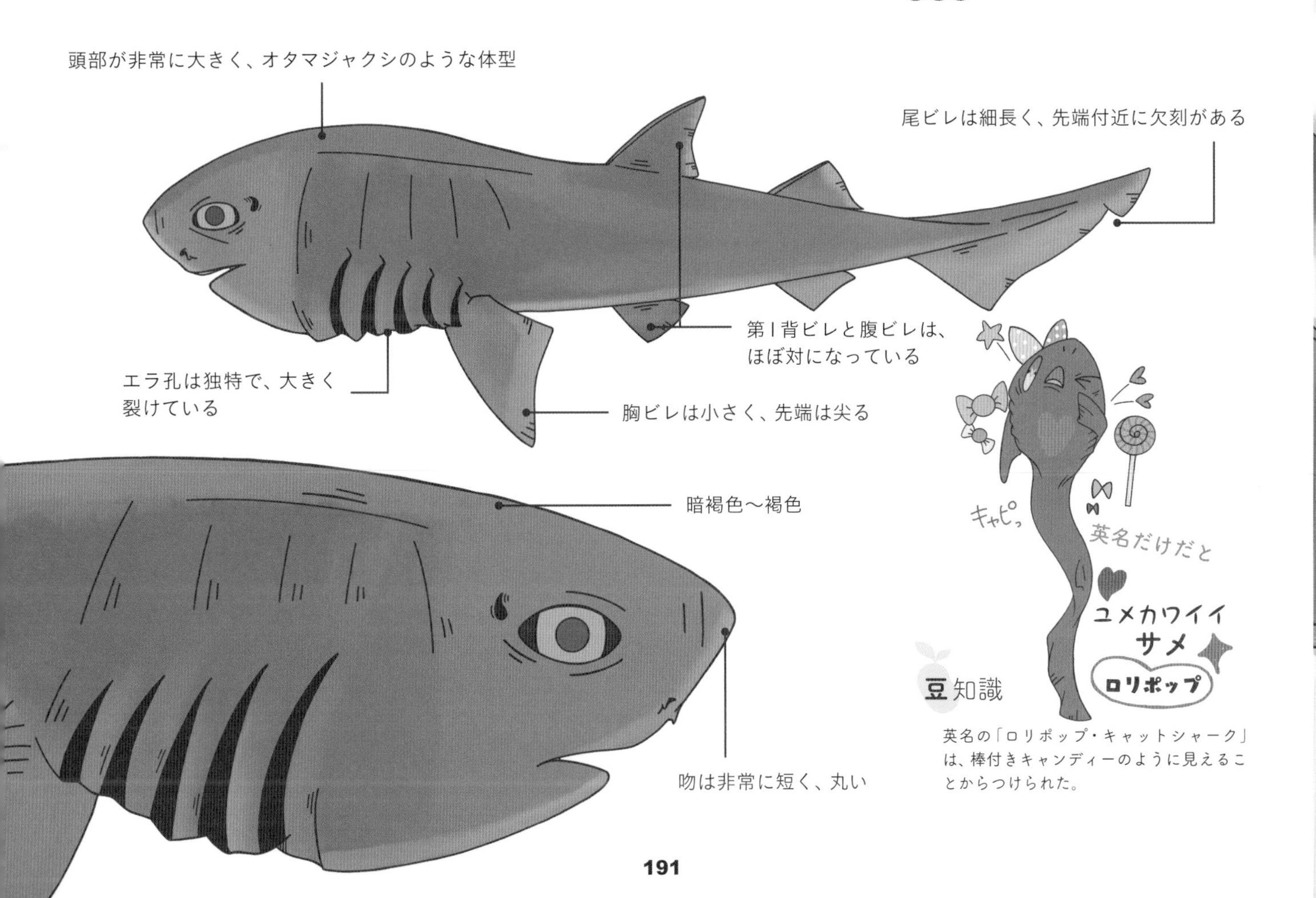

豆知識

英名の「ロリポップ・キャットシャーク」は、棒付きキャンディーのように見えることからつけられた。

イモリザメという名前だけあって爬虫類顔

イモリザメ

Salamander shark

メジロザメ目

トラザメ科

Parmaturus pilosus

イモリザメは、日本近海の深海で確認されているサメ。希少で珍しい種である。

動きは遅く、海底をゆっくりと泳いでいるが、深海のわずかな光を増幅できる大きな目で小型の獲物を見つけ、捕獲している。尾ビレの上縁には、変形した大きなウロコが並んでいる。

明るいと刺激になって目が炎症を起こしたりするため、真っ暗な水槽で飼育されている。水族館などでの長期飼育は難しく、成功例があまりない。

めかぶのヒトコト

生きた姿や泳いでいる姿に会えたら超ラッキー。「井守鮫」だけに縁起もよさそう。

こぼれ話

肝臓の重さは体重の4分の1ほどもある。

生息域

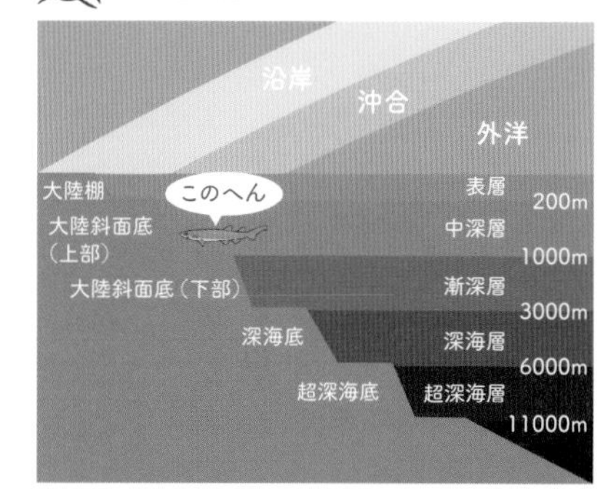

分布図

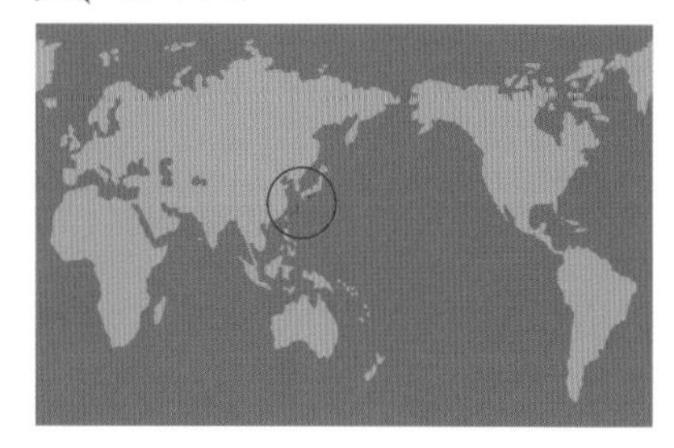

DATA

- **全長**：60～65cmほど
- **分布**：北西太平洋、日本近海など
- **生息**：水深350～1200mまでの大陸斜面
- **捕食**：オキアミなど
- **繁殖**：卵生

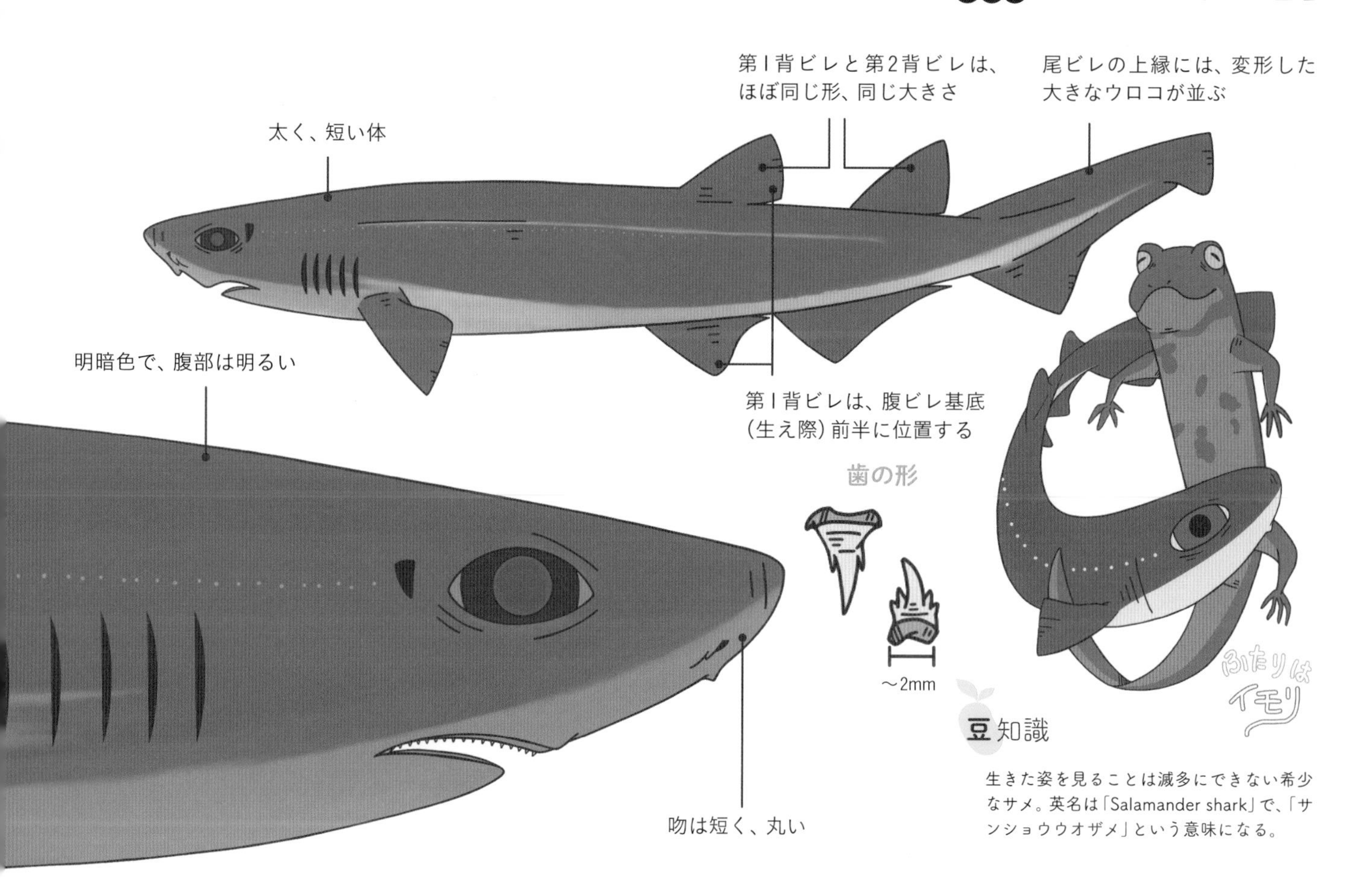

豆知識

生きた姿を見ることは滅多にできない希少なサメ。英名は「Salamander shark」で、「サンショウウオザメ」という意味になる。

イモリ(ザメ)がいるなら、ヤモリ(ザメ)だっているさ

ニホンヤモリザメ

Broadfin sawtail catshark

メジロザメ目

トラザメ科

Galeus nipponensis

ニホンヤモリザメは、普段は基本的に海底でおとなしくしているが、敏感なので刺激を受けると動き出す。まれに、底引き網で混獲される。

近種の「ヤモリザメ」とは、吻先の長さで区別することができる。

イモリザメ(p.192)と同様に、ヤモリザメの仲間も、尾ビレの上にあるウロコが、ノコギリ状に並んでいる。「Sawtail」という英名も、ここからきていると思われる。

めかぶのヒトコト

小柄だけど、しっかりとした顔付きがかわいい。出会えたときはとってもきれいな目に注目してほしい。

こぼれ話

敵に襲われたら、尾ビレのウロコで攻撃する。

DATA

- **全長**:65cmほど
- **分布**:北西太平洋の日本近海など。日本では相模湾以南と沖縄諸島など
- **生息**:水深360~840mまでの大陸斜面
- **捕食**:小型の硬骨魚類、頭足類、甲殻類など
- **繁殖**:卵生(単卵生)。2個の卵を産む

生息域

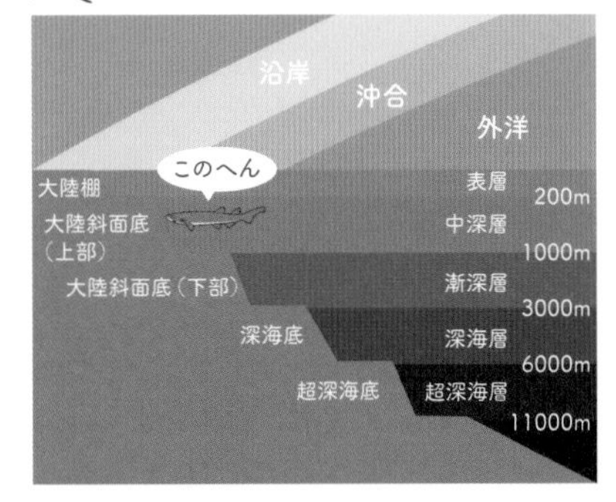

分布図

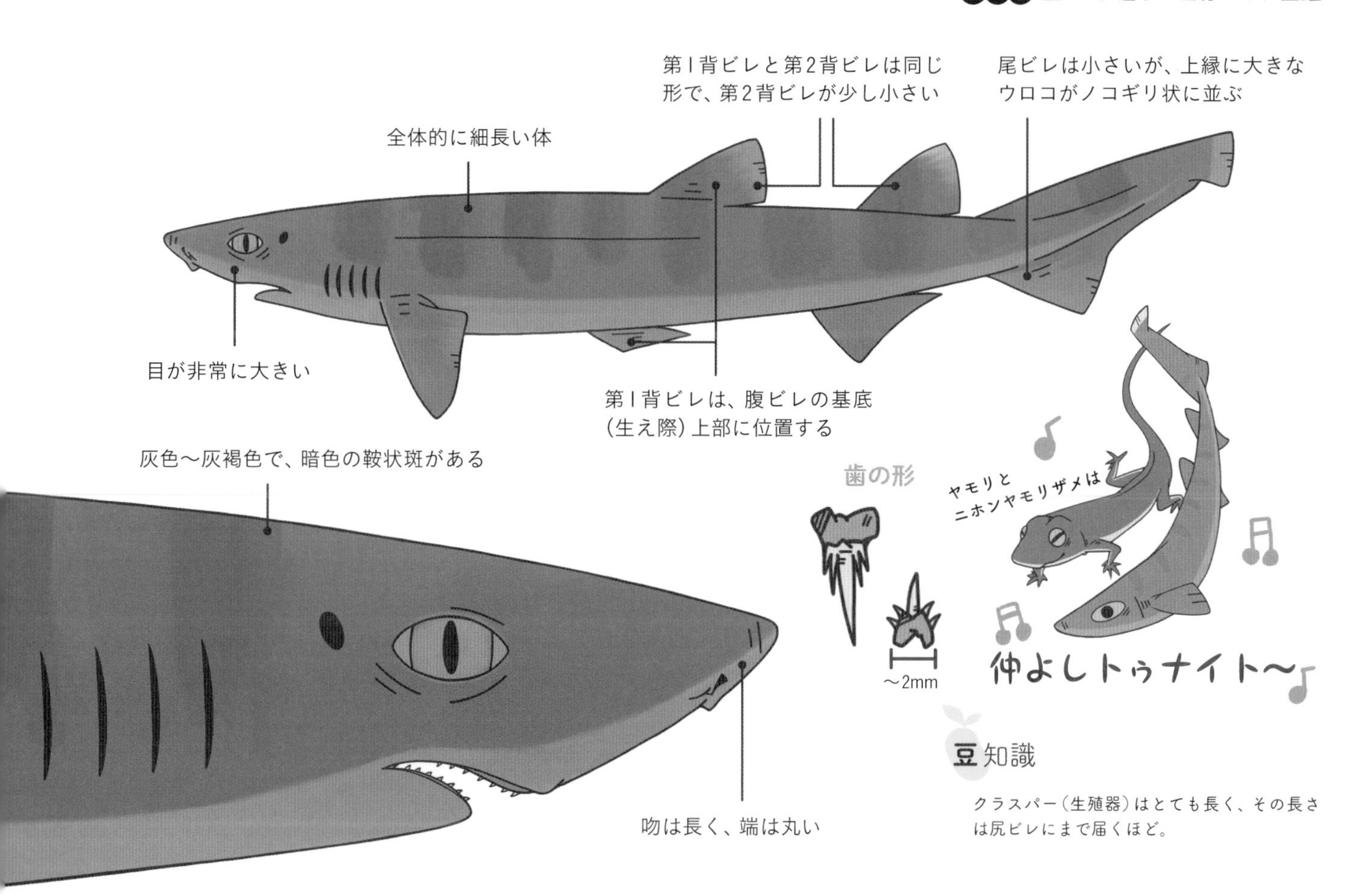

豆知識

クラスパー（生殖器）はとても長く、その長さは尻ビレにまで届くほど。

「お歯黒」ならぬ「お口黒」

クログチヤモリザメ

Blackmouth catshark

メジロザメ目

トラザメ科

Galeus melastomus

　クログチヤモリザメは、その名前通り、口の中が黒いことが特徴。泳ぎは遅いが、体を強くくねらせてウナギのように泳ぐ。体は非常に細い。視覚とロレンチーニ瓶による電気を感知する能力を用いて、さまざまな獲物を探す。

　水深200～1000mほどの低層域に生息するが、ときに浅い水域まで上がってくることがある。ノルウェーの氷海では、さほど深くないところで見かけることがある。

　繁殖力は強く、個体数が豊富である。

めかぶのヒトコト

トラザメの仲間は個性的な柄ばかりで、ファッションショーを見ているよう。だが、描き手泣かせ……。

こぼれ話

獲物を探すときはロレンチーニ瓶の電気を感知する能力をフルに使うため、頭部を左右に振る。

DATA

- **全長**：60～80cmほど
- **分布**：地中海および北東大西洋域など
- **生息**：水深200～1000mほどの大陸棚、大陸斜面の上部
- **捕食**：硬骨魚類や頭足類、甲殻類など
- **繁殖**：卵生

生息域

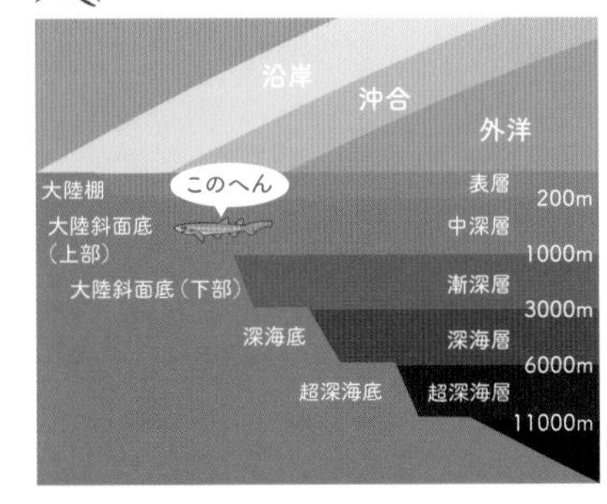

分布図

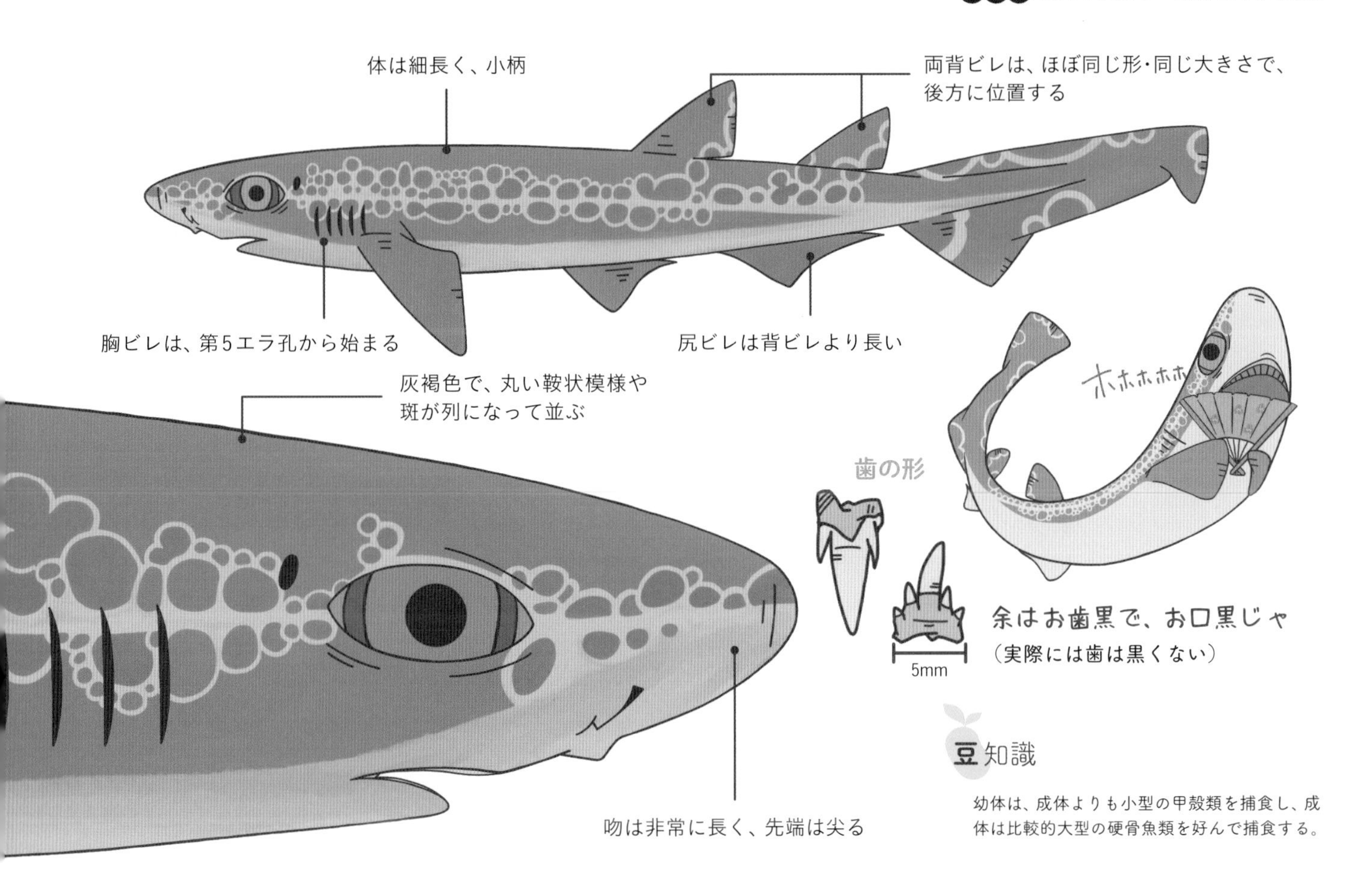

豆知識

幼体は、成体よりも小型の甲殻類を捕食し、成体は比較的大型の硬骨魚類を好んで捕食する。

メスでもお父さんに、オスでもお母さんになれる！

テングヘラザメ

Longhead catshark

メジロザメ目

ヘラザメ科

Apristurus longicephalus

テングヘラザメは、長く、薄い吻を持ち、その見た目が「天狗の鼻」のようなことから、この名前をつけられた。長い吻で海底の獲物を探し、捕食している。

オスもメスも交尾器（おちんちん）と輸卵管を持っていて、お互いに同じ生殖器官を持つという特徴がある。突然変異の奇形ではないかという説があったが、複数の個体から同じ特徴が見られたため、テングヘラザメ独特の特徴と考えられている。

めかぶのヒトコト

ときには母に、ときには父になる。きっと、よい家庭を築けているに違いない！

こぼれ話

歯がまばらに生えている。

生息域

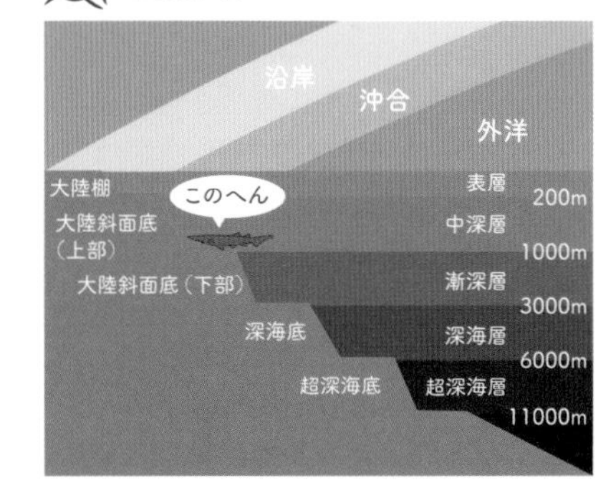

分布図

DATA	
●全長	最大60cmほど
●分布	西部太平洋、インド洋など。日本では四国地方以南の太平洋など
●生息	水深500～1350mまでの大陸斜面など
●捕食	小型の硬骨魚類や頭足類、甲殻類と思われる
●繁殖	卵生（単卵生）。約2個の卵を産む

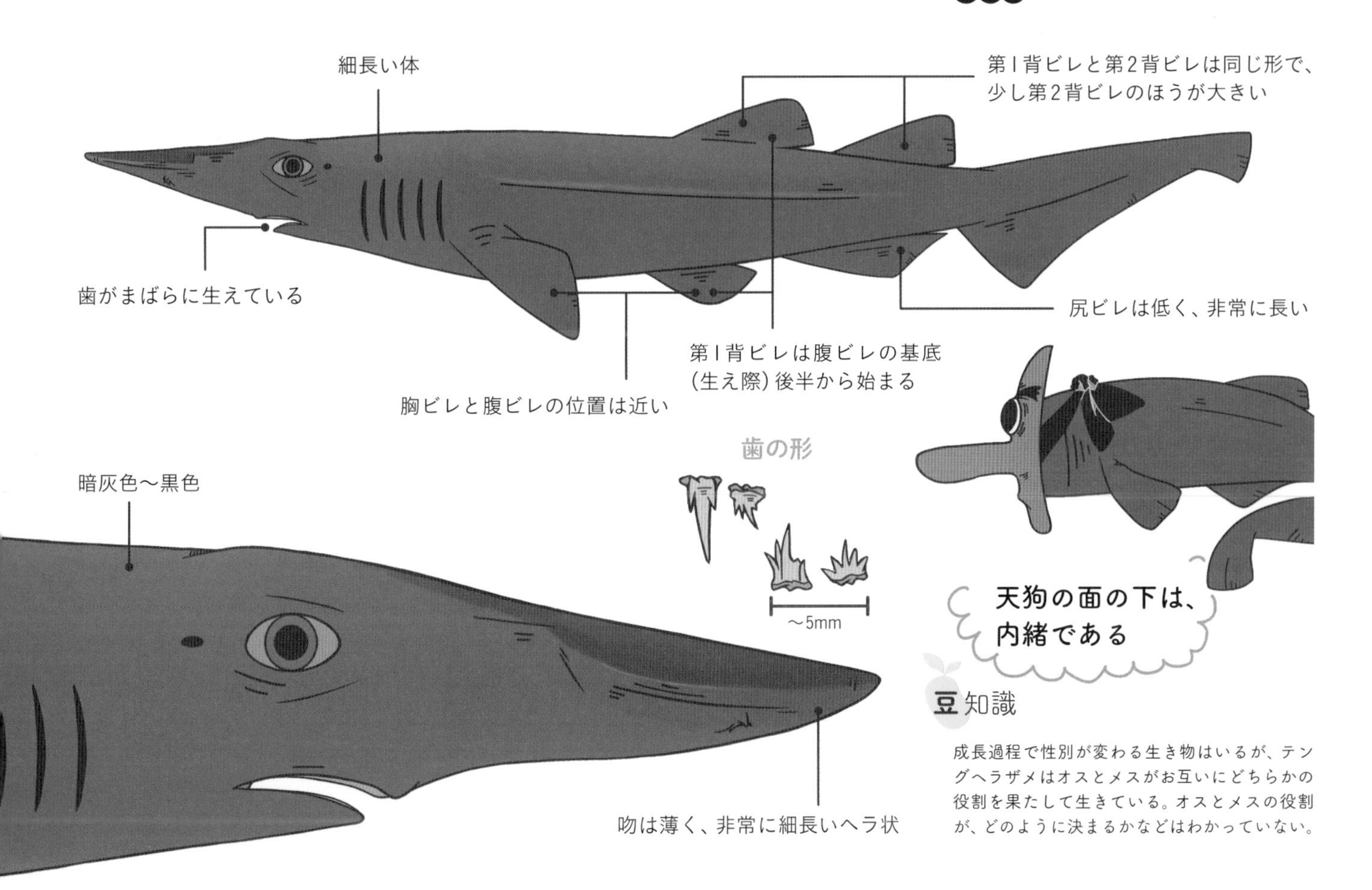

豆知識

成長過程で性別が変わる生き物はいるが、テングヘラザメはオスとメスがお互いにどちらかの役割を果たして生きている。オスとメスの役割が、どのように決まるかなどはわかっていない。

そこの人魚さん、お財布落としましたよ!?

ナヌカザメ

Japanese swellshark

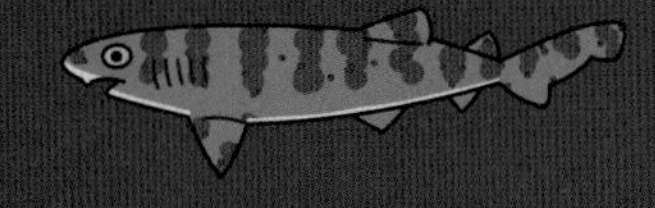

メジロザメ目

トラザメ科

Cephaloscyllium umbratile

ナヌカザメという名前の由来は「陸で、7日間も生きられる」という言い伝えからきているが、実際はそんなに生きられない。だが、他のサメと比べれば、多少の耐性はあるようだ。

ナヌカザメは、危険を察知すると水や空気を取り込み、体をふくらませることができる。ただ、ふくらんだナヌカザメが海面に浮かんでいたという報告があることから、一度ふくらむと元に戻るのが難しいのかもしれない(個体差があると思われる)。

めかぶのヒトコト

柄や見た目から「サメ界のオオサンショウウオ」に思える。チャーミングな顔にも注目。

こぼれ話

卵は見た目が美しいことから「人魚の財布」と呼ばれている。

生息域

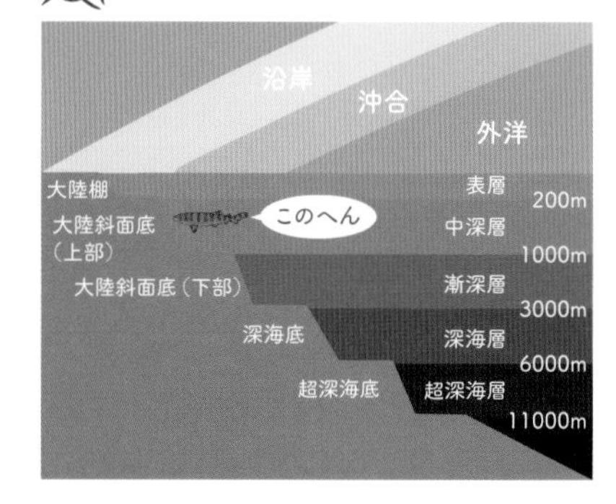

分布図

DATA

- **全長**：85cm～1.2m弱
- **分布**：東シナ海、日本周辺海域。日本では北海道南部以南の各地
- **生息**：大陸棚から水深700mまでの大陸斜面
- **捕食**：サメを含む軟骨魚類や小型硬骨魚類、甲殻類、頭足類など
- **繁殖**：卵生(単卵生)。2個の卵を産む

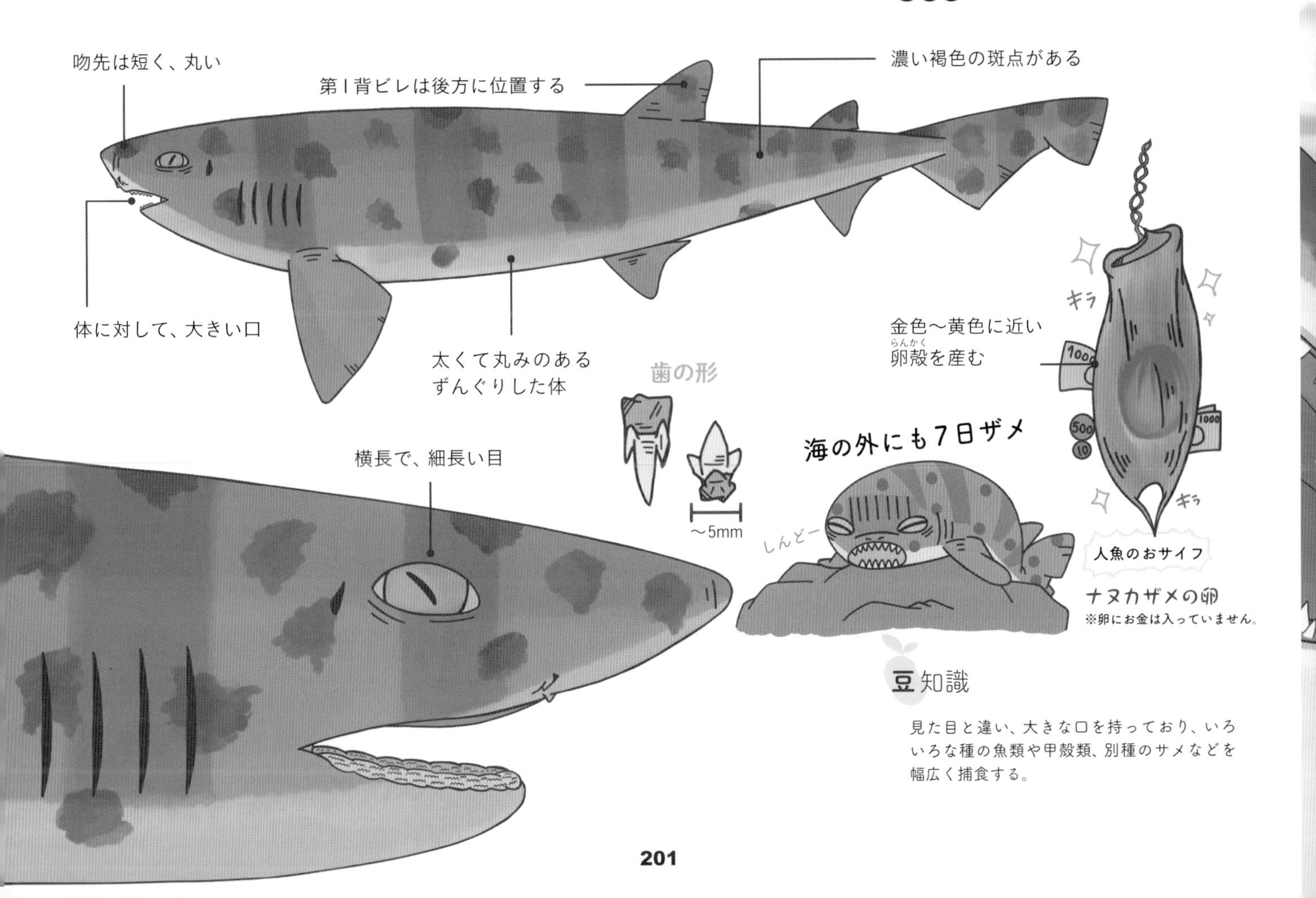

豆知識

見た目と違い、大きな口を持っており、いろいろな種の魚類や甲殻類、別種のサメなどを幅広く捕食する。

「リボン」のような尾ビレは、かわいいの証

オナガドチザメ

Pygmy ribbontail catshark

メジロザメ目

タイワンザメ科

Eridacnis radcliffei

オナガドチザメは捕獲例が少なく、希少種なので、その生態や行動については、明確にわかっていない。名前の通り、尾が長く、全長の3分の1ほどもある。下葉は小さくて目立たない。両背ビレには暗褐色の斑が、尾ビレには暗褐色の帯状斑がある。

最も小さいサメの一種であり、最大でも25cmほどで、体重も50gほどしかない。

何かに利用するために捕獲されることはない小さなサメだが、漁などで混獲される。

めかぶのヒトコト

小さく細い体と、長い尾ビレがチャームポイント。

こぼれ話

メスより、オスのほうが小さい。

生息域

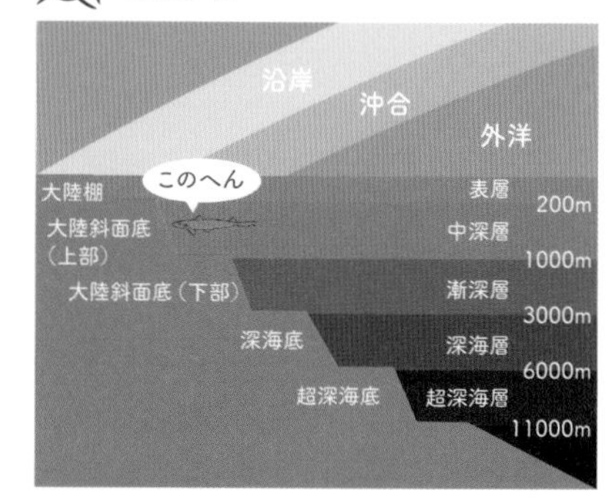

分布図

DATA	
●全長	最大25cmほど
●分布	西部太平洋や北部インド洋沖の熱帯海域など
●生息	水深70～750mほどの大陸棚や大陸斜面の泥底など
●捕食	小型の硬骨魚類や甲殻類、無脊椎動物など
●繁殖	卵黄依存型の胎生。1～2匹ほどの仔を産む

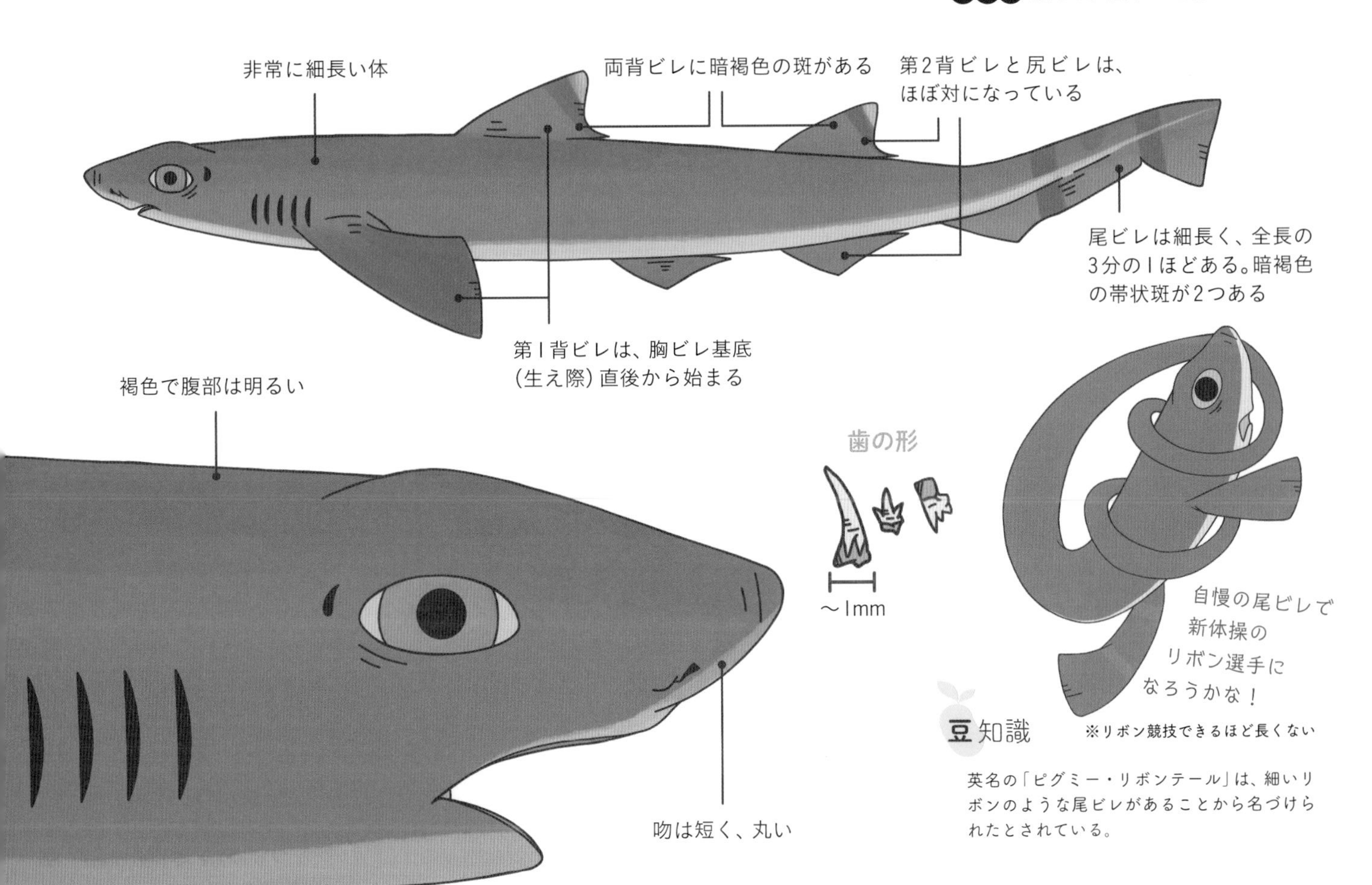

豆知識

英名の「ピグミー・リボンテール」は、細いリボンのような尾ビレがあることから名づけられたとされている。

出身地は台湾だけじゃない！

タイワンザメ

Graceful catshark

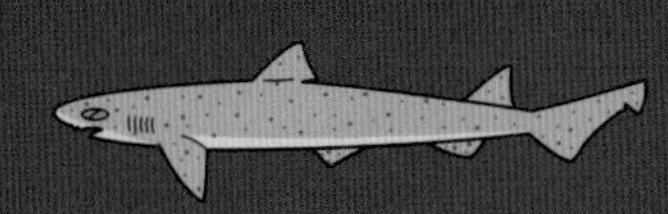

メジロザメ目

タイワンザメ科

Proscyllium habereri

タイワンザメは、一般的なサメとは少し異なるシャープで細長い体を持つ。名前に「タイワン」とついているが、台湾の他、日本や韓国の近海などにも生息している。

黒い斑点が、背中や側面、ヒレに広がっているのが特徴である。見た目は、同じタイワンザメ類の「ナガサキトラザメ」や「ヒョウザメ」と似ているが、斑点やヒレの位置などで区別することができる。

めかぶのヒトコト

つかみはばっちりの個性的な見た目。でも、実際に目にしたとき、サメと認識できるかどうかが心配。

こぼれ話

英名の「グレイスフル」は「おしとやか」を意味する。

生息域

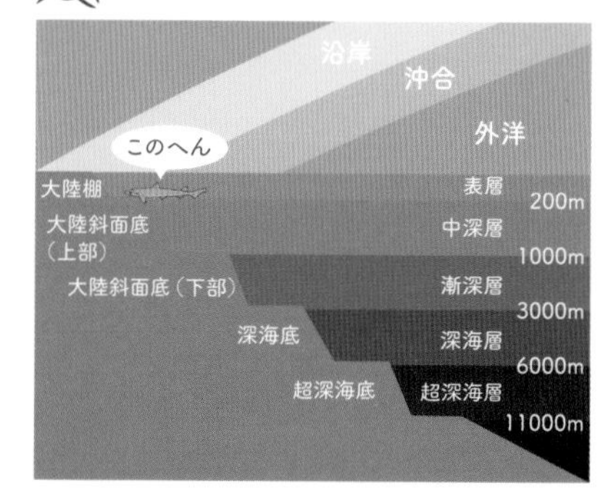

分布図

DATA

- ●**全長**：最大65cmほど
- ●**分布**：朝鮮半島、台湾、中国、東南アジアといった西太平洋の沿岸部など。日本では千葉県以南など
- ●**生息**：水深100～300mほどの大陸棚上や大陸棚縁辺部など
- ●**捕食**：小型の硬骨魚類やイカ・タコなどの頭足類、甲殻類など
- ●**繁殖**：卵生

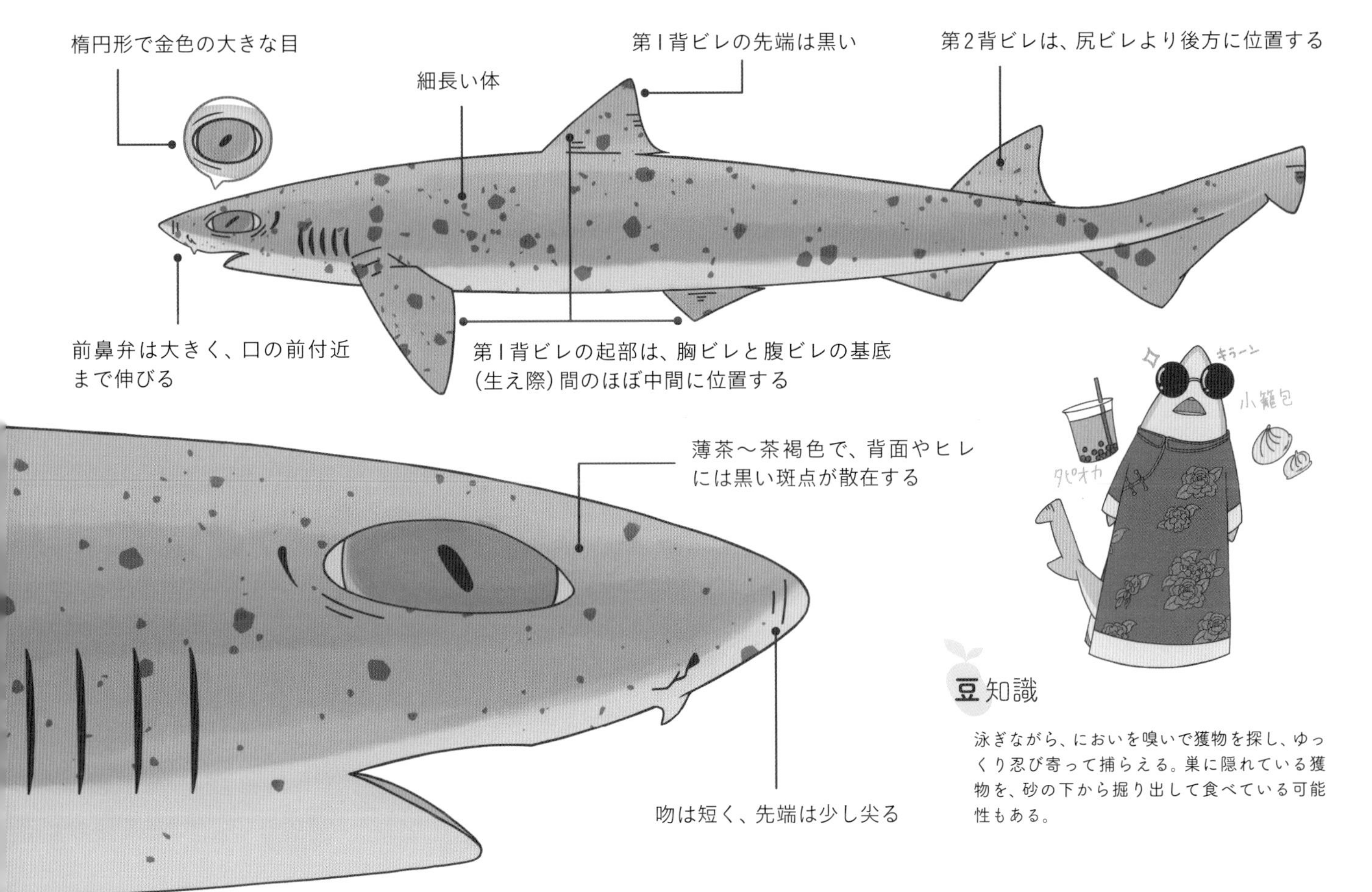

豆知識

泳ぎながら、においを嗅いで獲物を探し、ゆっくり忍び寄って捕らえる。巣に隠れている獲物を、砂の下から掘り出して食べている可能性もある。

バッド・タイミング

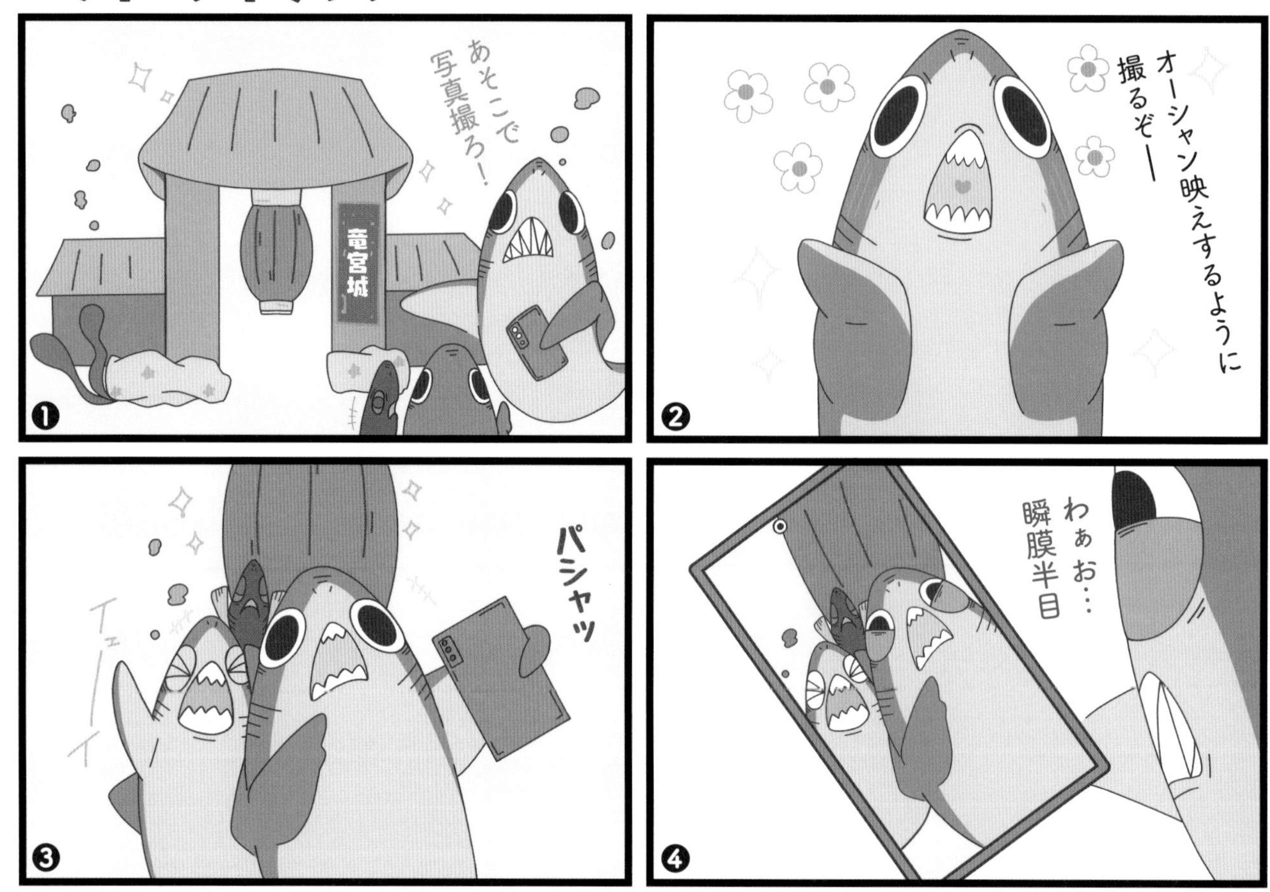

ツノザメ目

「おでん」じゃない！　「オンデン」だ！

オンデンザメ

Pacific sleeper shark

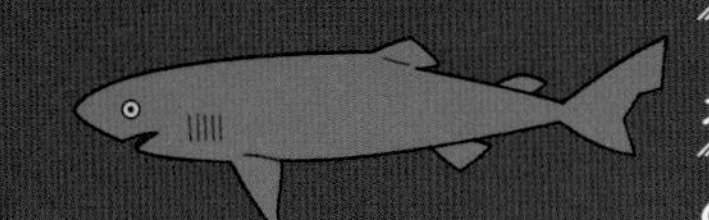

ツノザメ目

オンデンザメ科

Somniosus pacificus

　オンデンザメは、「ニシオンデンザメ(p.210)」という近縁種がいる。見た目は似ているが、住んでいる場所が異なる。皮膚はサメ特有の粗い鮫肌だが、身はとても水っぽくてブヨブヨしており、やわらかい。

　何でも捕食してしまう大型のサメだが、オンデンザメの死骸に、カグラザメ(p.246)の特徴的な歯形があったことから、同じ大型のカグラザメに捕食されることもあると思われる。

めかぶのヒトコト

未知の深海で生きているサメは神秘的なので生態をもっと知りたいもの。意外と大型系が多い。

こぼれ話

ニシオンデンザメと同様、オンデンザメもサメの中で最も泳ぎが遅い。

生息域

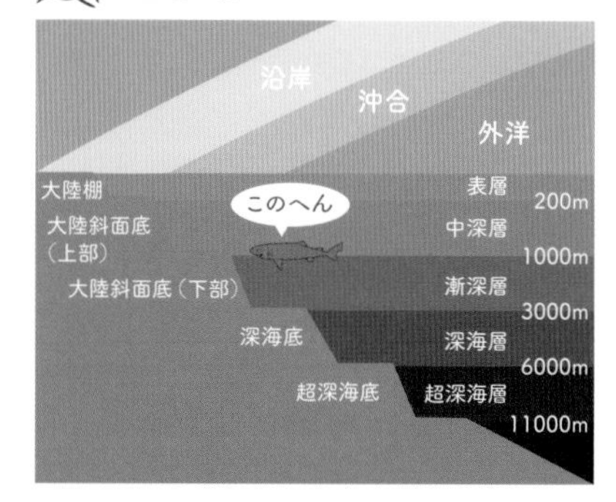

分布図

DATA

- ●**全長**：3.5～4.5mほど。最大で7mを超えるともいわれる
- ●**分布**：北太平洋、北極海など。日本では土佐湾以北の太平洋、日本海、オホーツク海など
- ●**生息**：浅海から水深2000mほどの海底部
- ●**捕食**：硬骨魚類や頭足類、軟骨魚類、哺乳類など
- ●**繁殖**：卵黄依存型の胎生

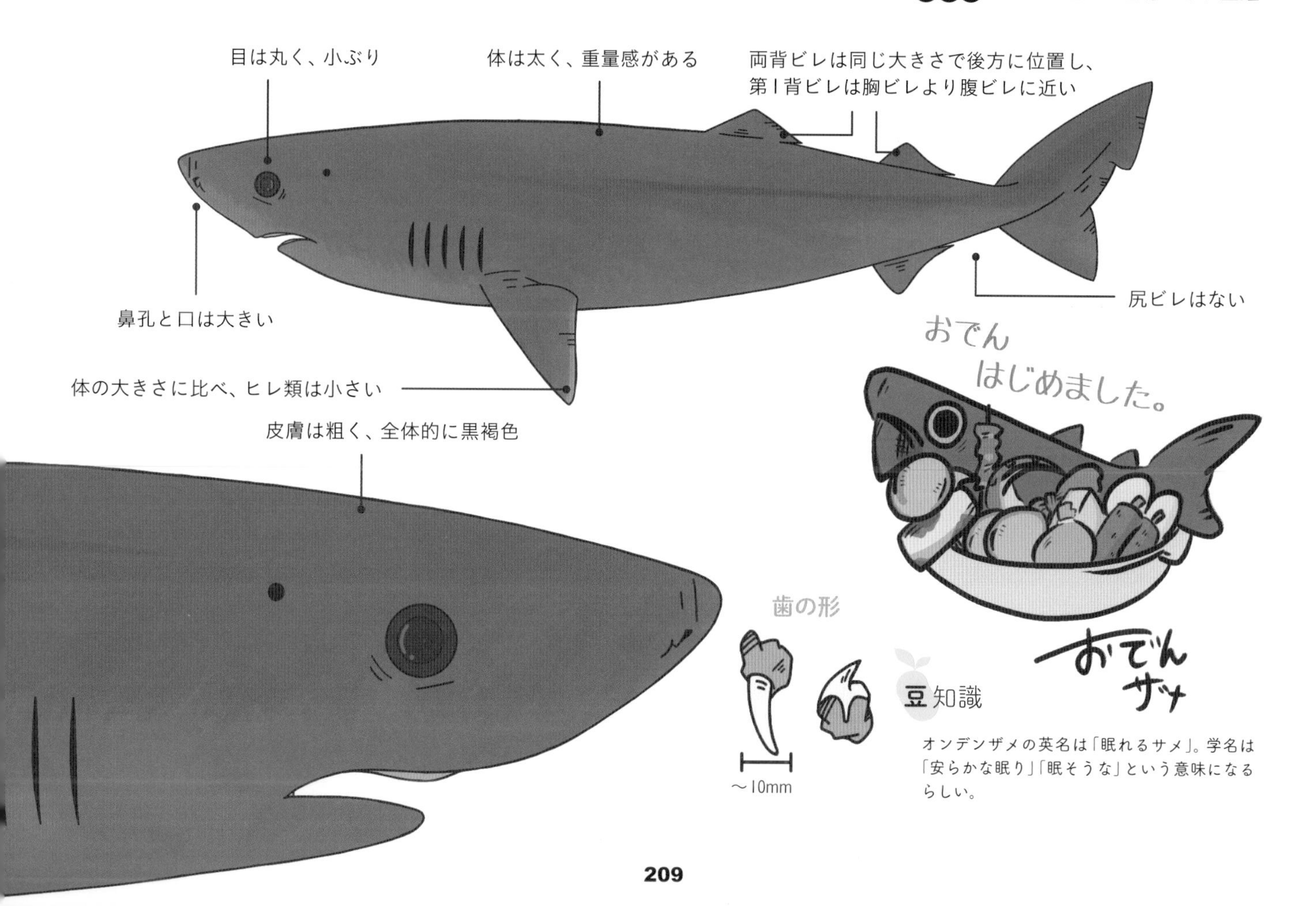

豆知識

オンデンザメの英名は「眠れるサメ」。学名は「安らかな眠り」「眠そうな」という意味になるらしい。

チャームポイントは目から飛び出た寄生虫？

ニシオンデンザメ

Greenland shark

ツノザメ目

オンデンザメ科

Somniosus microcephalus

ニシオンデンザメは、水温0.6～12℃の寒冷な海域に生息する。「世界で最も泳ぐのが遅いサメ」とされており、最高速度は時速2kmほど。極寒の海で生きているので、筋肉を早く動かすことが難しいと考えられている。

寄生虫が目に寄生していることが多く、ほとんどの個体は片目または両目を失明している。獲物をおびき寄せるために、光る寄生虫に寄生させているのではないか、ともいわれている。

めかぶのヒトコト

「推定500歳以上のニシオンデンザメ発見」の記事に無限の可能性と神秘を感じる。織田信長(1534-1582)もびっくりだろう。

こぼれ話

貪欲で大食らい。胃の中からトナカイやホッキョクグマの骨も見つかっている。長寿で、成魚になるまでに150年ほどかかり、400歳ほど生きる。

生息域

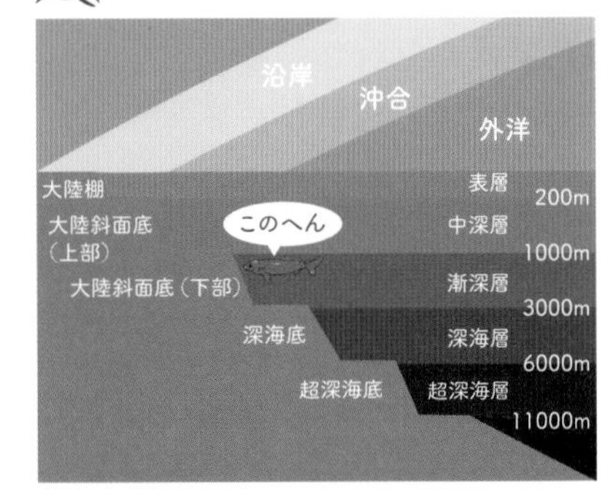

分布図

DATA

- **全長**：5.5～6.5mほど。最大で7mになることもある
- **分布**：大西洋北部、北極海など
- **生息**：大陸棚と水深2200mまでの大陸斜面
- **捕食**：硬骨魚類、頭足類、軟骨魚類、哺乳類、鳥類など
- **繁殖**：卵黄依存型の胎生。約10匹ほどの仔を産む

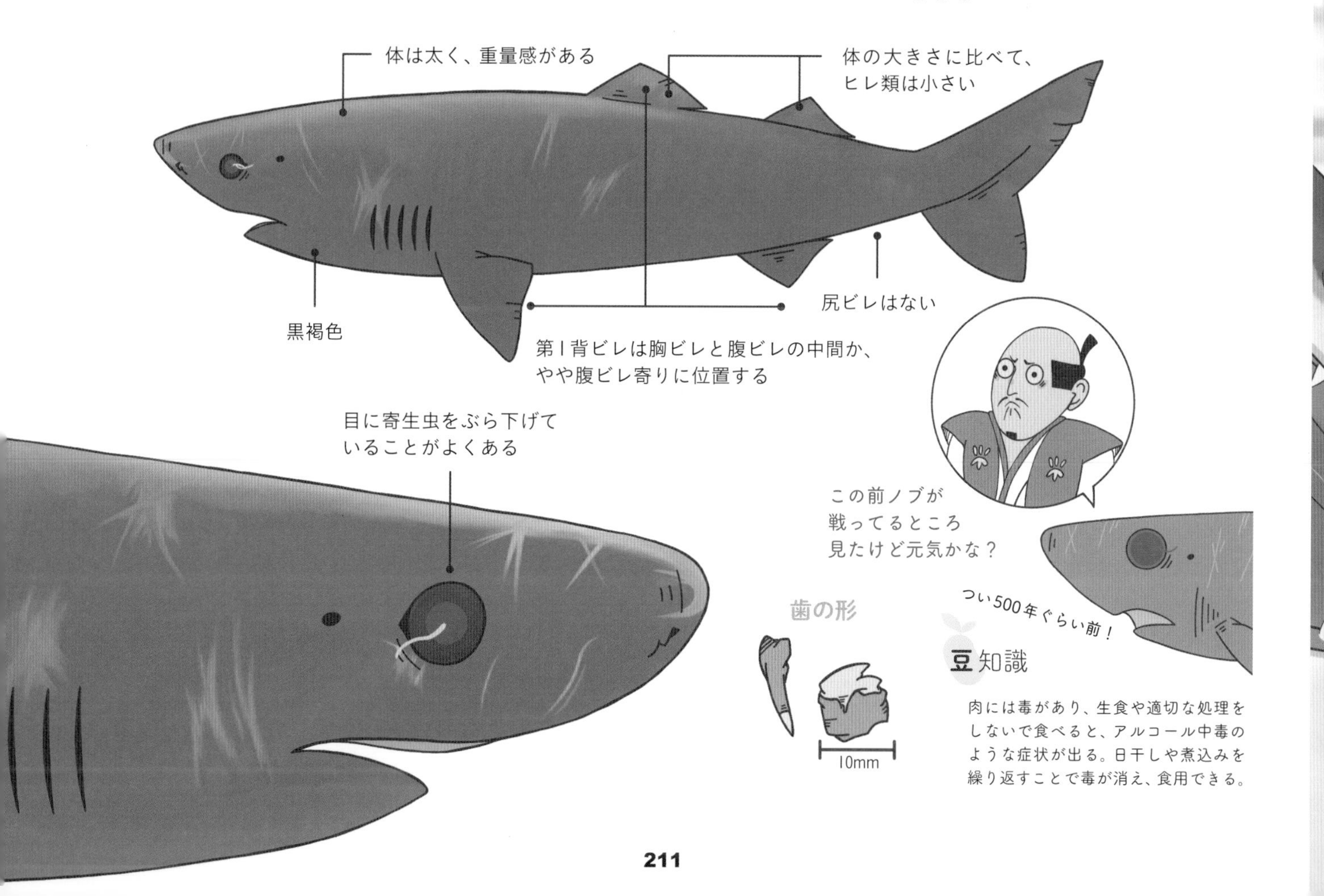

豆知識

肉には毒があり、生食や適切な処理をしないで食べると、アルコール中毒のような症状が出る。日干しや煮込みを繰り返すことで毒が消え、食用できる。

ねんねん　ころりよ、おころりよ～いい夢見ろよ！

ユメザメ

Roughskin dogfish

ツノザメ目

オンデンザメ科

Centroscymnus owstonii

ユメザメには「まぶた」があり、目を閉じる姿が「寝ている」ように見えるため、この名前が付けられた。まぶたがある理由は、はっきりしていないが、反射膜のある目を隠すためではないかともいわれている。一部の深海ザメの中にも、ユメザメのようにまぶたを持っている種がいる。ときにオスとメスで分かれて群れをつくる。生まれてから大きくなるまでの成長は遅い。

めかぶのヒトコト

まぶたで目を閉じた姿は、まるで赤ちゃんのようでかわいい。

こぼれ話

行動や生態は未知の部分が多い。

生息域

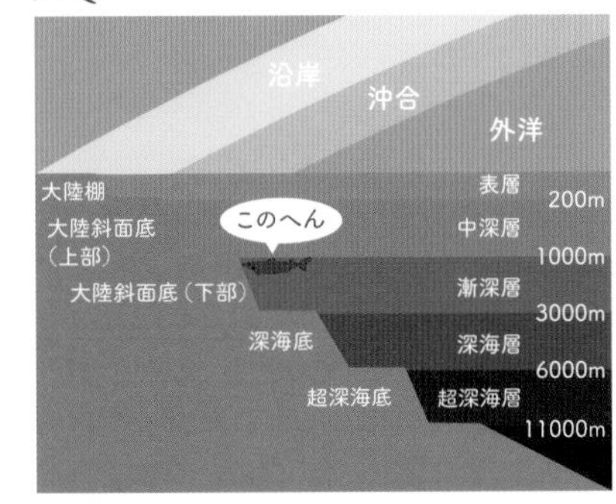

分布図

DATA

- **全長**：1～1.2m弱
- **分布**：西部太平洋、南東太平洋、大西洋など。日本では駿河湾、相模湾、土佐湾、沖縄諸島など南日本の海域
- **生息**：水深150～1500mほどの大陸斜面や大陸棚
- **捕食**：硬骨魚類、イカ・タコの頭足類など
- **繁殖**：卵黄依存型の胎生。30～35匹ほどの仔を産む

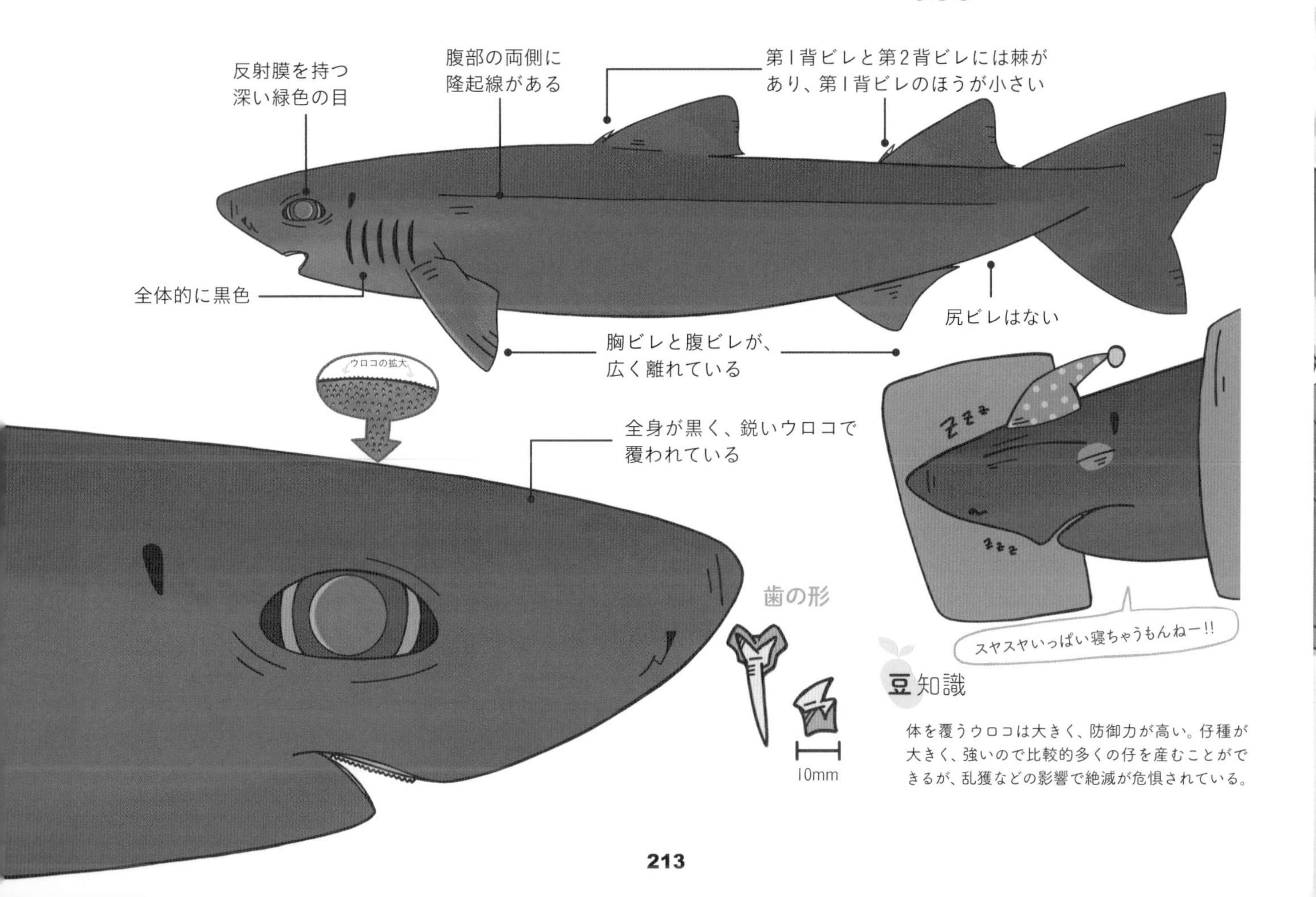

豆知識

体を覆うウロコは大きく、防御力が高い。仔種が大きく、強いので比較的多くの仔を産むことができるが、乱獲などの影響で絶滅が危惧されている。

吻を長ーくして、夢の中で待っている！

フンナガユメザメ

Longnose velvet dogfish

ツノザメ目

オンデンザメ科

Centroselachus crepidater

　フンナガユメザメは、全体的に細長く、吻先も長い。深海ザメの中でも、とても深い海底に生息するサメなので、姿を見る機会はほとんどない。そのため、フンナガユメザメの生態はわかってないことが多く、ユメザメ（p.212）のように「目を閉じるのかどうか」なども不明である。他の深海ザメと同様に、泳ぐことが得意ではない体のつくりなので、ゆっくりと泳ぐと思われる。ユメザメと同様に尻ビレはない。

めかぶのヒトコト

ユメザメは有名だが、吻が長いユメザメの仲間がいることにびっくり。奥が深い。

こぼれ話

吻先は長いのに、口は比較的小さい。

生息域

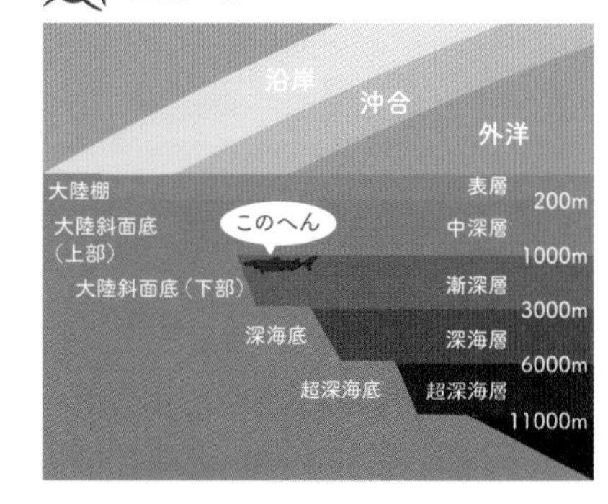

分布図

DATA

- **全長**：1m弱
- **分布**：太平洋、西部インド洋、東部大西洋など
- **生息**：水深200～2000mほどの大陸斜面
- **捕食**：硬骨魚類やイカ類など
- **繁殖**：卵黄依存型の胎生。1～9匹ほどの仔を産む

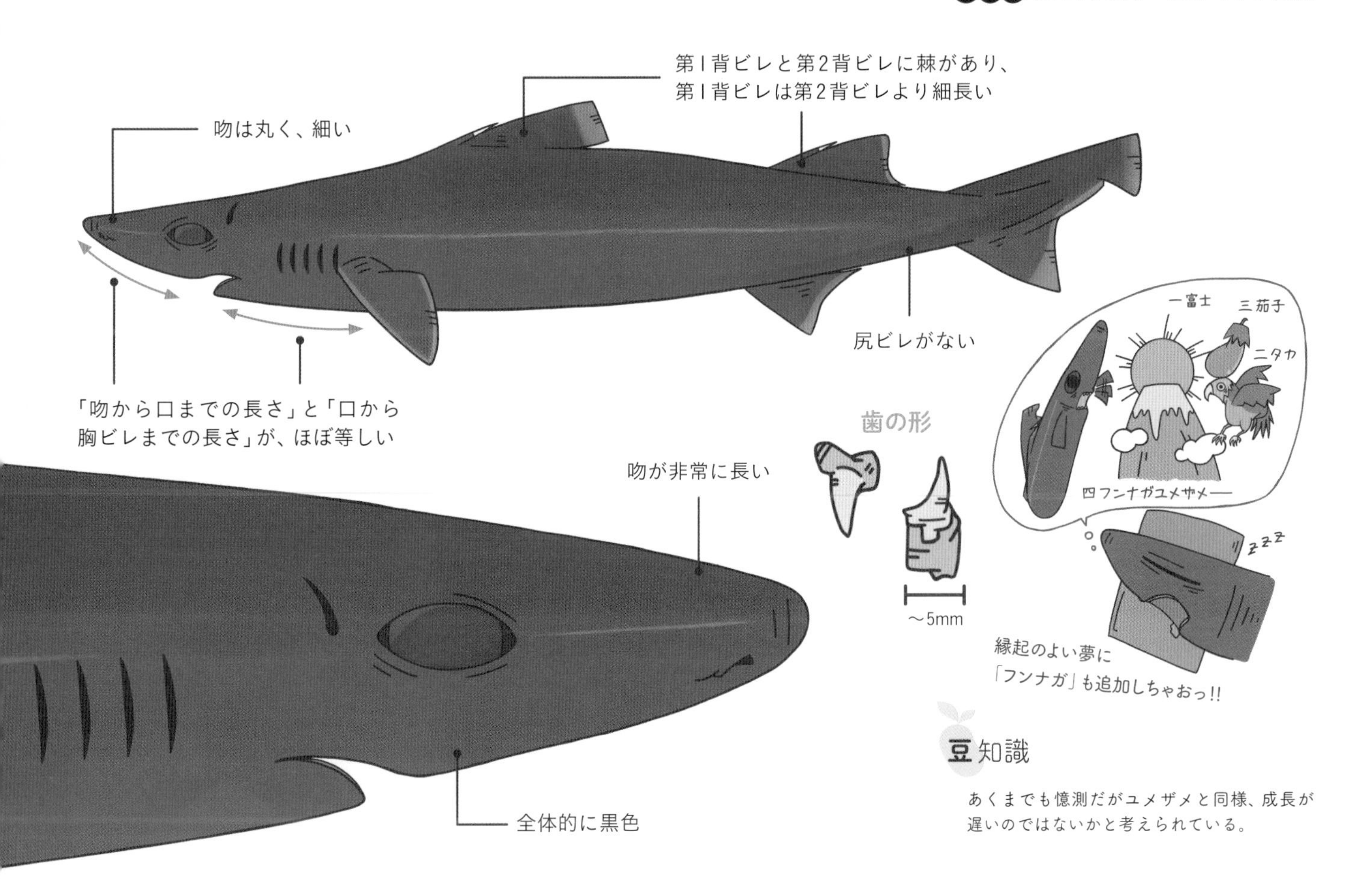

豆知識

あくまでも憶測だがユメザメと同様、成長が遅いのではないかと考えられている。

「カエルっぽいところ」はどこ？

カエルザメ

Frog shark

ツノザメ目

オンデンザメ科

Somniosus longus

　カエルザメは希少種なので、生態については不明な点が多い。謎の多い幻のサメで、捕獲例も少ないが、日本の深海で数回、捕獲された記録がある。

　カエルザメは歯が鋭く、上顎歯はナイフ状。下顎歯は幅広く、外側に少し傾いている。そして、上下のアゴには無数の歯がびっしり並んでいる。

　獲物に咬みつくと、歯をノコギリのように動かして肉を引きちぎる。

めかぶのヒトコト

サメの歯はベルトコンベア式に並んでいるが、カエルザメの歯は大量で、ベルトコンベアは大渋滞している。

こぼれ話

練り製品にするととても長く保存できるので、焼津（静岡県）では「おばけ」という呼び方もあるとか。

DATA

- ●**全長**：記録されている最大値は1.4mほど
- ●**分布**：西部太平洋（日本とニュージーランド）、チリから発見の報告がある
- ●**生息**：水深250～1200mほどの大陸斜面
- ●**捕食**：不明
- ●**繁殖**：卵黄依存型の胎生

生息域

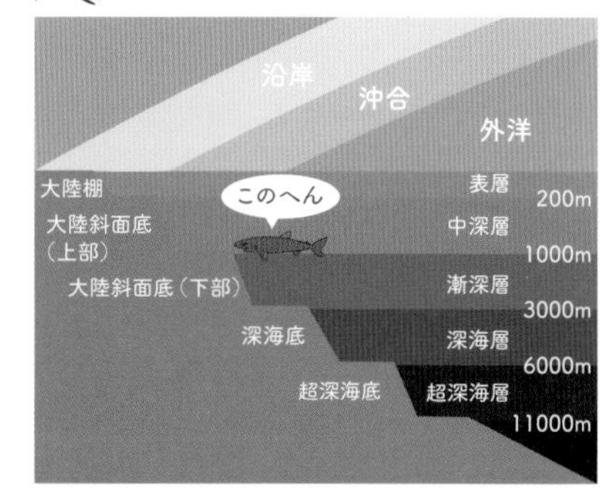

分布図

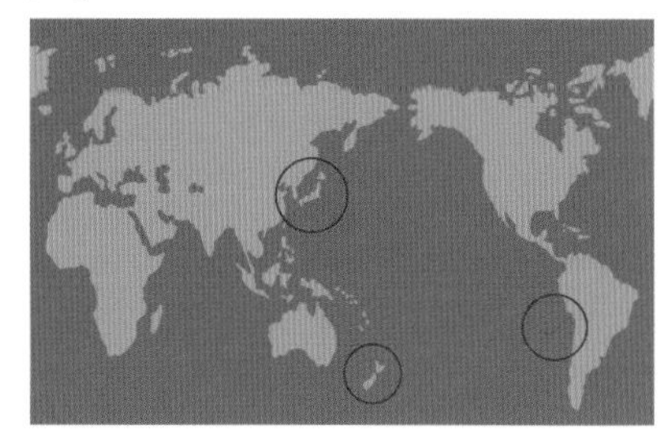

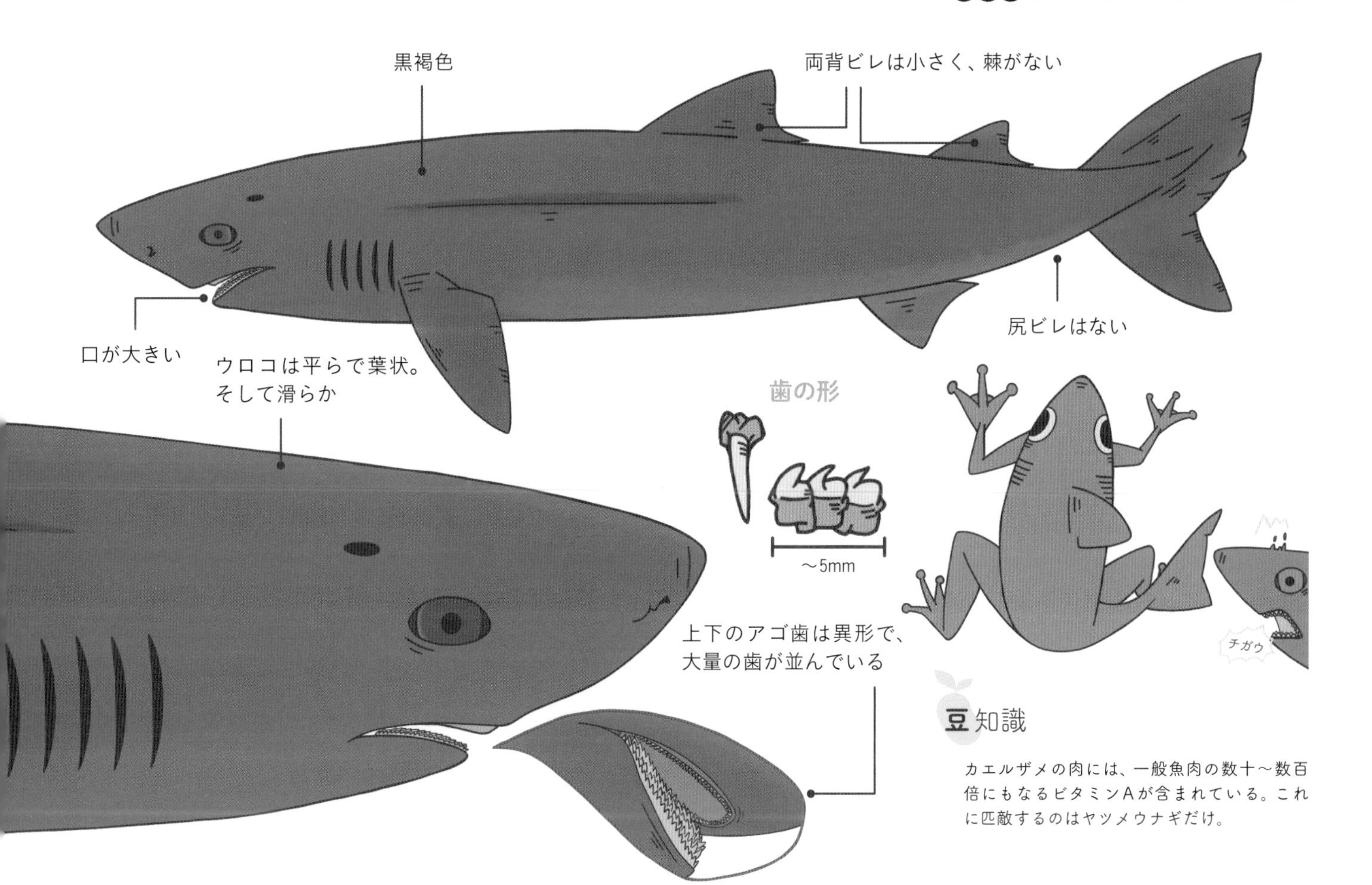

豆知識

カエルザメの肉には、一般魚肉の数十～数百倍にもなるビタミンAが含まれている。これに匹敵するのはヤツメウナギだけ。

カラスが鳴いたら帰りましょー

カラスザメ

Smooth lantern shark

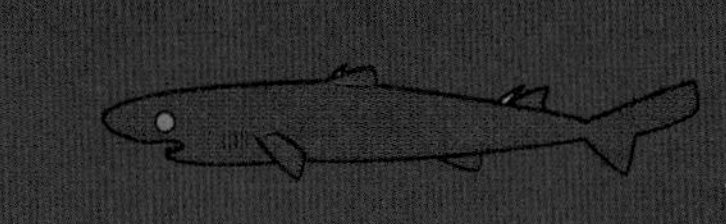

ツノザメ目

カラスザメ科

Etmopterus pusillus

カラスザメの見た目は、全身真っ黒。名前の通り、カラスのような姿である。漢字で書くと「烏鮫」。上顎歯の尖頭は細く滑らかで、下顎歯の尖頭はナイフ状。すべての歯は結合している。

主に深海魚を飼育している特別な水族館などでは、短期の飼育記録があるが、長期飼育はまだ成功していない。卵胎生だが、くわしい生殖や生態についてはまだ解明されていない。繁殖力は低く、成長も遅いとされている。

めかぶのヒトコト

「真っ黒」とはいうけれど、よく見ると光沢があり、とてもきれいなサメ。顔は割とりりしくてかっこいい。

こぼれ話

1日のなかで規則的に生息深度を変える「日周鉛直移動」を行う。

生息域

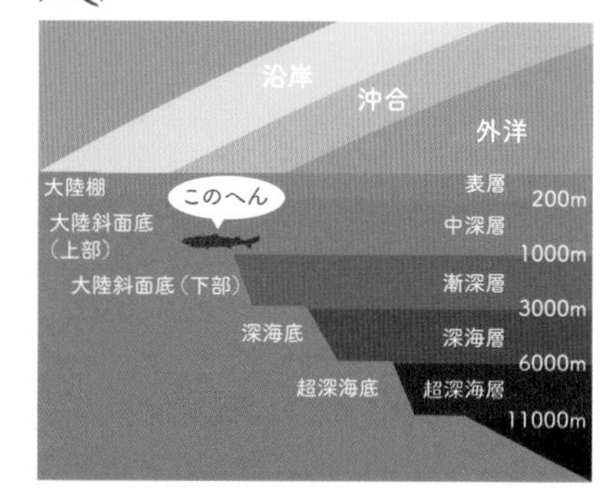

分布図

DATA

- ●**全長**：最大50cmほど
- ●**分布**：中・西部太平洋、西部インド洋、大西洋など。日本では南日本など
- ●**生息**：水深200～1000mほどの大陸斜面。熱水噴出孔付近でも確認されたことがある
- ●**捕食**：魚卵や小型の硬骨魚類、イカなどの頭足類
- ●**繁殖**：卵黄依存型の胎生。1～6匹ほどの仔を産む

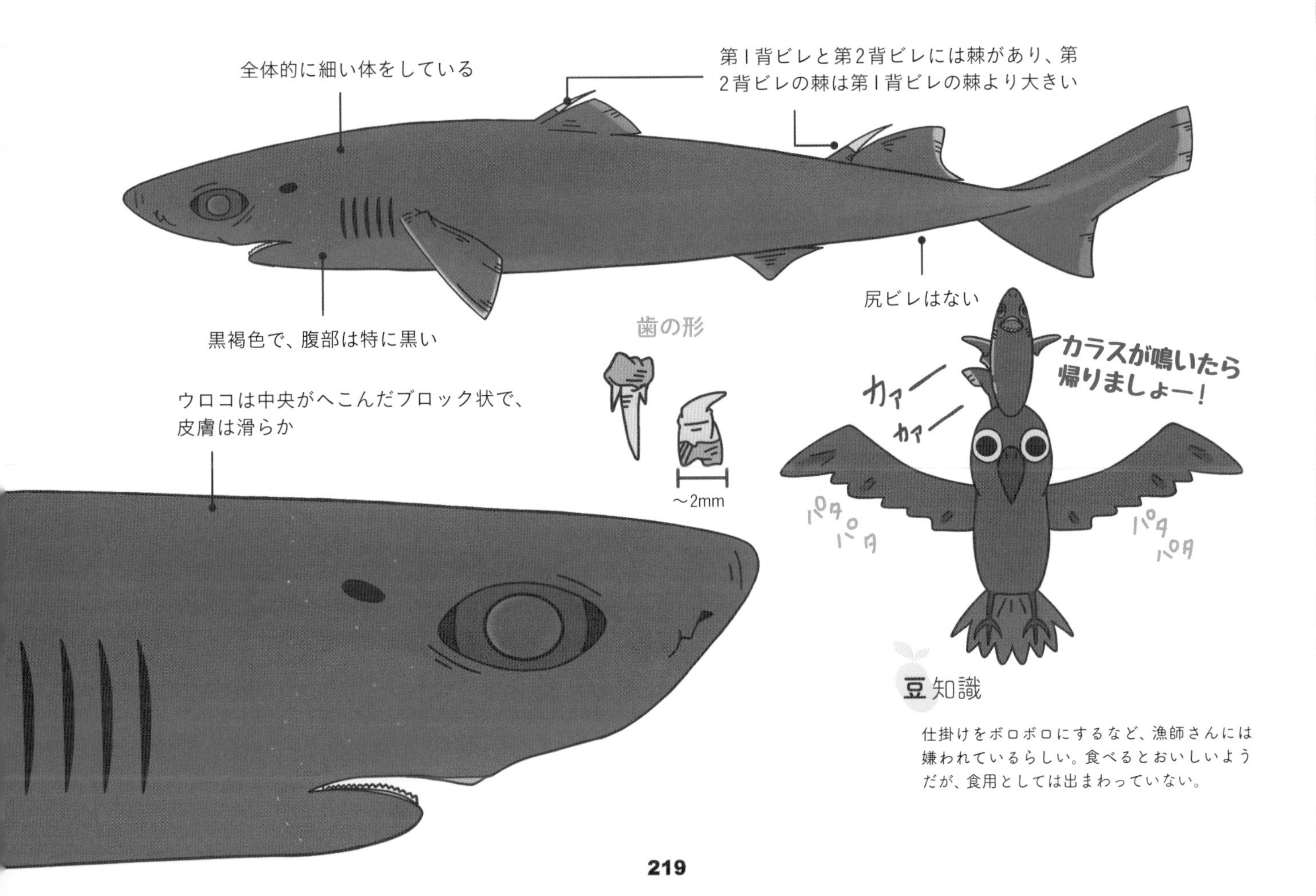

豆知識

仕掛けをボロボロにするなど、漁師さんには嫌われているらしい。食べるとおいしいようだが、食用としては出まわっていない。

ジャパニーズ忍者「シャーク・オブ・ザ・忍者」

ニンジャカラスザメ

Ninja lantern shark

ツノザメ目

カラスザメ科

Etmopterus benchleyi

ニンジャカラスザメは、2010年には発見されていたが、正式に新種として認められたのは2015年のこと。発見者の親族の子どもが、ニンジャカラスザメを見たとき、見た目の黒さが忍者に似ていることから「Super Ninja Shark」と呼んだ。それがきっかけとなり、学者によって「Ninja lantern shark」と名づけられた。猛毒ではないが、背ビレの棘には毒がある。

めかぶのヒトコト

某ゲームに登場するキャラクターに似ていると、ネット上で話題になった。私もそのゲームをしている1人だが確かに似ている……。

こぼれ話

学名の「benchleyi」は、有名なサメ映画『ジョーズ』の原作者であるピーター・ベンチリー氏の名前から付けられている。

生息域

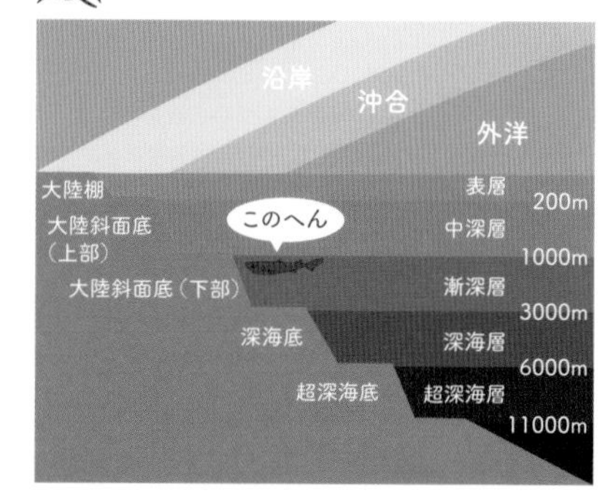

分布図

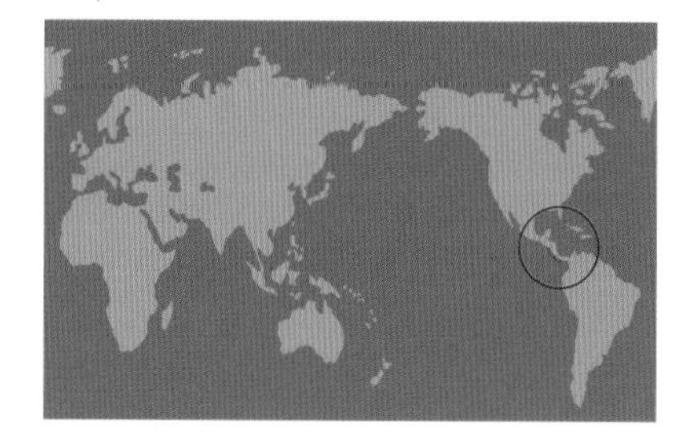

DATA

- **全長**：50～52cm強ほど
- **分布**：東太平洋の中央アメリカ沿岸
- **生息**：水深830m以浅～1440mほどの大陸斜面
- **捕食**：小型の硬骨魚類や、タコ・イカなどの頭足類と思われる
- **繁殖**：卵黄依存型の胎生だが、くわしくは解明されていない。おそらく約5匹ほどの仔を産む

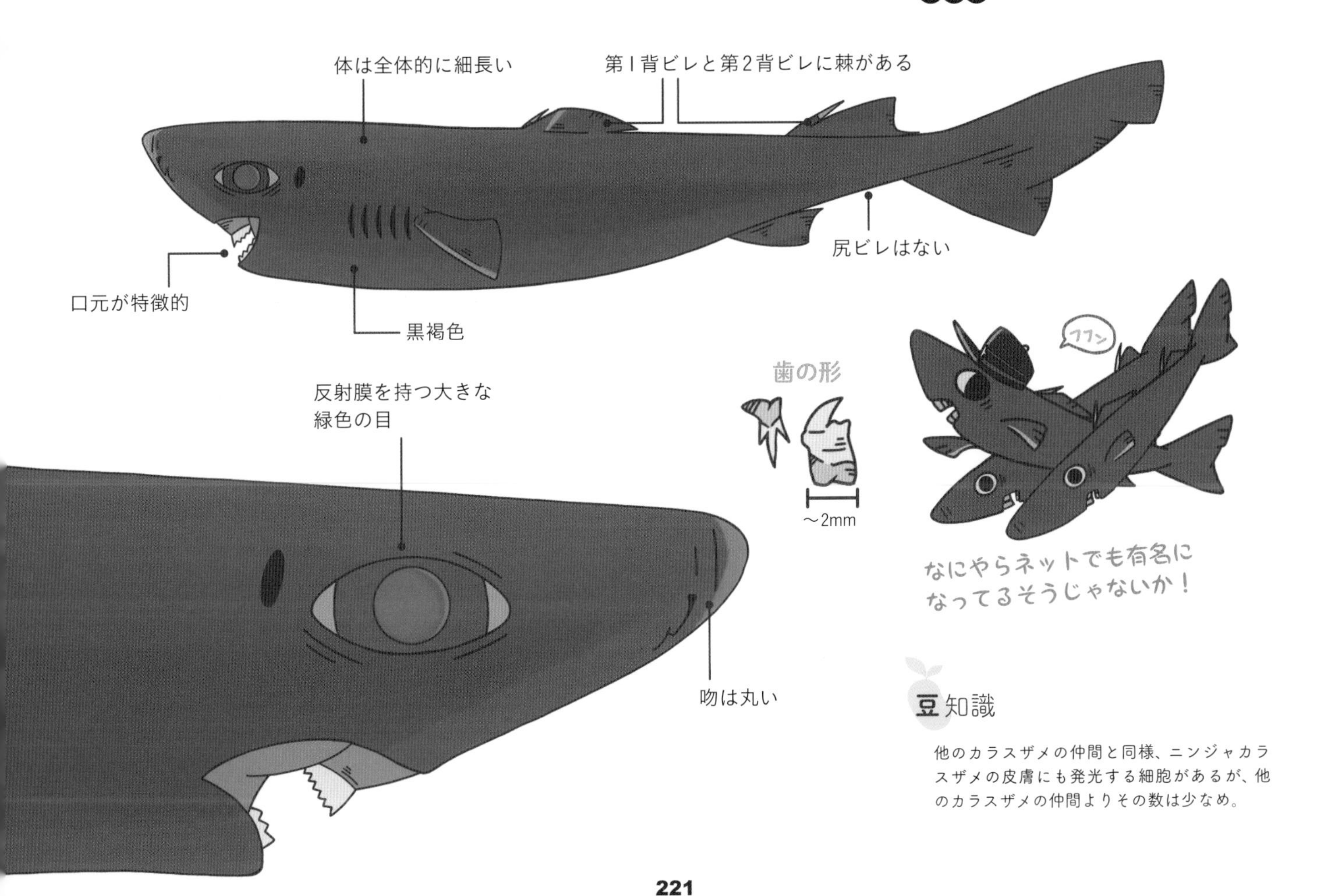

豆知識

他のカラスザメの仲間と同様、ニンジャカラスザメの皮膚にも発光する細胞があるが、他のカラスザメの仲間よりその数は少なめ。

端っこで「ボソボソ……」いってません！

ハシボソツノザメ

Rasptooth dogfish

ツノザメ目

カラスザメ科

Etmopterus sheikoi

　ハシボソツノザメは捕獲例が少なく、希少種なので、その生態については、ほとんど知られていない。主に標本を使って研究されている。

　DNA検査によってハシボソザメは「カラスザメ科」に分類されている。この分類から推測すると、おそらく発光器を持ち、胎生であると思われる。出産する子どもの数などは不明である。

めかぶのヒトコト

謎が多いサメだが、研究が進んでいろいろなことが解明されてほしい。

こぼれ話

捕獲例が少なく、まだ謎が多い未知のサメ。

生息域

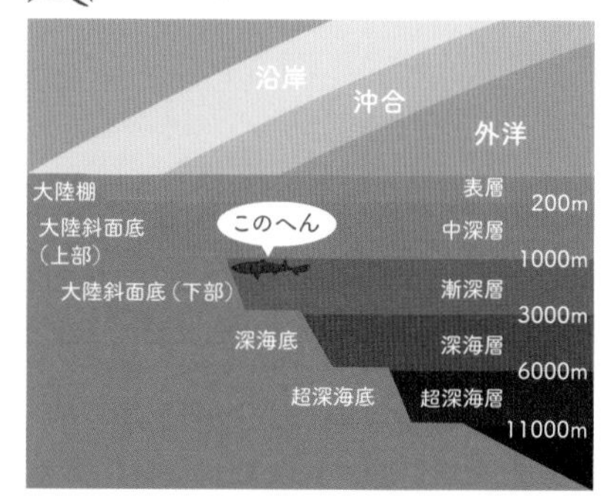

分布図

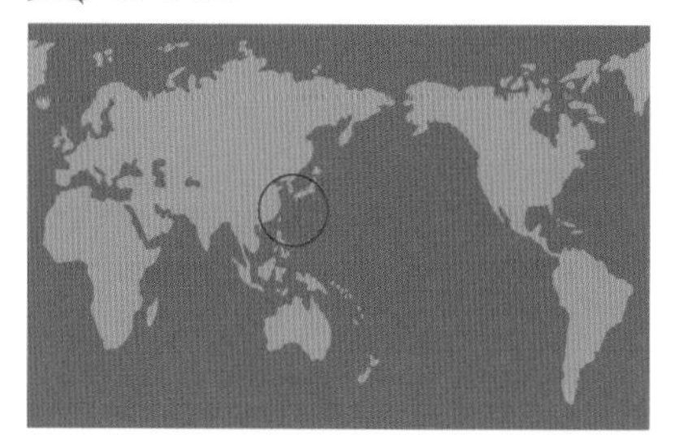

DATA

- **全長**：40～45cmほど
- **分布**：北西太平洋、日本近海および台湾沖など
- **生息**：水深340～370m辺りで捕獲されたが、おそらく水深1000mまでの大陸斜面に生息
- **捕食**：小型の硬骨魚類や頭足類などと思われる
- **繁殖**：おそらく胎生だが、まだ解明されていない

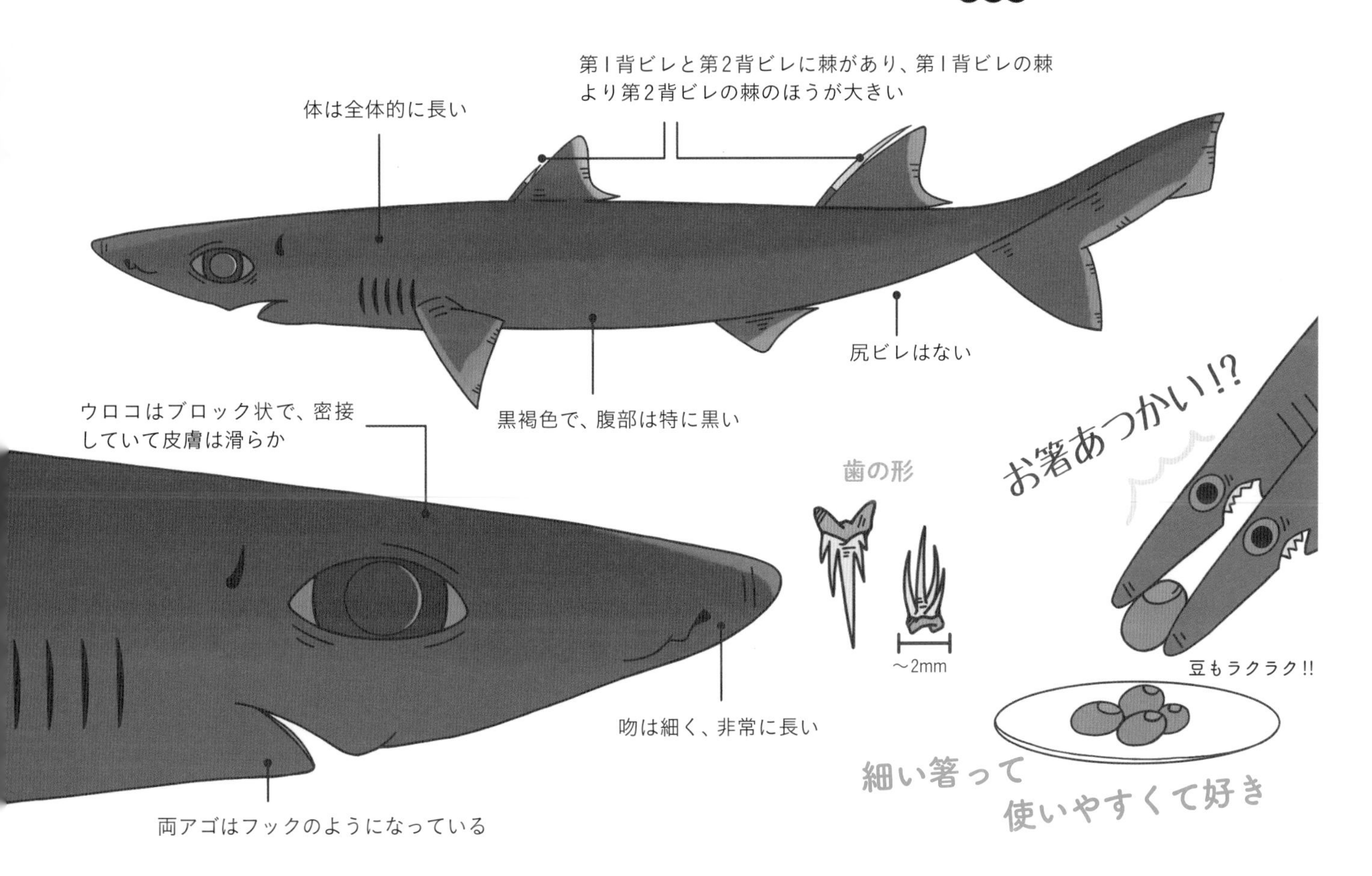
第1背ビレと第2背ビレに棘があり、第1背ビレの棘より第2背ビレの棘のほうが大きい
体は全体的に長い
尻ビレはない
黒褐色で、腹部は特に黒い
ウロコはブロック状で、密接していて皮膚は滑らか
歯の形
〜2mm
お箸あつかい!?
豆もラクラク!!
吻は細く、非常に長い
両アゴはフックのようになっている
細い箸って使いやすくて好き

見た目はまるで口の伸びるエイリアン

ワニグチツノザメ

Viper dogfish

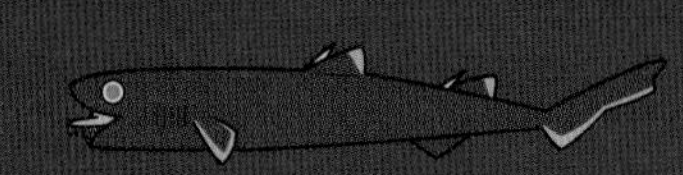

ツノザメ目

カラスザメ科

Trigonognathus kabeyai

　ワニグチツノザメは、針のように鋭い歯と大きく飛び出すアゴ（口）を持ち、獲物をすばやく捕食する。捕食の仕方はミツクリザメ（p.90）と似ている。他のサメよりも口を大きく開くことができる。体色は黒褐色で、腹面はよりいっそう色が黒い。腹部を中心に無数の発光器を持っており、これを光らせて自分の影を消す。1980年代に日本で初めて捕獲され、1990年に新種として認められた。

めかぶのヒトコト

その姿から不気味に思うかもしれないが、私は非常に好き。口が飛び出るところがかわいい。

こぼれ話

発光器を光らせることを「カウンター・イルミネーション」という。

DATA

- **全長**：最大50cmほど
- **分布**：南日本から台湾、ハワイ周辺
- **生息**：水深150m以浅〜1000mほどの大陸棚や大陸斜面の中深層
- **捕食**：ハダカイワシなどの小型の硬骨魚類
- **繁殖**：卵黄依存型の胎生だが、くわしくはまだ解明されていない。おそらく約25〜26匹ほどの仔を産む

生息域

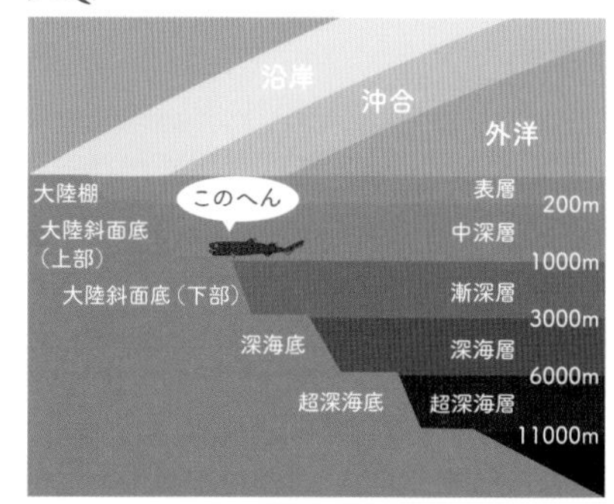

分布図

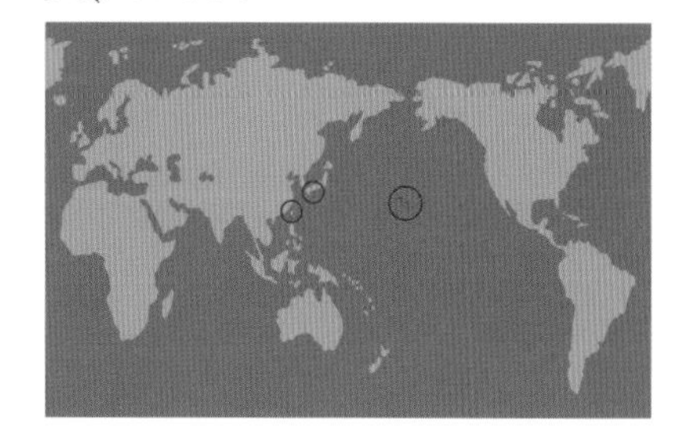

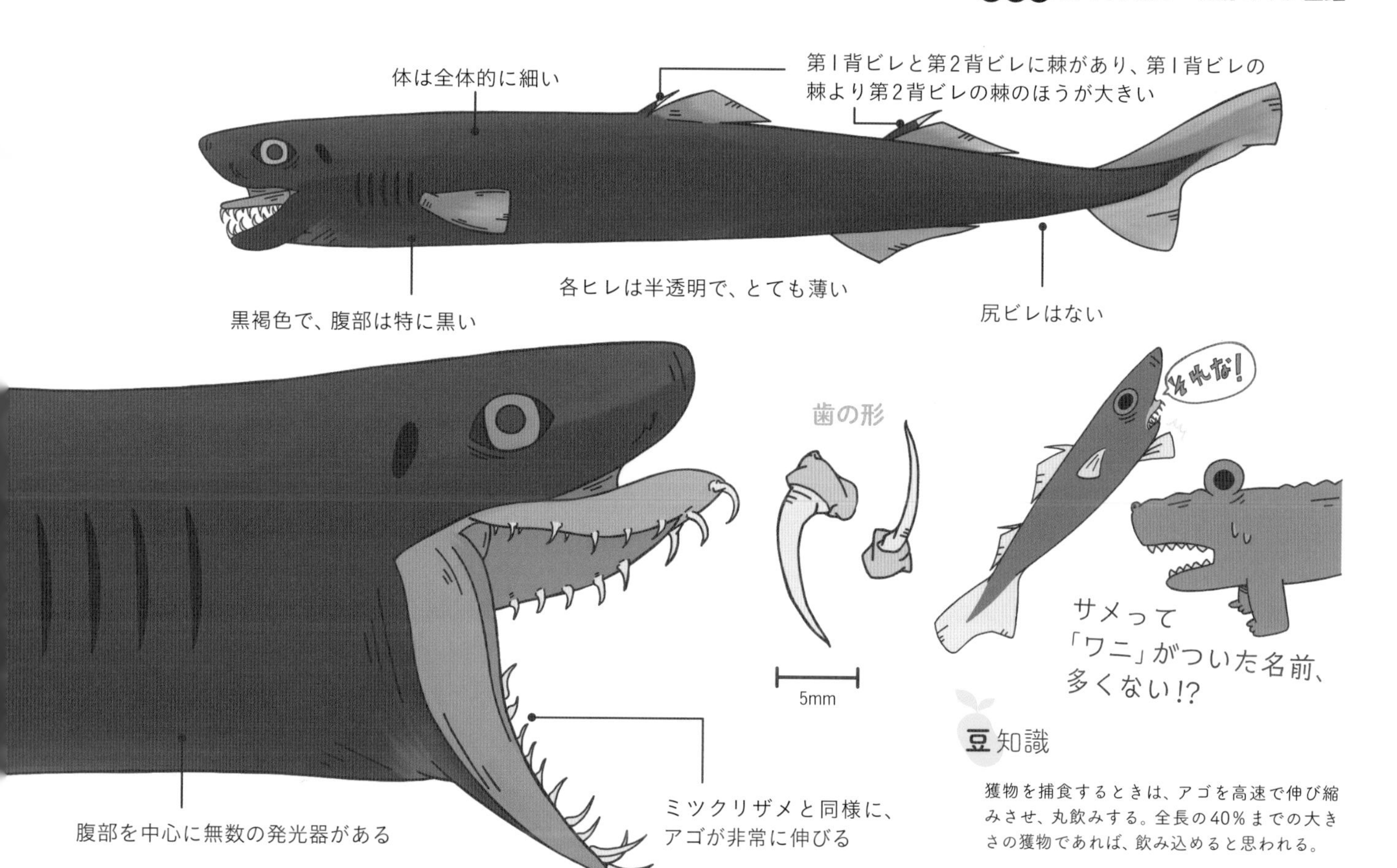

豆知識

獲物を捕食するときは、アゴを高速で伸び縮みさせ、丸飲みする。全長の40%までの大きさの獲物であれば、飲み込めると思われる。

光がないなら、自分が光ればいい！

フジクジラ

Blackbelly lanternshark

ツノザメ目

カラスザメ科

Etmopterus lucifer

　フジクジラは、体が美しい藤色や淡い紫色であることから、この名前をつけられたとされているが、死んでしまうとその体は真っ黒になってしまう。腹部にある発光器官が特徴で、細胞と色素細胞で光を調節している。発光器官を発光させている理由もまだわかっていないが、発光させて獲物をおびき寄せているのか、発光により自分の影を消し、外敵から身を守っているのではないかと思われている。

めかぶのヒトコト

某人気少年漫画でその名が出て、違う方面でも有名になったサメ。私もフジクジラと合体して身長を伸ばしたい。

こぼれ話

非常におとなしい性格で、力も弱い。「クジラ」と呼ばれる理由は、わかっていない。

生息域

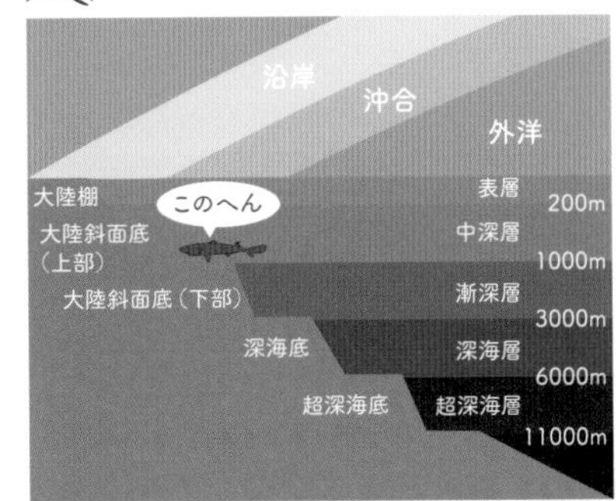

分布図

DATA

- **全長**：最大50cmほど
- **分布**：西部太平洋、オーストラリア、ニュージーランド、南太平洋など。日本では北海道以南の太平洋側など
- **生息**：大陸棚から水深1300mほどまでの海底付近
- **捕食**：小型の硬骨魚類や頭足類、甲殻類など
- **繁殖**：卵黄依存型の胎生

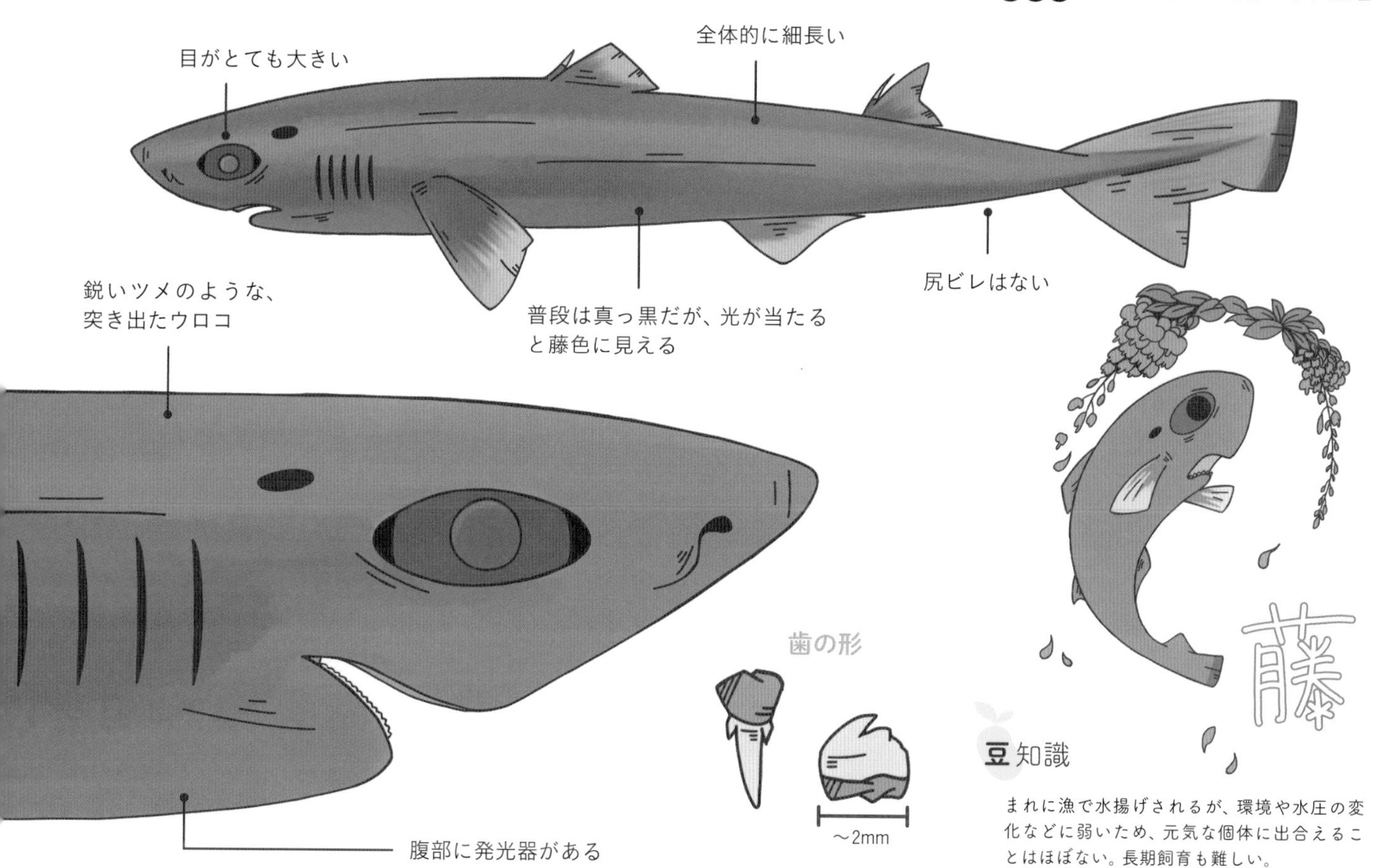

豆知識

まれに漁で水揚げされるが、環境や水圧の変化などに弱いため、元気な個体に出合えることはほぼない。長期飼育も難しい。

長いヒゲはお好きですか？

ヒゲツノザメ

Mandarin dogfish

ツノザメ目

ツノザメ科

Cirrhigaleus barbifer

ツノザメの仲間は区別が難しいが、ヒゲツノザメには特徴的な長いヒゲがあるので簡単に見分けることができる。

前鼻弁もあるので、正面から見るとヒゲが4本あるように見える。

このヒゲはセンサーになっており、獲物だけではなく、生物が出す化学物質や、水流の変化も感知することができる。

捕獲例が少なく、飼育例も少ないことから生態には謎が多い。

めかぶのヒトコト

ヒゲはもちろんかわいいのだが、顔もなんともいえないかわいらしさ。水族館で奇跡的に会えたら、注目してほしい。

こぼれ話

水族館では、光を避ける行動をとる。

生息域

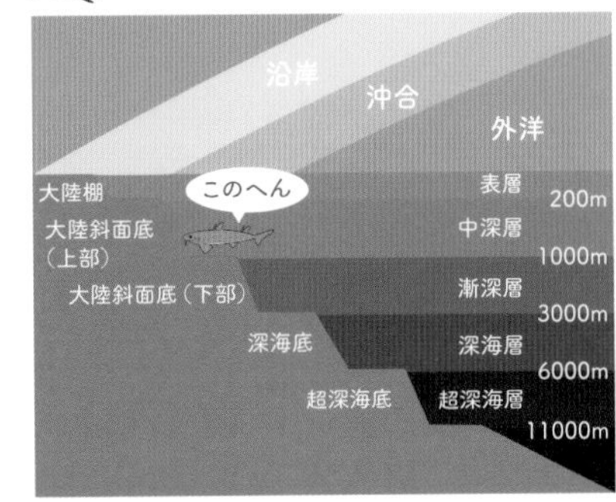

分布図

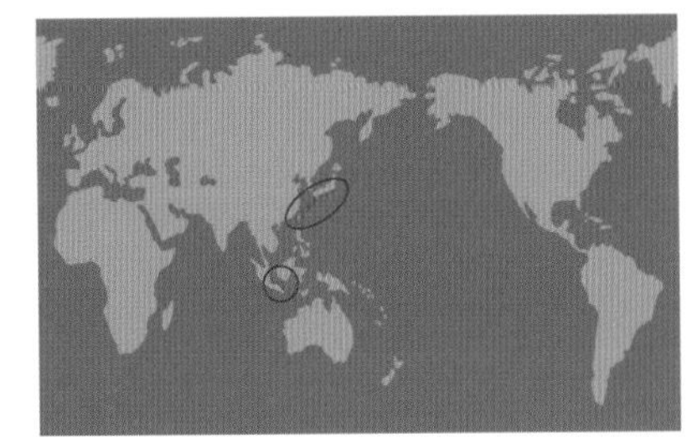

DATA
●全長：1～1.3mほど
●分布：西部太平洋など。日本では南日本、沖縄舟状梅盆など
●生息：水深150～650mほどの大陸棚や大陸斜面
●捕食：頭足類や甲殻類、底生魚類などと推測される
●繁殖：卵黄依存型の胎生。10匹ほどの仔を産む

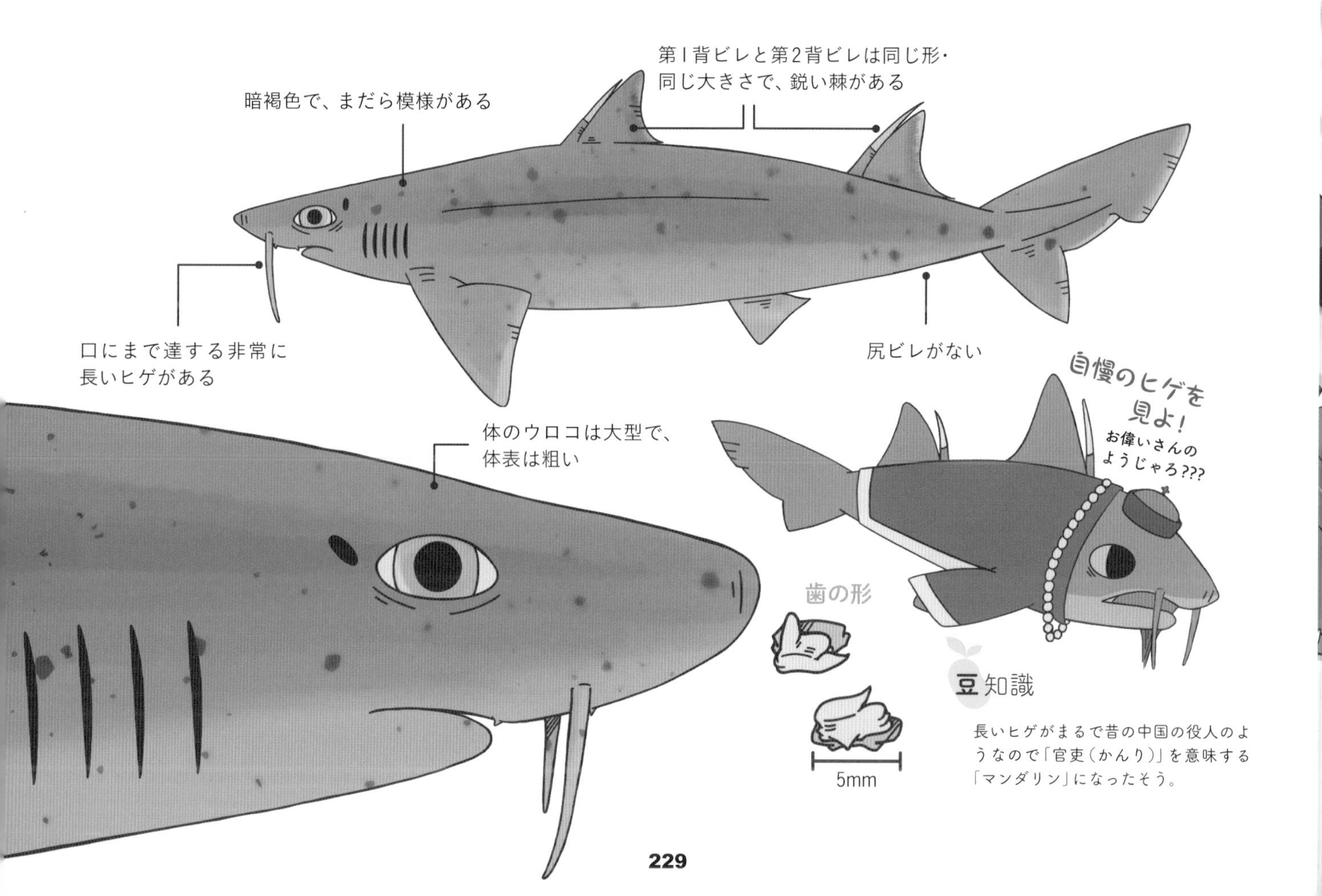

豆知識

長いヒゲがまるで昔の中国の役人のようなので「官吏（かんり）」を意味する「マンダリン」になったそう。

世の中とサメには「愛」が詰まっている！

アイザメ

Dwarf gulper shark

ツノザメ目

アイザメ科

Centrophorus atromarginatus

アイザメの肝臓は体重の4分の1ほどあり、その肝油には肌によいとされる大量の「スクワレン」が含まれ、深海ザメのサプリや化粧品として有名。最近では新型インフルエンザワクチンの材料としても使われているとか。これにより、肝油目当ての乱獲が続き、繁殖力も弱いので、絶滅の危機にある。ツノザメ目の仲間の化石は、ジュラ紀（約1.6億年前）の地層から発見されている。

めかぶのヒトコト

通販のCMなどで、アイザメの名を耳にしたことがある人は多いのでは？　なぜか私は深夜などによく見かける。

こぼれ話

スクワレンは、サメの種類によっては野生動植物の絶滅を防ぐ「ワシントン条約」に抵触する。

生息域

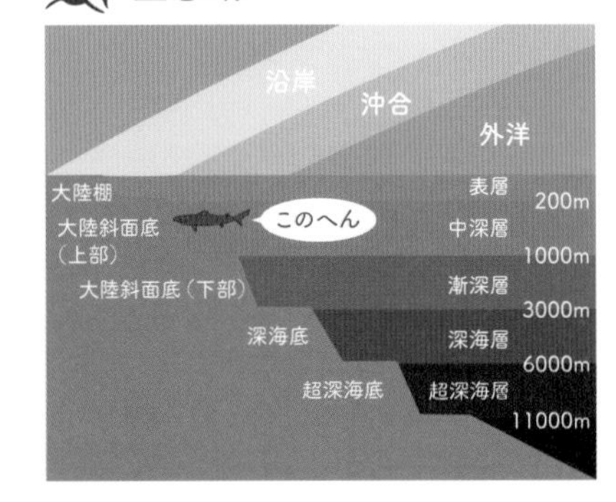

分布図

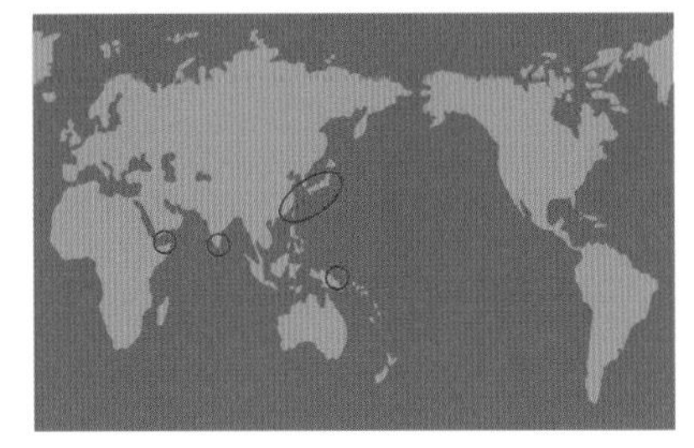

DATA

- **全長**：90～99cm弱
- **分布**：西インド洋、北西太平洋と西中央太平洋、日本、台湾などに広く分布。日本では東京湾以南。特に相模湾や高知沖など
- **生息**：水深150～550mほどの大陸斜面上部
- **捕食**：深海の小型硬骨魚類、エビなどの甲殻類など
- **繁殖**：卵黄依存型の胎生。約1～2匹ほどの仔を産む

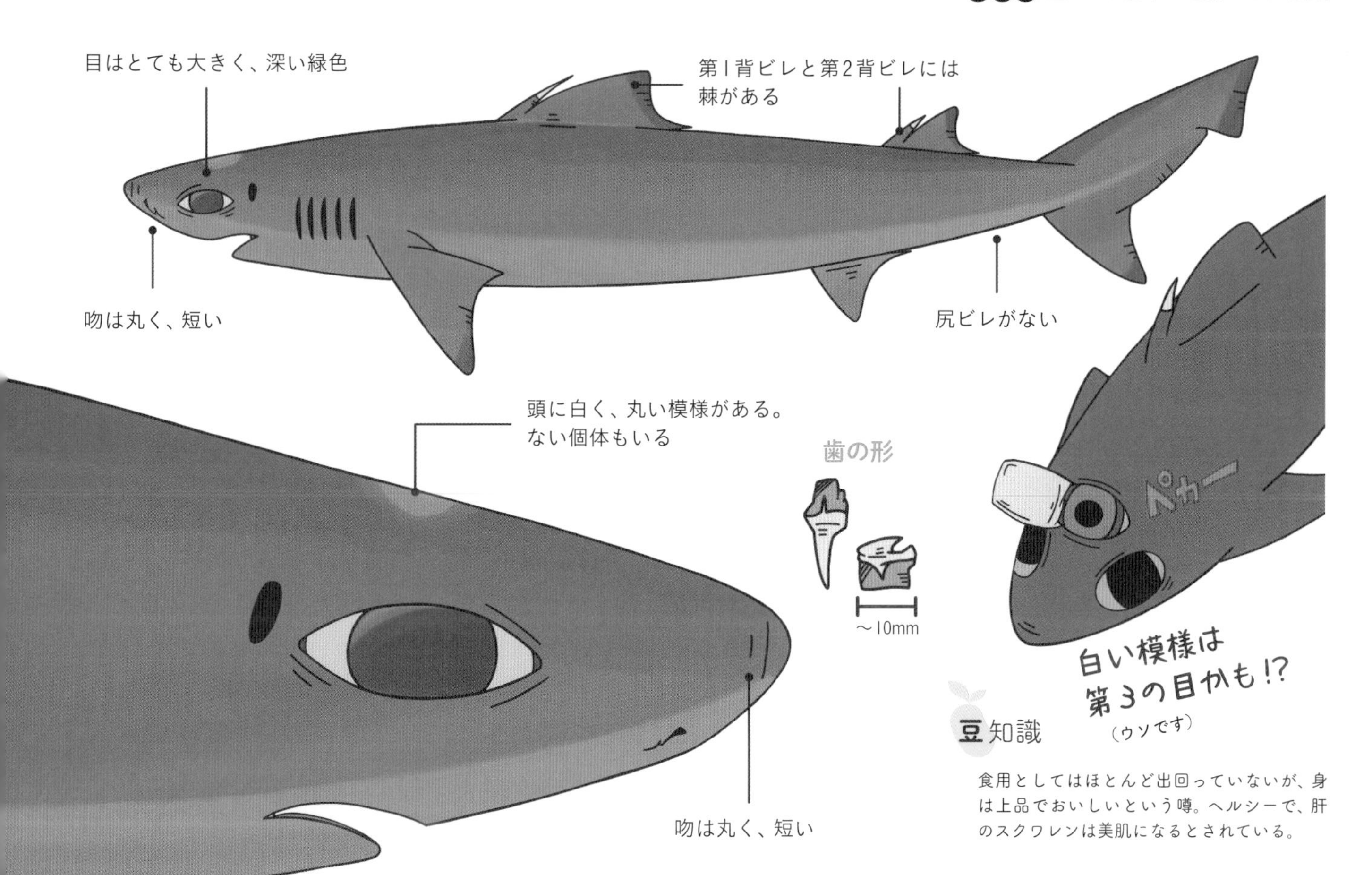

豆知識

食用としてはほとんど出回っていないが、身は上品でおいしいという噂。ヘルシーで、肝のスクワレンは美肌になるとされている。

相模の海は任せとけ！　「サガミ」の名にかけて！

サガミザメ

Rough longnose dogfish

ツノザメ目

アイザメ科

Deania hystricosa

サガミザメは、平べったく長い頭を持っていて、同じアイザメ科の仲間であるヘラツノザメ(p.236)とよく似ている。

体色が黒っぽいことやウロコが比較的大きいことから区別できるようだが、素人目には難しい。頭が長いことから漁師さんには「長頭」とも呼ばれている。サメの肉は「くさい」といわれているが、サガミザメは、ほのかに甘いリンゴの香りがする。

めかぶのヒトコト

リンゴが好きな私にとって、リンゴの香りがするサメなんて「好き」と「好き」が合体したようなもの。

こぼれ話

リンゴの香りがする場所は、ロレンチーニ瓶

DATA	
●全長	1～1.2m弱
●分布	西太平洋や東大西洋、英国、ニュージーランド周辺、南アフリカ周辺、ナミビアの近海で確認されている。日本では千葉県外海域、相模湾、駿河湾など
●生息	水深500～1300mほどの海底付近の深海部
●捕食	不明
●繁殖	卵黄依存型の胎生。12匹ほどの仔を産む

生息域

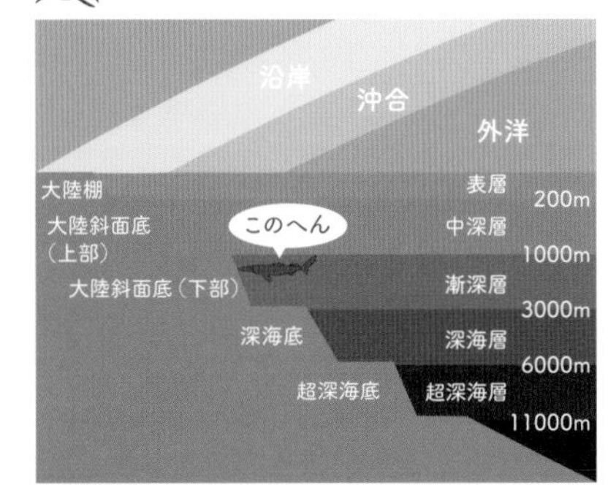

分布図

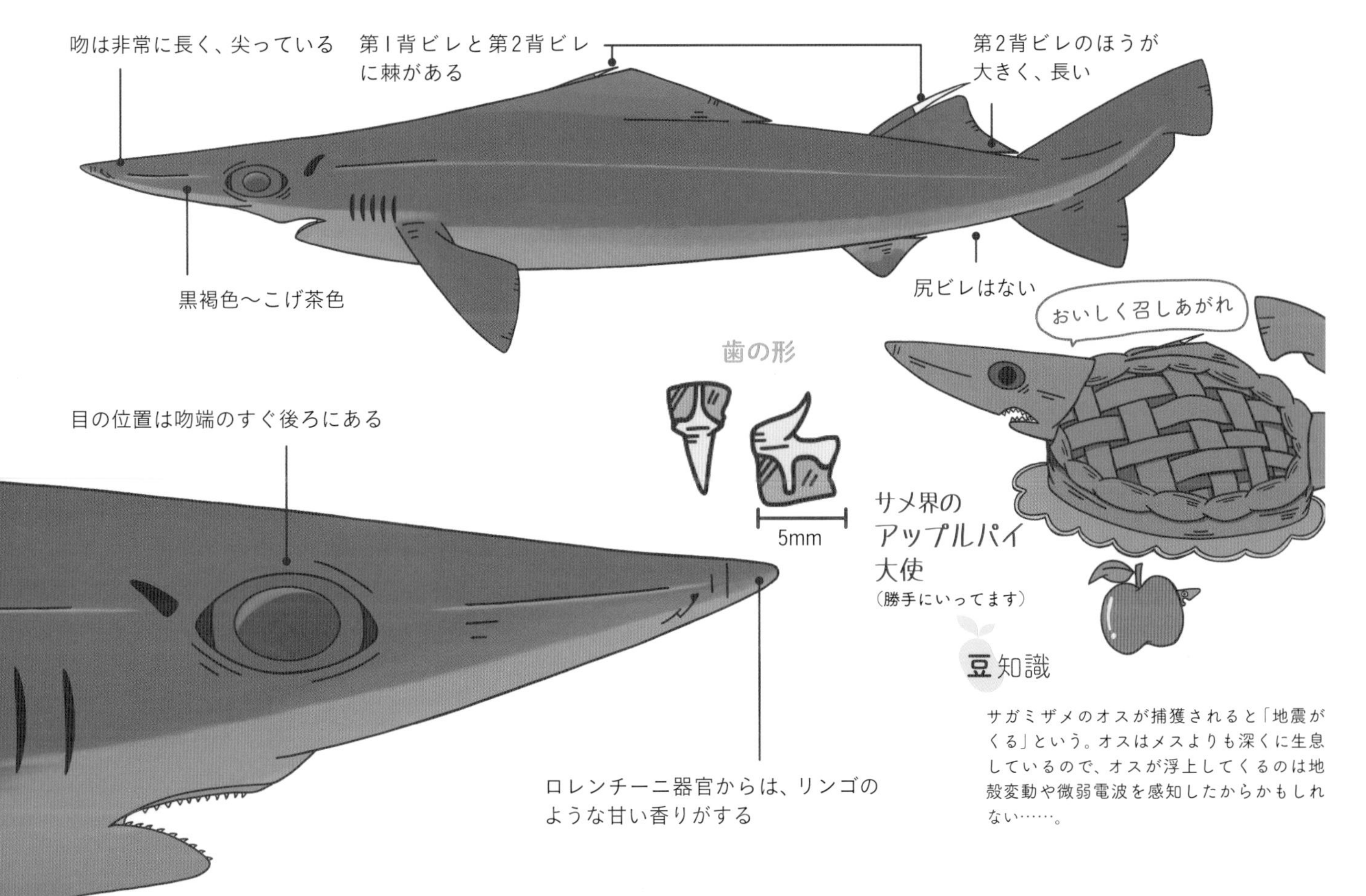

豆知識

サガミザメのオスが捕獲されると「地震がくる」という。オスはメスよりも深くに生息しているので、オスが浮上してくるのは地殻変動や微弱電波を感知したからかもしれない……。

紅葉のようなサメ？　生きているときは赤くないけど……

モミジザメ

Leafscale gulper shark

ツノザメ目

アイザメ科

Centrophorus squamosus

　モミジザメは深海に暮らし、成熟には30年以上もかかるとされている長寿のサメである。皮膚はザラザラで、まるで「おろし金」のようになっているが、アイザメ属の仲間では珍しい特徴だ。

　モミジザメという名前の由来は「ウロコが葉のような形をしているから」「死後、側面が赤く染まるから」などがあるが、どれが本当なのかは、はっきりしない。

めかぶのヒトコト

いつかモミジザメに出会ったら紅葉させて、いただきたい。

こぼれ話

アイザメの仲間で皮膚が特別にザラザラなのは、モミジザメとタロウザメのみ。

DATA	
●全長	1～1.6m弱
●分布	西部太平洋、インド洋、東部大西洋など。日本では相模湾、土佐湾、沖縄諸島などの南日本
●生息	水深230～3400mほどの大陸斜面。外洋の表層から水深1250mまででも見られる
●捕食	不明
●繁殖	卵黄依存型の胎生。5～8匹ほどの仔を産む

生息域

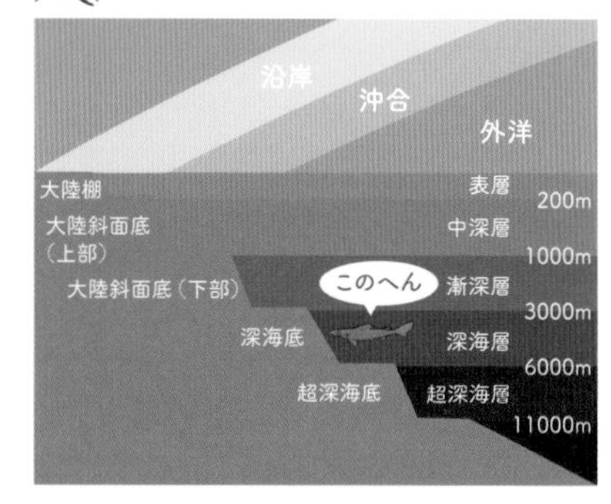

分布図

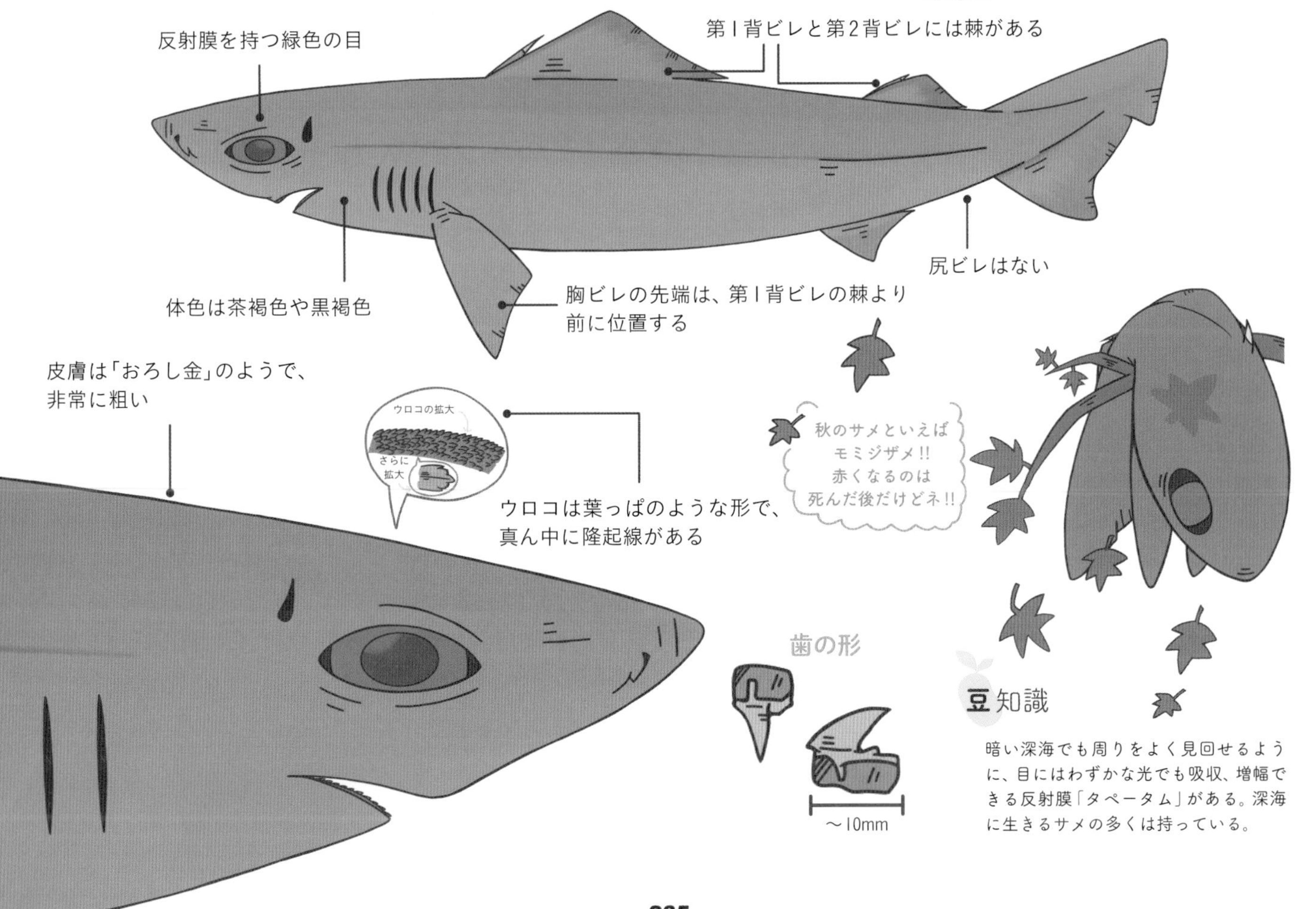

豆知識

暗い深海でも周りをよく見回せるように、目にはわずかな光でも吸収、増幅できる反射膜「タペータム」がある。深海に生きるサメの多くは持っている。

ヘラツノです！　ヘラ面と間違わないで！

ヘラツノザメ

Birdbeak dogfish

ツノザメ目

アイザメ科

Deania calcea

　ヘラツノザメは、ひらべったく長い頭を持っている。吻が長いので、後頭部までのロレンチーニ瓶を持つ。吻先の軟骨は、おもしろい形をしている。同じアイザメ科の仲間であるサガミザメとはよく似ている。ウロコがフォーク状で比較的小さいことから、サガミザメとは区別できる。その他、トラザメ科ヘラザメ属とも似ているが、ヘラザメ属は背ビレに棘がないことから区別できる。

めかぶのヒトコト

あの平らな頭を見ていると、しゃもじを思い出してしまう。

こぼれ話

心臓の大きさは人の親指ほどの大きさしかない。

生息域

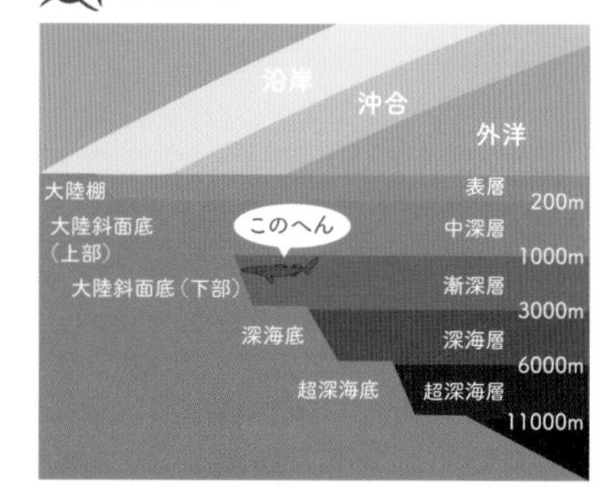

分布図

DATA

- **全長**：1～1.6m弱
- **分布**：西部および南部太平洋、インド洋、東部大西洋など。日本では千葉県以南の太平洋沖、相模湾など
- **生息**：水深60～1500mほどの大陸棚と大陸斜面
- **捕食**：不明
- **繁殖**：卵黄依存型の胎生。6～12匹ほどの仔を産む

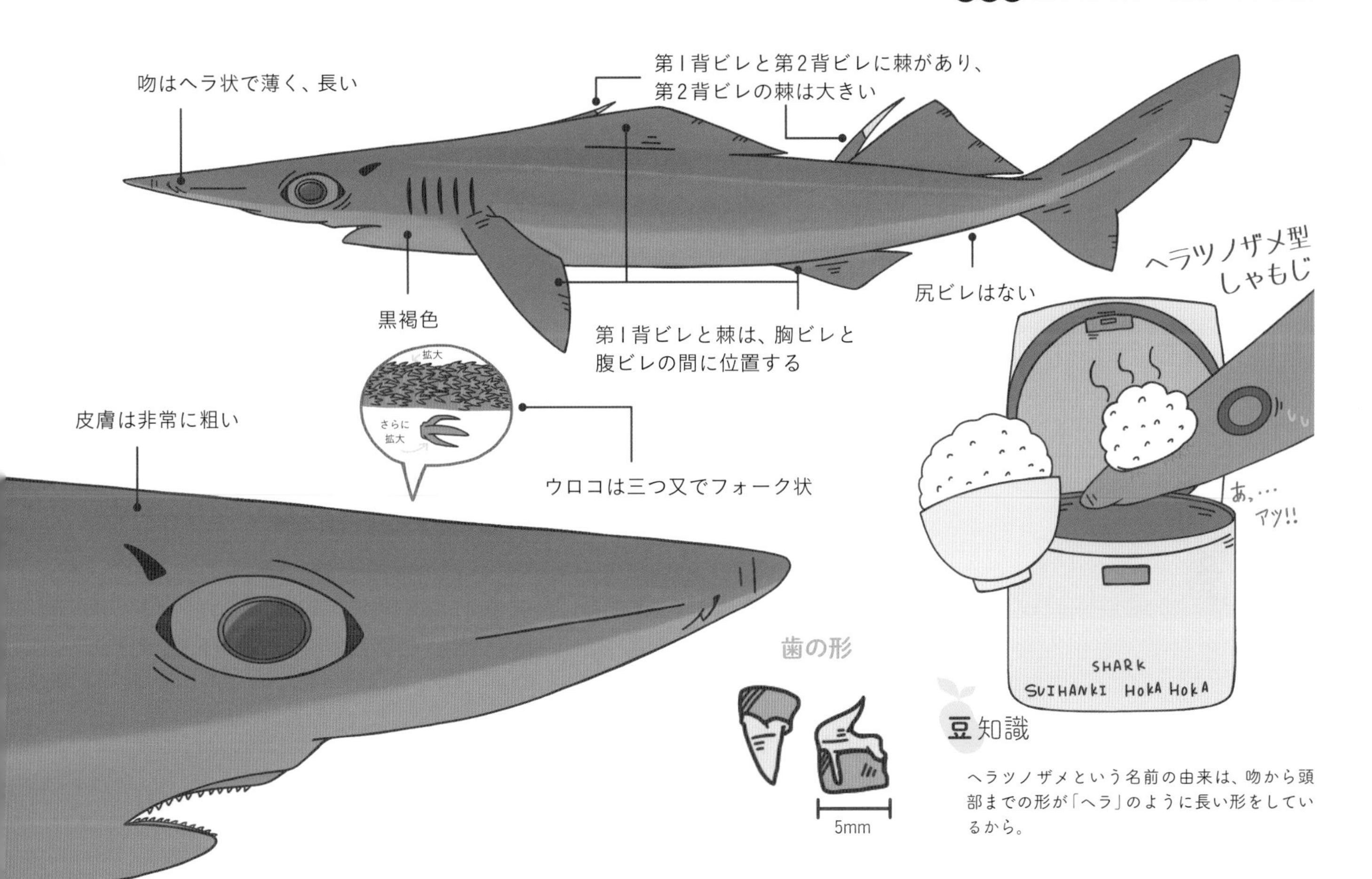

豆知識

ヘラツノザメという名前の由来は、吻から頭部までの形が「ヘラ」のように長い形をしているから。

クッキーもお肉も、丸く、くり抜いちゃう

ダルマザメ

Cookie cutter shark

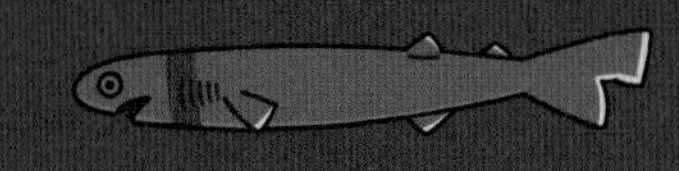

ツノザメ目

ヨロイザメ科

Isistius brasiliensis

　ダルマザメという名だがスマートな円筒形で、体長も50cmほどと小型のサメ。捕食の方法が独特で、小柄ながら、自分よりも何倍も大きなマグロやクジラなどの大型魚にかぶりつき、3〜6cmの半球状に肉をえぐりとる。これがクッキーの生地を型でくり抜いたものに似ているので、「クッキー・カッター・シャーク」という英名になった。歯の形状も独特で、上アゴは棘状、下アゴは三角形の板状になっており、隙間なくくっついて生えている。

めかぶのヒトコト

マグロの水揚げや野生のイルカに、丸く変色した部分がたまにあるが、これはダルマザメがかじった可能性が高い。

こぼれ話

潜水艦のゴム製カバーに、ダルマザメに咬まれた跡があったという報告もある。

生息域

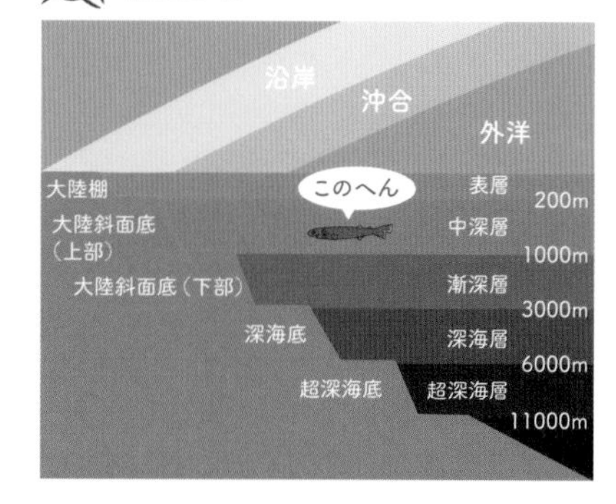

分布図

DATA

- **全長**：最大55cmほど
- **分布**：太平洋、インド洋、大西洋など。日本では太平洋側など
- **生息**：外洋の表層から水深3700mほどの深海など。島の付近などに多い
- **捕食**：大型の硬骨魚類や頭足類、イルカ、軟骨魚類など
- **繁殖**：卵黄依存型の胎生。9匹ほどの仔を産む

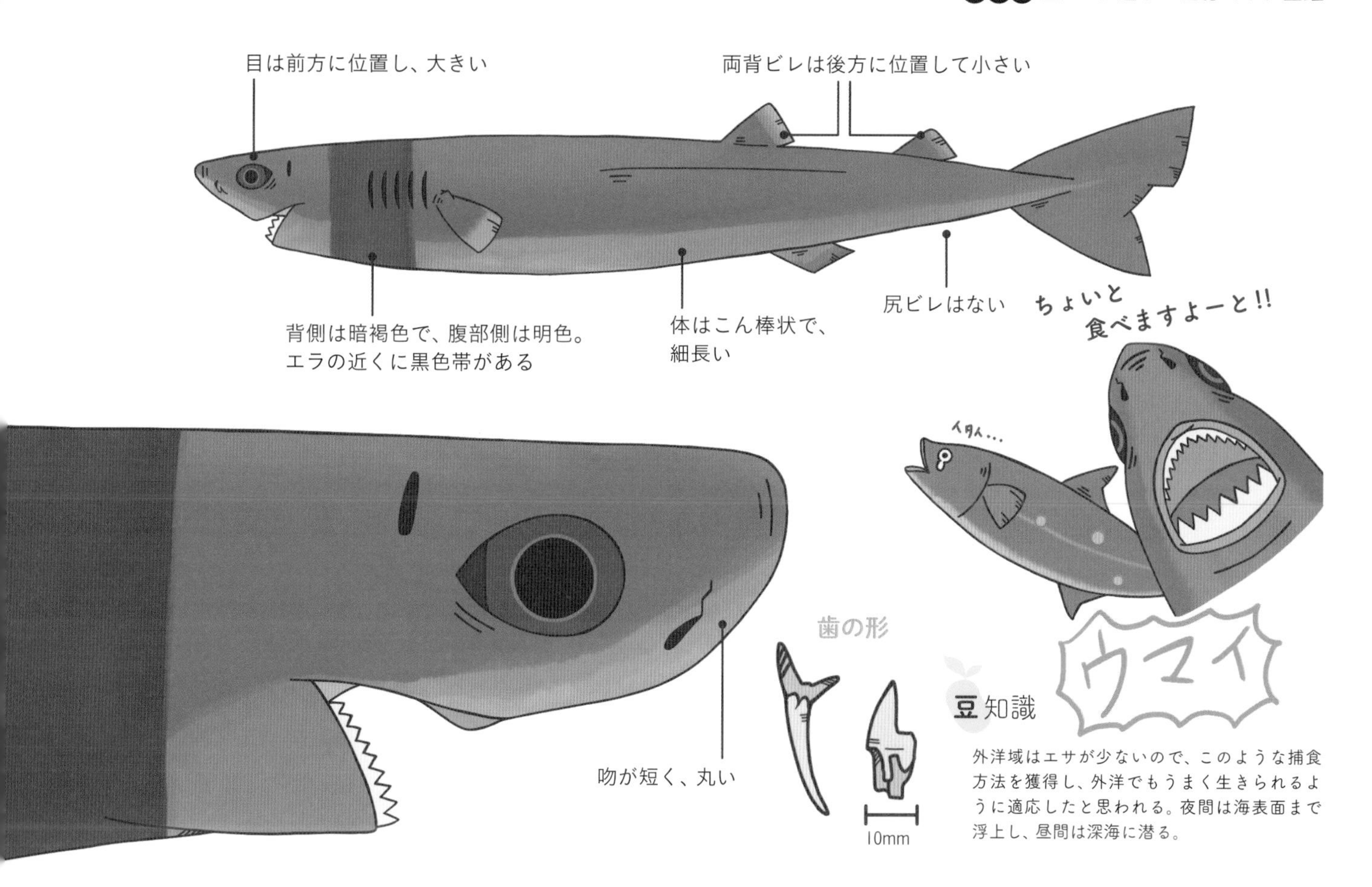

豆知識

外洋域はエサが少ないので、このような捕食方法を獲得し、外洋でもうまく生きられるように適応したと思われる。夜間は海表面まで浮上し、昼間は深海に潜る。

でっかいだけが、サメじゃない！

ツラナガコビトザメ

Smalleye pygmy shark

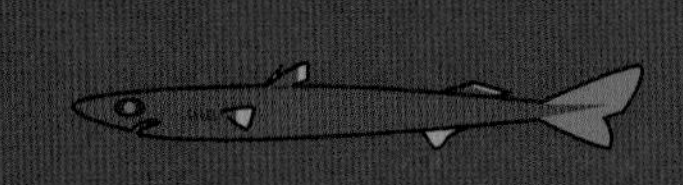

ツノザメ目

ヨロイザメ科

Squaliolus aliae

ツラナガコビトザメは、サメ界では最小クラスのサメ。1959年に台湾沖で発見され、最大でも全長が20cmほどにしかならない。この小ささが理由で見つけることが難しく、捕獲も困難なので、くわしい生態などはよくわからないことが多い。

腹側に発光器官を持ち、これを発光させることで自分の影を消し、敵から身を守っている。昼間は深部、夜間は浅部に移動する日周鉛直移動を行う。

めかぶのヒトコト

手のひらに乗るほど小さいサメもかわいい。

こぼれ話

頭が長く、顔も長く見えるため、「ツラナガ」という名前がつけられた。好物のサクラエビを追って、漁の網に入ってしまうことがある。

DATA

- **全長**：最大22cmほど
- **分布**：日本からオーストラリアにかけて分布
- **生息**：水深150mの表層と水深2000mの漸深層を行き来する
- **捕食**：小型の硬骨魚類やエビなどの甲殻類など
- **繁殖**：卵黄依存型の胎生

生息域

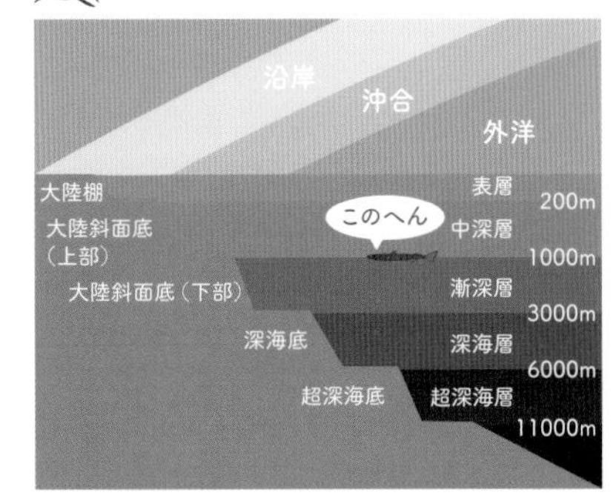

分布図

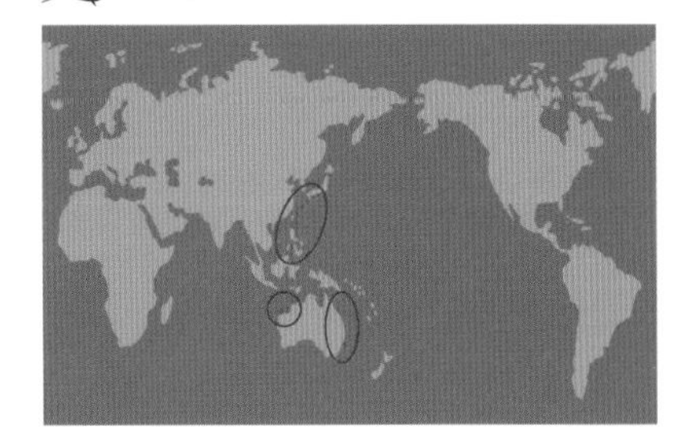

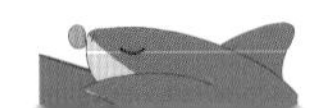

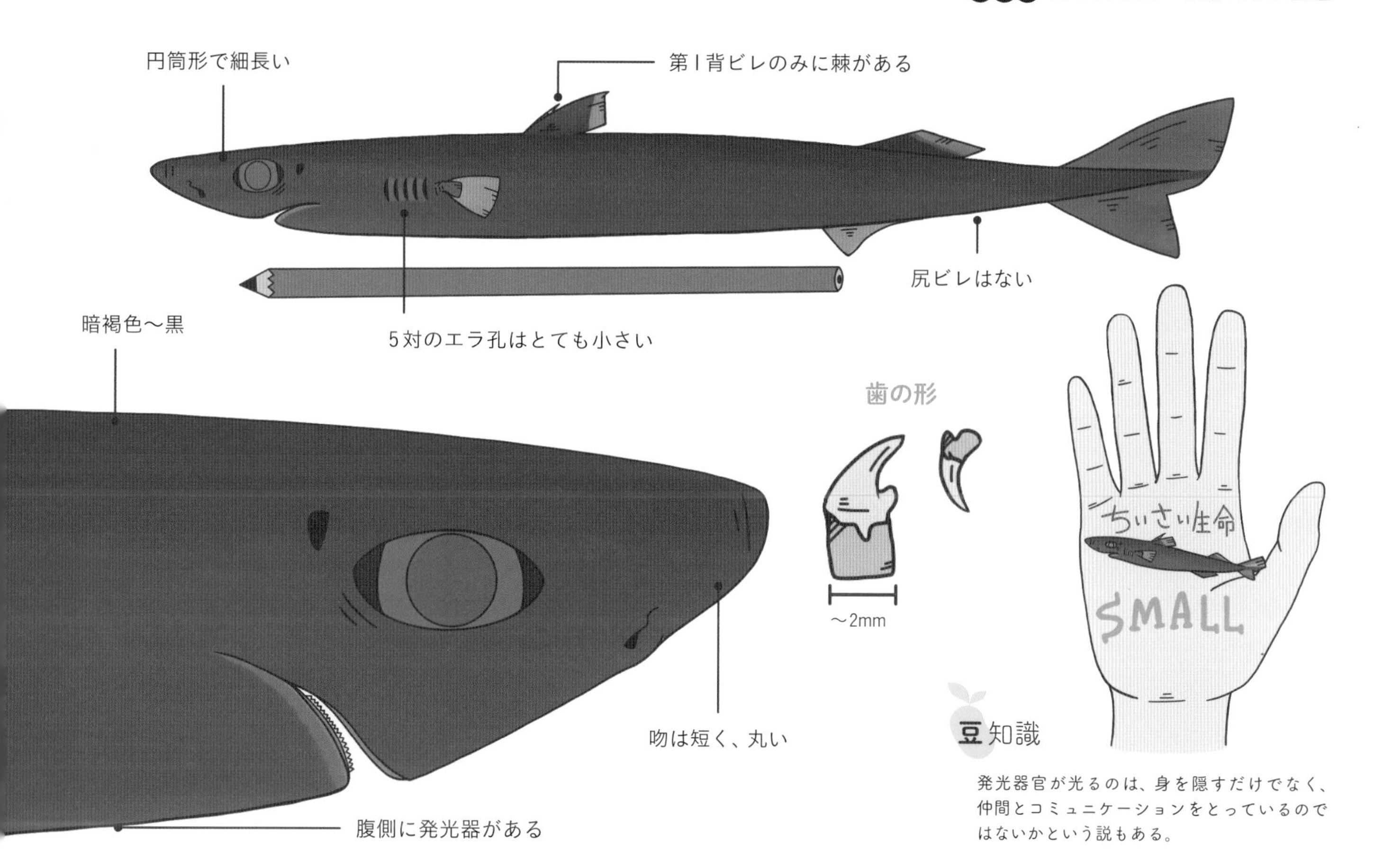

豆知識

発光器官が光るのは、身を隠すだけでなく、仲間とコミュニケーションをとっているのではないかという説もある。

ポケットの中身はヒミツ

フクロザメ

Pocket shark

ツノザメ目

ヨロイザメ科

Mollisquama parini

1979年に発見されたフクロザメは、詳細な情報がまったくわからない、希少なサメである。

他のサメには見られないポケットのような袋状の分泌腺を胸ビレの上部に持つ珍しいサメだ。この袋状の分泌腺で、発光液を生成する。

フクロザメは頭が丸く、マッコウクジラのような外見をしている。

めかぶのヒトコト

某ネコ型ロボットのサメモデルのよう。ポケットの中を少し見せておくれー！

こぼれ話

発光液はフェロモン物質ではないかとも考えられている。

生息域

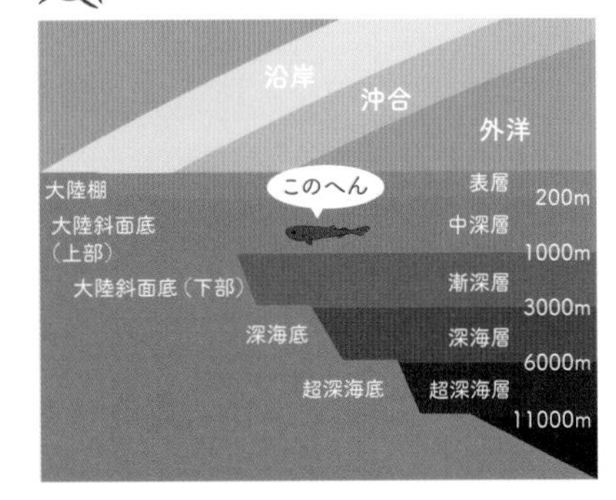

分布図

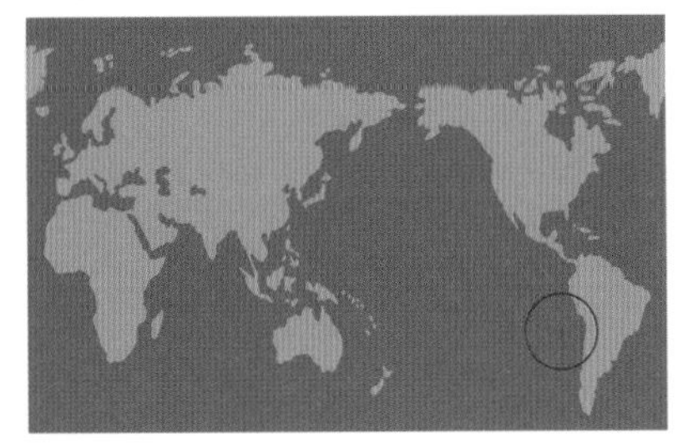

DATA

- **全長**：発見されたのは40cmほどの個体のみで、実際どれぐらいの大きさになるのかは不明
- **分布**：東南太平洋のナスカ海嶺で見つかった
- **生息**：水深330mで捕獲された
- **捕食**：不明
- **繁殖**：おそらく胎生

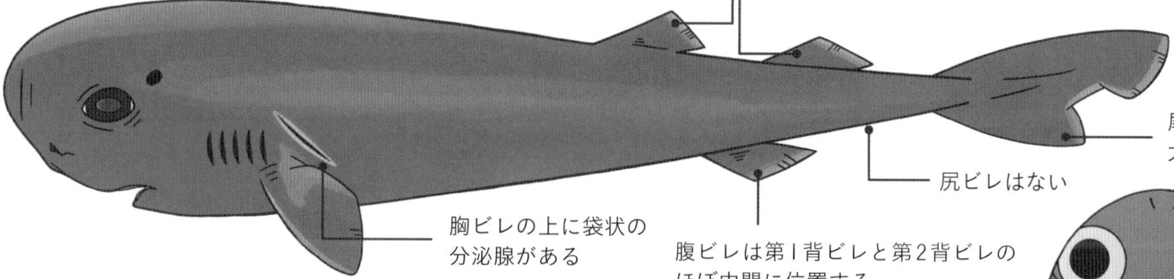

両背ビレは同じ形・同じ大きさで、棘はない

尾ビレは下葉が大きい

尻ビレはない

胸ビレの上に袋状の分泌腺がある

腹ビレは第1背ビレと第2背ビレのほぼ中間に位置する

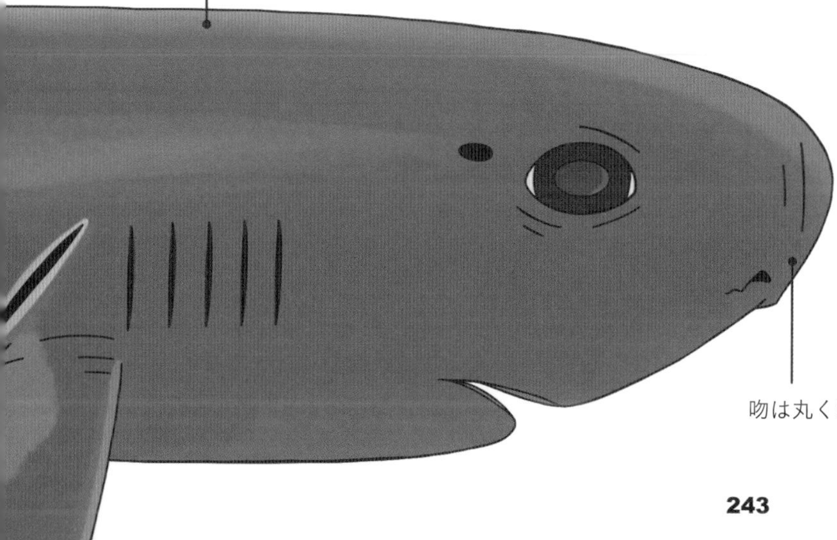

全体的に黒褐色で、ヒレ縁辺は淡色

歯の形

～10mm

エコバッグ

吻は丸く短い

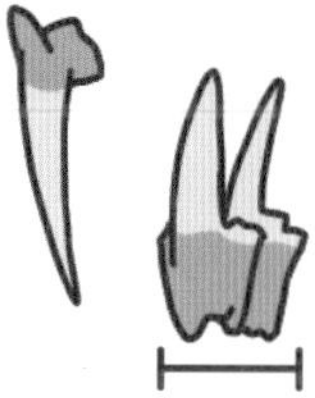

豆知識

2010年にメキシコ湾北部で2例目が発見と報じられたが、2019年、それは別種のアメリカのフクロザメとして分類された。

自慢の鮫肌で、大根も生姜もおろせちゃう？

オロシザメ

Japanese roughshark

ツノザメ目

オロシザメ科

Oxynotus japonicus

　オロシザメは、1985年に駿河湾で初めて発見された。希少種で捕獲例も少ないため、現在もその生態は謎に包まれている。沼津港深海水族館（静岡県）は、生きた個体を飼育したことがあるが、9日で死亡してしまった。

　オロシザメの特徴は、鼻の穴が大きいことと、体の表面のウロコが他のサメより粗く、「おろし金」状になっていることである。このウロコの形状からオロシザメという名前がつけられた。

めかぶのヒトコト

とぼけた顔がとっても愛らしい。丸っこい体はサメ界の「タヌキ」。

こぼれ話

背ビレは「ヨットの帆」のような、独特な形状をしている。鮫肌でつくられる「おろし金」は、カスザメ (p.272) などの皮が使われている。

生息域

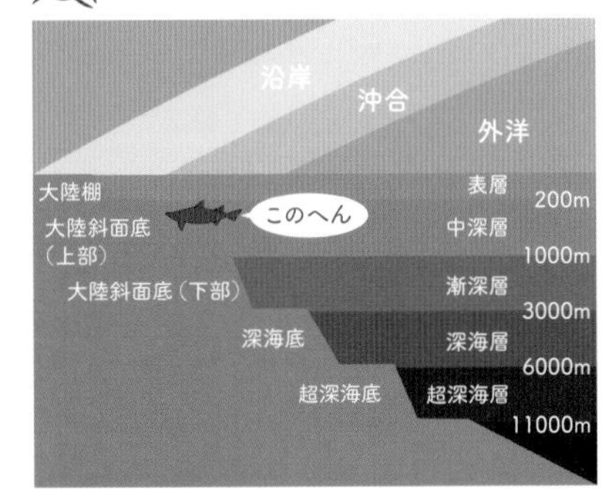

分布図

DATA

- ●**全長**：最大65cmほど
- ●**分布**：日本では駿河湾や遠州灘で確認されている
- ●**生息**：水深225～350mほどに生息
- ●**捕食**：不明
- ●**繁殖**：卵黄依存型の胎生

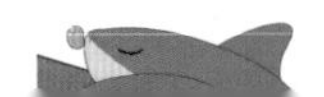

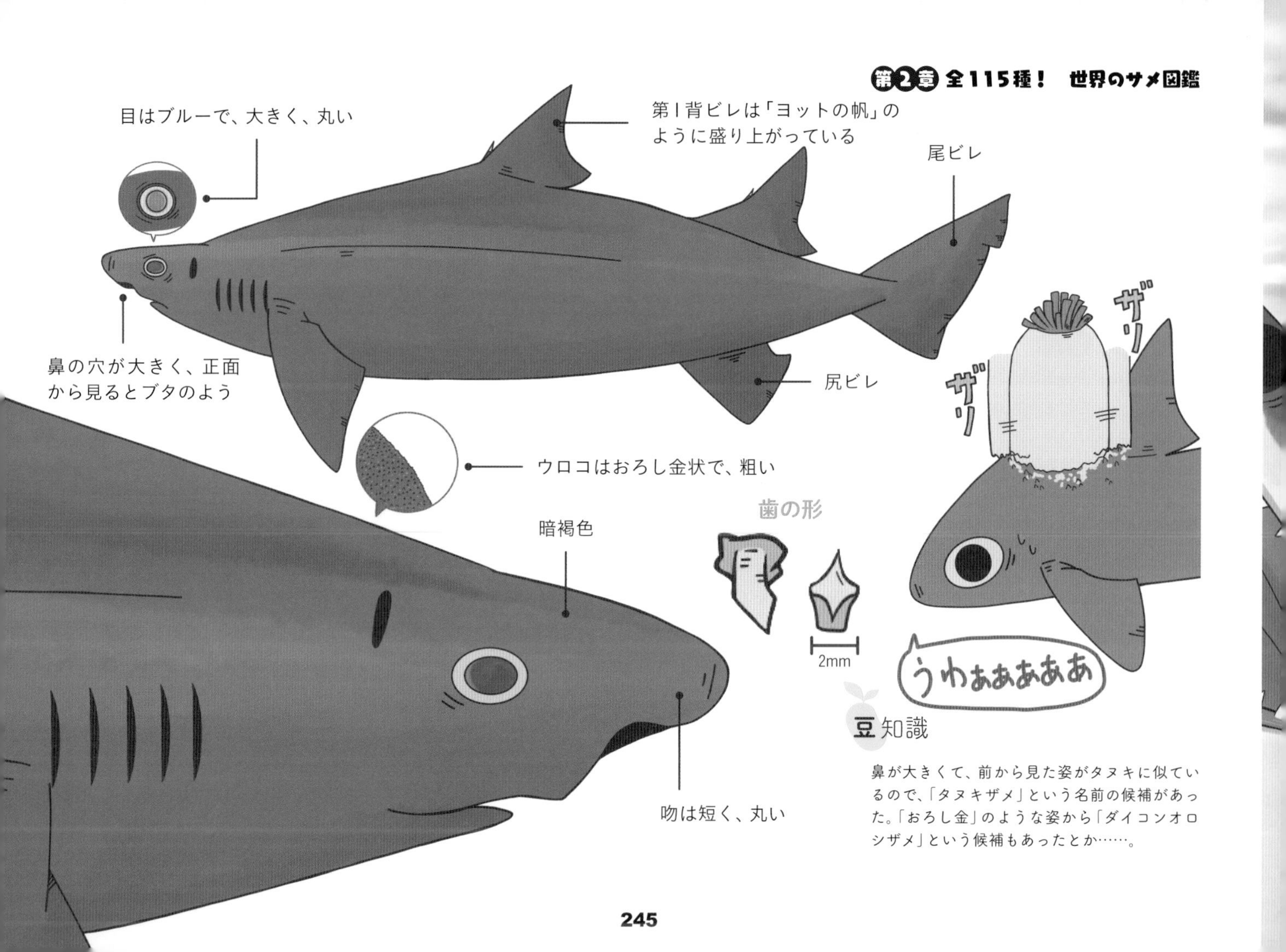

豆知識

鼻が大きくて、前から見た姿がタヌキに似ているので、「タヌキザメ」という名前の候補があった。「おろし金」のような姿から「ダイコンオロシザメ」という候補もあったとか……。

なぜそんな名前に？

クジラにカエルに
ダルマにカラス…

怪しいなあ…
本当にサメなの？
なんだとー！

!?
………。
じゃあ、なんで
他の生き物の
名前なのさ？

モヤ
人間の想像力??
モヤ
（目が泳いでる…）

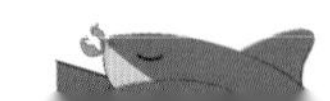

カグラザメ目

おとなしそうな顔で、見境なく何でも食べる

カグラザメ

Bluntnose sixgill shark

カグラザメ目

カグラザメ科

Hexanchus griseus

　ほとんどのサメは、エラ孔が5対であるが、カグラザメは6対あり、古代ザメの特徴を残している。アゴの力が強く、獰猛で見境なく何でも捕食してしまう。過去には、胃からカジキやアシカ、クジラ、深海にすむ生物が見つかっている。同種にシロカグラ（p.250）がいるが、下アゴの大型鋸状の歯の数で区別ができる。カグラザメは左右6つずつ、シロカグラは左右5つずつだ。

めかぶのヒトコト

おとなしそうな顔と獰猛っぷりの差が激しい。雫形の目がとってもおしゃれ。

こぼれ話

カグラザメ科の中では最も大きく、最大で5mほどにまでなる。「アベカワタロウ」という別称がある地方もある。

生息域

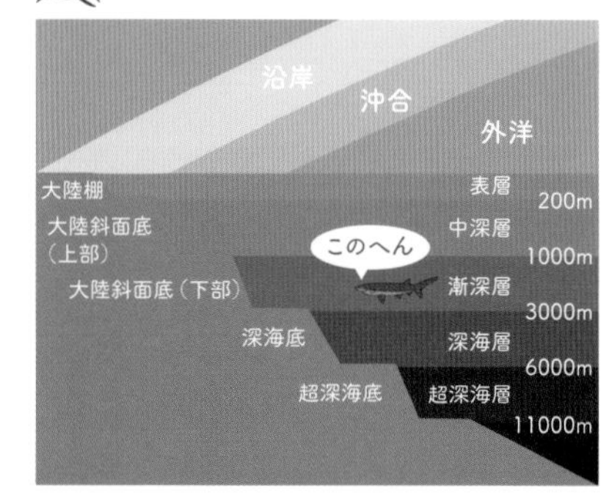

分布図

DATA

- **全長**：4～5mほど
- **分布**：世界の海洋に広く分布。日本では東北以南など
- **生息**：全世界の水深2000mほどの深海。夜間に水深30mほどまで浮上することもある
- **捕食**：硬骨魚類や頭足類、サメなどの軟骨魚類、哺乳類、深海生の生物など
- **繁殖**：卵黄依存型の胎生。50～108匹ほどの仔を産む

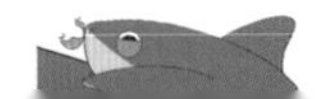

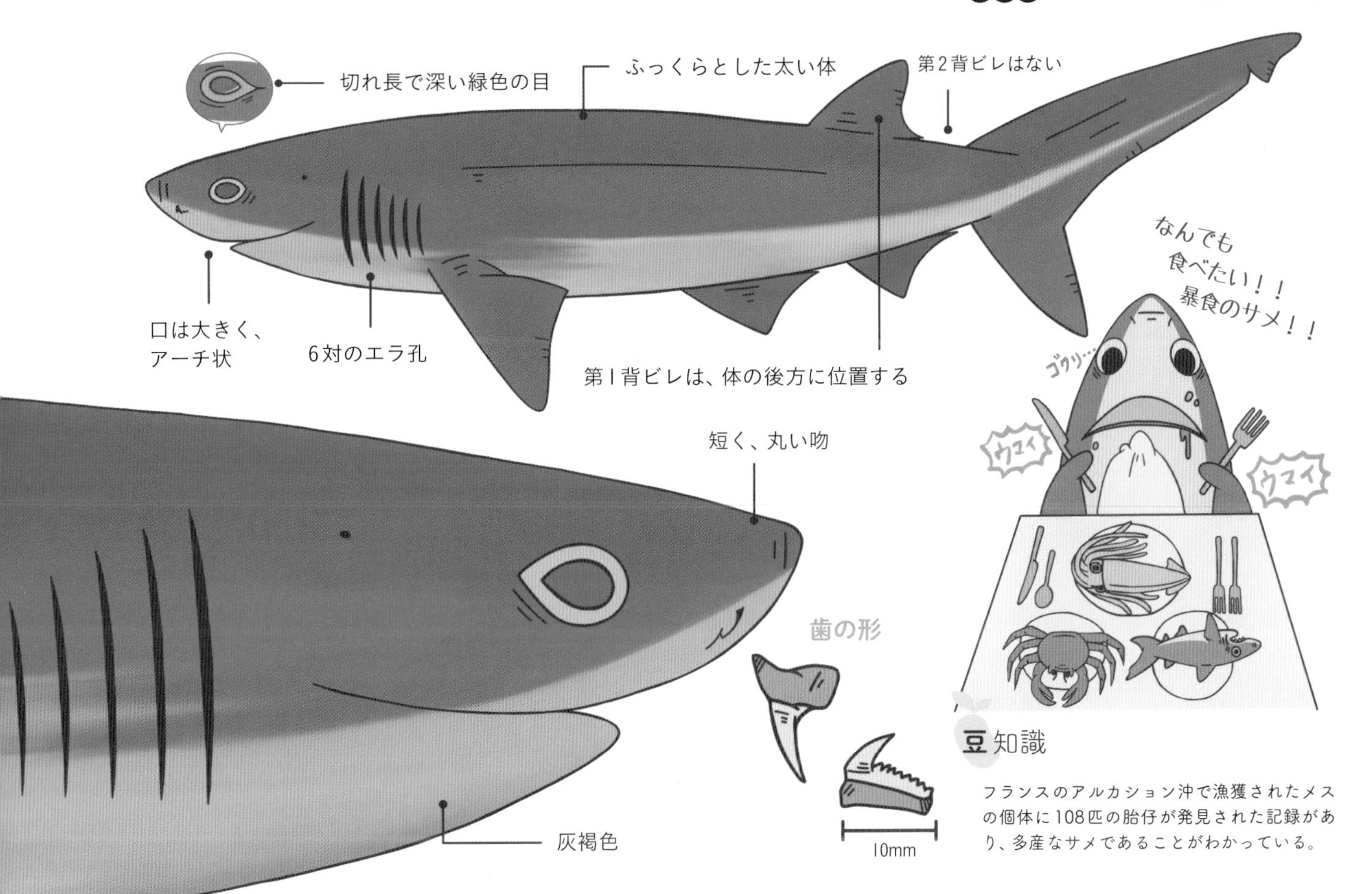

豆知識

フランスのアルカション沖で漁獲されたメスの個体に108匹の胎仔が発見された記録があり、多産なサメであることがわかっている。

神々しい名前の持ち主

シロカグラ

Bigeyed sixgill shark

シロカグラは希少種なので、その生態に関しては不明な点が多い。シロカグラもエラ孔が6対あり、古代ザメの特徴を残している(ほとんどのサメのエラ孔は5対)。

同種にカグラザメ(p.246)がいるが、下アゴの大型鋸状の歯の数、背ビレの大きさと背ビレから尾ビレまでの長さとの関係で見分けると間違えにくい。シロカグラは左右5つずつで、カグラザメは左右6つずつだ。まれに漁などで混獲される。

めかぶのヒトコト

その神々しい名前から、神聖な生物に思える。よし、拝もう!

こぼれ話

カグラザメと同様、普段の動きは遅いが、獲物を見つけたときは瞬発的に速く泳ぐ。捕獲例や水族館などでの飼育例がほぼないため、謎が多い。

生息域

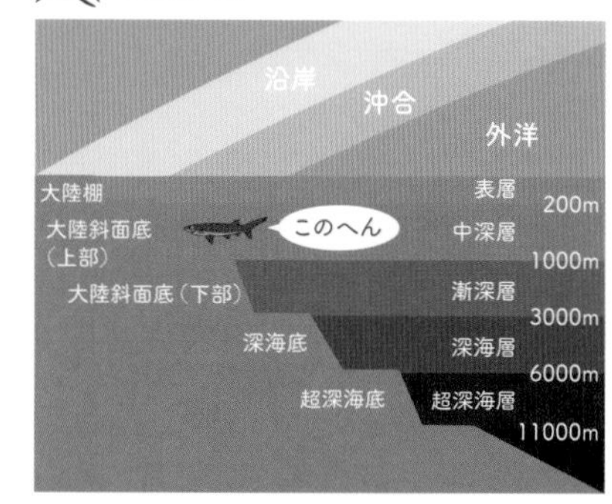

分布図

DATA

- **全長**:最大1.8mほど
- **分布**:北西太平洋、メキシコ湾、カリブ海、西インド洋など
- **生息**:水深100～700mほどの大陸棚や大陸斜面の底近く
- **捕食**:硬骨魚類や頭足類など
- **繁殖**:卵黄依存型の胎生。13～26匹ほどの仔を産む

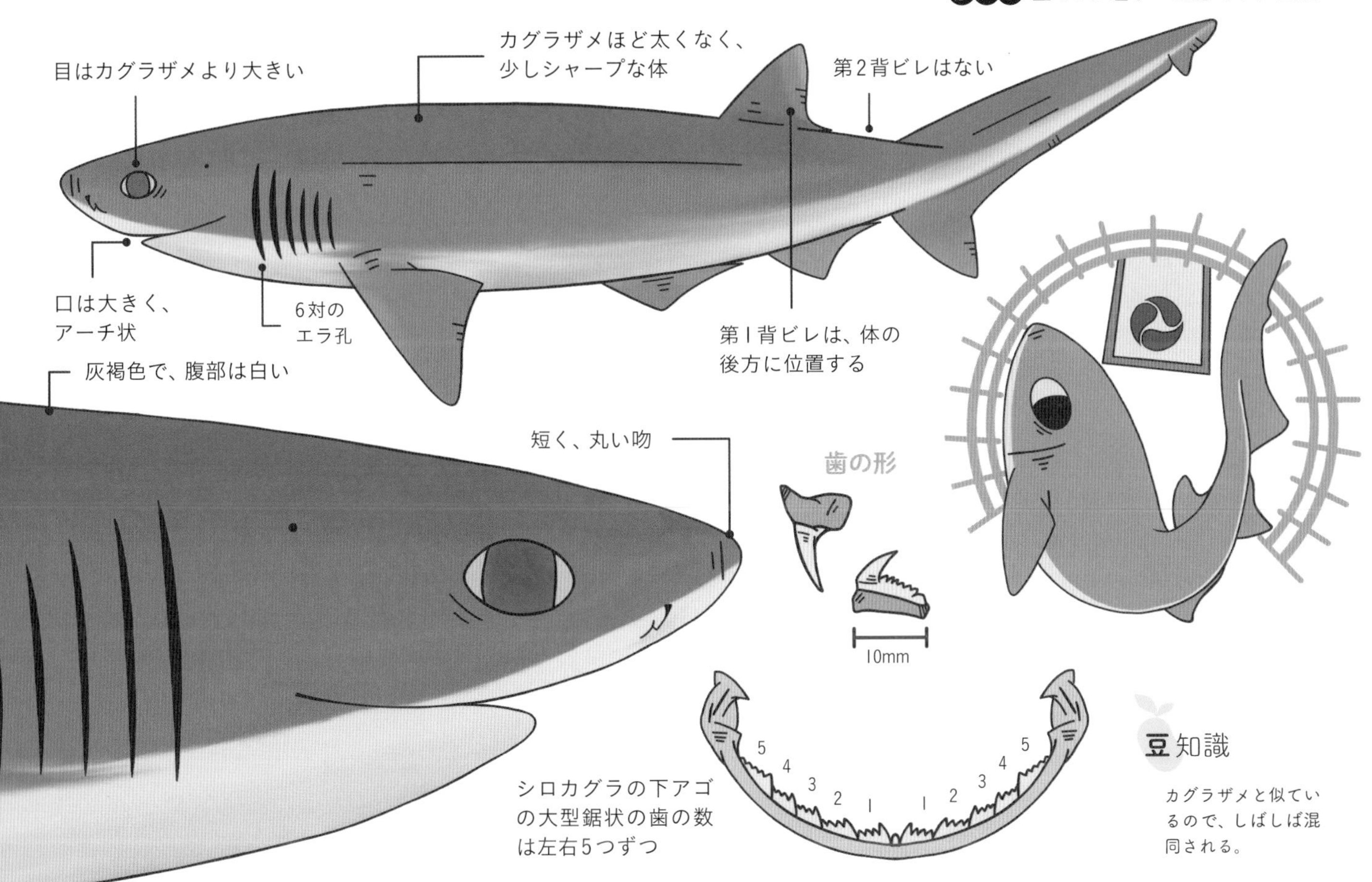

豆知識

カグラザメと似ているので、しばしば混同される。

縁起が良さそうな7対のエラ孔を持つ「エビス様」

エビスザメ

Broadnose sevengill shark

カグラザメ目

カグラザメ科

Notorynchus cepedianus

　エビスザメはエラ孔が7対ある。7対のエラ孔を持つサメは、エビスザメともう1種類しかない。エラ孔は前のほうほど大きくて、後ろにいくにつれて小さくなる。普段は単独で行動するが、大型の獲物は群れをなして狙う。その狩りのスタイルは、古代ザメと似ていると考えられている。カグラザメ目の仲間は深海に生息しているが、エビスザメは比較的、浅い場所に生息している。

めかぶのヒトコト

ちょっとニヤっとした顔が愛らしい。縁起が良さそうなので、手を合わせて拝んでしまう。

こぼれ話

「エビス」には「荒々しい」という意味もあり、その意味からこの名前が付けられたともされている。

生息域

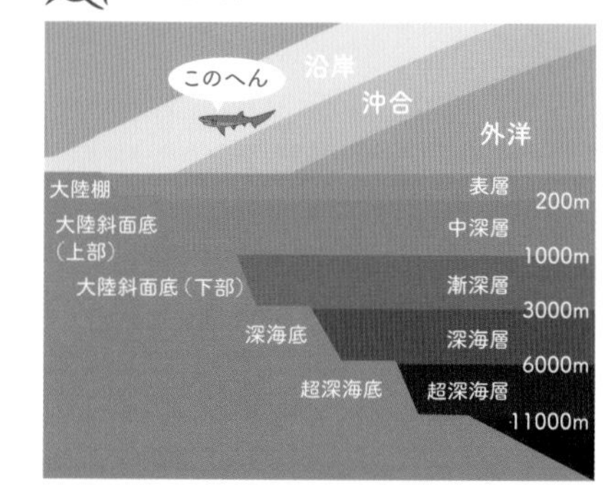

分布図

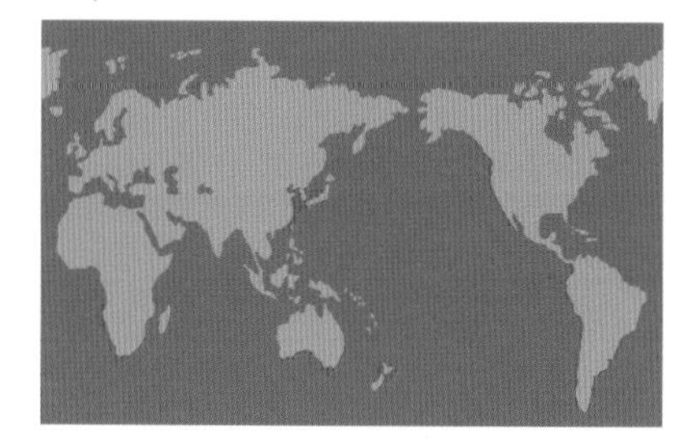

DATA

- **全長**：2～3mほど
- **分布**：北大西洋を除く世界の亜熱帯から温帯海域など。日本では、相模湾以南の南日本の太平洋、日本海など
- **生息**：水深50m以浅の海表層。大型の個体は500mほどの中深層まで潜る
- **捕食**：哺乳類や硬骨魚類、サメなどの軟骨魚類など
- **繁殖**：卵黄依存型の胎生。67～104匹ほどの仔を産む

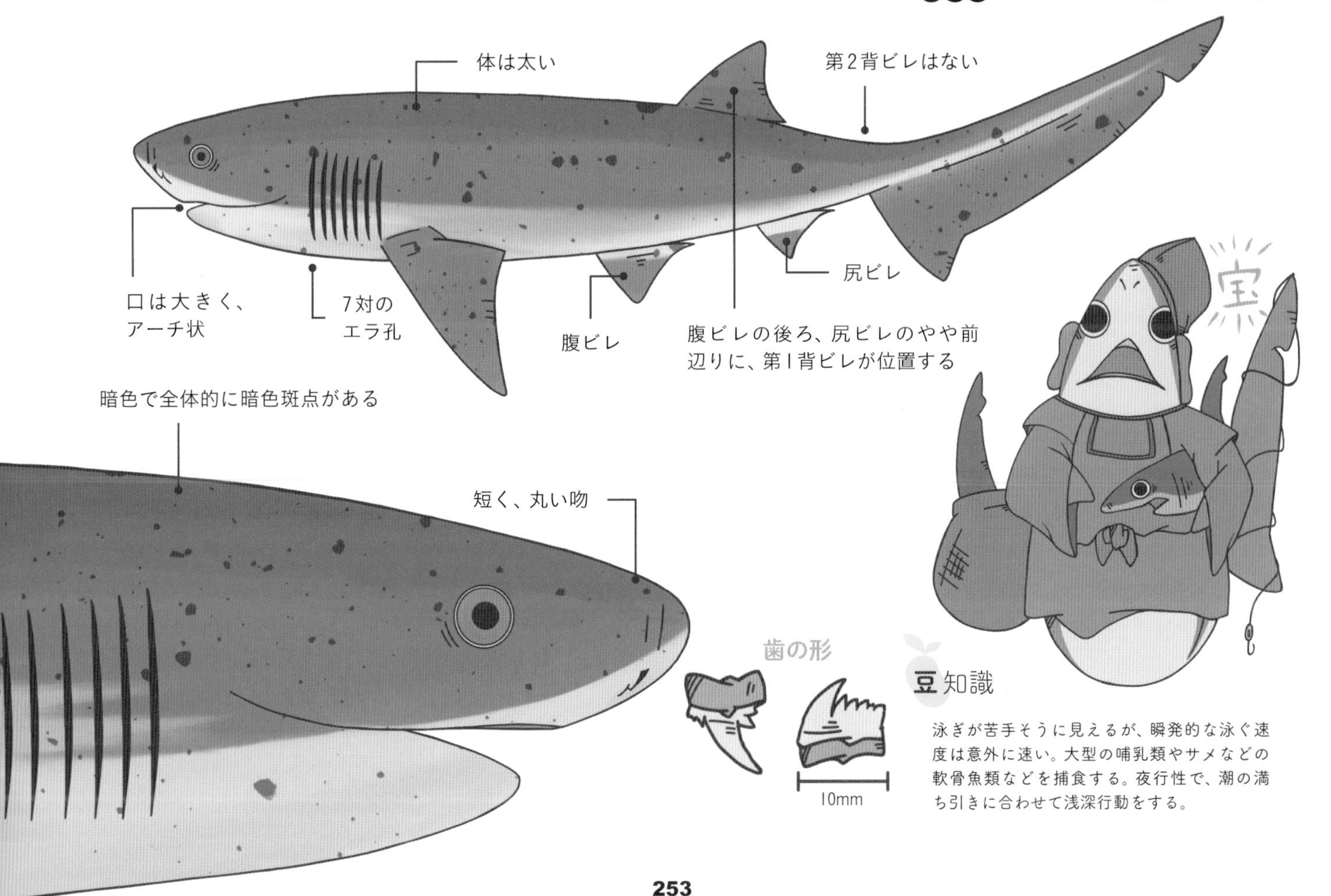

豆知識

泳ぎが苦手そうに見えるが、瞬発的な泳ぐ速度は意外に速い。大型の哺乳類やサメなどの軟骨魚類などを捕食する。夜行性で、潮の満ち引きに合わせて浅深行動をする。

サメ界の「江戸っ子」は深海のレジェンド

エドアブラザメ

Sharpnose sevengill shark

カグラザメ目

カグラザメ科

Heptranchias perlo

エドアブラザメも、エラ孔が7対ある。7対のエラ孔を持つのはエドアブラザメとエビスザメ（p.252）の2種類。エラ孔は後ろのほうほど小さくなる。「アブラツノザメ」という名前のサメがいるが、エドアブラザメの近縁ではない。東京では昔「アブラザメ」と呼ばれていたので、これと区別するため「エド」という文字がつけられたとされている。漢字では「江戸油鮫」と書く。「エド」とつくが、世界各地のいろいろな場所に分布している。

めかぶのヒトコト

スマートな体にある7対のエラ孔がセクシー。切れ長の大きな目は美人。なのには「エド」という名前のギャップがいい。

こぼれ話

気性が荒いので漁師さんから「飛びつき」と呼ばれることもある。

DATA	
●**全長**：1〜1.5mほど	
●**分布**：太平洋北東部を除く、ほぼ全世界の暖海域など	
●**生息**：水深300〜1000mほどの大陸棚上から大陸斜面の深海	
●**捕食**：硬骨魚類やイカ・タコなどの頭足類、サメなどの軟骨魚類	
●**繁殖**：卵黄依存型の胎生。20匹ほどの仔を産む	

生息域

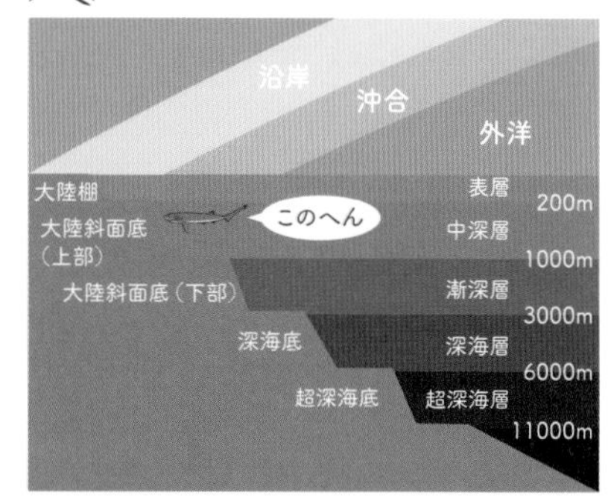

分布図

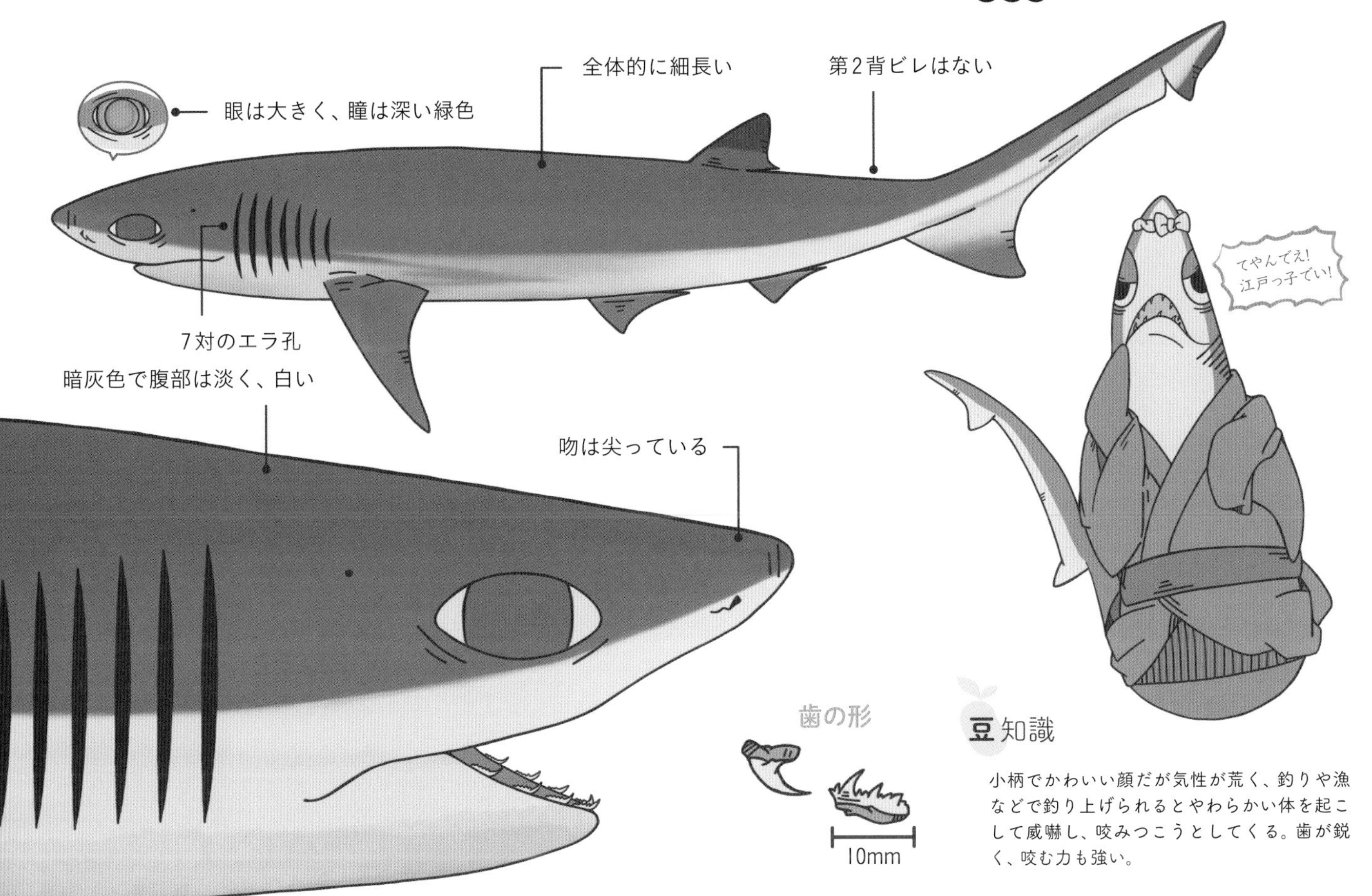

豆知識

小柄でかわいい顔だが気性が荒く、釣りや漁などで釣り上げられるとやわらかい体を起こして威嚇し、咬みつこうとしてくる。歯が鋭く、咬む力も強い。

フリルがかわいい個性的なスタイル

ラブカ

Frilled shark

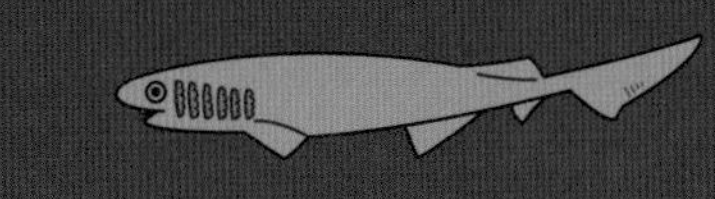

カグラザメ目

ラブカ科

Chlamydoselachus anguineus

　ラブカは、原始的な特徴を残した姿から、「生きた化石」と呼ばれている。頭をくねらせて泳ぐ姿や、細長い姿から「ウナギザメ」ともいわれる。

　歯は三つ又状で、300本ほど生えている。アゴはほぼ固定されているので、現代のサメのように口を前方に突き出すことができず、咀嚼することも苦手とされている。泳ぐことも得意ではない。妊娠期間は3年ほどで、世界でいちばん長いといわれている。

めかぶのヒトコト

ラブカは古代ザメの「クラドセラケ (p.280)」と似ているといわれている。古代魚が好きな私からすると魅力的でステキ。

こぼれ話

泳ぐことが苦手なのに、速い動きのイカを捕食しているという謎がある。

生息域

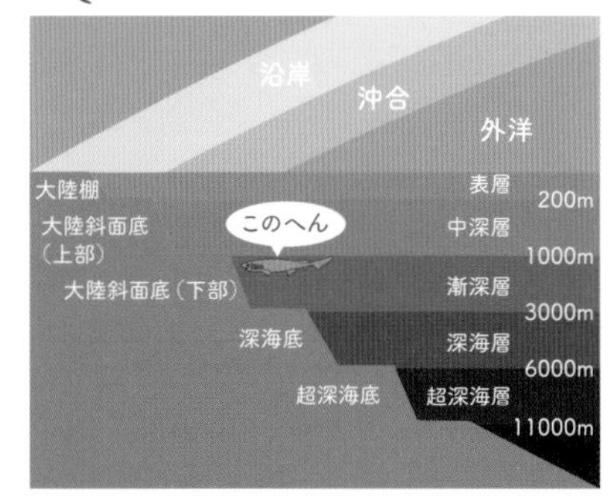

分布図

DATA

- ●**全長**：1.5～2m弱
- ●**分布**：太平洋、インド洋、大西洋から熱帯まで幅広い
- ●**生息**：水深50～1500mほどの大陸棚や大陸斜面
- ●**捕食**：深海の硬骨魚類、頭足類など
- ●**繁殖**：卵黄依存型の胎生。2～15匹ほどの仔を産む

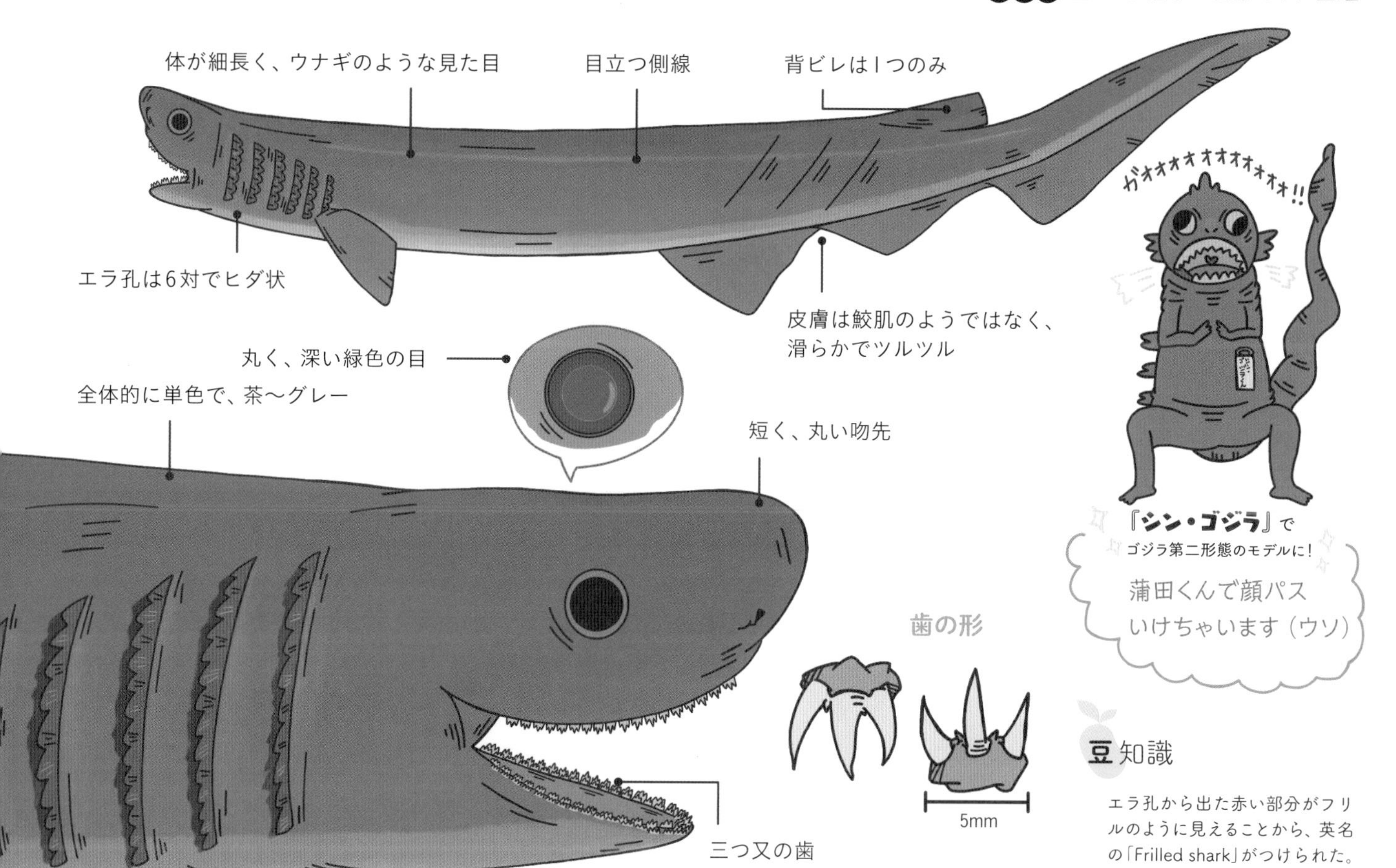

豆知識

エラ孔から出た赤い部分がフリルのように見えることから、英名の「Frilled shark」がつけられた。

「レアキャラの余裕」

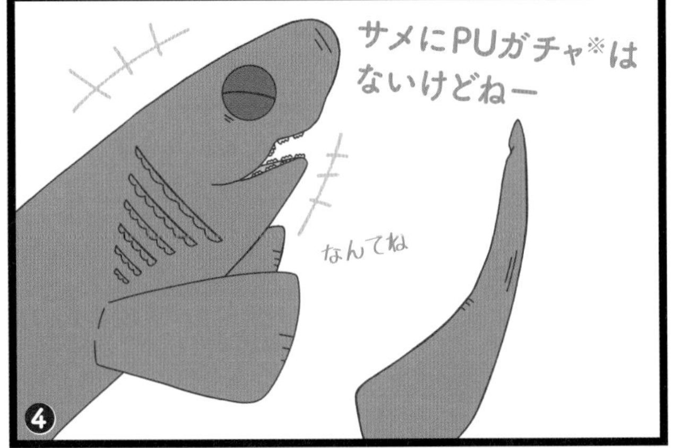

※ピックアップガチャ。期間限定で引ける特別なガチャ。

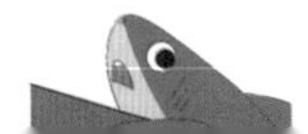

キクザメ目

この「菊の紋所」が目に入らぬか！

キクザメ

Bramble shark

キクザメ目

キクザメ科

Echinorhinus brucus

キクザメは、鋭い棘状で菊の形をしたフジツボのような楯鱗（じゅんりん）が体に散在していることが特徴だ。その見た目から英名は「いばら」を意味する「Bramble」。

キクザメ科は2種おり、同種の「コギクザメ（p.262）」も、棘状の菊の形をした楯鱗を持っているが、キクザメほどは目立たない。また、キクザメは、悪臭を放つ粘膜にも覆われている。

めかぶのヒトコト

600種ほどいるサメの中でも奇抜で個性的。その体に触ってみたいし、においも嗅いでみたい。

こぼれ話

楯鱗は、10個ほどがくっついて、一体化することもある。

DATA

- **全長**：最大3m強ほど
- **分布**：東太平洋を除く世界中の熱帯・温帯海域など
- **生息**：水深400～900mまでの大陸棚や大陸斜面
- **捕食**：軟骨魚類、硬骨魚類、頭足類、甲殻類など
- **繁殖**：卵黄依存型の胎生。15～26匹ほどの仔を産むと思われるが、記録不十分なためくわしくは解明されていない

生息域

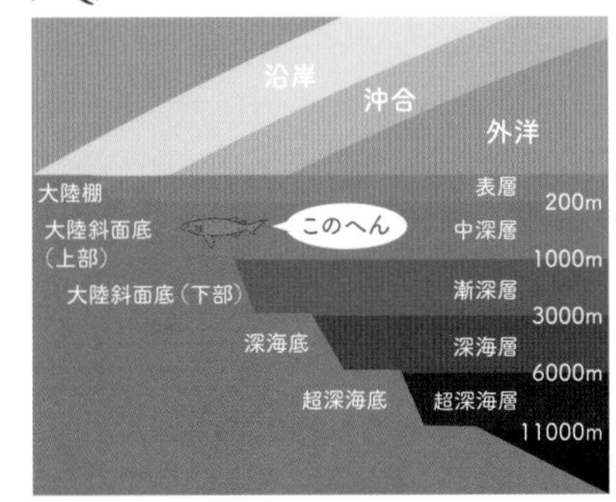

分布図

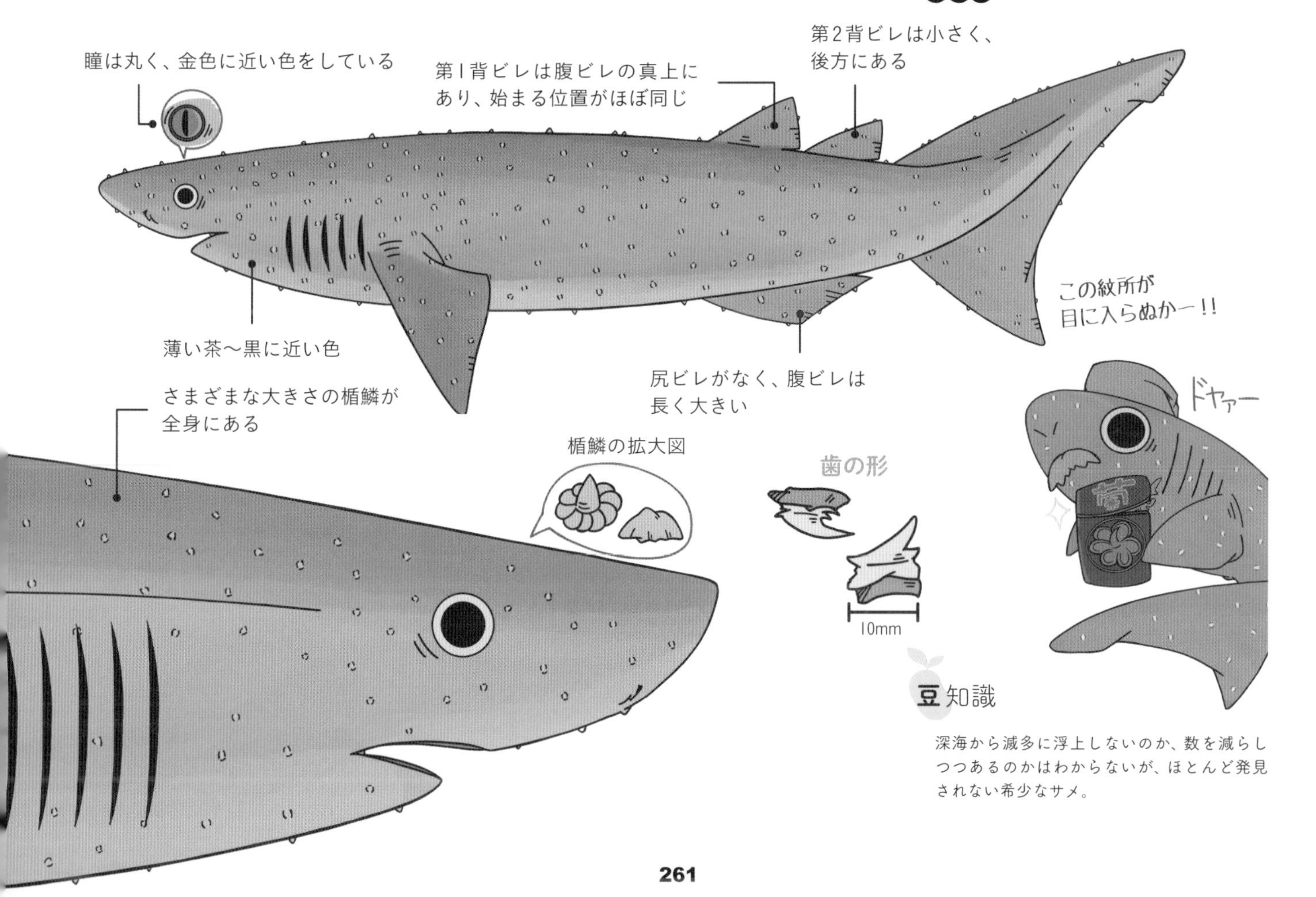

豆知識

深海から滅多に浮上しないのか、数を減らしつつあるのかはわからないが、ほとんど発見されない希少なサメ。

よく見ると小さな「菊の紋」が咲いている

コギクザメ

Prickly shark

キクザメ目

キクザメ科

Echinorhinus cookei

コギクザメは、キクザメと同様、体に菊のような形の楯鱗がたくさんついているが、少し形態が違う。目に見えて大きい楯鱗を持つキクザメと比べ、コギクザメの楯鱗は、直径が最大で4mmほどと小さく、肉眼ではわかりにくいほど小さい。体はコギクザメのほうが大きくなり、側線もコギクザメのほうがはっきりしている。キクザメよりも希少なので、その生態はあまりわかっていない。

めかぶのヒトコト

水族館の特別展示で、標本を見たことしかない。もっと観察したいものだ。

こぼれ話

「コギク」の由来は、菊の紋が小さいから。

生息域

分布図

DATA

- **全長**：最大3～4.5mほど
- **分布**：太平洋の熱帯・温帯海域などに分布
- **生息**：浅海から水深1000mを超える大陸棚や大陸斜面の海底付近に生息
- **捕食**：軟骨魚類、硬骨魚類、頭足類、甲殻類など
- **繁殖**：卵黄依存型の胎生。100匹以上の仔を産む。記録が不十分なので、くわしくは解明されていない

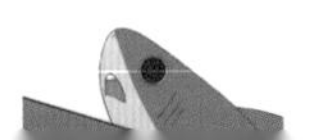

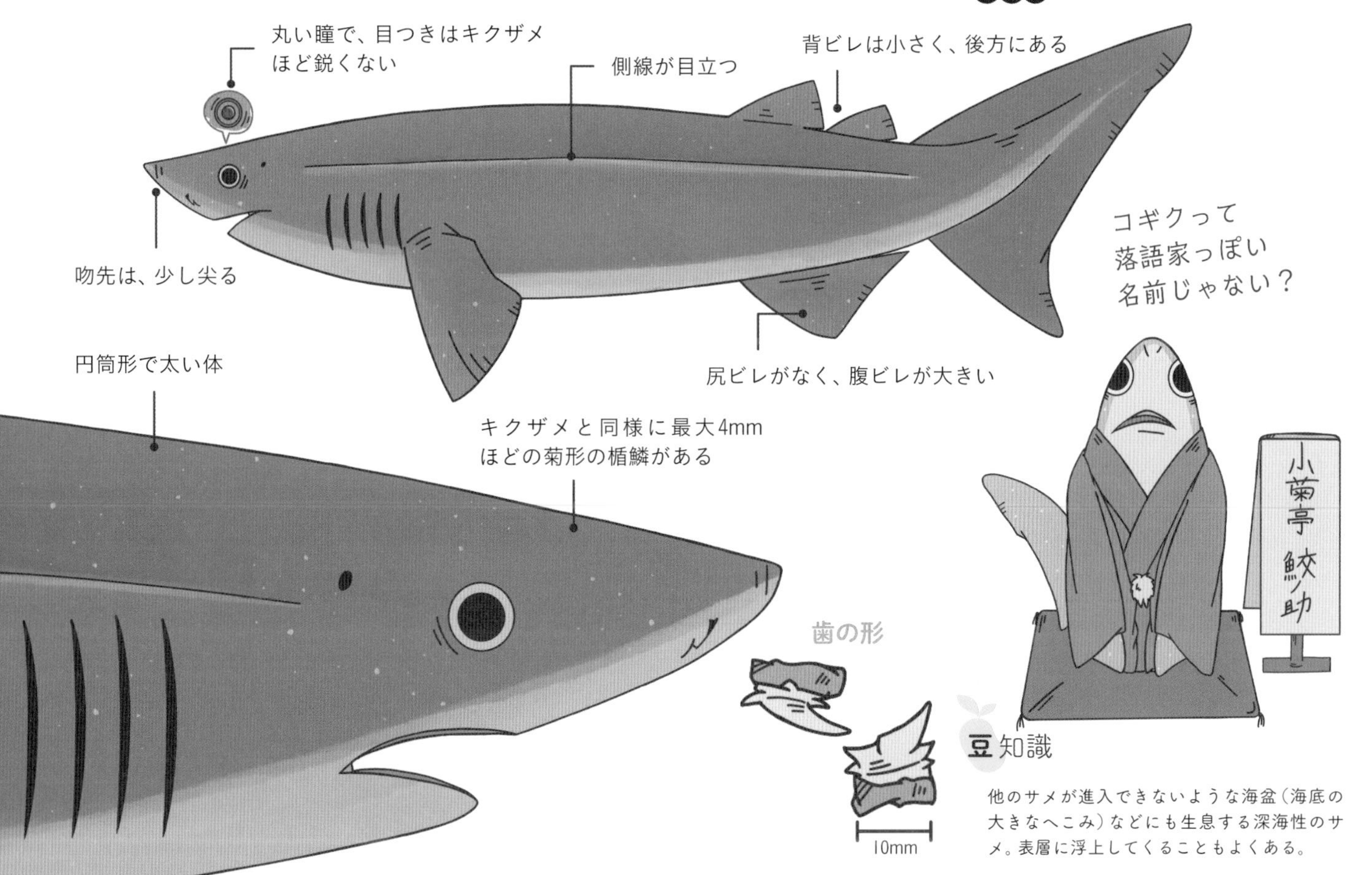

豆知識

他のサメが進入できないような海盆（海底の大きなへこみ）などにも生息する深海性のサメ。表層に浮上してくることもよくある。

「見間違い」

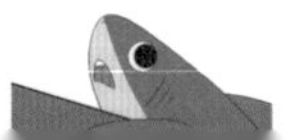

ノコギリザメ目

それっ、ノコギリカッター!!

ノコギリザメ

Japanese sawshark

ノコギリザメ目

ノコギリザメ科

Pristiophorus japonicus

　ノコギリザメは、吻がノコギリ状になっており、たくさんの棘が生えている。ノコギリの部分のロレンチーニ瓶は非常に発達しており、ノコギリの部分とヒゲの部分を使い、砂の中の獲物を見つける。ヒゲは、水流なども感知することができる。ノコギリの部分は、獲物を切断するのではなく、砂を掘ったり獲物を押さえたりするためだが、身に危険が及べば防衛手段として振り回したりもする。吻は全長の約4分の1を占めている。

めかぶのヒトコト

水族館などの水槽内でノコギリを振り回したら、他の魚に誤ってぶつかってしまいそう。

こぼれ話

ノコギリは母体にいるときから生えており、胎内が傷つかないよう折りたたまれている。

生息域

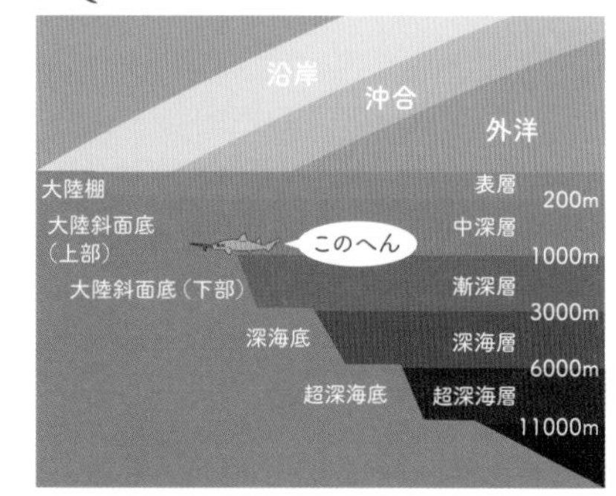

分布図

DATA

- **全長**：最大1.5mほど
- **分布**：北海道南部以南の太平洋、日本海、東シナ海、南シナ海など
- **生息**：浅海から1250mほどまでの大陸棚や大陸斜面など
- **捕食**：エビなどの甲殻類や小型硬骨魚類など
- **繁殖**：卵黄依存型の胎生。10匹ほどの仔を産む

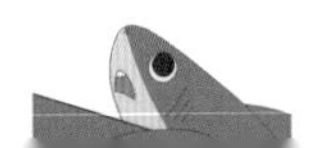

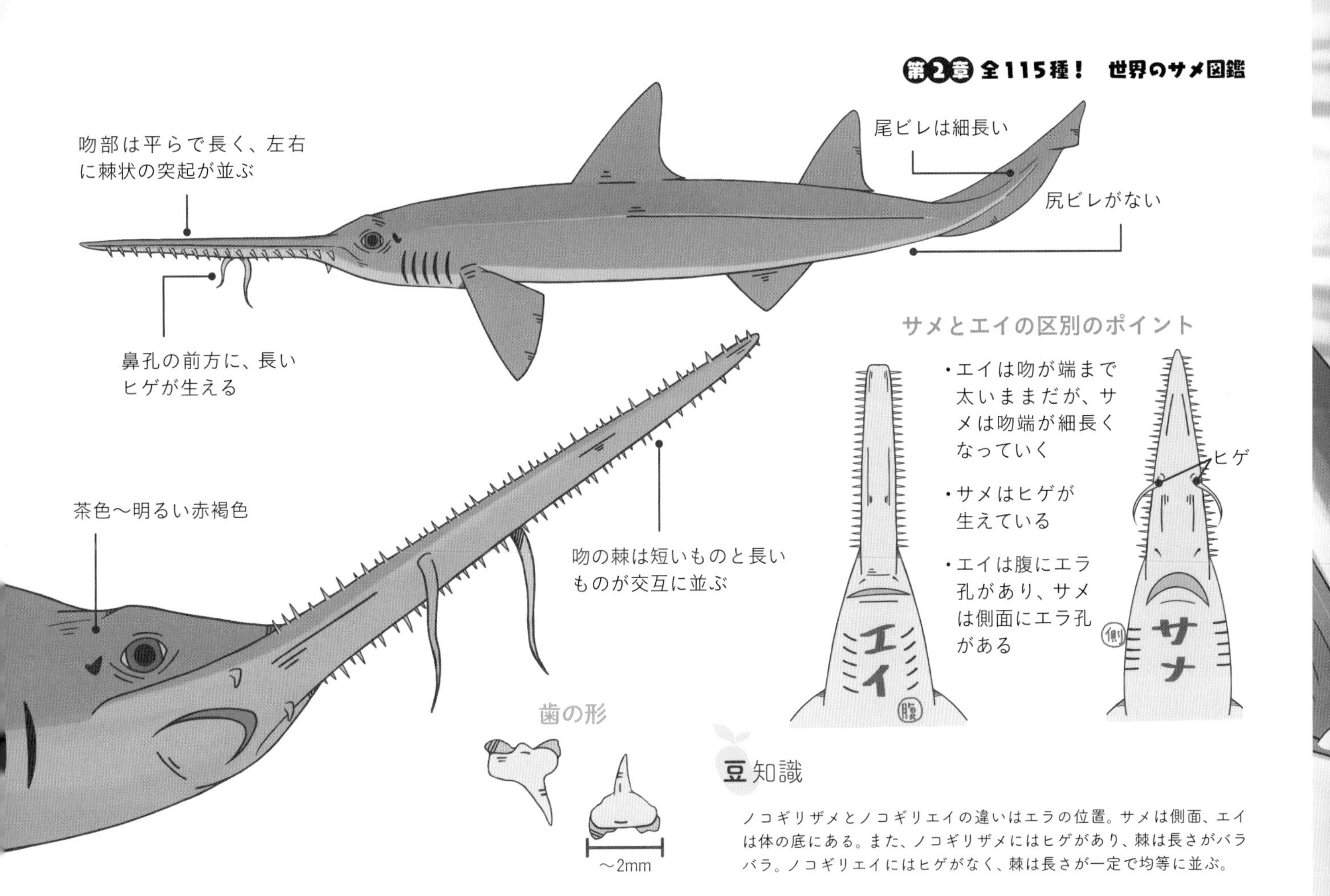

豆知識

ノコギリザメとノコギリエイの違いはエラの位置。サメは側面、エイは体の底にある。また、ノコギリザメにはヒゲがあり、棘は長さがバラバラ。ノコギリエイにはヒゲがなく、棘は長さが一定で均等に並ぶ。

1つ多めにエラ孔があいています

ムツエラノコギリザメ

Sixgill sawshark

ノコギリザメ目

ノコギリザメ科

Pliotrema warreni

ムツエラノコギリザメは、他のサメやノコギリザメの仲間と異なり、エラ孔が6つあるのが特徴である。このことから、この名前がつけられた。

ノコギリ状の吻やヒゲなどの使い道は、ノコギリザメと変わらず、砂を掘ったり、獲物を押さえたり、防御手段としている。ノコギリの棘の部分は、顔の側面まで続く。

くわしい生態などは解明されておらず、まだわかっていないことが多い。

めかぶのヒトコト

ノコギリだけでも大きなインパクトなのに、エラ孔が6つあるという特別感。

こぼれ話

日々、数を減らしつつあると思われている。

生息域

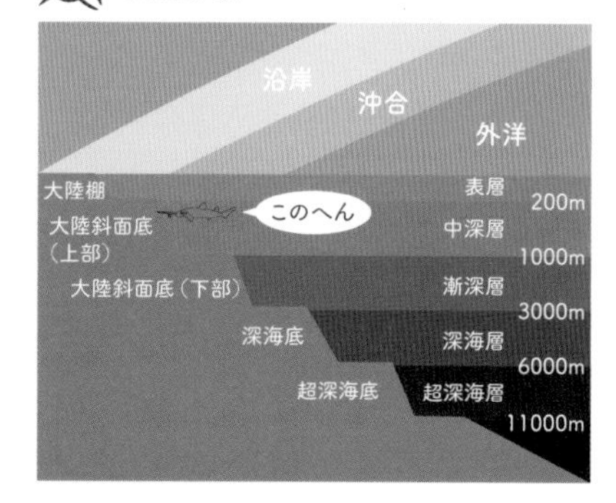

分布図

DATA

- ●**全長**：最大1.4mほど
- ●**分布**：南アフリカ近辺、インド洋の亜熱帯から温帯海域など
- ●**生息**：水深35～500mほどの浅海、大陸棚、大陸斜面など
- ●**捕食**：エビなどの甲殻類や小型硬骨魚類など
- ●**繁殖**：卵黄依存型の胎生。5～17匹ほどの仔を産む

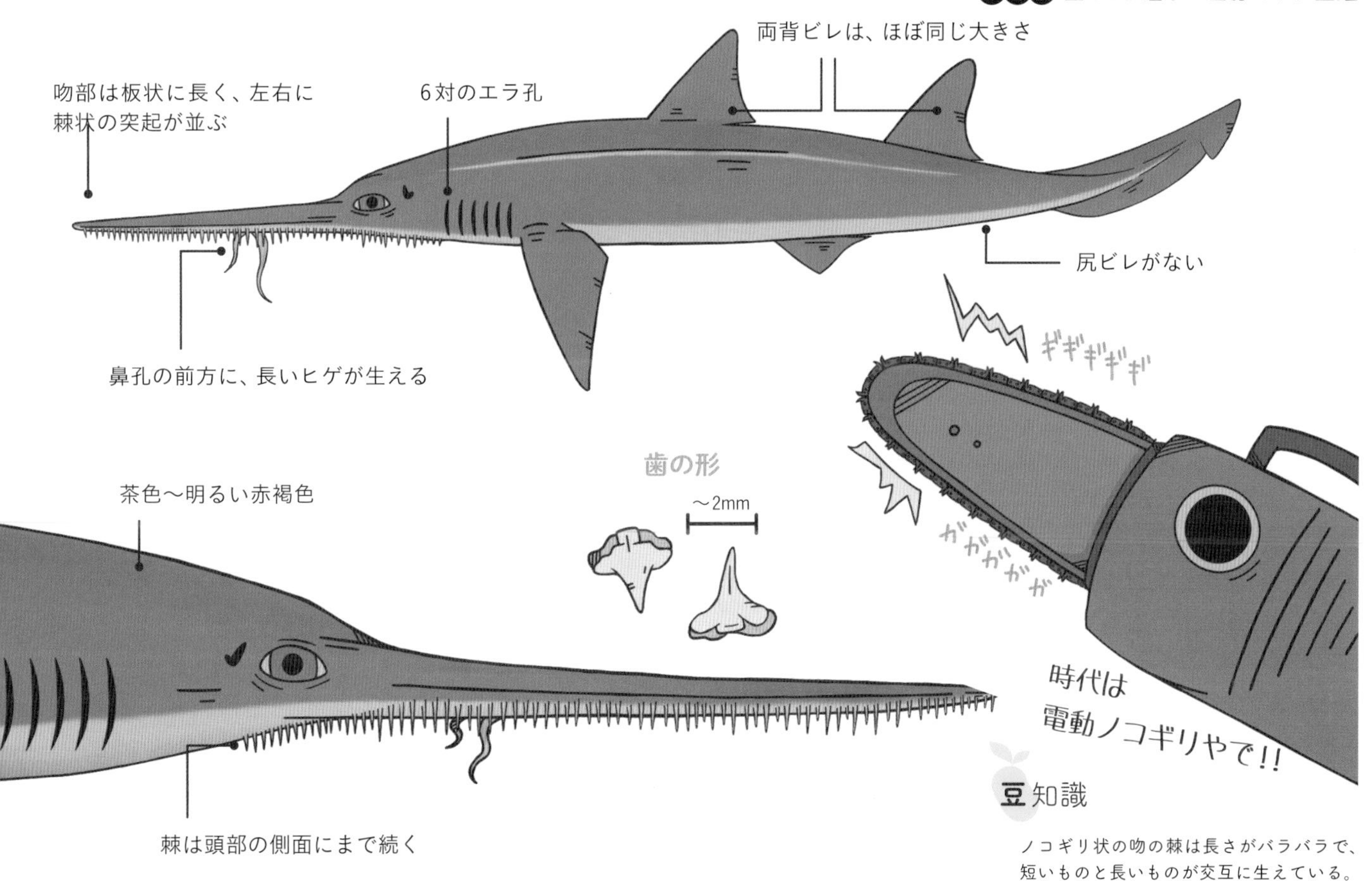

豆知識

ノコギリ状の吻の棘は長さがバラバラで、短いものと長いものが交互に生えている。

「似て非なるもの」

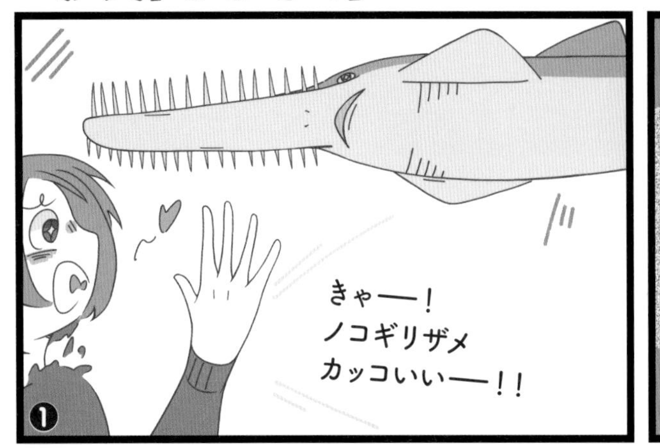

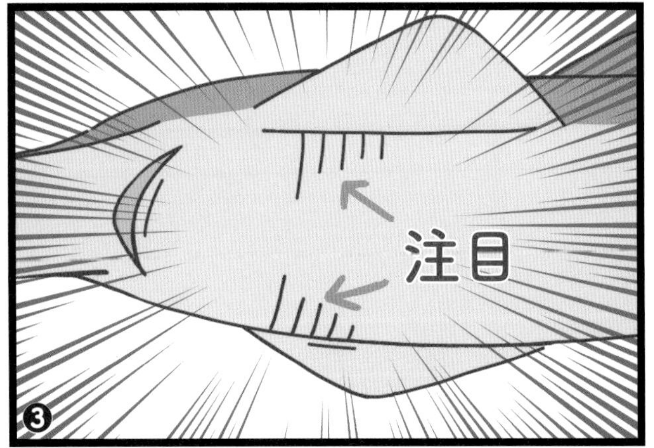

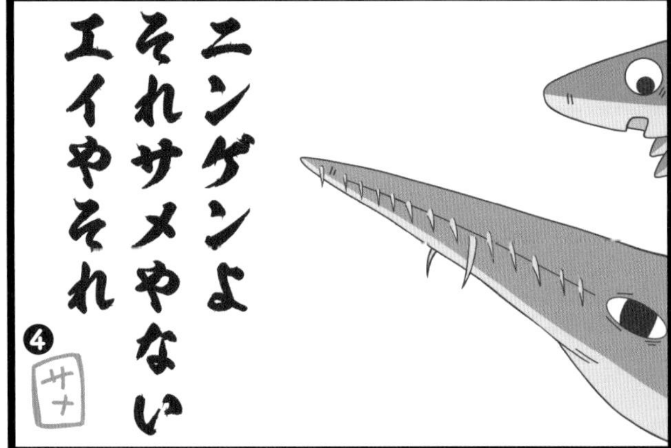

カズザメ団

見た目はエイ、中身はサメ、実態は「天使」!?

カスザメ

Japanese angelshark

カスザメ目

カスザメ科

Squatina japonica

カスザメはエイのような見た目で、平たく、胸ビレと腹ビレが大きい。口は体の前端に位置する。エイとは異なり、頭部と胸ビレは独立していて、エラ孔も体の側面に位置している。

カスザメは、海底の砂に紛れ、昼間はじっとして身を潜めているが、捕食範囲に獲物がくると、すばやく動いて捕食する。

海底に潜っているときも呼吸をするため、噴水孔だけは砂の上に出している。

めかぶのヒトコト

水族館では、よく砂に潜っているので見逃されていないか心配になってしまう。カスザメの水槽を見つけたら底にも注目してほしい。

こぼれ話

胸ビレと腹ビレが「天使の羽」に見えることから「エンジェル・シャーク」になった。

DATA

- **全長**:1.5～2mほど
- **分布**:北海道南部から台湾までの太平洋、日本海など
- **生息**:水深320mほどまでの大陸斜面
- **捕食**:底生性の硬骨魚類やイカなどの頭足類、甲殻類、貝類など
- **繁殖**:卵黄依存型の胎生

生息域

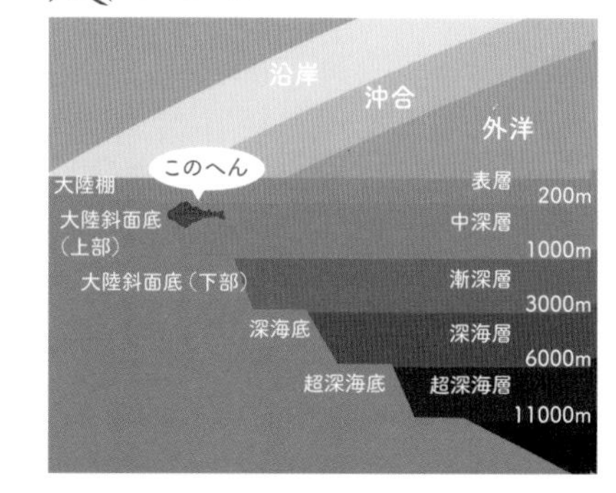

分布図

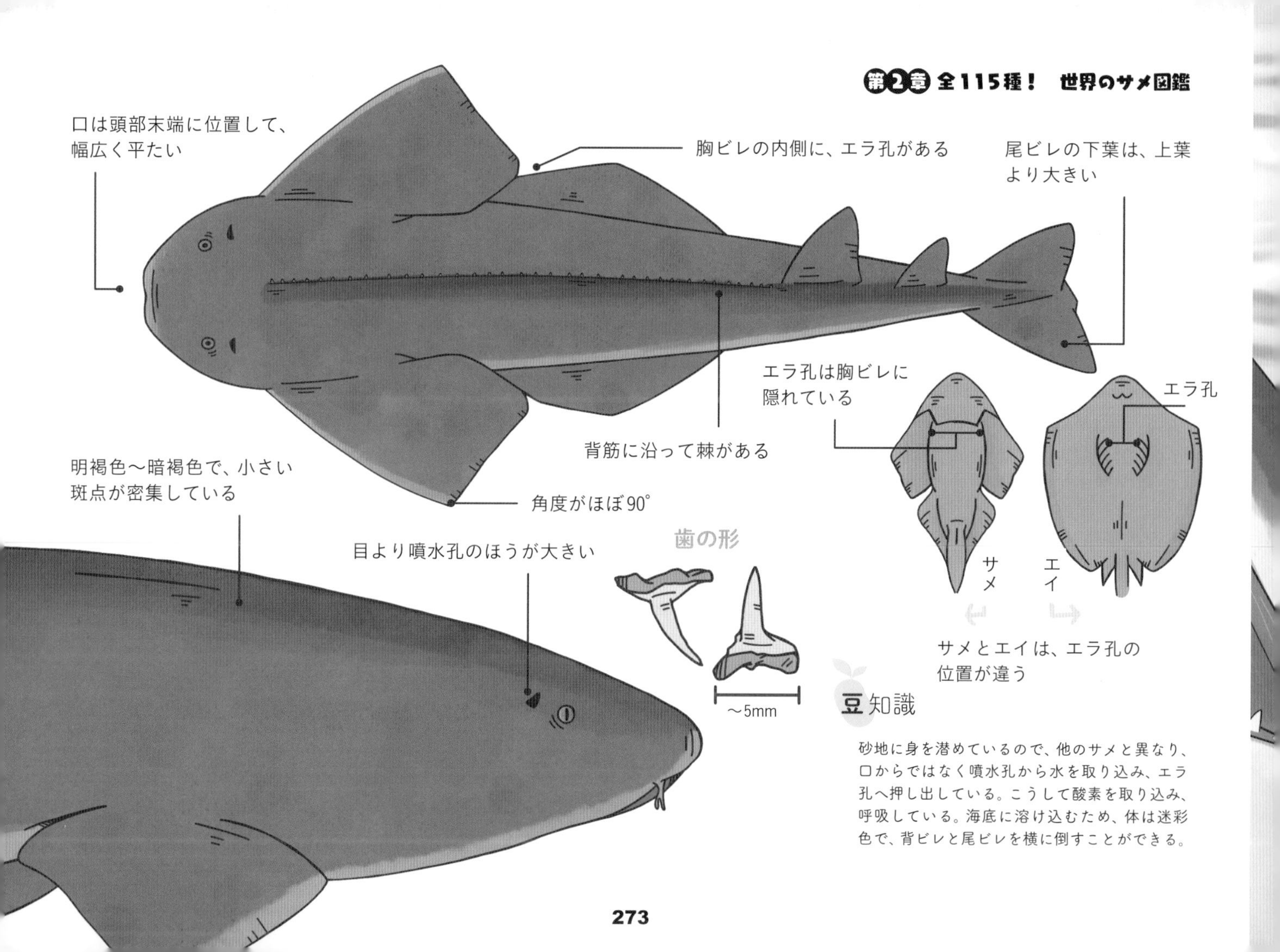

豆知識

砂地に身を潜めているので、他のサメと異なり、口からではなく噴水孔から水を取り込み、エラ孔へ押し出している。こうして酸素を取り込み、呼吸している。海底に溶け込むため、体は迷彩色で、背ビレと尾ビレを横に倒すことができる。

「君は誰？」

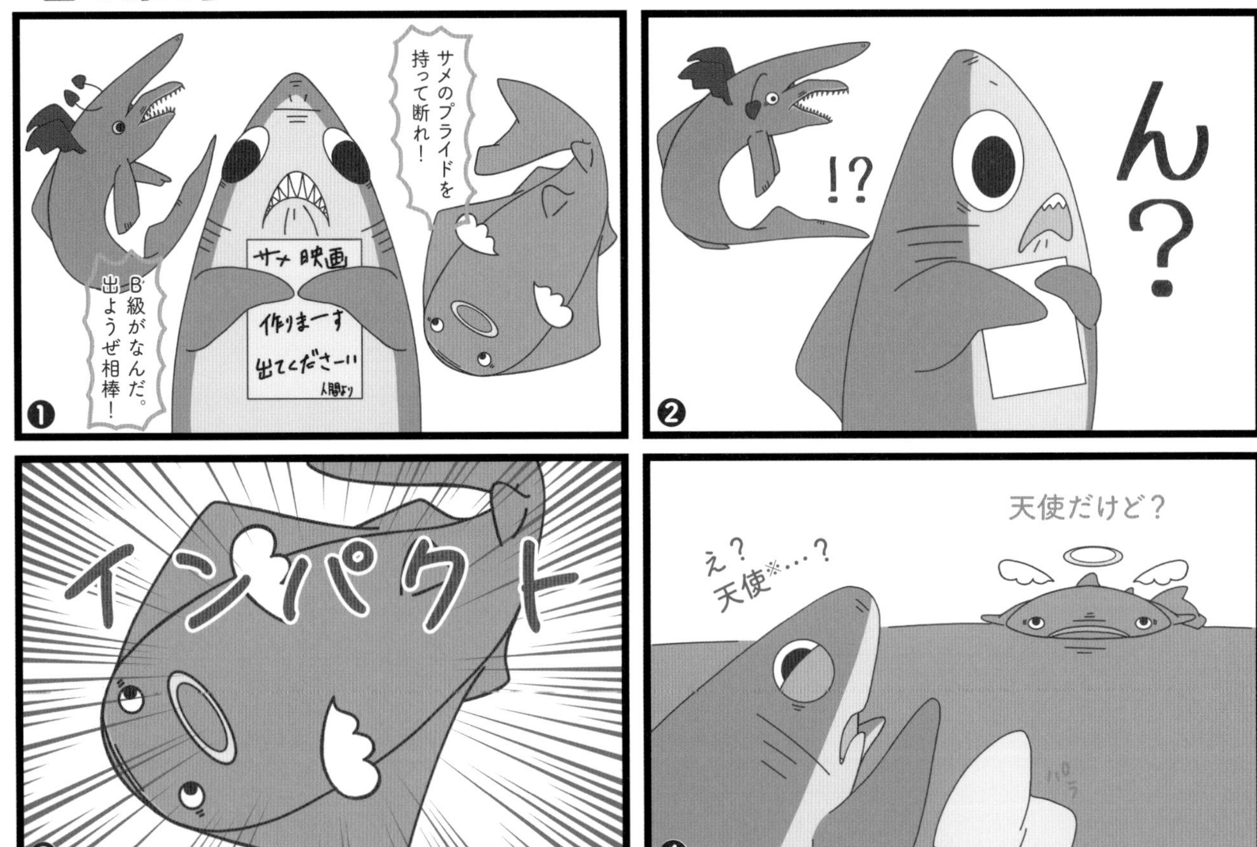

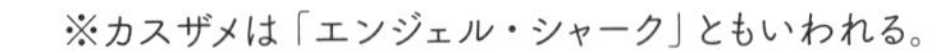
※カスザメは「エンジェル・シャーク」ともいわれる。

第3章

古代のサメ10種
～歴史は人よりも長い

デボン紀(古生代)

クセナカンタス

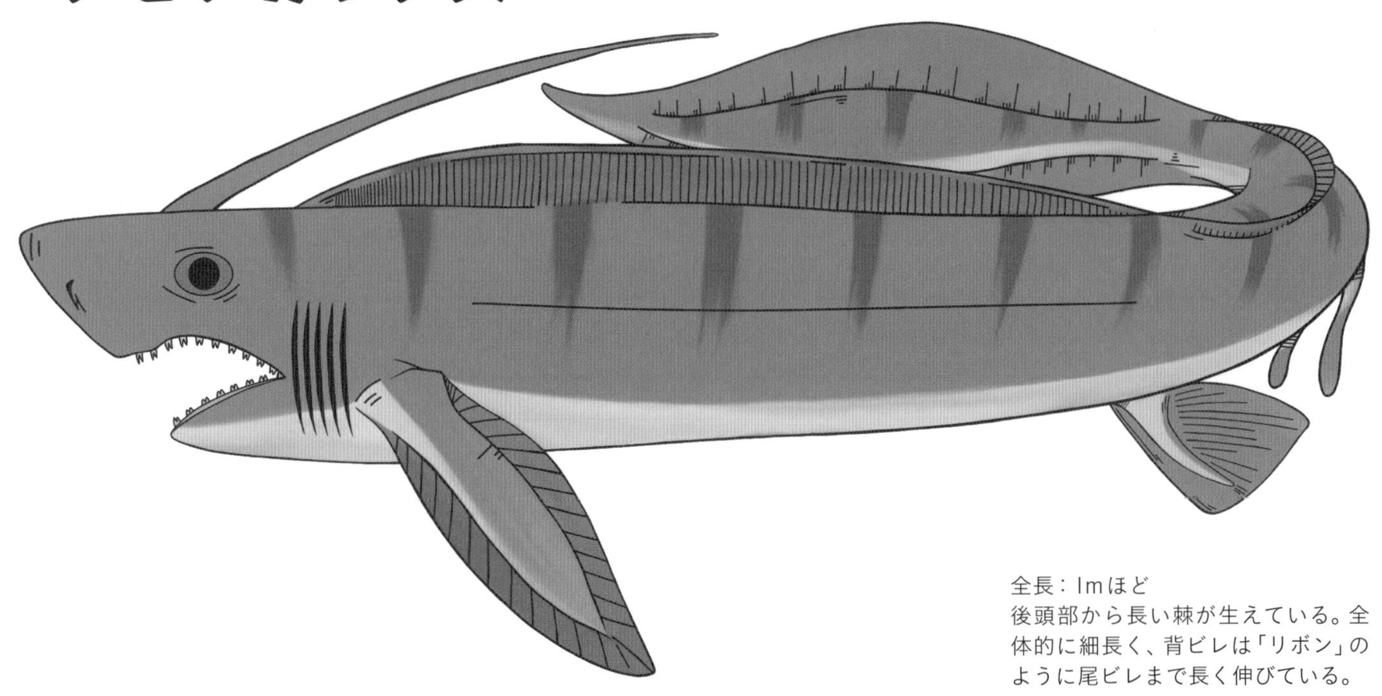

全長：1mほど
後頭部から長い棘が生えている。全体的に細長く、背ビレは「リボン」のように尾ビレまで長く伸びている。

デボン紀(古生代)

クラドセラケ

全長：2mほど
古い軟骨魚類だが、現在のサメとよく似た形態をしている。ただ、本当にサメの仲間に当たるかどうかは解明されていない。

石炭紀（古生代）

アクモニスティオン

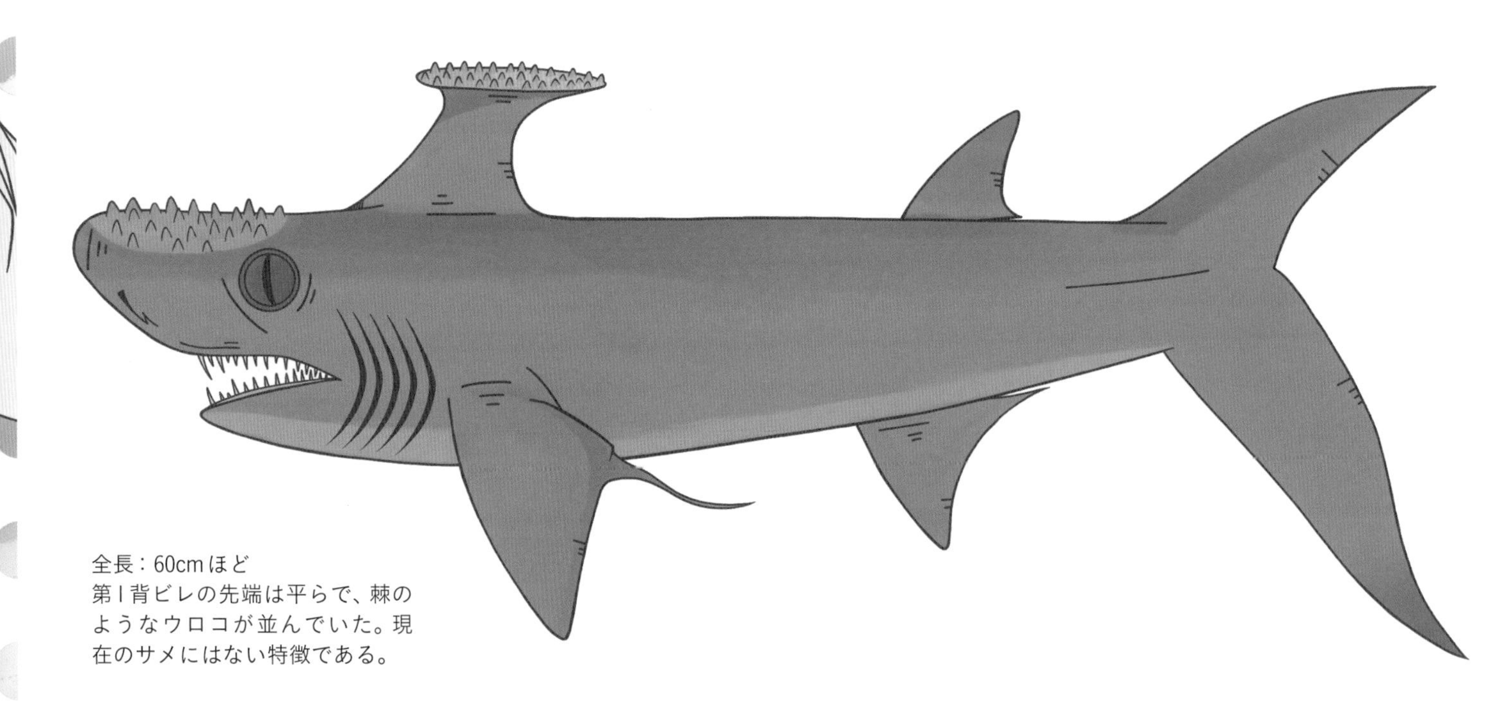

全長：60cmほど
第1背ビレの先端は平らで、棘のようなウロコが並んでいた。現在のサメにはない特徴である。

石炭紀(古生代)

エデスタス

全長:最大で6.7mほど
口から歯が飛び出しているのが特徴。歯の形状が鋭いことなどから、肉食と思われる。

石炭紀（古生代）

ファルカトゥス

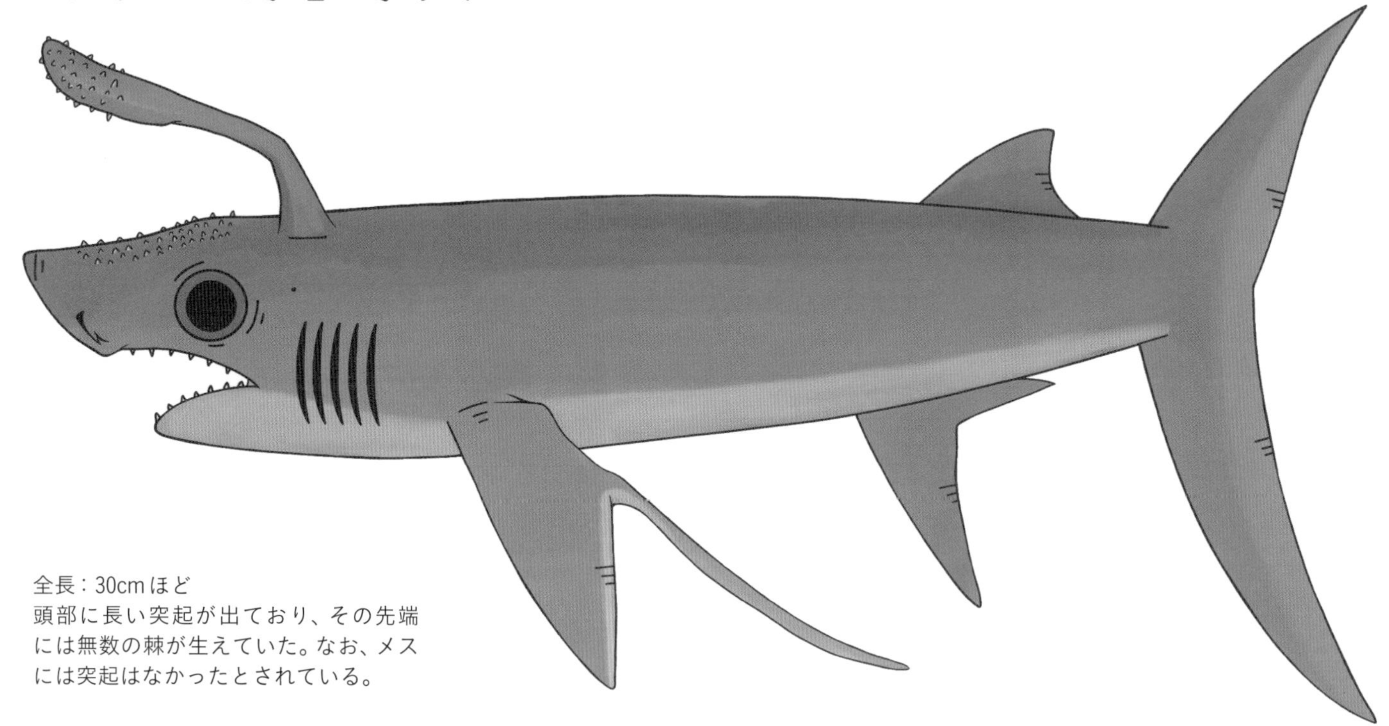

全長：30cmほど
頭部に長い突起が出ており、その先端には無数の棘が生えていた。なお、メスには突起はなかったとされている。

ペルム紀(古生代)

ヘリコプリオン

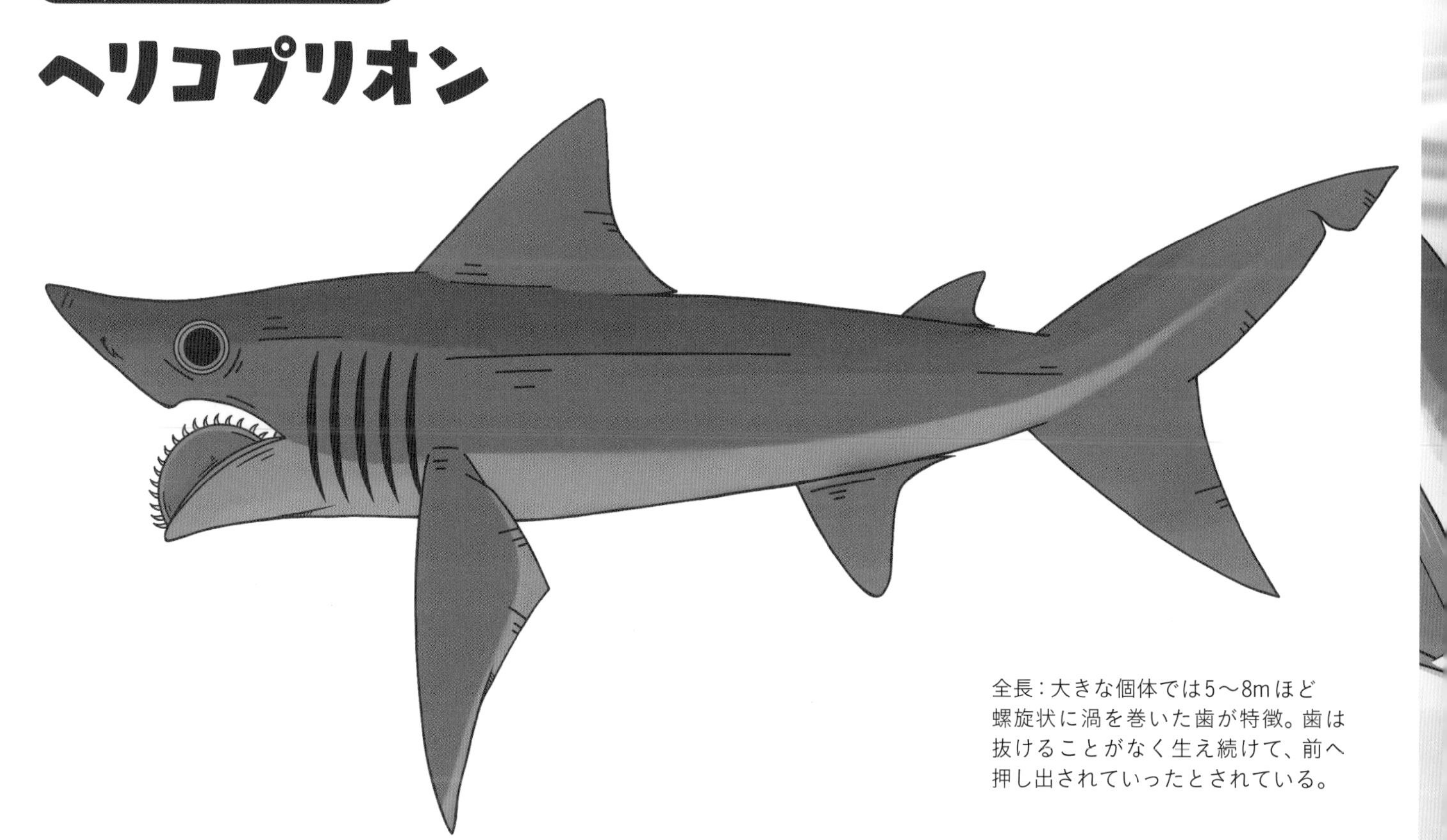

全長：大きな個体では5～8mほど
螺旋状に渦を巻いた歯が特徴。歯は抜けることがなく生え続けて、前へ押し出されていったとされている。

ペルム紀〜白亜紀（古生代〜中生代）

ヒボドゥス

全長：2mほど
サメの祖先とされているが、アゴの構造などが現在のサメとは異なっている。背ビレの前に長い棘を持っており、オスは頭部に小さな棘も生えていたとされている。

白亜紀（中生代）

シュードメガカスマ

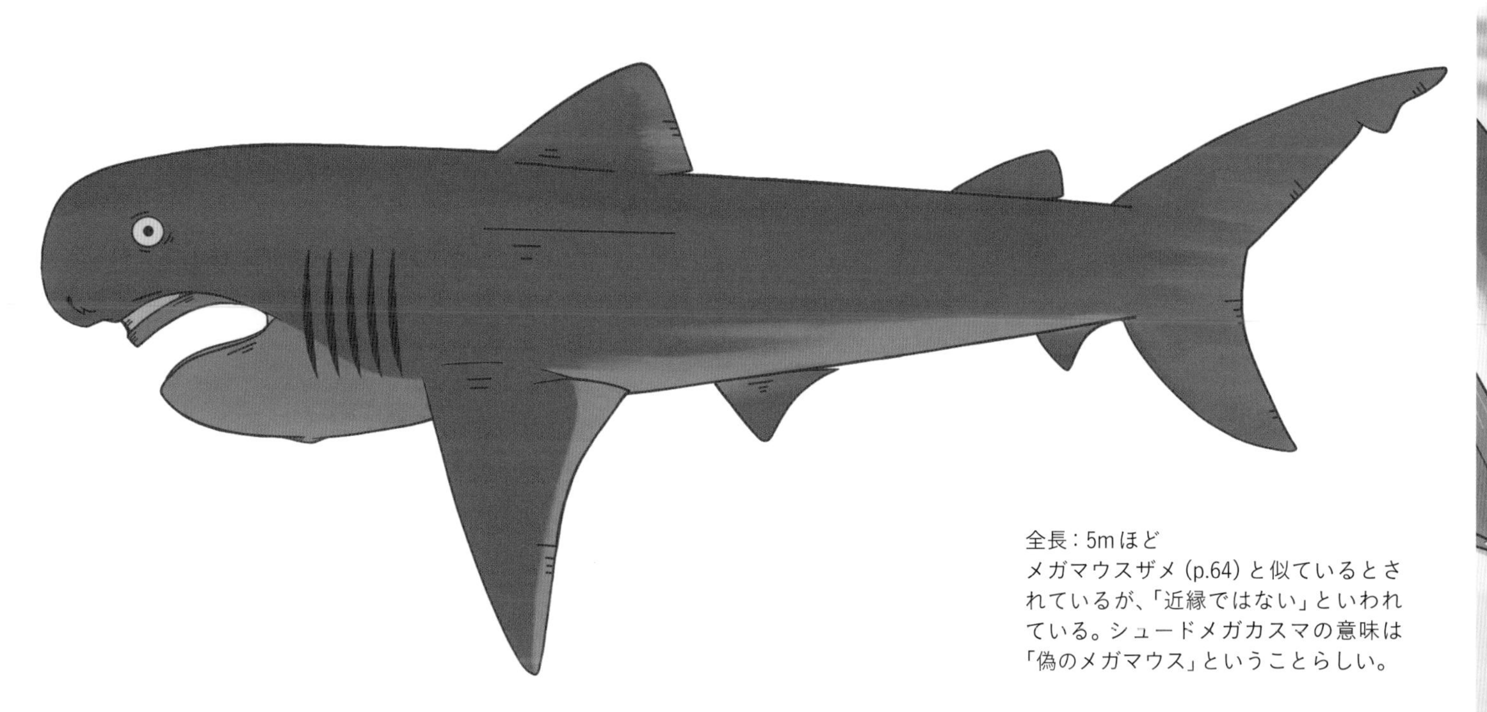

全長：5mほど
メガマウスザメ（p.64）と似ているとされているが、「近縁ではない」といわれている。シュードメガカスマの意味は「偽のメガマウス」ということらしい。

白亜紀（中生代）

プチコダス

全長：10mほど
口の中に平たい歯がびっちり並んでおり、二枚貝などの貝類を砕いて捕食していたと考えられている。

新第三期（新生代）

メガロドン

全長：10～20mほど
最大級の大きさをしたサメの王者。口の大きさだけでも、2m近くはあったとされている。

古代ザメが生きた地質時代

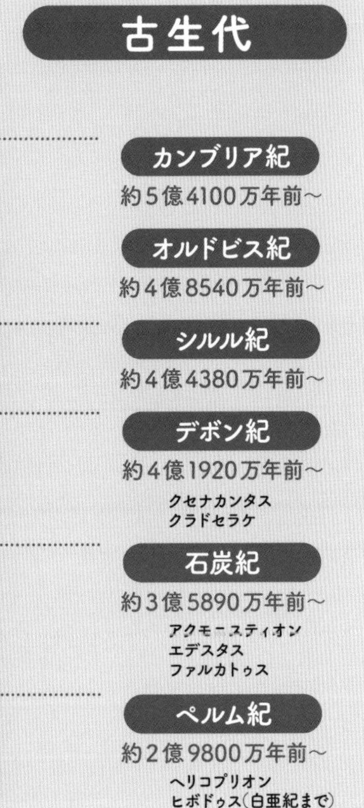

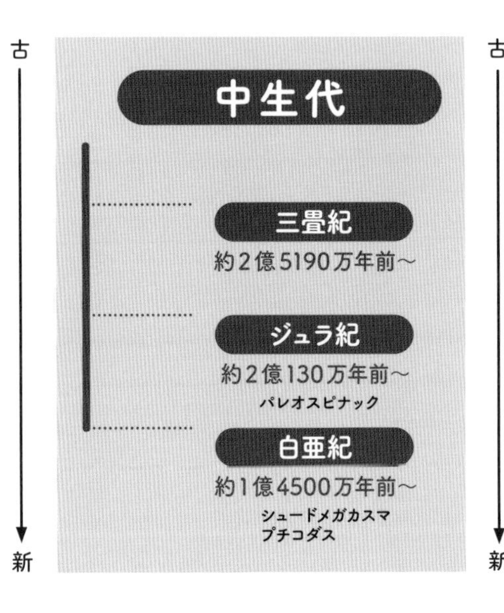

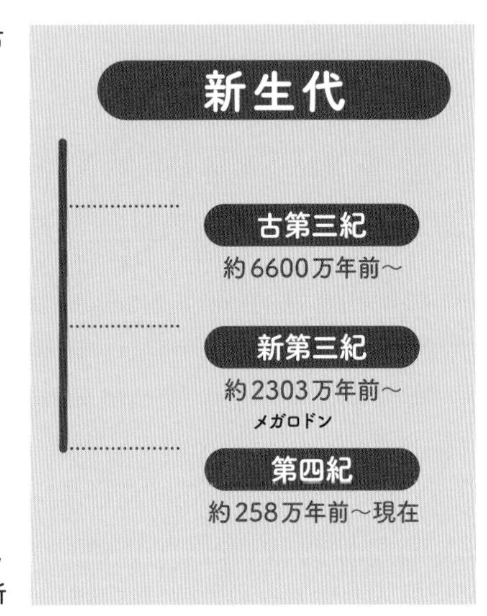

サメの繁殖
～サメのおちんちんは2本！

「卵生」と「胎生」の違い

サメは一般的な魚類と違い、交尾により繁殖する。出産方法は2つに分けられる。産む卵の数や子の数は、種により異なる。

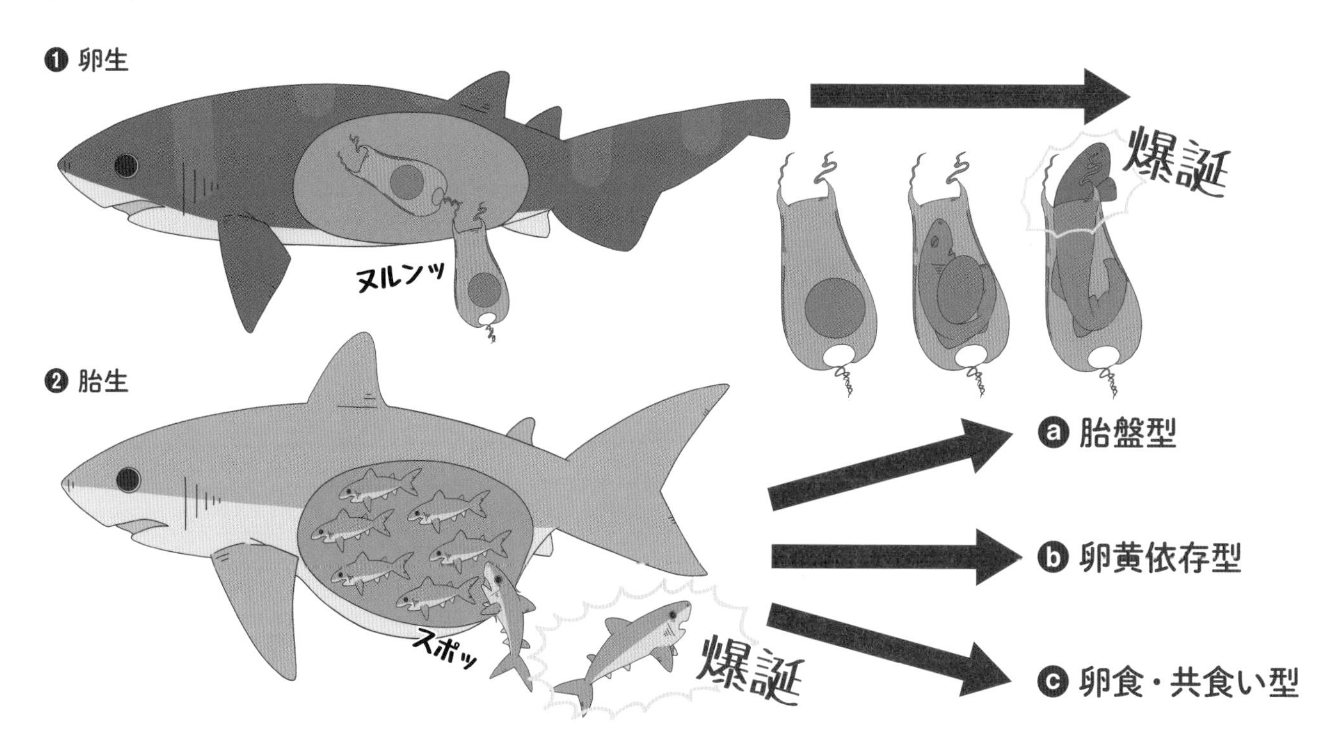

❶ 卵を産む卵生➡約4割がこのタイプ。

❷ 体内で子を育てて産む胎生➡約6割がこのタイプ。

❷の胎生は大きく以下の3つのタイプ（ⓐ〜ⓒ）に分かれ、子の育て方がそれぞれ大きく異なる。

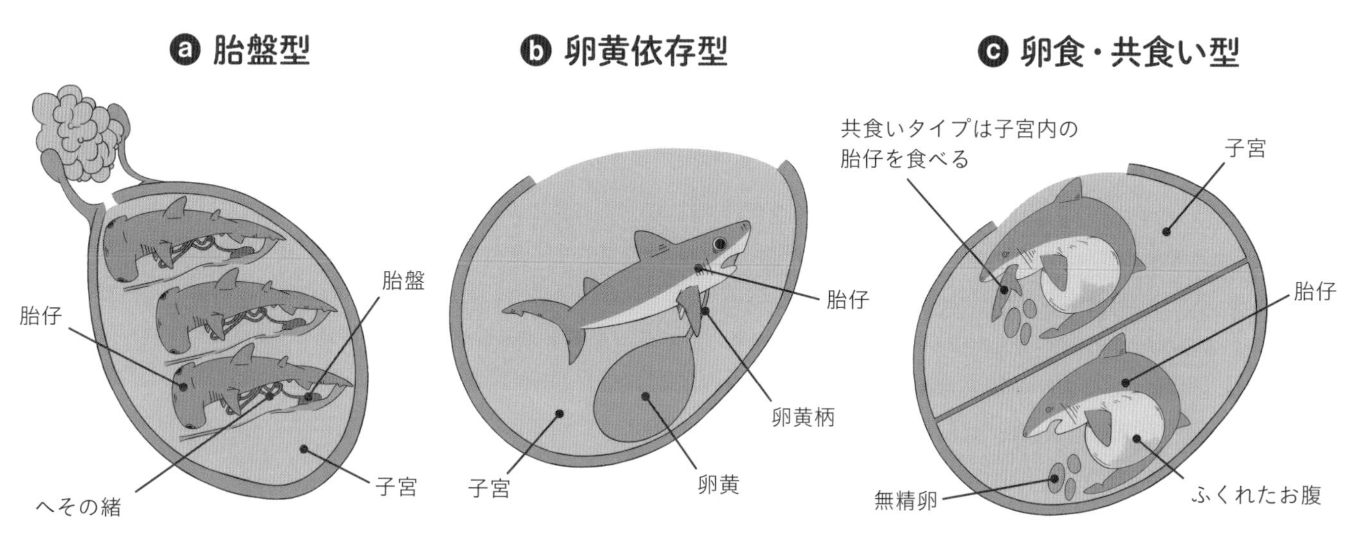

母体の胎盤からへその緒を通じて栄養を得て、育つ。

母体から栄養を得ず、自分の卵黄のみで育つ。

母体が食用として子宮内に排卵した無精卵を食べて育つ。また、無精卵とは別に、同じ子宮内にいる胎仔を食べて育つタイプもいる。

サメはどうやって交尾する？

　サメはうんちやおしっこなどを排出する場所と、交尾をしたり子や卵を産む穴が同じだ。この穴は総排出腔といわれ、1つの同じ穴である。

　総排出腔の先のつくりはオスとメスで異なっている。メスには子を育てるための子宮があり、オスには精子を貯えている貯精嚢がある。精液は泌尿生殖突起から出て、生殖器を通り、メスに送り込まれる仕組みである。

　サメは繁殖時、体内で受精するため交尾を行う。交尾のときに体をうまく固定するために、オスはメスの背や胸ビレに咬みつく。そのため、メスの体の皮膚はオスの3倍ほどの厚さがあり、丈夫にできている。

　オスは、腹ビレが変形してできたクラスパー（おちんちん）を、メスの総排出腔に1本挿入して交尾を行う。クラスパーは2本あるが、交尾のときは1本しか使わない。

　ちなみに、交尾をせず、メスのみで繁殖するサメや、メスなのにクラスパーを持っているサメも存在する。

交尾のとき、オスはメスに強く咬みつく

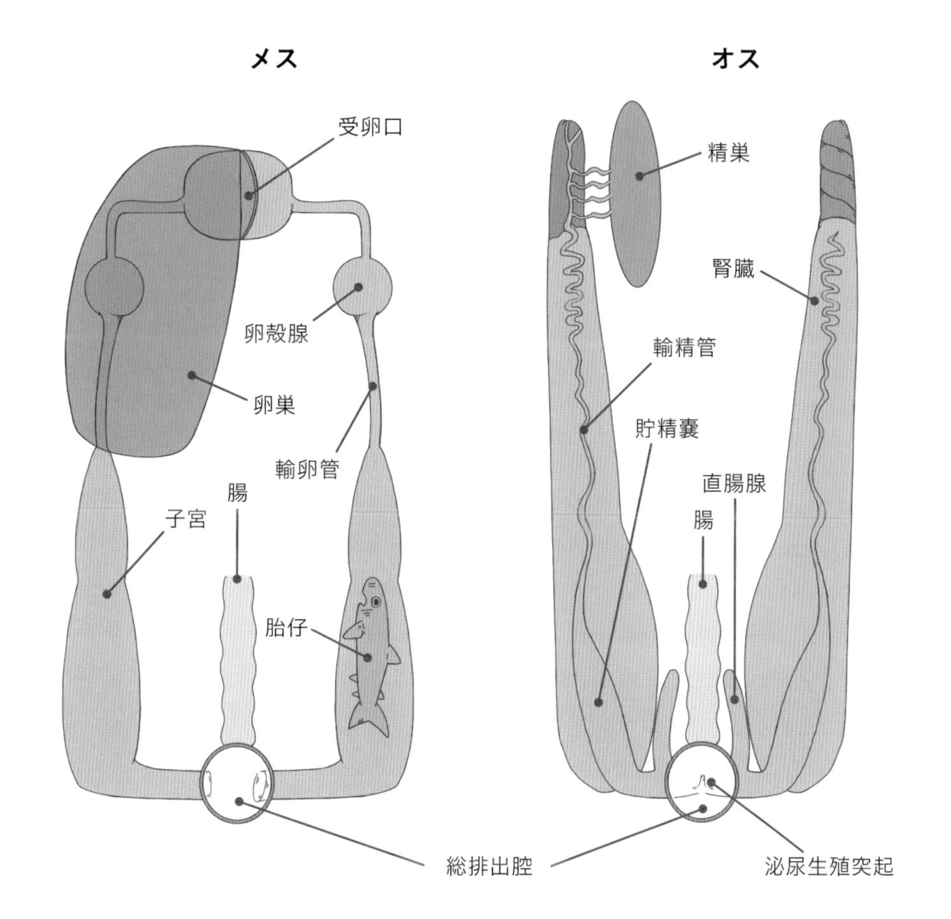
メス
オス
受卵口
卵殻腺
卵巣
輸卵管
子宮
腸
胎仔
総排出腔
精巣
腎臓
輸精管
貯精嚢
直腸腺
腸
泌尿生殖突起

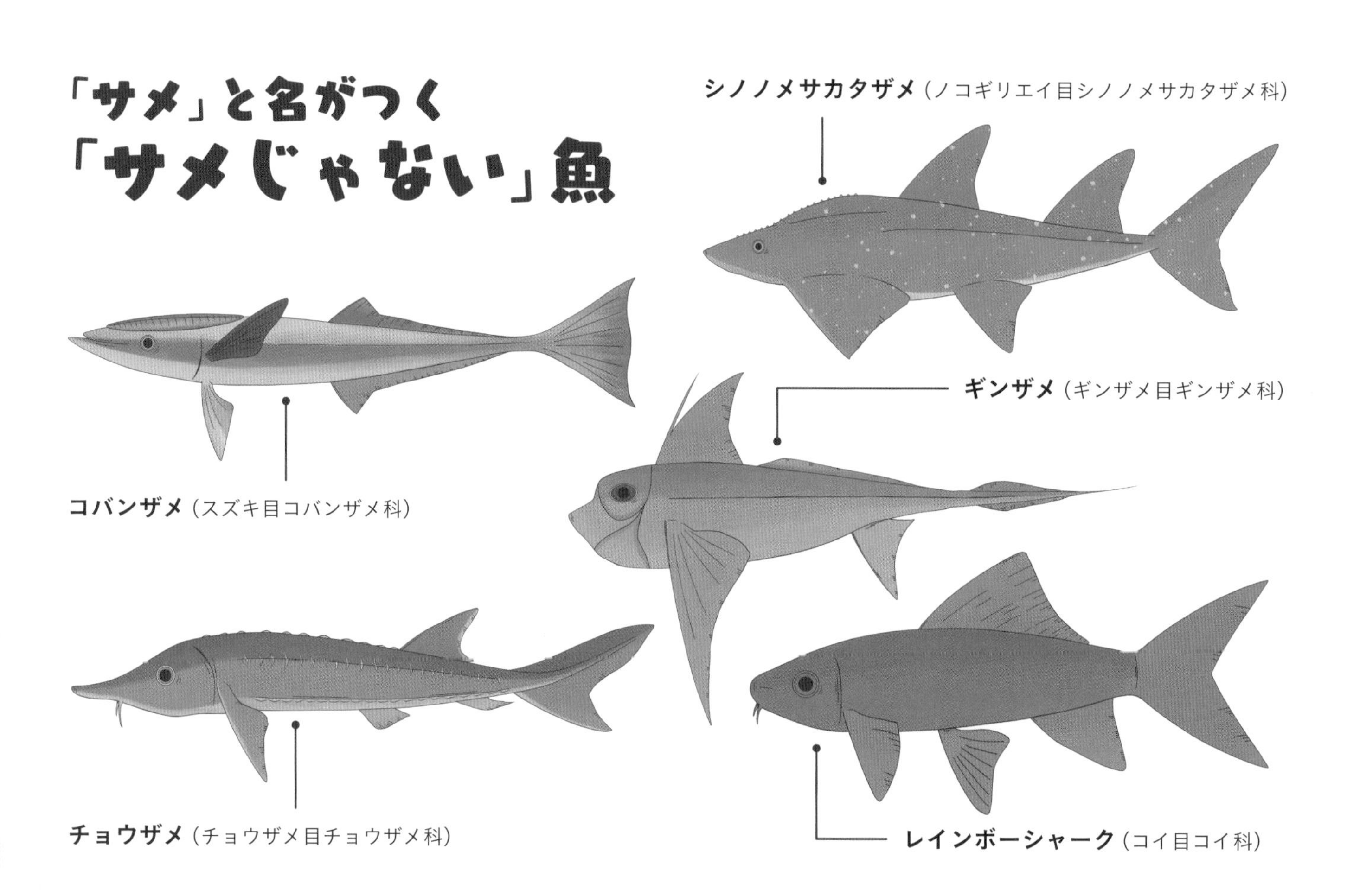
「サメ」と名がつく
「サメじゃない」魚
シノノメサカタザメ（ノコギリエイ目シノノメサカタザメ科）
コバンザメ（スズキ目コバンザメ科）
ギンザメ（ギンザメ目ギンザメ科）
チョウザメ（チョウザメ目チョウザメ科）
レインボーシャーク（コイ目コイ科）

第5章

サメと人
～人のほうがサメを殺している

サメは「海の絶対王者」ではない

「サメ」は海洋生物の頂点に君臨する「絶対王者」と思うかもしれないが、サメにも天敵が存在する。サメは食物連鎖の「海のピラミッド」の上位ではあるが、頂点ではない。

頂点はシャチだからだ。

シャチは知能が高く、泳ぎも速い。また、高い攻撃性を持ち、群れをなして狩りを行うため、サメの王者ホホジロザメでもシャチにはかなわない。筋肉質な肉や脂肪分の多い肝臓を持つ大型のサメは、シャチにとって「ごちそう」なのである。

サメには内臓を守る肋骨がないので、シャチに体当たりされると内臓が破裂し、死ぬこともある。サメは一度ひっくり返ると、しばらく動けないことがあるが、シャチはそれを知っていて、この弱点を狙われることもある。

米国カリフォルニア州の沖にあるファラロン諸島の近辺では、ホホジロザメを「ビーチボール」のように投げて弱らせた後に捕食するシャチが確認されている。

まったく、「食うか、食われるか」という弱肉強食の世界である。ちなみに、大型のサメは中型や小型のサメを捕食する。

シャチを超えるサメの天敵は人だ。サメは、漁のときに混獲されてしまうことがあるが、サメを狙った乱獲も相次いでおり、多くのサメはレッドリスト(絶滅のおそれのある野生生物の種のリスト)に載っている。サメは約600種類いるが、人を襲う危険種とされているのはその1割以下でしかない。サメに襲われる人よりも、人に殺されているサメの数のほうが圧倒的に多いのである。

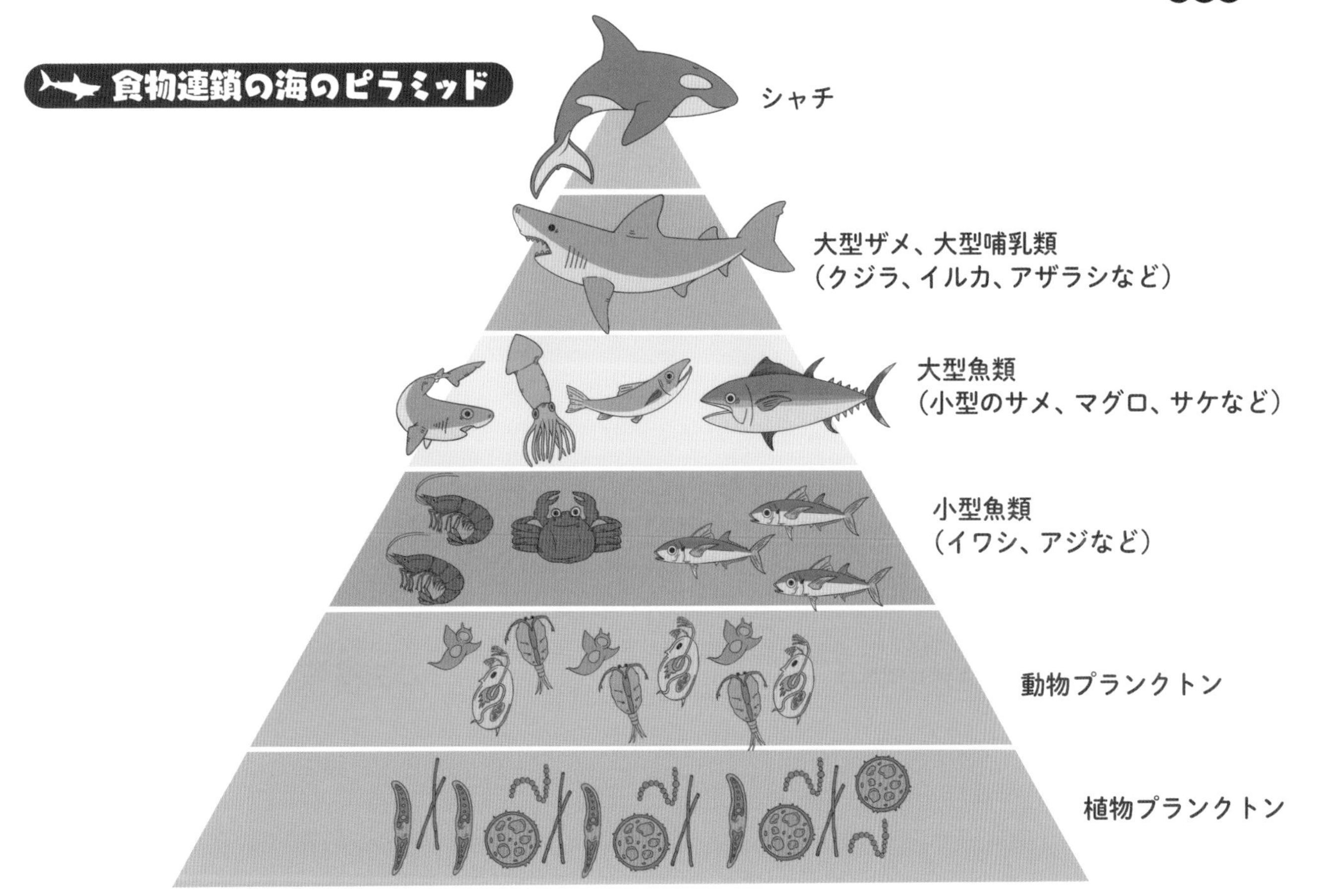
食物連鎖の海のピラミッド
シャチ
大型ザメ、大型哺乳類
（クジラ、イルカ、アザラシなど）
大型魚類
（小型のサメ、マグロ、サケなど）
小型魚類
（イワシ、アジなど）
動物プランクトン
植物プランクトン

サメを絶滅させかねない人の行動

人とサメの間には問題がある。大きく分けて以下の3つだ。

❶海洋ゴミ問題　❷シャーク・フィニング問題　❸乱獲問題

❶海洋ゴミ問題

地球の表面は、約70%が海だが、そんな海にプラスチックだけでも毎年800万tものゴミが流れ込んでいる。

サメの死骸のお腹を開けて調べたところ、大量のゴミが出てきた、という事例は枚挙にいとまがない。

例えば、イタチザメは「海のゴミ箱」と呼ばれるほど、何でも食べてしまう。そのため、お腹からは自動車のタイヤやらナンバープレートやらが出てくる。これらのゴミは消化されるはずもなく、お腹の中にたまってしまい、苦しんで死んでしまうのだ。

この他にも、捨てられた釣り糸や漁業で使う網などが絡まり、泳げなくなって、死んでしまうサメが後を絶たない。死なないにしても、それらが絡まり続けてほどけないサメや、体に大きな傷ができてしまう個体も多くいる。

❷シャーク・フィニング問題

サメのヒレは、高級料理「フカヒレ」になる。このため、サメのヒレだけを切り取り、生きたまま海に捨てるという残酷な「シャーク・フィニング（shark finning）」が問題になっている。

サメは、ヒレがないと泳げないし、一度失ったヒレは生えてこないので、呼吸ができずに窒息死してしまう。

このため、シャーク・フィニングの規制や禁止が広がっているが、ヒレは高額で取引されるため、このようなサメの密漁が後を絶たない。

❸ 乱獲問題

サメは、ヒレだけでなく、骨は薬品に、肝臓は健康食品や化粧品に、皮は財布やバッグなどに、肉は練り物などに利用されている。このためサメの数は、ここ50年ほどで70%以上も減少している。サメは絶滅危惧種が167種、準絶滅危惧種が50種で、この2つを合計した217種は、絶滅が懸念される。絶滅が懸念されるサメの割合は、現在評価されている537種から計算すると約40%である。世界の人口は現在も増え続けているので、このまま乱獲が続けば、サメは本当に海からいなくなってしまう。サメ漁を完全になくすことはできないとしても、乱獲が減り、保護され、絶滅しないようサメの未来を守りたい。

日本も積極的に取り組んでいる、SDGs(Sustainable Development Goals：持続可能な開発目標)という17個の目標の14番目は海洋資源であり、「海洋と海洋資源を持続可能な開発に向けて保全し、持続可能な形で利用する」とある。プラスチックゴミを「ポイ捨てしない」など、できる範囲で協力して、この地球の自然を守っていこう。

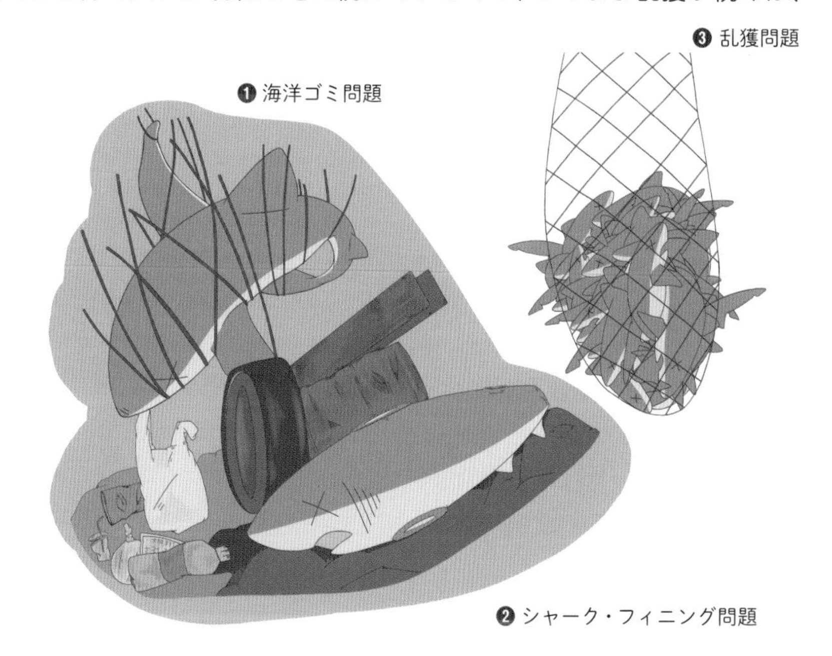

おわりに

この本を最後まで読んでいただきまして、本当にありがとうございます。
少しでも楽しんでいただけて、サメの魅力を伝えることができていたら、うれしいです。

私は、直接サメを研究したり、調査したりする仕事に携わっているわけではありません。
でも、「サメが好き」という気持ちは誰にも負けません。

この高まった感情を抱いて、ちょっくら水族館まで行き、私が大好きなシロワニ(p.86)を飼育している水槽の前で叫びたいです。

「愛してる――――――――」って!

まだまだ未熟者なので、サメについて勉強しないといけないことがたくさんあります。
これからも、いろいろな人にサメの魅力を伝えることができるよう、頑張ります。

最後になりましたが、この本を監修してくださった田中 彰先生に、心より感謝いたします。
ありがとうございました!

2022年4月　めかぶ

またどこかで、
お目にかかれますように！

索引

主要参考文献

アクアワールド茨城県大洗水族館/監修、和音/まんが『ゆるゆるサメ図鑑』、学研プラス、2020年

アンドレア・フェッラーリ、アントネッラ・フェッラーリ/著、谷内 透/監修、御船 淳・山本 毅/訳『サメガイドブック』、CCCメディアハウス、2001年

佐藤圭一・富田武照/著『寝てもサメても　深層サメ学』、産業編集センター、2021年

鈴木香里武/著『海でギリギリ生き残ったらこうなりました。』、KADOKAWA、2018年

田中 彰/監修『こわい！ 強い！ サメ大図鑑』、PHP研究所、2012年

田中 彰/著『深海ザメを追え』、宝島社、2014年

田中 彰/監修『美しき捕食者 サメ図鑑』、実業之日本社、2016年

田中 彰/監修、月刊アクアライフ編集部/編集『はじめてのサメ図鑑』、エムピージェー、2020年

知的風ハット/著『サメ映画大全』、左右社、2021年

土屋 健/著、田中源吾、富田武照、小西卓哉、田中嘉寛/監修『海洋生命5億年史　サメ帝国の逆襲』、文藝春秋、2018年

仲谷一宏/監修『世界の美しいサメ図鑑』、宝島社、2015年

仲谷一宏/著『サメ―海の王者たち―改訂版』、ブックマン社、2016年

仲谷一宏/監修、ウエタケヨーコ/絵、菅原嘉子/文『ヤバかわ！ ユルすご!! まるごとサメ事典！』、ポプラ社、2020年

沼口麻子/著『ほぼ命がけサメ図鑑』、講談社、2018年

ビバリー・マクミラン、ジョン・A.ミュージック/著、内田 至/監修『Sharks サメとその生態』昭文社、2008年

David A. Ebert、Marc Dando、Sarah Fowler/著『Sharks of the World : A Complete Guide』、Princeton University Press、2021年

■著者

めかぶ

大阪府出身。サメ愛好家。奈良芸術短期大学グラフィックデザインコース卒業。高校時代からデザインを専攻し、現在はフリーランスのイラストレーター。「絶滅した」といわれるメガロドン（古代ザメの一種）の記事に偶然出合い、古代ザメに関心を持ち始め、サメの虜になる。小さなころから水族館が大好き。いちばん好きなサメはシロワニ（強面だから）。2019年には、海とくらしの史料館（鳥取県）の開館25周年イベント『サメ祭』で、ポスターやチラシのデザインを担当。TwitterIDはshark0037。

■監修

田中 彰（たなか・しょう）

1952年、神奈川県生まれ。東海大学海洋学部客員教授。農学博士。専門は海洋動物学、保全生態学。特にサメ類などの高次捕食者の生態、生活史の研究を行ってきた。国際自然保護連合（IUCN）種の保存委員会サメ専門家グループ、日本板鰓類研究会に所属。

校正：ヴェリタ、曽根信寿

世界のサメ大全

サメ愛好家が全身全霊をささげて描いたサメ図鑑

2022年5月25日　初版第1刷発行
2024年2月14日　初版第4刷発行

著　者　めかぶ

監　修　田中 彰

発行者　小川 淳

発行所　SBクリエイティブ株式会社
〒105-0001　東京都港区虎ノ門2-2-1

装　丁　渡辺 縁

組　版　笹沢記良（クニメディア）

編　集　石井顕一（SBクリエイティブ）

印刷・製本　株式会社シナノ パブリッシング プレス

本書をお読みになったご意見・ご感想を下記URL、QRコードよりお寄せください。
https://isbn2.sbcr.jp/11897/

　ISBN 978-4-8156-1189-7